滇池流域水质目标管理与精准治污实践

何　佳　主编

科学出版社

北　京

内 容 简 介

长期以来，我国的污染物总量控制以目标总量控制为主。以滇池为代表的富营养化湖泊，普遍存在流域河湖水质目标不匹配、流域污染物减排不能支撑湖泊水质达标等问题。本书以滇池为例，介绍了流域污染源解析、水质目标管理体系构建的基本过程，以及流域精准治污措施实施的具体内容，以期为其他富营养化水体污染治理提供借鉴。

本书可供从事湖泊环境、生物地球化学、环境管理、水污染治理及水利管理等方面工作的研究人员、管理人员及大专院校师生参考。

图书在版编目（CIP）数据

滇池流域水质目标管理与精准治污实践 / 何佳主编. —北京：科学出版社，2019.6

ISBN 978-7-03-061236-6

Ⅰ. ①滇… Ⅱ. ①何… Ⅲ. ①滇池-流域-水质管理 ②滇池-流域-水污染防治 Ⅳ. ①X524

中国版本图书馆CIP数据核字（2019）第092751号

责任编辑：刘 冉 / 责任校对：杜子昂
责任印制：吴兆东 / 封面设计：北京图阅盛世

科学出版社 出版
北京东黄城根北街16号
邮政编码：100717
http://www.sciencep.com
北京中石油彩色印刷有限责任公司 印刷
科学出版社发行 各地新华书店经销
*
2019年6月第 一 版 开本：720×1000 1/16
2019年6月第一次印刷 印张：20 3/4
字数：420 000

定价：138.00 元

（如有印装质量问题，我社负责调换）

编 委 会

主　编：何　佳

副主编：吴　雪　杨　艳　张　英

编　委：何　佳　吴　雪　杨　艳　张　英　周鸿斌
邵　智　邓伟明　鲁　露　王丽霞　陈云波
叶海云　徐晓梅　白　荣　卜鸡明　秦银徽
王　帅　和　萍　孟　迪

前　　言

滇池是世界关注的高原湖泊，是长江上游生态安全格局的重要组成部分。20 世纪 60 年代滇池水质为Ⅱ类，70 年代为Ⅲ类，从 70 年代“围湖造田”到 80 年代末开始迅速推进的城镇化和工业化，高速发展的社会经济及人口导致入湖污染负荷迅速增加，生物多样性减少，流域内的人类活动突破了滇池的自净限度，滇池水质恶化到劣Ⅴ类，富营养化日趋严重。

为做好滇池治理工作，“九五”至“十三五”国家和地方政府编制并组织实施了五个五年规划，各阶段均提出了治理目标及匹配的工程项目，各阶段污染物总量控制目标均已完成，但水质目标实现情况较差。

2016 年昆明市政府委托中国工程院对《滇池流域水污染防治规划(2011—2015 年)》的实施情况进行了评估，报告中指出，应协调“两个水质目标”——科学合理地确定入湖河流水质目标和湖泊水质目标，以水生态健康为着力点，制定滇池治理路线图。评估结果显示，“十二五”期间滇池流域入湖污染物削减、入湖河流达标治理目标均已实现，但是，规划的滇池湖泊水质目标没有达到规划要求。滇池治理应以其湖泊生态健康为终极目标，深入研究高原湖泊蓝藻生理生态特征与水质响应关系，明确滇池蓝藻水华爆发的氮磷浓度控制范围和湖体营养盐基准，确立相应的水质目标阈值，倒推入湖河流应达到的水质要求，科学规划与湖体水质目标相衔接的入湖河流水质目标。进一步理顺污染减排和水质改善之间的响应关系，从“十二五”期间的目标总量管理模式逐步过渡到容量总量管理模式。进一步摸清污染物入湖通量、负荷分配与贡献率，实施最大日负荷(TMDL)精细管理和排污许可证制度。重视滇池治理的艰巨性和长期性，制定科学治湖、长效治湖路线。扼住“四项关键指标”——最严格地控制入湖的总磷、总氮、氨氮以及化学需氧量四个关键指标，建立水质目标管理体系，实现精准减排。应进一步深化对 COD_{Cr}、TN、NH_3-N 与 TP 四个关键指标的控制，并特别关注对导致蓝藻水华暴发的关键因子的控制。建议昆明市政府制定强化流域水环境、水生态、水资源一体化管控的有效措施，完善流域监测网络，提升入湖水质水量的监测系统水平，整合水文、国土、规划、气象、环保、滇管、滇投等部门的基础数据，并集成大数据、云计算、物联网等手段，建立流域水质目标管理与决策支持的业务化平台。加强科技支撑，优选低耗、绿色、高效的最佳适用技术，实现滇池流域不同区位关键污染物的精准调控和源头减排。同时，应高度关注滇池流域有毒污染物的源头及过程控制。根据评估报告的建议，《滇池流域水环境保护治理“十三五”规划(2016—2020 年)》在规划项目中设置了“滇池流域水质目标管理和总量控制优化方案研究”项目，旨在建立滇池流域水质目标管理体系，衔接河湖水质管控目标，满足当前科学治污、精准治污的要求。

我国流域水质管理技术研究可以追溯到 20 世纪 70 年代。多年来我国相继开展了有关水环境容量、水功能区划、排污许可证管理制度等的研究，将总量控制技术与水污染防治规划相结合，逐步形成了以污染物目标总量控制技术为主，容量总量控制和行业总量控制为辅的水质管理技术体系。“十一五”期间，环保部开始推动“目标总量控制”向“容量总量控制”转变，以减少负荷削减目标确定主观性，实现河流水环境的切实好转。与之前推行的目标总量控制相比，流域容量控制更关注于受纳水体，从而也更有助于水体达到设定功能区的水质目标。然而研究表明，虽然“十一五”期间的污染减排明显，但由于确定减排总量时缺乏深入的总量与水质目标间的响应关系分析，水质改善效果并未如总量减排一样显著。

流域水质目标管理是一个“响应—调控”不断反复的过程：流域中不同来源的污染物进入水体，经过复杂的物理、化学和生物过程后产生水质响应，决策者依据水质响应情况来制定流域污染负荷削减方案，并在方案实施后根据新的水质响应变化来进行修正。河道是各外源污染负荷进入湖泊的主要入湖通道，其水质情况代表着流域的污染减排效果，直接影响着湖体的水质。因此，对于湖泊而言，建立入湖河道水质与湖体水质响应关系，根据响应关系制定河流水质目标，提出基于水质目标的污染负荷削减方案，是有效改善湖泊水质的关键。但目前我国河流水质目标的确定主要取决于其水功能区的划分结果，河流水质目标无法反映实际的流域污染减排需求，河湖水质缺乏必要的衔接，导致陆域治理与湖体治理出现脱节，湖体治理成效有待进一步提高。同时，由于河流污染类型复杂，污染来源多样，湖体对于流域河流污染负荷输入响应的敏感性不同，造成水质响应与负荷削减等措施间存在非线性、时滞性、指标不协同等不对应关系，若在污染治理时眉毛胡子一把抓，可能会在耗费大量人力、物力、财力之后依旧难以达到预期的治理效果。因此，量化入湖河道水质与湖体水质响应关系，分析污染源-水质断面的点对点对应关系，是提高流域污染治理效率、保障水质达标的关键。

本书以滇池为例，介绍了流域污染源解析、水质目标管理体系构建的基本过程，以及流域精准治污措施实施的具体内容，以期为其他富营养化水体污染治理提供借鉴。

本书共分为 6 章。第 1 章“滇池流域概况”由杨艳、吴雪、张英、鲁露、卜鸡明、王帅撰写，第 2 章“滇池流域污染特征及社会经济发展”由王丽霞、张英、徐晓梅、鲁露、吴雪、陈云波、叶海云撰写，第 3 章“滇池水污染治理概况”由杨艳、何佳、徐晓梅、张英、邓伟明、周鸿斌撰写，第 4 章“流域水质目标管理方法”由吴雪、何佳、周鸿斌、秦银徽、卜鸡明撰写，第 5 章“滇池流域水质目标管理”由何佳、鲁露、周鸿斌、孟迪、吴雪、王丽霞、秦银徽撰写；第 6 章“滇池流域精准治污实践”由张英、邓伟明、何佳、邵智、白荣、和萍撰写。

由于时间仓促，本书难免存在不足之处，恳请读者批评指正。

目　　录

第 1 章　滇池流域概况

滇池古称滇南泽，是云贵高原第一大淡水湖泊，属中国六大淡水湖之一，是长江上游生态安全格局的重要组成部分。滇池水域自 1996 年修建了船闸以后就被分割为既相互联系，但又几乎互不交换的草海、外海两部分。滇池由于处在城市的下水口，又属于自然演替过程中的衰老期，从 20 世纪 70 年代后期开始受到污染，进入 90 年代污染明显加剧，水体富营养化异常严重。经过近 30 年的不懈努力，滇池水污染防治成效逐步显现，营养状态已由重度富营养转变为中度富营养，水质企稳向好，蓝藻水华发生规模和频次不断下降，流域生态环境明显改善，但湖泊富营养化现象仍然存在，藻类水华风险依然较大。

本章分析整理了滇池流域自然环境状况、水环境质量及变化趋势、社会经济发展状况，为滇池水环境保护治理工作提供重要参考。

1.1　自然环境状况

1.1.1　滇池及流域基本情况

滇池属长江水系，地理位置为东经 102°29′～103°01′，北纬 24°29′～25°28′。滇池地处金沙江、红河、珠江三大水系的分水岭地带，状似长方形，正常高水位为 1887.5 m，平均水深 5.3 m，湖面面积 309.5 km^2，湖岸线长 163 km，湖容 15.6 亿 m^3。滇池分为外海和草海，其中，外海正常高水位为 1887.50 m，平均水深 5.3 m，湖面面积 298.7 km^2，湖岸线长 140 km，湖容 15.35 亿 m^3；草海正常高水位为 1886.80 m，平均水深 2.3 m，湖面面积 10.8 km^2，湖岸线长 23 km，湖容 0.25 亿 m^3。

滇池流域面积 2920 km^2，地形为北高南低，南北向狭长的山间盆地地形。受地质构造及地质外营力长期作用，形成了以滇池为中心，南、北、东三面宽，西面窄的不对称阶梯地貌形态。按成因、形态、相对高度和绝对高度划分为山地、台地及平原。滇池流域构造位置属于扬子准台地滇东褶皱带西侧的昆明台褶束，处于南北向小江断裂带与普渡河断裂带之间的夹持地带。地质构造以断裂为主，褶皱次之。构造以经向构造为主，纬向构造发育，并派生有后期北东向及北西向构造为主。区内地层出露，东部广泛分布石炭系，组成岩石为石灰岩；二叠系白云质灰岩和火山灰岩的玄武岩，常形成溶蚀地貌与侵蚀地貌。南部以远古界昆阳群浅变质岩系，震旦系白云岩、寒武系砂岩、页岩为主；西部及北部，地层发育，出露有震旦系、寒武系、奥陶系、泥盆系、石炭系、二叠系、三叠系、侏罗系、第三系及第四系的沉积物质，组成岩石以石灰岩、砂岩、页岩、泥岩、粉砂岩、玄武岩为主；在中部为第四系松散岩堆积区。由于滇池流域处于断裂构造活动地带，地热资源较丰富，现已部分开采利用；流域内广泛出露碳酸盐岩石，岩溶地貌发育，岩溶水丰富，边缘山区补给盆地，故区内地下水以岩溶水为主，其特点是富水块段数量多，单个规模小，水量分散，对城市区集中供水不利，但对城郊分散供水较好；区内第三、第四冲洪积、湖积、砂、砂砾石含孔隙水，水量丰富。个别地段为自流区，但因埋藏浅，已受到不同程度污染；区内砂页岩和玄武岩地层，富水性弱至中等，一般可视为相对隔水层。

1.1.2　滇池水系及水资源概况

1. 滇池水系概况

滇池流域属长江流域金沙江水系，地处三江水系分水岭云贵高原中部，因而上游河流皆源近流短。常年汇入滇池的河流有 35 条，其中：面积大于 100 km^2 的有盘龙江、宝象河(新宝象河)、洛龙河、捞鱼河、白鱼河、柴河、茨巷河、东大河、冷水河、牧羊河 10 条；面积介于 50～100 km^2 之间的有新运粮河、海河(东白沙河)、马料河、南冲河、大河(淤泥河) 5 条；面积介于 10～50 km^2 之间的有老运粮河、采莲河、大清河、枧槽河、广普大沟、金汁河、中河(护城河)、古城河 8 条；面积小于 10 km^2 的河流有乌龙河、大观河、西坝河、船房河、金家河(含正大河)、王家堆渠、六甲宝象河、小清河、五甲宝象河、虾坝河、姚安河、老宝象河 12 条。河流特征以及发源地、注入点等现状情况详见表 1-1，水系分布见图 1-1。

滇池水域自 1996 年修建了船闸以后就被分割为既相互联系，但又几乎互不交换的草海、外海两部分。草海和外海各有一人工控制出口，分别为西北端的西园隧道和西南端的海口中滩闸。西园隧道于 1996 年工程贯通，是滇池草海唯一的出湖口，通过人工闸门放水控制出水，经西园隧道进入螳螂川支流沙河。螳螂川是外海唯一的出湖河流，其水流量由中滩闸门控制。滇池出水经螳螂川汇集后流入普渡河，出滇池河流概况见表 1-2。

表 1-1　滇池流域入滇池河流水系基本情况表

序号	河流	河长(km)	控制面积(km^2)	发源地	注入地及注入方式	主要支流(渠)
1	新运粮河	19.7	83.4	五华区车头山	自流入草海	小普吉排洪沟、陈家营左支及右支、铁路边沟、上峰村防洪沟、海源河、西边小河、班庄村支沟、白龙河、旱泥沟、沁兰轩沟、董家沟、洪家营防洪沟、西边小河、张峰村防洪沟、大沙沟、小沙沟、马街沙沟、卖菜沟、扁担沟、渔村沟、郑和路沟等
2	老运粮河	11.3	18.7	王家桥	自流入草海	小路沟残支 1#、2#沟渠、黄土坡北村支沟、麻园河、七亩沟、火柴厂沟、蔡家沟、翠湖大沟、顺城河、鱼翅沟
3	乌龙河	3.68	2.61	云大医院片	抽排入草海	
4	大观河	3.7	1.01	玉带河	自流入草海	篆塘河、永宁河
5	西坝河	9.05	4.87	玉带河	自流入草海	篆塘河、玉带河
6	船房河	5.73	2.83	圆通街东口	自流入草海	兰花沟、弥勒寺大沟
7	采莲河	12.5	19.4	盘龙江	抽排入外海	永昌河、清水河、金柳河、河尾村分洪沟、太家河
8	金家河（含正大河）	6.91	9	采莲河	自流入外海	青苔河、太家河
9	盘龙江	94	735	梁王山北麓	自流入外海	马溺河、花渔沟、中坝村防洪沟、麦溪沟、老李山分洪沟、北辰大沟、金星立交大沟、白云路大沟、麻线沟、羊清河、上庄防洪沟、右营防洪沟、霖雨路大沟、财经学校大沟、财大大沟、银汁河、教场北沟、教场中沟、学府路防洪沟、圆通沟
10	广普大沟	6.46	21.1			
11	大清河	6.28	2	明通河与枧槽河交汇处	自流入外海	
12	枧槽河	5.73	7.51	清水河与海明河交汇处	自流入外海	清水河、海明河
13	金汁河	27	15.9	松华坝	自流入枧槽河	清水河、羊清河、东干渠
14	海河(东北沙河)	18.9	29.8	官渡区一撮云	自流入外海	东白沙河、呼马溪、凤凰河、凉亭东沟、溴水河、机场东侧防洪沟、机场西侧防洪沟、老海河、溴水河
15	六甲宝象河	10.8	2.63	永丰闸	自流入外海	

续表

序号	河流	河长(km)	控制面积(km^2)	发源地	注入地及注入方式	主要支流(渠)
16	小清河	8.17	3.18	小板桥镇云溪村片	自流入外海	
17	五甲宝象河	9.43	3.28	世纪城	自流入外海	
18	虾坝河	10.6	9.1	世纪城	自流入外海	
19	姚安河	3.55	3.6	世纪城	自流入外海	
20	老宝象河	10.1	3.94	官渡羊甫分洪闸	自流入外海	
21	宝象河（新宝象河）	47.1	292	老爷山麓	自流入外海	小干河、西冲大沟、白坡山截洪沟、金马村大沟、海子奶厂排洪沟、公家村排洪沟、铁路党校排水沟、七家村排水沟、西邑村大沟、昆船排水沟、羊甫排水箱涵、彩云北路截洪沟、龙马村支沟
22	马料河	22.5	69.4	官渡区海子村	自流入外海	海子排水沟、白水塘排水沟、民办科技园排水沟、倪家营排水沟、军法处排水沟、王家营货场排水沟、大洛羊排水沟、老坝闸排水沟
23	洛龙河	29.3	132	呈贡向阳山	自流入外海	瑶冲河、石夹子大沟、大小新册农灌沟、石龙坝水库排水沟
24	捞鱼河	30.9	123	呈贡赵家山	自流入外海	梁王河
25	南冲河	14.4	56.9	黑汉山	自流入外海	
26	大河（淤泥河）	35.3	69.9	晋宁老君山	自流入外海	
27	柴河	33.38	190	晋宁甸头	自流入外海	茨巷河
28	白鱼河	6.05	69	晋宁小寨村	自流入外海	
29	茨巷河	4.38	52	晋宁小朴村	自流入外海	
30	东大河	10.14	189	晋宁魏家箐	自流入外海	大春河干渠
31	中河（护城河）	4	0.3	东大河	自流入外海	护城河
32	古城河	8	41	晋宁古城	自流入外海	
33	王家堆渠	2.3	11.9	普坪村电厂	自流入草海	
34	冷水河	22	114.4	猫耳箐冷水洞	松华坝水库	干河、窑河、东小河、西小河、西边河
35	牧羊河	57.6	346.8	梁王山喳啦箐	松华坝水库	铁冲河、鼠街河、石房子小河

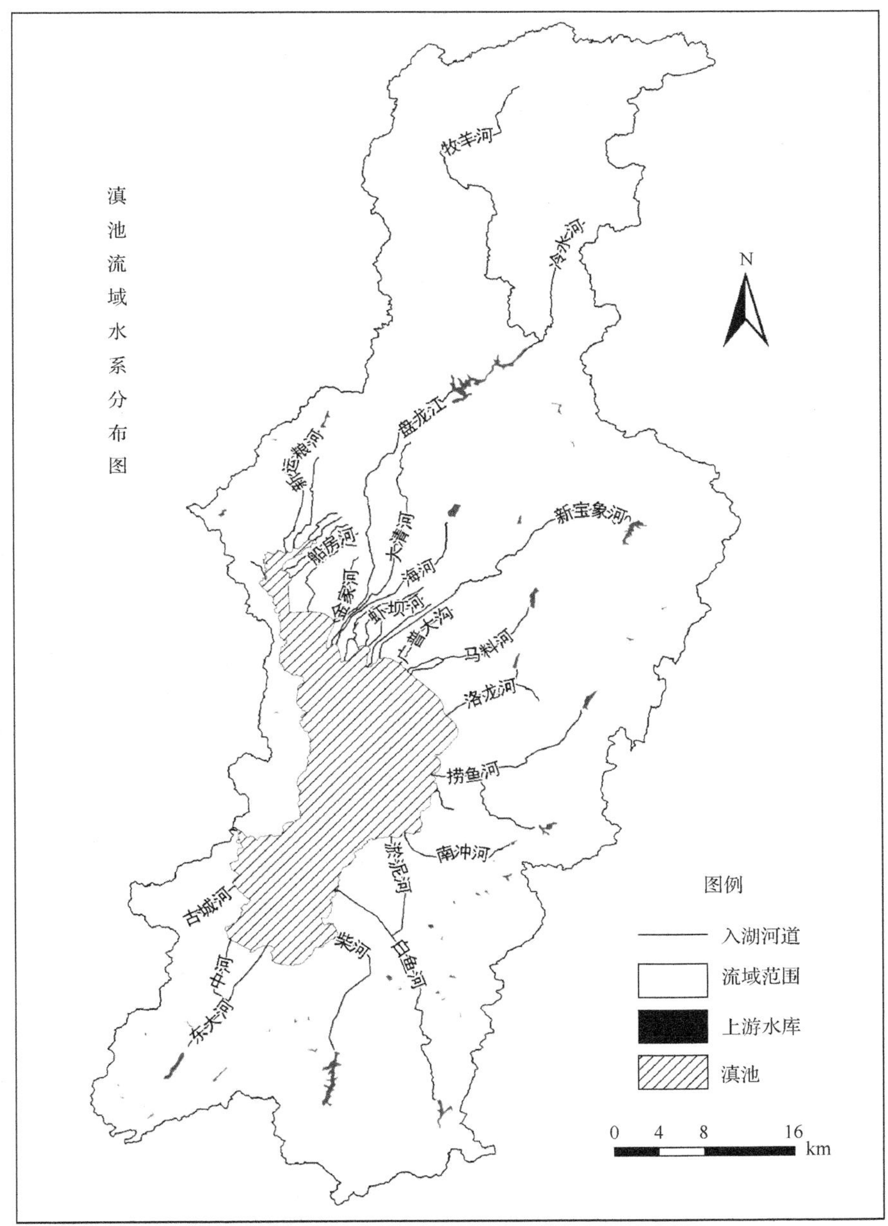

图 1-1 滇池流域水系分布图

表 1-2　出滇池河流概况

河流名称	功能	流域范围	最终汇入	全长/km	流域面积/km^2	流量/亿 m^3
螳螂川	滇池外海唯一的出湖河流，由中滩闸门控制其水流量	发源于滇池西南出水口，向北流经西山区、安宁市至富民县龙泉村（出境）	普渡河	110	5066	181[a]
普渡河	接收来自螳螂川的滇池水、最后流入金沙江	龙泉村至禄劝县北入金沙江河口的河段称普渡河，流经富民县、禄劝县，于禄劝县东北的火头田汇入金沙江	金沙江	213	11716	31.85[b]
西园隧道	西园隧道是滇池草海唯一的出湖口，通过人工闸门放水控制		螳螂川支流沙河			1.2[b]

a. 最大流量；b. 年平均流量

2. 流域水资源状况

根据《云南省水资源综合规划》相关成果，滇池多年平均径流深 188.7 mm，可供利用水资源总量仅 5.55 亿 m^3。入滇池多年平均水量（包括城市采集地下水利用后的回归水量）为 95560 万 m^3，在耗于以湖面蒸发为主的水量损失 43600 万 m^3 后，可供利用水资源量为 51960 万 m^3。人均占有水资源量小于 200 m^3。根据西园隧洞、海口水文站实测资料统计，1997～2013 年西园隧道和海口闸平均出湖水量为 5.06 亿 m^3。

截至 2017 年，滇池流域内已建成大中小各类水库 167 座，小坝塘 445 座，总库容 4.37 亿 m^3。其中大(2)型水库 1 座，为松华坝水库，总库容 2.19 亿 m^3；宝象河、果林、松茂、横冲、大河、柴河、双龙中型水库 7 座，总库容 1.085 亿 m^3；小(1)型水库 29 座，总库容 4201 万 m^3；小(2)型水库及塘坝 130 座，总库容 2405 万 m^3。河道引水工程 110 个，设计流量 8.8 m^3/s。提水工程 239 个，总装机容量 7.48 kW；机电井工程 134 个。解决昆明市城市及工业近期缺水问题的掌鸠河云龙水库跨流域调水工程（一期）1999 年开工建设，2007 年 3 月已建成供水，设计供水量 2.2 亿 m^3。此外，清水海引水一期工程已于 2012 年建成，并向空港经济区和呈贡新区供水；牛栏江—滇池补水工程也于 2013 年 12 月底正式向滇池补水，根据实测资料统计，日补水流量平均达到 20 m^3/s。

根据《昆明市水资源公报》，2017 年滇池流域年供水量 8.82 亿 m^3，包括主城区 6.77 亿 m^3（本区供水 4.43 亿 m^3，跨区域调水供水 2.34 亿 m^3）、呈贡 0.68 亿 m^3 和晋宁 1.37 亿 m^3（本区供水 1.35 亿 m^3，跨区域调水供水 0.02 亿 m^3）。滇池流域现状的人均用水量为 206 m^3/人，单位工业增加值用水量为 59 m^3/万元。

滇池流域总体属资源性缺水地区，因城市规模不断扩大，工农业供耗水量增加，特别是滇池沿湖工农业回归水仍多次被提取重复利用，使滇池流域的水资源开发利用率很高，远超过云南省现状平均 6.9%的开发利用程度。

1.2　滇池流域水环境质量及变化趋势

1.2.1　滇池水环境质量现状

滇池有 10 个例行监测点位，其中，草海 2 个点位，即草海中心和断桥点位，外海 8 个点位。外海 8 个点位中，外海北部 2 个，即灰湾中和罗家营；外海中部 4 个，即观音山西、观音山中、观音山东和白鱼口；外海南部 2 个，即海口西和滇池南，见图 1-2。

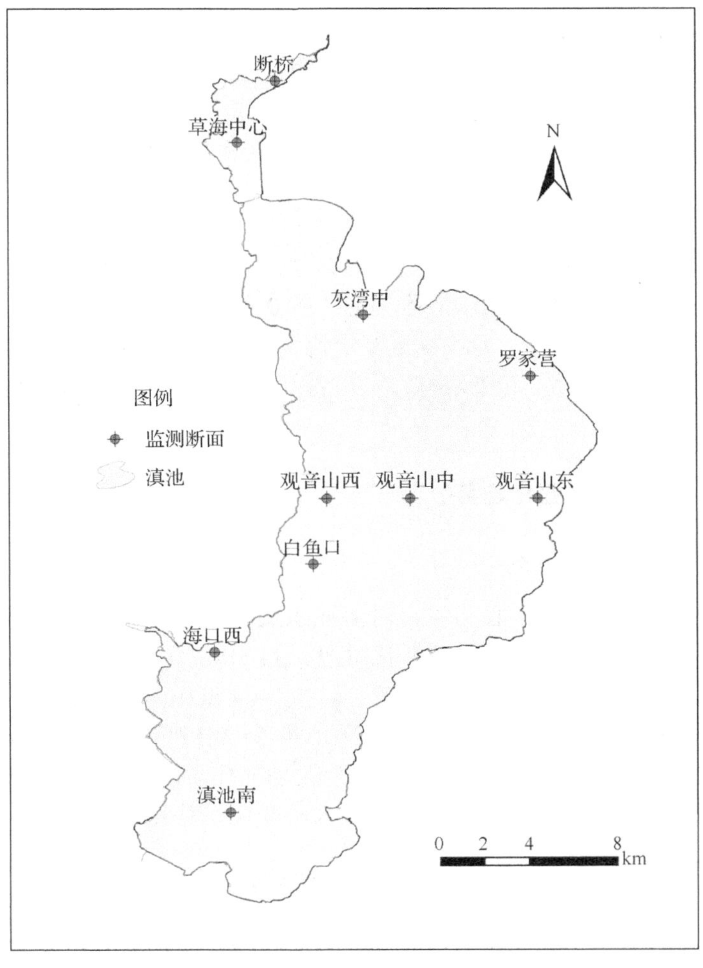

图 1-2　滇池 10 个例行监测点位图

根据 10 个例行监测点位水质监测数据，2017 年滇池全湖水质类别为 V 类，处于中度富营养状态。

从各监测点位水质数据看，草海中心和断桥的 COD_{Cr}、COD_{Mn} 明显低于外海 8 个点位；草海 2 个点位的 BOD_5、NH_3-N 明显高于外海 8 个点位。外海北部的灰湾中和罗家营，中部的观音山中、观音山东和观音山西 COD_{Cr} 高，COD_{Cr} 浓度均超 V 类水标准；外海北部的灰湾中 COD_{Mn} 最高，草海的断桥最低；TP 在草海中心和外海北部的灰湾中最高，外海中部的观音山东和南部滇池南最低；草海中心叶绿素 a 最高，其次为外海北部灰湾中，外海西部白鱼口最低。

1. 滇池草海

2017 年，滇池草海全年水质类别为Ⅴ类。从逐月水质看，雨季水质优于旱季。化学需氧量在 8 月为劣Ⅴ类，7 月为Ⅴ类；其余月份均优于Ⅳ类水标准；总磷在 6～8 月为劣Ⅴ类，9～12 月为Ⅴ类，1～5 月为Ⅳ类；氨氮全年均优于Ⅳ类水标准；高锰酸盐指数除 8 月为Ⅴ类，其余月份均优于Ⅳ类水标准；叶绿素 a 在雨季 6～9 月最高；五日生化需氧量在 6 月、7 月为劣Ⅴ类，其余月份都优于Ⅴ类。

2. 滇池外海

2017 年，滇池草海全年水质类别为劣Ⅴ类，超标指标为化学需氧量。从逐月水质看，化学需氧量逐月均劣于Ⅳ类，在 5～10 月、12 月均为劣Ⅴ类；总磷 7 月为劣Ⅴ类，其余月份均优于Ⅴ类；氨氮全年均优于Ⅳ类水标准；高锰酸盐指数除 7 月为Ⅴ类，其余月份均优于Ⅳ类水标准；叶绿素 a 在雨季 7～9 月最高；五日生化需氧量逐月优于Ⅳ类。

1.2.2　滇池水环境质量变化趋势

1. 滇池水质变化阶段分析

根据昆明市环境监测中心历年来对滇池水质的监测结果，滇池的水质变化可分为三个阶段，第一个阶段为迅速恶化阶段，自 1987 年到 2000 年，草海和外海的水质迅速恶化；第二个阶段为缓慢改善阶段，自 2001 年到 2009 年，草海和外海是水质得到缓慢改善；第三个阶段为 2010 年到 2017 年，草海和外海的水质变化趋势不同，草海为迅速改善阶段，外海为波动变化阶段。近 30 年来滇池草海水质变化趋势见图 1-3，近 30 年来滇池外海水质变化趋势见图 1-4。

1）迅速恶化阶段

从 1987 年到 2000 年，滇池治理从启动阶段到全面整治阶段。昆明市建成并运营了 3 座污水处理厂，1997 年建成运行了西园隧道工程，1999 年开展了达标排放“零点行动”，对流域内的污染物削减起到重要作用，一定程度上缓解了滇池的

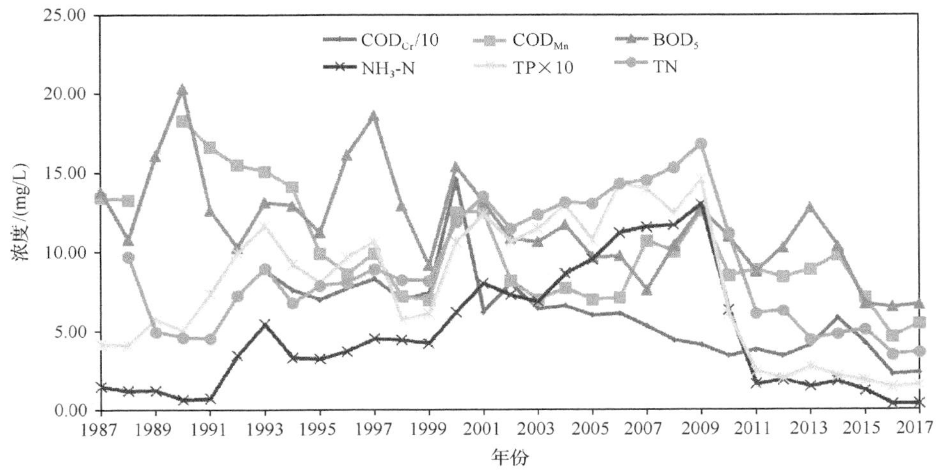

图 1-3　近 30 年来滇池草海水质变化趋势

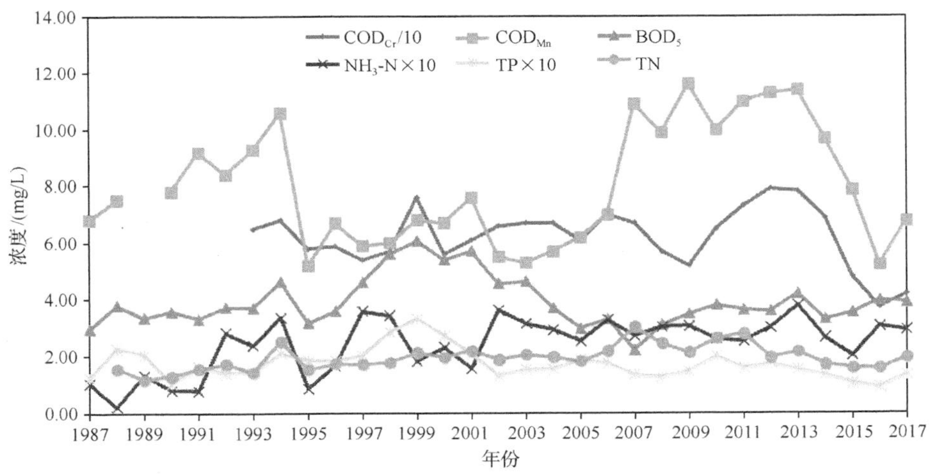

图 1-4　近 30 年来滇池外海水质变化趋势

污染危机。但是，由于流域内经济社会的快速发展，尤其是世博会前超前的建设，人口的持续增长，流域内污染物的排放量不断增加，而污染防治措施对水质的改善有一定的滞后性，造成了滇池水质的不断恶化。

2)缓慢改善阶段

2001 年以后，滇池治理的效果逐渐呈现。草海和外海的水质得到缓慢改善。

2001 年后，滇池的治理力度不断加大，建成了第四、五、六污水处理厂，呈贡区和晋宁区污水处理厂，北岸截污泵站，污水处理厂出水均提升到一级 A 标准，极大削减了入湖污染负荷。实施了滇池治理“六大工程”、北岸水环境综合整治工程、外海“四退三还”工程、河道综合整治工程以及“河(段)长负责制”、“禁花减菜”、“全面禁养”等一系列措施的实施，使得流域污染得到了有力控制。滇池流域水污染防治开始初见成效。在经济社会高速发展、城市建成区面积不断扩大，污染物产生量持续增加的情况下，水质恶化的趋势得到了遏制，部分指标得到了明显改善。

3) 迅速改善或波动变化阶段

滇池水质第三个阶段为 2010 年到 2017 年，草海和外海的水质变化趋势不同，草海为迅速改善阶段，外海为波动变化阶段。

草海(迅速改善阶段)：2010 年以来，草海的水质得到迅速改善。总氮、氨氮和总磷显著性降低，2017 年较 2010 年分别下降 68%、95%和 75%。化学需氧量、高锰酸盐指数和叶绿素 a 虽有波动总体也呈现下降趋势。2010～2017 年草海水质变化趋势见图 1-5。

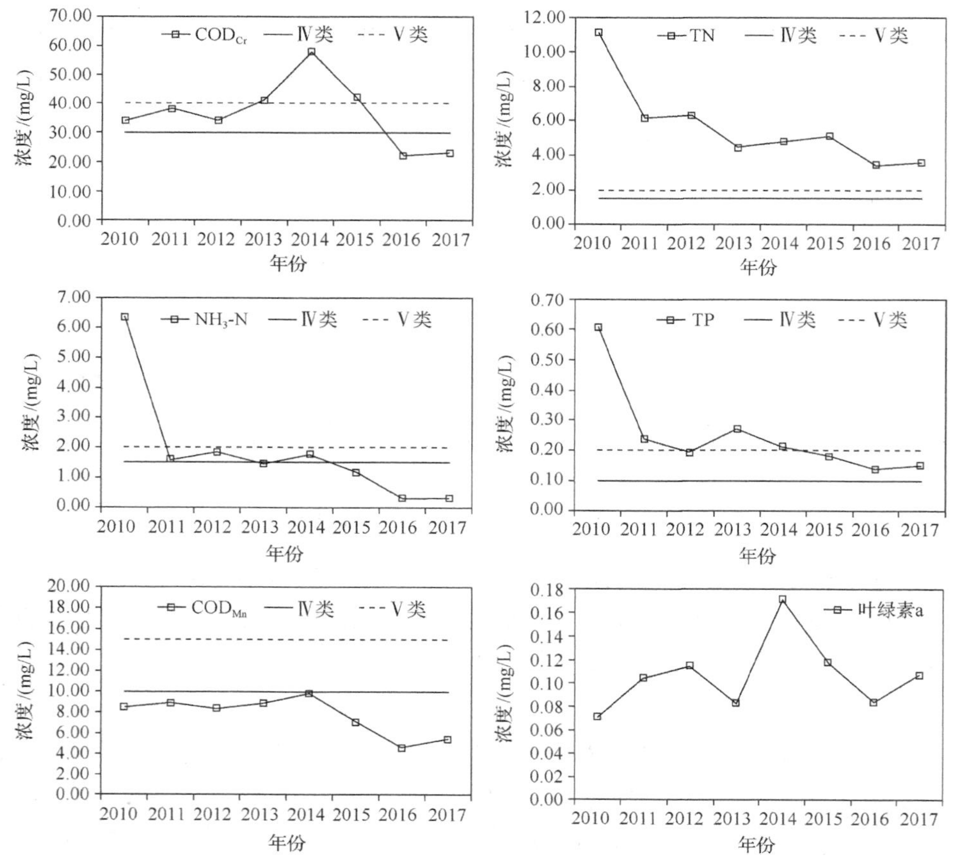

图 1-5　2010～2017 年草海水质变化趋势

外海(波动变化阶段)：2010～2017 年，外海化学需氧量、总氮、总磷、高锰酸盐指数总体波动下降，2016 年均达到历史最低值；2017 年主汛期 6 月至 8 月全市平均雨量较 2016 年同期增加 29%，特殊的气候条件导致滇池水质出现异常波动，化学需氧量、总氮、总磷、高锰酸盐指数略有升高。叶绿素 a 和氨氮波动下降，在 2015 年达到历史最低，2016 年后稍有上升，2010～2017 年外海水质变化趋势见图 1-6。

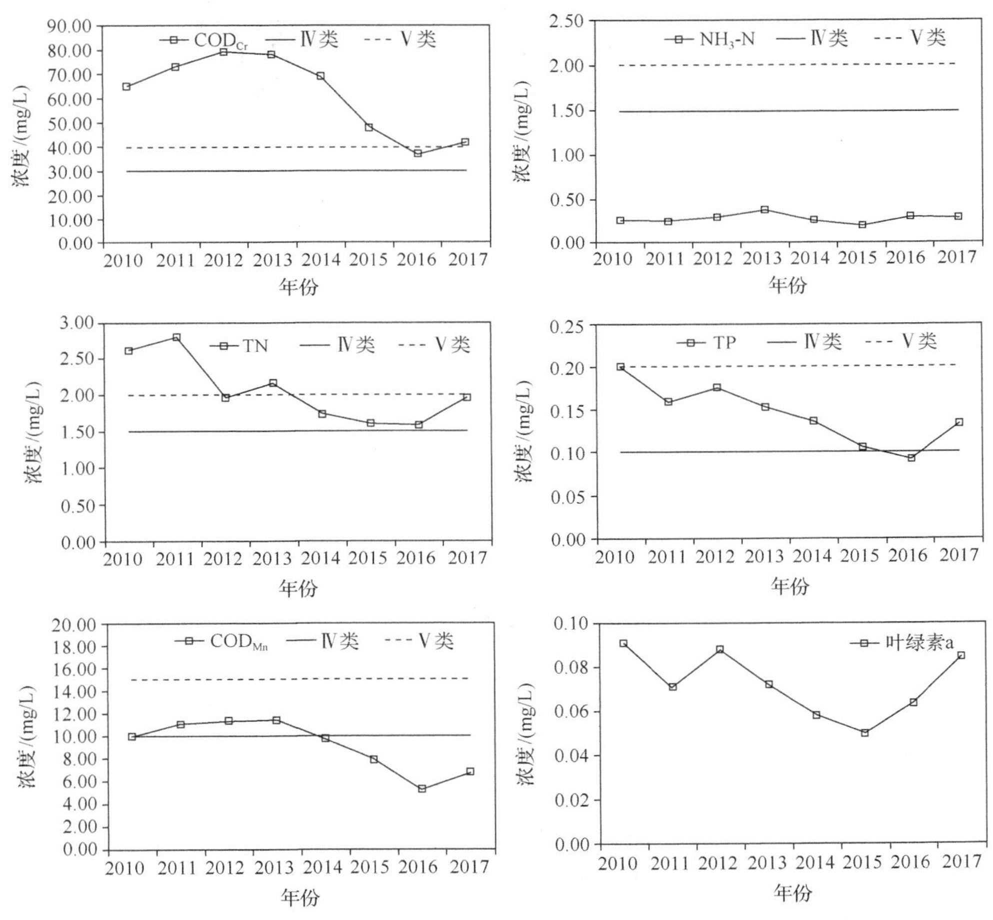

图 1-6　2010～2017 年外海水质变化趋势

2. 主要污染物空间变化趋势分析

根据 2005 年以来滇池 10 个例行监测点位的水质监测数据，分析主要年份主要污染物的空间变化趋势见图 1-7。

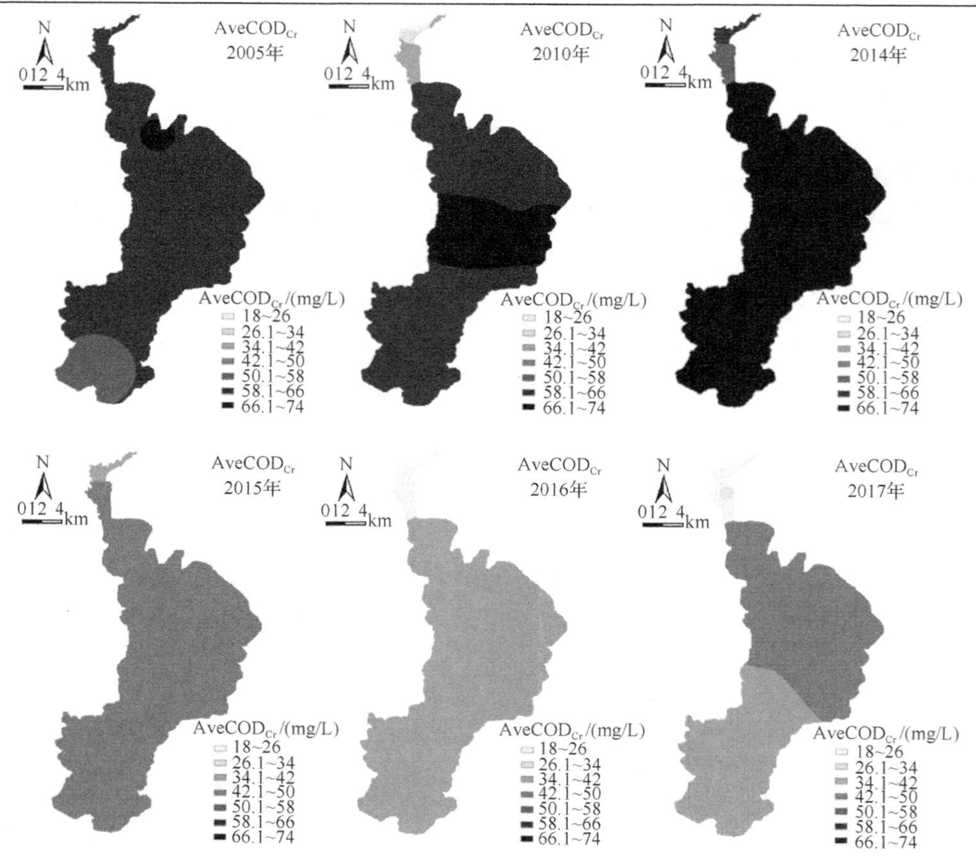

图 1-7　2005～2017 年滇池化学需氧量的空间分布变化

1) 化学需氧量空间变化

2005～2017 年，滇池化学需氧量空间分布发生了明显变化，整个湖区化学需氧量下降明显，尤其是 2014 年实施牛栏江—滇池补水工程和 2015 年实施牛栏江—草海补水通道应急工程后，水质明显好转。2017 年受特殊的气候(主汛期 6 月至 8 月全市平均雨量较 2016 年同期增加 29%) 条件导致滇池水质出现异常波动，外海北部、中部区域化学需氧量有所升高。

2) 高锰酸盐指数空间变化

2005～2010 年间滇池高锰酸盐指数升高，外海中部和南部区域升高明显；2010～2014 年外海中部和南部区域锰酸盐指数下降，草海区域高锰酸盐指数有所上升。2014 年实施牛栏江—滇池补水工程和 2015 年实施牛栏江—草海补水通道应急工程后，2015 年以来，高锰酸盐指数明显下降。与化学需氧量相似，由于 2017 年受特殊的气候(主汛期 6 月至 8 月全市平均雨量较 2016 年同期增加 29%) 条件影响，外海北部、中部区域高锰酸盐指数有所升高。2005～2017 年滇池高锰酸盐指数的空间分布变化见图 1-8。

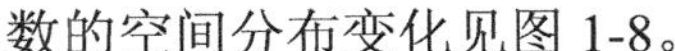

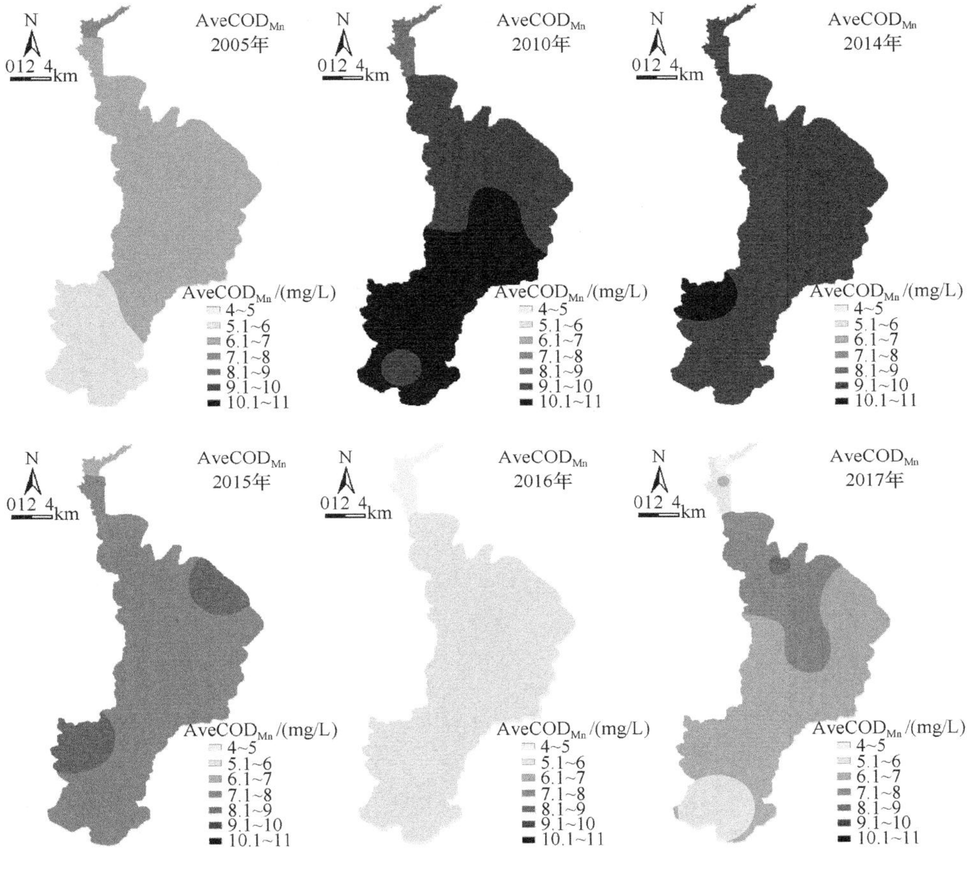

图 1-8　2005～2017 年滇池高锰酸盐指数的空间分布变化

3) 总氮空间变化

滇池水体中氮含量分布总体上呈现草海区域和外海北部区域高，外海南部低，这是由于草海和外海北部靠近昆明市区，每年接纳大量水质净化厂尾水和未收集的城市生活污水。而在变化趋势上呈现出草海和外海北部总氮污染负荷逐渐下降的趋势。由于 2017 年受特殊的气候条件影响，草海区域，外海北部、中部区域总氮浓度有所升高。2005～2017 年滇池 TN 的空间分布变化见图 1-9。

4) 总磷空间变化

滇池水体总磷分布情况与总氮类似，呈现出草海区域和外海北部区域高，南部、西部底的分布特征。整个湖区总磷浓度呈明显下降趋势。由于 2017 年受特殊的气候条件影响，草海区域，外海北部、中部区域总磷浓度有所升高。2005～

2017 年滇池 TP 的空间分布变化见图 1-10。

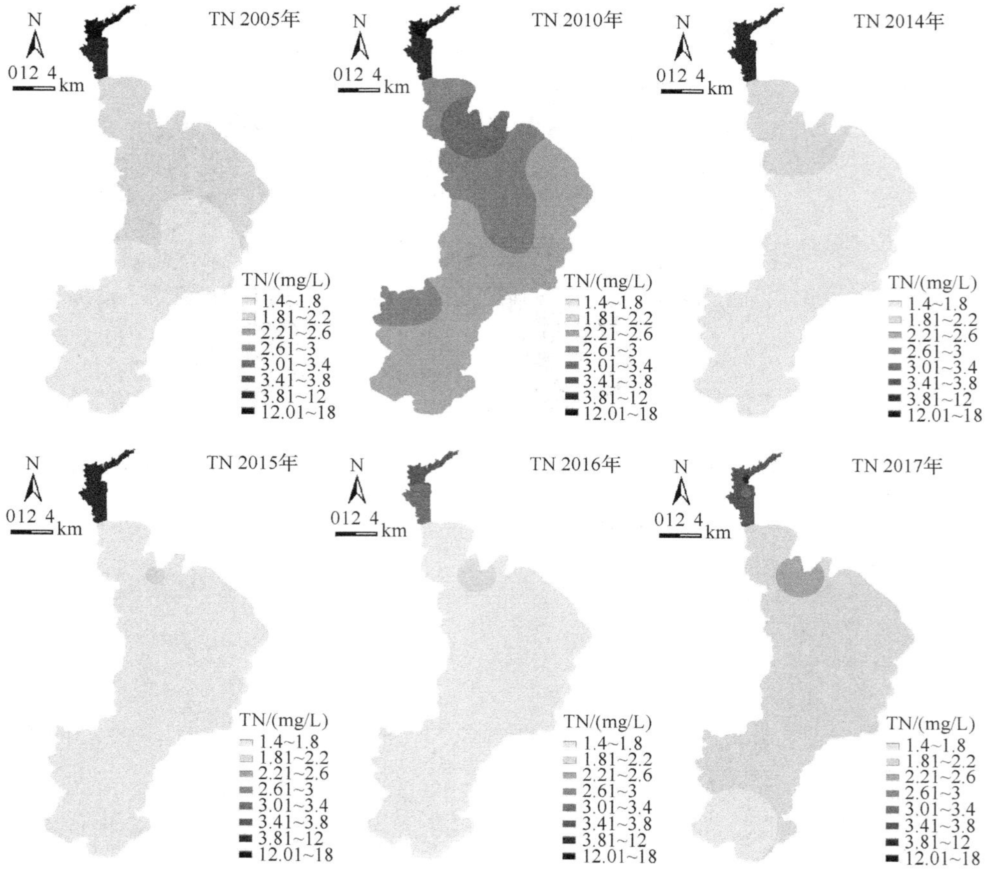

图 1-9　2005～2017 年滇池 TN 的空间分布变化

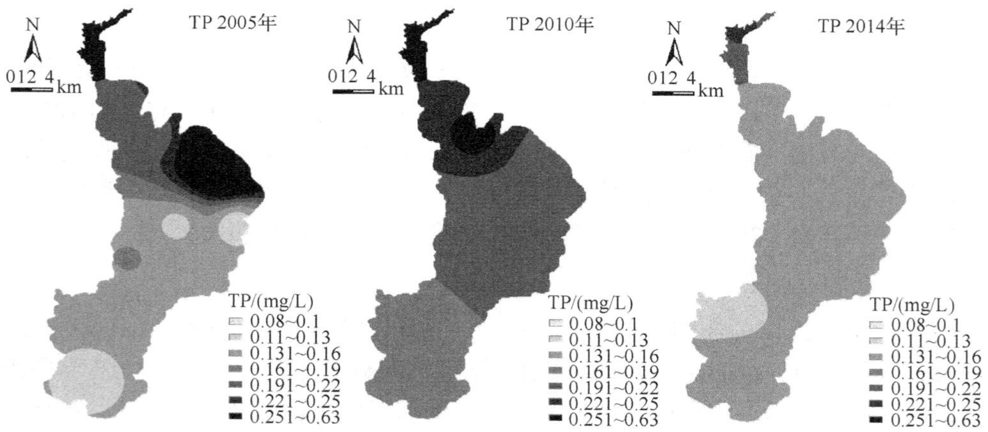

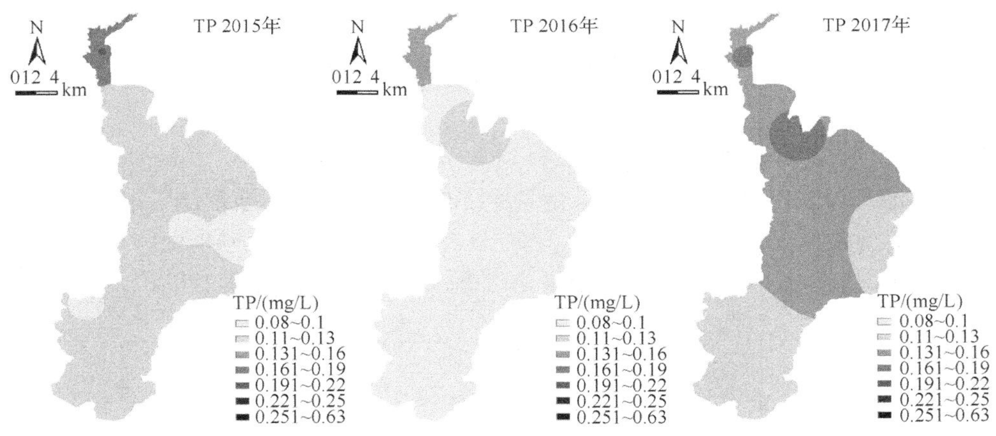

图 1-10　2005～2017 年滇池 TP 的空间分布变化

1.2.3　滇池主要入湖河道水环境质量现状及变化趋势

2017 年，35 条入湖河道中，水质达到或优于Ⅲ类的 6 条：冷水河、牧羊河、盘龙江、西坝河、大观河、洛龙河；水质为Ⅳ类的 15 条：船房河、马料河、东大河、大河(淤泥河)、白鱼河、大清河、老宝象河、新宝象河、老运粮河、南冲河、捞鱼河、乌龙河、虾坝河、柴河、金家河；水质为Ⅴ类 4 条：金汁河、枧槽河、新运粮河、中河(护城河)；水质为劣Ⅴ类的 7 条：采莲河、茨巷河、古城河、海河、小清河、姚安河、王家堆渠；广普大沟、五甲宝象河、六甲宝象河断流。

1987～2017 年滇池主要入湖河道综合污染指数明显下降，河道水质逐步改善。2000 年河道综合污染指数达到历史最高(201.2)，2016 年河道综合污染指数降到历史最低(8.6)。1987～2017 年滇池主要入湖河道综合污染指数变化趋势见图 1-11。

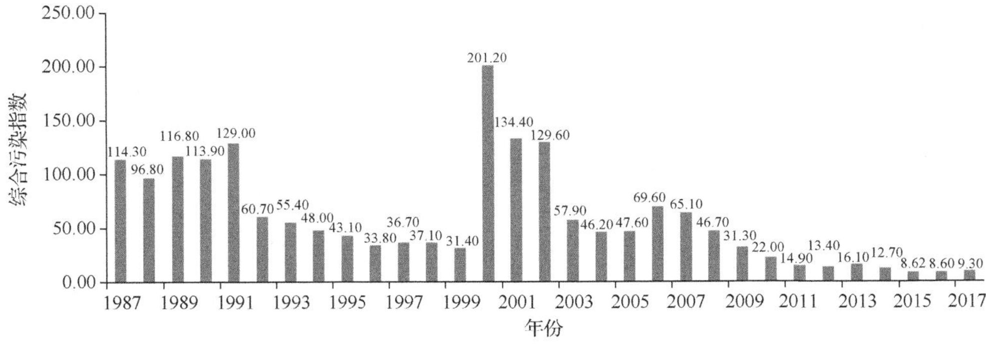

图 1-11　1987～2017 年滇池主要入湖河道综合污染指数变化趋势

1.3 社会经济发展状况

1.3.1 行政区划及人口

滇池流域是以昆明为中心的云南省经济最发达的地区，涉及昆明市五华区、西山区、盘龙区、官渡区、呈贡区、晋宁区，53 个乡镇(街道办事处)，流域面积 2920 km^2，城市建成区面积 412 km^2。滇池流域行政区划图见图 1-12。

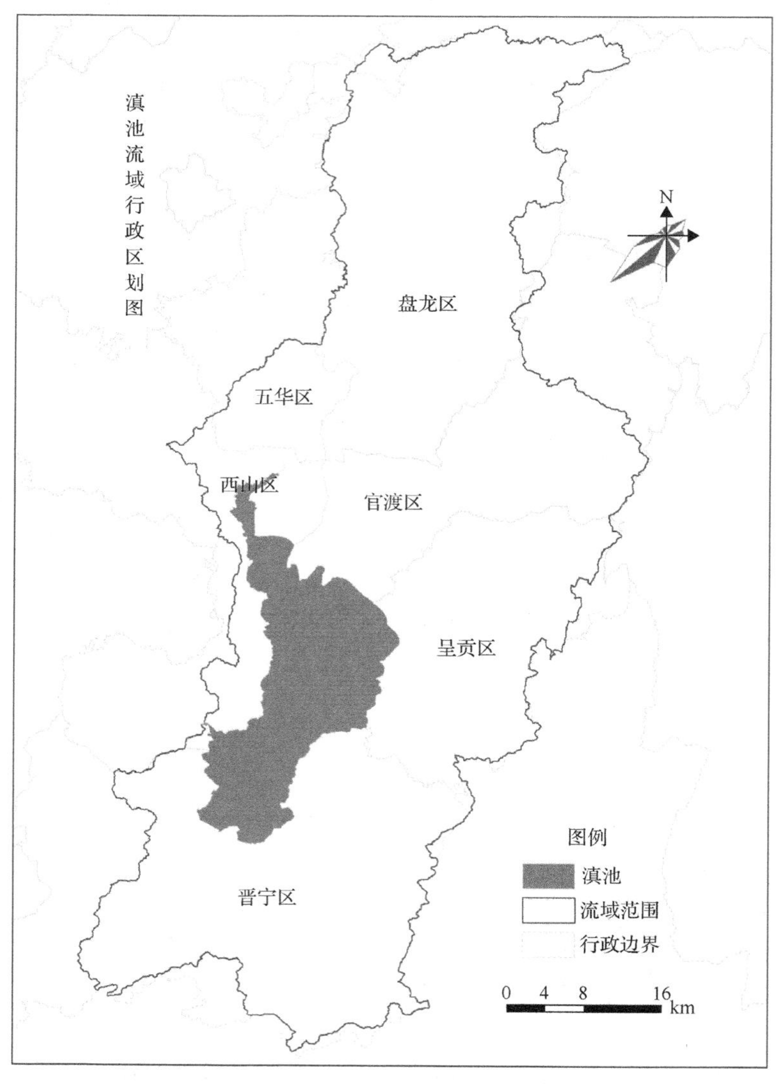

图 1-12 滇池流域行政区划图

2017 年滇池流域人口总数达到 404.8 万人，人口总数占昆明市总人口的 60%，人口密度为 1388 人/km^2。其中，城镇常住人口 370.84 万人，占常住人口比重为 91.6%。滇池流域人口主要集中在主城四区，占流域总人口的 84%。其中，五华区、官渡区人口集聚程度最高，其次是盘龙区和西山区；主城四区人口城镇化率达到了 98%。

滇池流域人口规模不断增加，2017 年滇池流域人口从 2000 年的 220.48 万人增加到 404.8 万人，年均增长率为 4%。2000～2017 年滇池流域各县区人口变化图见图 1-13。

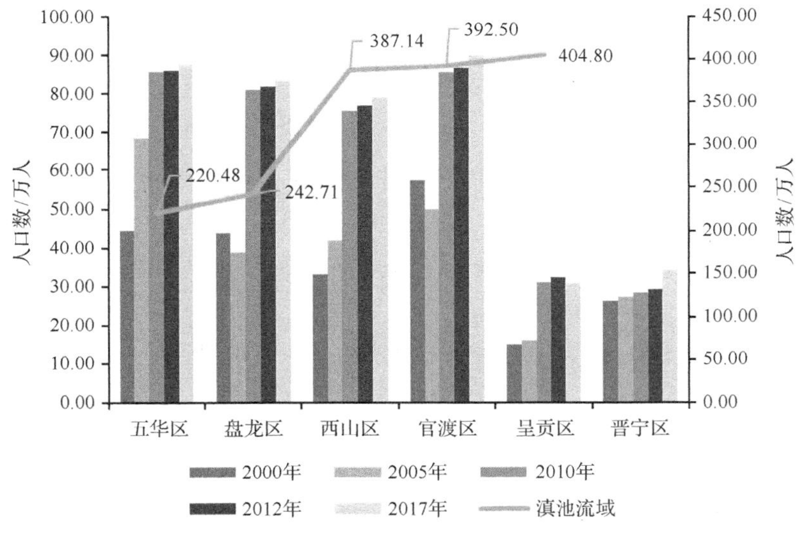

图 1-13　2000～2017 年滇池流域各县区人口变化

1.3.2　社会经济发展情况

2017 年，滇池流域 GDP 达到 3886 亿元，约占昆明市 GDP 的 80%，三次产业结构为 1.2∶36.8∶62。其中，第一产业增加值 48.18 亿元，第二产业增加值 1428.4 亿元，第三产业增加值 2409.42 亿元。主城四区 GDP 贡献率为 90%，主导产业为第二产业和第三产业。第一产业主要集中在晋宁区，占整个流域第一产业的 47%。

2017 年，滇池流域 GDP 较 2000 年增长了 27 倍，2000～2017 年，滇池流域第一产业在国民生产总值中所占的比例明显下降，第二产业在国民生产总值中所占的比例有下降的趋势，第三产业在国民生产总值中所占的比例有上升的趋势。第三产业在昆明市国民生产总值中占绝对的优势，很大程度上是由于旅游业的飞速发展。2000～2017 年滇池流域三次产业结构变化见图 1-14。

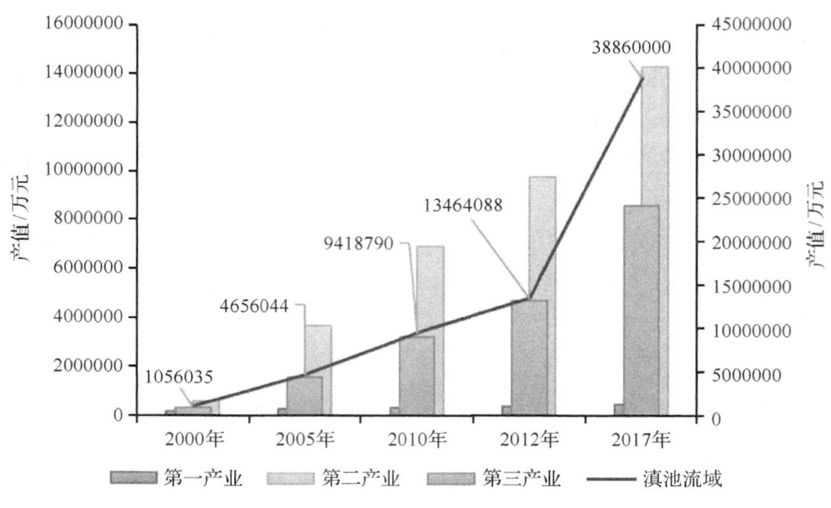

图 1-14　2000～2017 年滇池流域三次产业结构变化

1.4　本 章 小 结

滇池地处金沙江、红河、珠江三大水系的分水岭地带，状似长方形，常年汇入滇池的河流有 35 条，流域面积 2920 km^2。滇池流域总体属资源性缺水地区，资源开发利用率很高，远超过云南省现状平均 6.9%的开发利用程度。滇池从 20 世纪 70 年代后期开始受到污染，进入 90 年代污染明显加剧，水体富营养化异常严重。30 年来滇池的水质变化包括迅速恶化阶段（1987～2000 年），缓慢改善阶段（2001～2009 年），草海为迅速改善阶段（2010～2017 年），外海为波动变化阶段（2010～2017 年），2017 年滇池全湖水质类别为 V 类，处于中度富营养状态，藻类水华风险依然较大。

第 2 章　滇池流域污染特征及社会经济发展

回顾滇池水污染历史可见，在 20 世纪 60 年代，滇池草海和外海水质较好，均为Ⅱ类，到 70 年代下降为Ⅲ类(吕利军和王嘉学，2009；王红梅和陈燕，2009)。自 70 年代后期滇池水质开始快速恶化，特别是 20 世纪 80 年代以后，草海水质总体变差，为劣Ⅴ类，外海水质在Ⅴ类和劣Ⅴ类之间波动(郭怀成和孙延枫，2002)。滇池水污染过程伴随着流域社会经济快速发展，且对流域社会经济也产生了较大影响。自“九五”以来，国家和地方政府投入大量资金治理滇池，特别是“十一五”以来，滇池治理进入了快车道，以“六大工程”为抓手，以大幅度削减主要入湖污染物为重点，以改善湖体水质为目标，滇池治理取得了一定成效。

为了进一步巩固滇池治理成效，需要深入梳理和分析滇池水污染特征及其演变过程，揭示滇池水质演变的阶段性特征及其主要影响因素，并分析不同时期滇池水污染的主要成因，为深入推进滇池治理提供参考依据。

根据污染物进入水体的途径不同，水环境的污染源可以分为点源污染、面源污染和内源污染。点源污染一般是指工矿企业排放废水、城镇排放生活污水，由排放口集中排入湖泊；面源污染主要是指暴雨冲刷的地表污染物，通过地表漫流进入江湖水体；内源污染的实质即沉积物污染，沉积物中主要污染物可分为氮磷营养盐、重金属和难降解有机物三类。本章主要围绕各类污染源核算及评价有关技术事项展开研究，根据不同污染物调查与评价方法，分析污染物的时空分布特征。

2.1　点源污染特征及其变化趋势

滇池流域点源污染主要来源为企业排放的污水及城镇居民排放的生活污水。1988 年至今，昆明市组织开展了多次点源污染调查工作。企业污染源调查方面，2007 年以前主要以昆明市环境保护局排污企业申报登记、环境统计、排污许可证发放等资料为基础，结合对重点工业源的实测与物料衡算，统计核算企业污染负荷；2007 年，以《全国第一次污染源普查》成果为基础，同样对重点源进行抽样校核，统计核算 2007 年工业污染物负荷。生活污染源调查方面，分别于 1988 年、1993 年、1995 年、1998 年、2000 年、2002 年、2005 年、2007 年选择典型生活小区污水管出口进行一段时间内的连续现场监测，研究人均排污系数，结合人口数据，统计核算生活污染负荷。对于污水处理厂，则收集污水处理厂进出水自动监测数据，并通过对污水处理厂进出水进行一段时间的水质连续现场监测，对自动监测数据进行校验，从而统计核算污水处理厂污染物削减量(李跃勋等，2010)。

2.1.1　污染现状及特征

1. 点源污染负荷产生量

滇池流域是昆明市社会经济最发达、人口最集中的区域。随着流域内社会经济的发展，建成区面积不断扩张，人口急剧增长，污染物产生量也迅速增长。2017 年，滇池流域常住人口 404.8 万人，其中城镇人口 370.84 万人。点源污染产生总量为 COD 121639 t/a，TN 18709 t/a，TP 1705 t/a，NH_3-N 12991 t/a。从污染源贡献率上看，生活源是污染物的主要来源，生活源 COD、TN、TP、NH_3-N 所占比例分别为 81.2%、94.3%、91.7%和 97.7%。企业污染物中，第三产业占主要部分，第三产业 COD、TN、TP、NH_3-N 分别占整个企业污染源的 94.3%、91.5%、90.1%和 71.5%，见表 2-1。

表 2-1　2017 年滇池流域点源产生量

污染源		COD/t	TN/t	TP/t	NH_3-N/t
生活源		98789	17645	1563	12693
企业源	工业	1294	90	14	85
	第三产业	21556	974	128	213
合计		121639	18709	1705	12991

《滇池流域水污染防治规划(2011—2015 年)》中，滇池流域被划分为 7 个控制单元，其中草海陆域、草海湖体、外海北岸、外海东岸、外海南岸、外海湖体为优先控制单元，外海西岸为一般控制单元。草海陆域、外海北岸、外海东岸、外海南岸和外海西岸均是点源污染负荷的来源，2017 年滇池流域点源污染产生量在各控制单元的分布情况详见表 2-2。

表 2-2　2017 年各控制单元点源污染物产生量

控制单元	COD/t	TN/t	TP/t	NH_3-N/t
草海陆域	39084	5675	522	3852
外海北岸	71522	11079	1008	7718
外海东岸	4874	867	77	633
外海南岸	5461	967	89	700
外海西岸	699	121	10	87
合计	121640	18709	1706	12990

由于外海北岸和草海陆域为昆明主城区，人口密度较大，城市生活污水产生量大，为滇池流域主要的点源产生区域，点源产生量占滇池流域点源总产生量的 90.9%；外海西岸人口密度最小，工业污染源少，该汇水区点源产生量为五个汇水区中最小，仅占滇池流域点源产生量的不到 1%。

2. 点源污染负荷削减量

为保护滇池水环境，昆明市政府自 1988 年建成第一污水处理厂，至 2017 年底已建成 24 座污水处理厂[第一至第十二污水处理厂，呈贡区污水处理厂、晋宁区污水处理厂，以及 10 座环湖截污水处理厂(淤泥河、白鱼河、古城河、捞鱼河(污)、洛龙河(污)、昆阳厂(雨)、昆阳厂(污)、洛龙河(雨)、海口厂、白鱼口)]，污水处理能力达 199 万 m^3/d。2017 年滇池流域各控制单元点源污染负荷实际削减量见表 2-3。

表 2-3　2017 年滇池流域点源污染负荷削减量

控制单元	COD/t	TN/t	TP/t	NH_3-N/t
草海陆域	41310	5148	495	3236
外海北岸	59011	8382	816	5694
外海东岸	2791	443	50	367
外海南岸	2568	121	23	120
外海西岸	216	8	9	7
合计	105896	14102	1393	9424

3. 点源污染负荷入湖量

点源污染产生量与削减量的差值即为点源污染负荷入湖量。2017 年滇池流域点源污染物入湖量为 COD 15743 t/a、TN 4607 t/a、TP 313 t/a、NH_3-N 3566 t/a，详见表 2-4。

表 2-4　2017 年滇池流域点源污染负荷入湖量

控制单元	COD/t	TN/t	TP/t	NH_3-N/t
草海陆域	2591	1259	95	1126
外海北岸	7693	1964	123	1513
外海东岸	2084	424	26	266
外海南岸	2892	847	67	580
外海西岸	483	113	2	81
合计	15743	4607	313	3566

注：未考虑截污外排削减

2017 年滇池流域点源污染 COD 入湖负荷主要集中在外海北岸和外海南岸，TN、TP 和 NH_3-N 主要集中在外海北岸和草海陆域，见图 2-1。

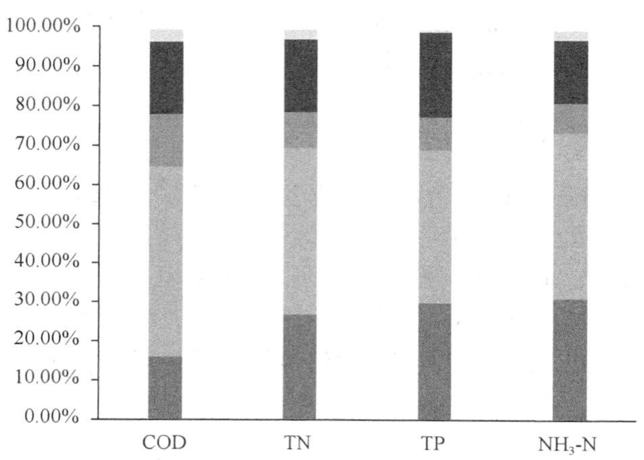

图 2-1　2017 年滇池流域各控制单元点源污染负荷占比

2.1.2　变化趋势及原因分析

1. 点源变化趋势

1) 点源产生量变化趋势

1988 年至 2017 年滇池流域点源污染产生总量呈持续上升趋势。在污染源组成方面，生活源一直占主要部分，随着人口的增加和社会经济的发展，生活污染负荷急剧增加，1988～2006 年间，随着企业污染治理力度的加大，企业污染负荷产生量总体呈下降趋势，1998 年以后，一批重污染企业被关停并改转，特别是 2000 年“零点行动”以后，企业污染源污染物排放量大幅削减，2008 年以后，对滇池流域第三产业产物情况进行了普查，滇池流域企业源污染负荷产生量呈现上升趋势，其主要为第三产业产生的污染负荷，2017 年企业污染负荷中，第三产业产生的 COD、TN、TP 和氨氮污染负荷分别占 94.3%、91.5%、90.1%和 71.5%，见图 2-2。

2) 点源削减量变化趋势

随着滇池流域污水处理厂的建设，点源污染负荷削减量呈现上升趋势。滇池流域第一座污水处理厂建成于 1991 年，位于滇池路船房村南侧滇池路 2 km 处，占地 135 亩①，第一污水处理厂的建成运行，结束了滇池流域无污水处理厂的历史，

① 1 亩≈666.7 m^2

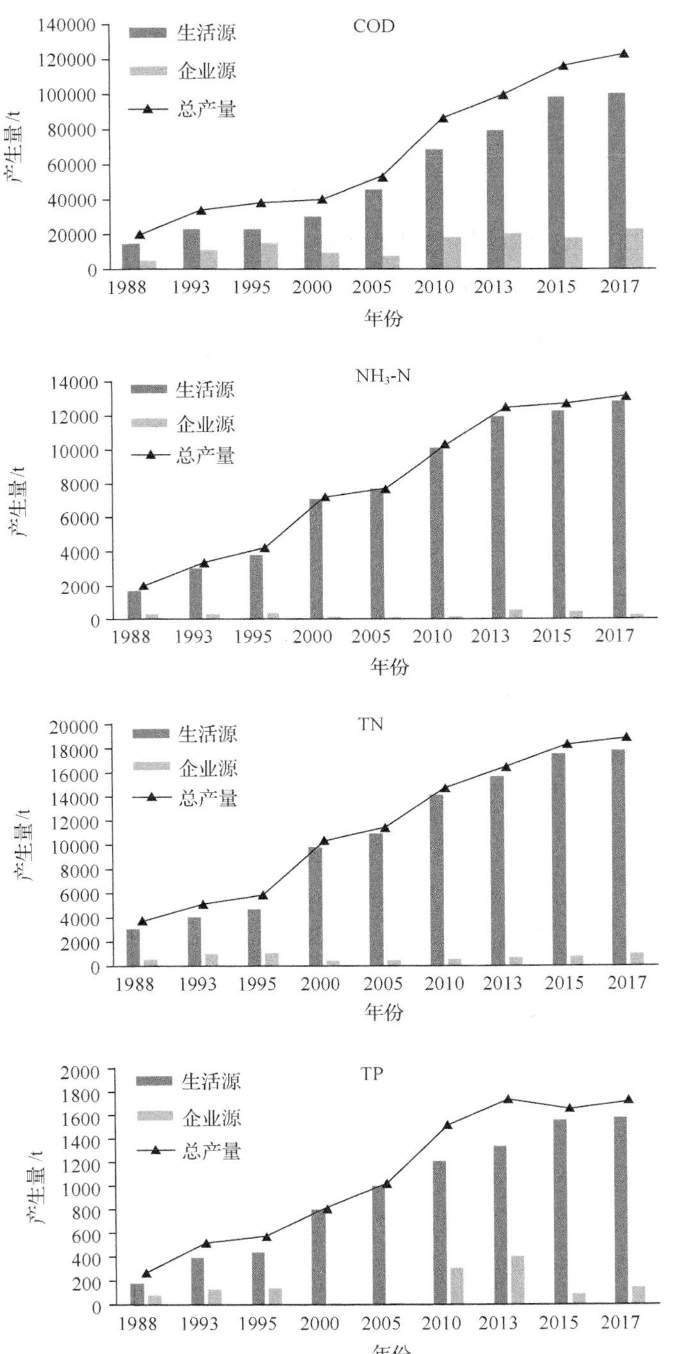

图 2-2　滇池流域点源污染产生量变化趋势

随着经济发展，仅有的一座污水处理厂难以满足日益增加的污染负荷产生量的削减，1996～1997 年间又相继建成 3 座污水处理厂。1995～2000 年间，滇池流域点源污染负荷削减量呈现明显上升趋势，2000～2005 年间，随着昆明主城区第五、第六污水处理厂以及呈贡、晋宁污水处理厂的建设，点源污染负荷削减量再次出现大幅上升趋势，同时也结束了外海东岸和外海南岸无污水处理厂的历史。2005～2010 年间，相继建成投产第七和第八污水处理厂，滇池流域点源污染负荷削减量出现了明显的上升趋势。2013 年随着第九、十污水处理厂的建成，滇池流域点源污染负荷削减量得到进一步的提升。截至 2017 年，又相继建成第十一、十二污水处理厂以及 10 座环湖污水处理厂，使得点源污染负荷削减量持续攀升，见图 2-3。

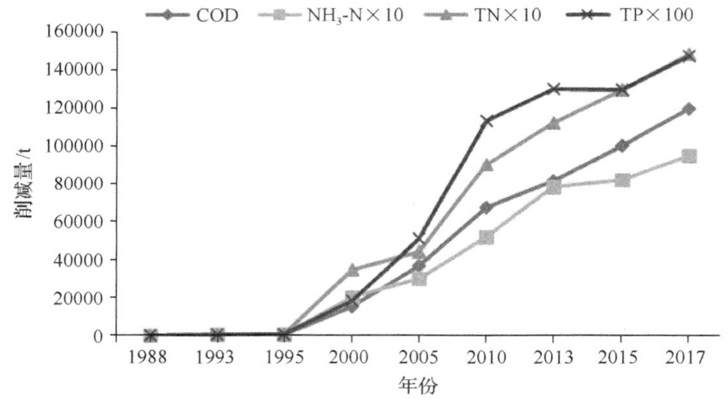

图 2-3　滇池流域点源污染负荷削减量

3) 点源入湖量变化趋势

滇池流域点源入湖量基本呈现先上升后下降的趋势，其中 COD 入湖量在 1995 年出现峰值，TN、TP、NH_3-N 入湖量峰值出现在 2000 年。2017 年滇池流域点源污染物入湖量为 COD 15782 t、TN 5435 t、TP 363 t。相对于 2010 年污染负荷入湖量削减 5%以上。点源入湖量占产生量的比例则持续下降。1988 年滇池流域内尚无城市污水处理厂，仅对工业污染源进行了监督管理和治理，入湖量占产生量之比为 100%。2017 年点源入湖污染负荷占产生量的比例下降到 18%左右。可见，尽管污染负荷产生量在不断增加，但是随着滇池治理力度的加大，点源入湖污染负荷占点源污染产生量的比例不断降低，点源污染控制成效显著，如图 2-4 所示。

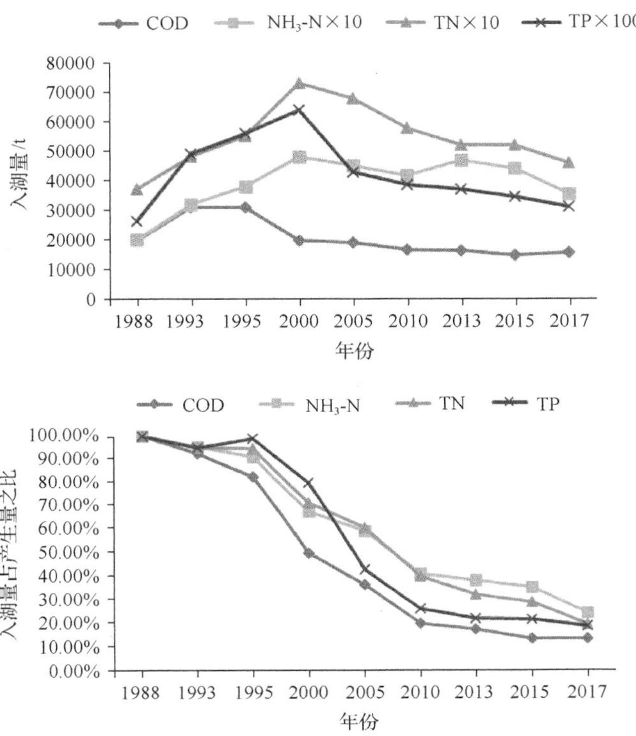

图 2-4　滇池流域点源污染负荷入湖量及入湖量占产生量之比变化趋势

2. 点源变化趋势原因分析

点源污染负荷产生量的变化主要受人口、经济、人民生活习惯等因素的影响。

1) 人口持续增长

人口持续增长是滇池流域城镇生活污染负荷继续增长的最根本驱动因素。随着国家针对昆明的开发战略转变，外来流动人口和常住人口数也将越来越多，特别是昆明“宜居城市、久居城市”发展战略的确定，刺激了城市常住人口和外来服务人口的增加，人口增加势必将导致生活污染负荷产生量的急剧增加。

根据 1988 年至今的《昆明市统计年鉴》，1988～2017 年，滇池流域城镇人口数从 116.81 万人剧增至 370.84 万人，约为原来的 3 倍，随着人口的持续增长，城镇生活污染负荷持续上升，城镇污染负荷是流域点源污染负荷的重要组成部分，随着城镇污染负荷的增加，滇池流域点源污染负荷产生量也呈现出逐年增加的趋势，如图 2-5 所示。

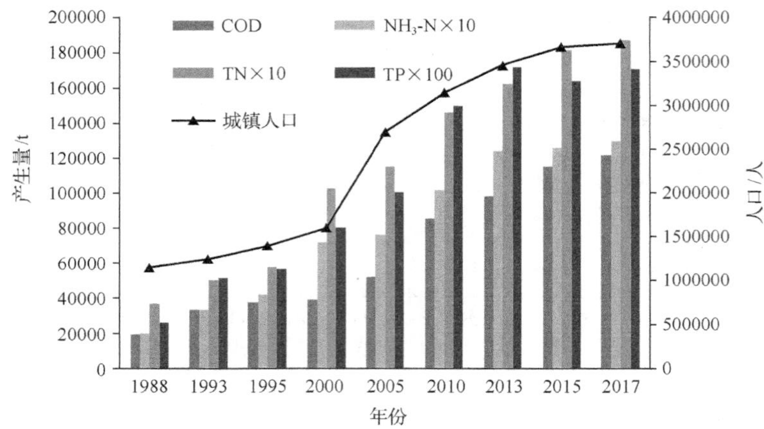

图 2-5　滇池流域污染负荷产生量及人口变化趋势

2) 经济飞速发展

1988～2017 年间，滇池流域 GDP 从 12.95 亿元增长至 3798 亿元，约增长了 293 倍，根据滇池流域点源污染负荷产生量与 GDP 的相关性分析，点源污染负荷产生量与 GDP 呈现出明显的正相关。将点源污染负荷产生量与 GDP 进行回归分析，COD、TN、TP 和氨氮的相关系数分别可以达到 0.96、0.86、0.84 和 0.85，如图 2-6 所示。

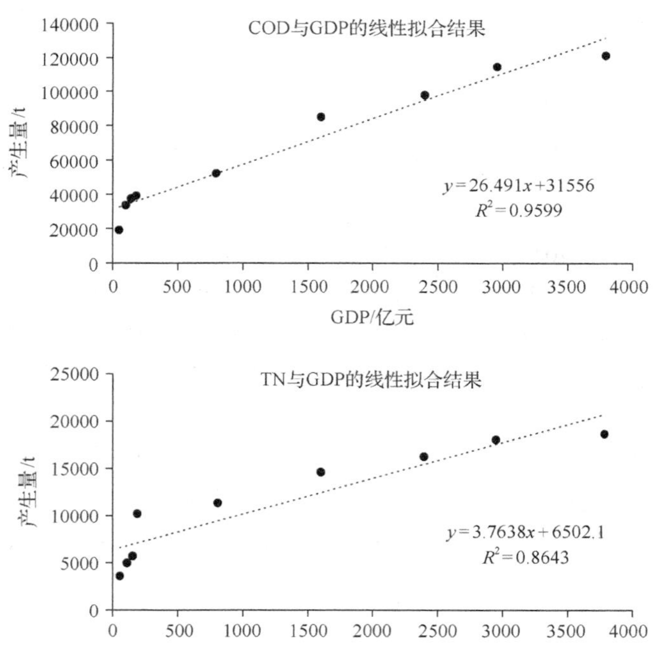

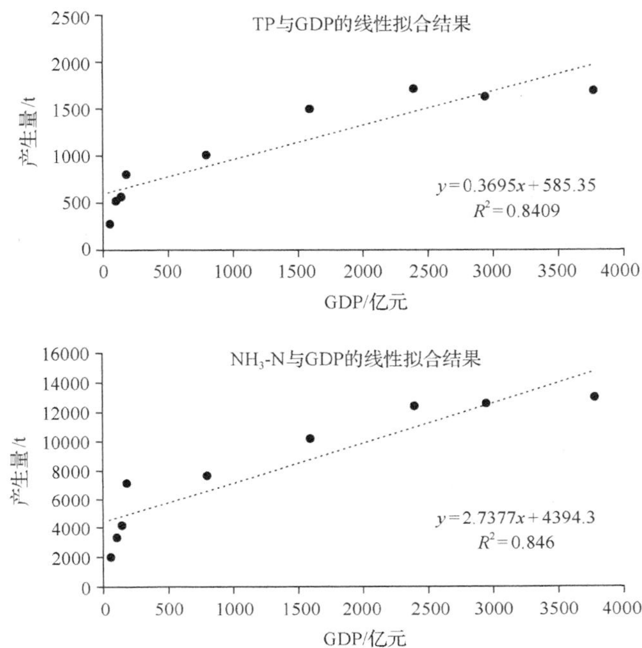

图 2-6　滇池流域点源污染负荷与 GDP 的线性拟合结果

滇池流域总点源污染负荷产生量随着 GDP 的增长而增长，但工业污染负荷产生量并未呈现相应的增长趋势，而是呈现出先增长后降低的趋势，见图 2-7。

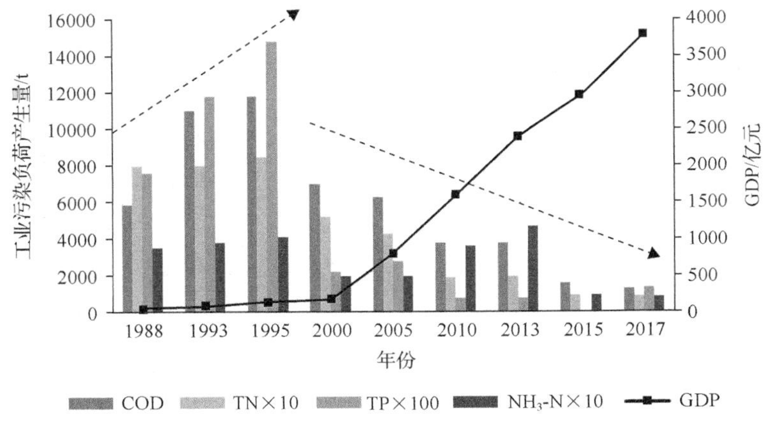

图 2-7　工业污染负荷随 GDP 变化趋势

工业污染负荷产生量呈现出先增加后降低趋势的原因主要包括工业治理与监督力度的加大以及工业产业结构的调整。

工业治理与监督力度的加大：20 世纪 80 年代以来，滇池流域工业污染源的治理与监督管理力度不断加大，并从浓度管理逐步转变为目标总量管理，使流域工业污染负荷不断减小。1999 年滇池治理“零点行动”启动，对滇池 253 家重点考核工业企业、128 家非重点考核企业实施达标排放行动，清理关闭了云南印染厂、昆明味精厂、昆明造纸厂、昆明冶炼厂等重点污染源；昆明农药厂、福保造纸厂制浆生产线等搬迁出了滇池流域，极大地削减了流域工业污染负荷，通过“零点行动”的实施，滇池流域 2000 年工业污染负荷产生量较 1995 年出现了明显的下降趋势，COD、TN、TP 的产生量分别下降 42%、43%和 81%。随着工业治理力度的不断加强，滇池流域工业污染负荷产生量呈现出逐年减小并趋于稳定的状态。

工业产业结构调整：1988 年《滇池保护条例》出台，条例中提出了合理调整区域工业结构，鼓励发展节水型、无污染的工业。明确提出严禁在滇池盆地区新建钢铁、有色金属、基础化工、石油化工、化肥、农药、电镀、造纸制浆、制革、印染、石棉制品、土硫磺、土磷肥和染料污染严重的企业和项目。

20 世纪 80 年代滇池流域主要工业污染行业为化工和医疗卫生行业。经过工业产业结构的调整，现阶段，工业污染行业中化工类等重污染行业已不再是主导行业，取而代之的是饮料及食品制造业。随着新产业格局的形成，滇池流域工业逐步从高污染、高能耗向低污染、低能耗的良性局面过渡，见图 2-8。

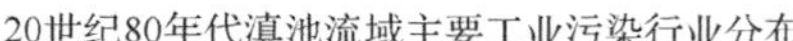

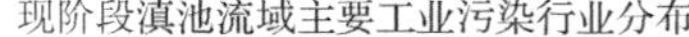

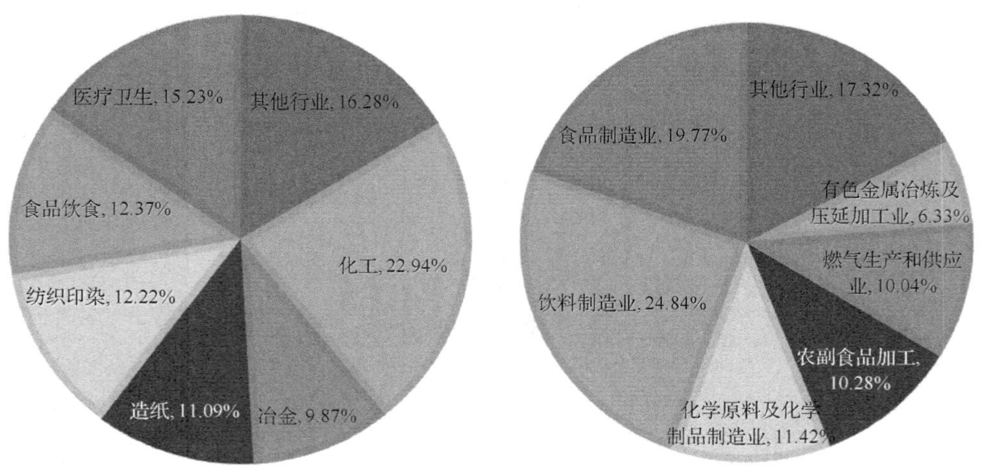

图 2-8　滇池流域工业产业结构变化

随着政府在主城区推行“退二进三”，调整产业结构，严格控制新建企业，使流域工业污染源污染负荷产生量没有随着工业总产值持续增长而增加。

3) 生活方式改变

生活习惯的改变加大了生活用水量并改变着污水性质与浓度构成。20 世纪 80 年代初昆明主城开始普及洗衣机，90 年代末抽水马桶基本普及，2000 年不锈钢水槽、陶瓷浴盆、整体浴室等相继进入普通家庭，家庭生活用水量猛增，污水产生量随之增加，与此同时，污水中油类、厨余下水、日用化学品的含量也在增加，生活源污染负荷逐渐增加。

点源入湖污染负荷的变化与产生量的增长和污水处理厂建设密切相关。当污染负荷产生的增量大于污水处理厂削减能力的增量时，入湖污染负荷呈上升的趋势；反之则下降。因此点源入湖污染负荷的变化呈现波动的趋势。

3. 点源治理存在问题

1) 城市排水系统混流污染

滇池流域大部分新兴开发的城市区域已按雨污分流制构建排水系统，但根据流域排水系统运行现状调查结果，已建分流制排水系统运行成效较差，排水系统“源头—过程—排口”全过程雨污分流并未真正落实。排水系统源头排水单元(小区、单位) 内部排水系统雨污混流现象十分普遍，加之排水主干错接问题的存在，旱季大量污水混入雨水系统。为防止混流污染进入河道，大量混流雨水系统末端排口被封堵，雨水系统雨季排涝功能丧失，同时加重雨污混流及淹积水风险。

2) 合流制排水系统雨季溢流污染

2017 年，城镇排水系统中仍有大量的合流制沟渠、管道，尤其是昆明主城二环路内的老旧城区和城乡结合区域，合流制排水沟渠仍是片区雨污水排放的主干通道，这些沟渠末端多设置了截污闸堰，旱季可保障污水截污进入市政污水系统，但进入雨季后随着上游来水量增加，合流制沟渠溢流翻坝情况十分普遍，这在很大程度上制约了滇池水环境的持续改善。

3) 农村及周边排水系统及垃圾清运体系不完善

近年来，随着流域农村环境综合整治工程和村庄污水收集处理工程的逐步推进，农村环境得到了较大提升改善，生活污染也得到了一定控制，但流域城乡结合区域仍然存在市政排水管网建设覆盖空白区，城中村及城乡结合区域的垃圾收集和无害化清运、处置体系仍不完善，同时，由于生活污水和垃圾收集处理设施建设标准低、管理维护不到位、与市政大系统衔接困难等问题的存在，农村区域生活污水与农灌废水混流污染情况仍然普遍存在，农村生活垃圾仍未能做到及时清运，导致农村及周边生活污水和垃圾污染无法得到全面控制。

2.2 农村农业面源污染特征及其变化趋势

除点源污染以外，农村农业面源也是滇池流域水污染物的主要来源之一。随着滇池流域经济和社会发展，农村生活方式、农村产业结构及农业生产方式都在发生改变，一方面，农村生活污染源强度和排放频度增加，造成散排农村生活污水流入受纳水体；另一方面，在农业生产活动中，大量使用化肥、农药，农业固体废弃物的产生量也不断加大，氮素和磷素等营养物质通过农田的地表径流和农田渗漏形成环境污染。通常，农业农村面源从来源上可分为农村生活面源和农业生产面源两大类。农村生活面源主要来自于农村生活污水和农村生活垃圾污染；农业生产面源主要来自于农田固废、农田化肥流失以及牲畜粪便污染。主要污染指标包括农村生活污水排放量、生活垃圾排放量、COD、TN、TP、NH_3-N 等。

2.2.1 污染现状及特征

1. 农村农业面源污染负荷排放量

1) 农村生活面源污染负荷排放量

A. 农村生活污水

农村生活污水指农村居民在生活过程中排放的厨房、洗浴、洗衣服污水等。此类污水污染物相对简单，污染浓度较低，基本不含重金属和有毒有害物质，但同时具有水质波动较大、排放点分散，难以收集等特点(张金卫等，2014)。

据统计，2017 年滇池流域农村人口共计 33.96 万人，主要分布在外海南岸晋宁区、外海东岸呈贡区，生活污水中污染物排放量为 COD 1717 t，NH_3-N 43 t，TN 80 t，TP 14 t，见表 2-5。

表 2-5 2017 年滇池流域农村生活污水污染排放情况

控制单元	COD/t	NH_3-N/t	TN/t	TP/t
草海陆域	0	0	0	0
外海北岸	220	5	10	2
外海东岸	1141	29	53	9
外海南岸	356	9	17	3
外海西岸	0	0	0	0
合计	1717	43	80	14

B. 农村生活垃圾

农村生活垃圾主要包括厨房剩余物、包装废弃物、一次性用品废弃物、废旧衣服鞋帽等(马香娟和陈郁，2002)。“十一五”水专项滇池项目中“滇池流域面源污染调查与系统控制研究及工程示范课题”滇池流域面源污染基础状况调查结果显示：滇池流域人均生活垃圾产生量为 0.40 kg /(人·d)，生活垃圾中的易腐物含量为 62.5%，灰渣含量为 22.5%，废品含量为 15.0%，表明滇池流域农村生活垃圾以易腐的厨余及燃烧灰渣为主。滇池流域农村生活垃圾收集与安全处置基本健全，垃圾收集及安全处置率在 75%左右，2017 年滇池流域农村生活垃圾产排量见表 2-6。

表 2-6　2017 年滇池流域农村人口生活垃圾污染负荷产生量、排放量

控制单元	产生量			排放量		
	NH_3-N/t	TN/t	TP/t	NH_3-N/t	TN/t	TP/t
草海陆域	0	0	0	0	0	0
外海北岸	12	22	13	2	5	3
外海东岸	58	115	68	14	29	17
外海南岸	18	36	22	4	9	5
外海西岸	0	0	0	0	0	0
合计	88	173	103	20	43	25

C. 农村居民粪便

滇池流域内实施沼气池建设工程，人畜粪便污染物在原有排放量基础上可减少 82%。2017 年滇池流域农村人口粪便污染物产排量见表 2-7。

表 2-7　2017 年滇池流域农村人口粪便污染负荷产生量、排放量

控制单元	产生量				排放量			
	COD/t	NH_3-N/t	TN/t	TP/t	COD/t	NH_3-N/t	TN/t	TP/t
草海陆域	0	0	0	0	0	0	0	0
外海北岸	380	24	44	8	68	4	8	2
外海东岸	1968	124	230	39	354	23	41	6
外海南岸	614	40	72	13	111	6	14	2
外海西岸	0	0	0	0	0	0	0	0
合计	2962	188	346	60	533	33	63	10

D. 农村生活面源污染负荷总排放量汇总

据核算，2017 年滇池流域农村生活面源污染排放污染物 COD 2250 t，NH_3-N 96 t，TN 186 t，TP 49 t，由于采用的是排污系数法合算污染负荷，故污染负荷与农村人口数成正相关。其中，COD 污染负荷主要来自于生活污水和居民粪便，各占 76%和 24%；NH_3-N 污染负荷主要来自于生活污水和居民粪便，各占 45%和 34%；TN

污染负荷主要来自于生活污水，约占 43%，其次来自于居民粪便，约占 34%，以及生活垃圾，约占 23%；TP 污染负荷主要来自于生活垃圾，约占 51%，其次来自于生活污水，约占 29%，以及居民粪便，约占 20%，见表 2-8。

表 2-8　2017 年滇池流域农村生活面源污染排放总量

控制单元	COD/t	NH_3-N/t	TN/t	TP/t
草海陆域	0	0	0	0
外海北岸	288	11	23	7
外海东岸	1495	66	123	32
外海南岸	467	19	40	10
外海西岸	0	0	0	0
合计	2250	96	186	49

2）农业生产面源污染负荷排放量

A. 农田化肥流失

我国年化肥使用量居于世界第一位，由于施入土壤的化肥利用率很低，氮肥 30%～40%，磷肥当季利用率只有 10%～20%，加之表施多于深施，造成肥料的有效利用率更低。农田大量氮、磷通过径流进入地表水体，最终加剧滇池水体的富营养化。其中大棚种植区、花卉生产基地密集的滇池外海南岸和东岸化肥、农药施用强度最高，导致土壤中大量氮磷等营养元素的过度累积（段永蕙和张乃明，2003）。根据昆明市统计年鉴，滇池流域农业生产主要分布在外海的晋宁区，呈贡区，松华、滇源、阿子营、双龙街道办，化肥施用也主要集中在这些区域。

2017 年滇池流域施用氮肥（折纯量）11086 t，磷肥（折纯量）4073 t，农田化肥流失导致的污染物排放量为 NH_3-N 312 t，TN 623 t，TP 114 t，见表 2-9。

表 2-9　2017 年滇池流域农田化肥流失污染负荷排放量

控制单元	NH_3-N/t	TN/t	TP/t
草海陆域	1	4	1
外海北岸	102	204	41
外海东岸	142	284	42
外海南岸	64	127	30
外海西岸	2	4	0
合计	312	623	114

B. 农田固废污染

滇池流域的农田固体废物主要以粮食、蔬菜、花卉的农田秸秆为主，总体说来，农业废弃物中，作物秸秆的利用方式多样，大多被作为牲口饲料或是燃料，而蔬菜、花卉的秸秆利用较困难，被随处就地丢弃的较多。随着“十一五”、“十二五”农田固废资源化利用项目的推广以及当地农民环保意识的加强，蔬菜、花卉的秸秆也以直接还田或间接还田的方式被利用。

2017 年滇池流域耕地面积 225620 亩，产生农作物植物残体约 56405 t，流域内实施秸秆还田和双室堆沤池建设，农业固废污染物排放量在原有排放量基础上可减少 75%。农田固废流失导致的污染物产排量见表 2-10。

表 2-10　2017 年滇池流域农田固废流失污染排放情况

控制单元	产生量			排放量		
	NH_3-N/t	TN/t	TP/t	NH_3-N/t	TN/t	TP/t
草海陆域	5	11	3	1	2	0
外海北岸	546	1067	284	137	266	72
外海东岸	330	644	172	84	160	44
外海南岸	253	495	133	64	124	32
外海西岸	8	16	4	2	4	1
合计	1145	2232	596	286	556	149

C. 畜禽养殖污染

随着经济的发展和人民生活水平的提高，人们餐桌上的内容越来越丰富，市场肉蛋禽等畜禽产品的供给充足而稳定，这都归功于畜禽规模化养殖的迅速发展。然而，在提供了充足的市场供给源的同时，大规模发展的畜禽养殖业产生的粪便也对环境，特别是区域局部环境造成了污染。为减少畜禽养殖污染对滇池水环境的影响，2009 年后，昆明市在滇池流域实施“禁养”，流域内禁养区域的规模化畜禽养殖企业已迁出或是关闭，同时散养规模也有明显缩减，同时，流域内的畜禽粪便也在一定程度上实现资源化利用，大部分由花农、菜农作为蔬菜、花卉的底肥，少量用作追肥，极少量用于制沼气，但仍有一部分散养畜禽因管理不善，对环境造成影响。

根据昆明市统计年鉴，滇池流域 2017 年末生猪出栏存栏共 37.1 万头，大牲畜出栏存栏共 4.1 万头，生羊出栏存栏共 8.1 万头，家禽出栏存栏共 620.6 万只。畜禽养殖污染物排放 COD 3282 t，NH_3-N 137 t，TN 254 t，TP 90 t，主要分布在外海北岸、东岸和南岸，见表 2-11。

表 2-11　2017 年滇池流域农村牲畜粪便污染排放情况

控制单元	产生量				排放量			
	COD/t	NH_3-N/t	TN/t	TP/t	COD/t	NH_3-N/t	TN/t	TP/t
草海陆域	74	3	5	2	13	0	1	0
外海北岸	8221	340	630	223	1481	62	113	39
外海东岸	5213	220	407	144	938	39	74	25
外海南岸	4424	188	349	122	796	33	63	21
外海西岸	303	12	22	8	54	2	4	1
合计	18235	763	1413	499	3282	136	255	86

D. 农业生产面源污染负荷排放总量

2017 年滇池流域农业生产面源污染物排放 COD 3282 t，NH_3-N 735 t，TN 1434 t，TP 349 t。COD 污染负荷主要来自于畜禽粪便；NH_3-N 污染负荷主要来自农田化肥流失，约占 42%，其次为农田固废，约占 39%，畜禽粪便约占 19%；TN 污染负荷也主要来农田化肥流失，约占 43%，其次为农田固废，约占 39%，畜禽粪便约占 18%；TP 污染负荷主要来自于农田固废，约占 43%，农田化肥流失和畜禽粪便各占 32%和 25%，见表 2-12。

表 2-12　农业生产面源污染负荷排放情况

控制单元	COD/t	NH_3-N/t	TN/t	TP/t
草海陆域	13	2	7	1
外海北岸	1481	301	583	152
外海东岸	938	265	518	111
外海南岸	796	161	314	83
外海西岸	54	6	12	2
合计	3282	735	1434	349

3) 农村农业生产面源污染负荷排放总量

由上合计，2017 年滇池流域农村农业面源污染物排放 COD 5532 t，NH_3-N 831 t，TN 1620 t，TP 398 t，其中，NH_3-N，TN，TP 污染农业生产所占比例较高，而 COD 污染农业生产占 59%，农村生活占 41%，见表 2-13 和图 2-9。

表 2-13　2017 年农业生产面源污染负荷排放情况

控制单元	COD			NH_3-N			TN			TP		
	排放量/t	农村生活所占比例/%	农业生产所占比例/%	排放量/t	农村生活所占比例/%	农业生产所占比例/%	排放量/t	农村生活所占比例/%	农业生产所占比例/%	排放量/t	农村生活所占比例/%	农业生产所占比例/%
草海陆域	13	0	100	2	0	100	7	0	100	1	0	100
外海北岸	1769	16	84	312	4	96	606	4	96	159	4	96
外海东岸	2433	61	39	331	20	80	641	19	81	143	22	78
外海南岸	1263	37	63	180	11	89	354	11	89	93	11	89
外海西岸	54	0	100	6	0	100	12	0	100	2	0	100
合计	5532	41	59	831	12	88	1620	11	89	398	12	88

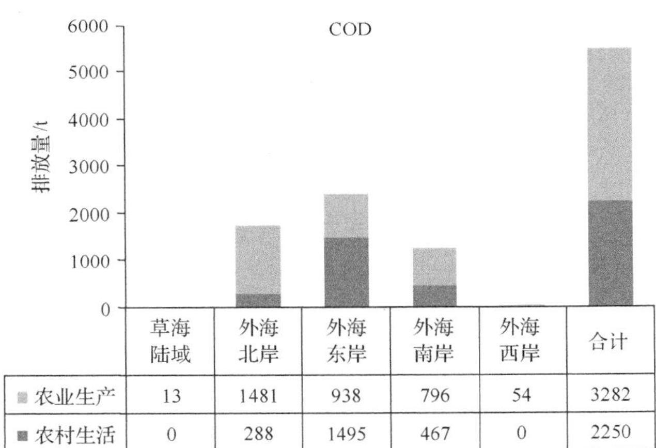

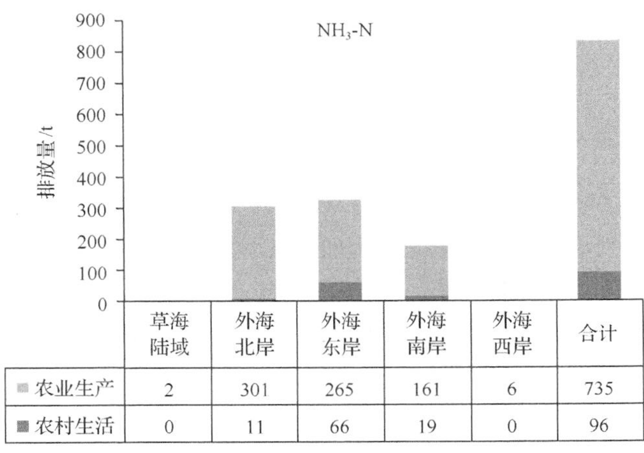

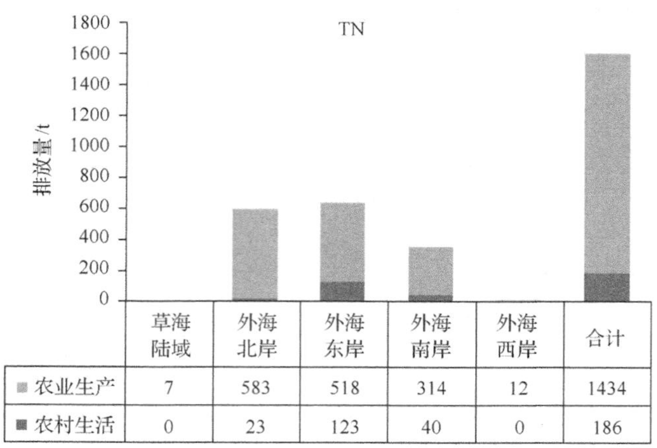

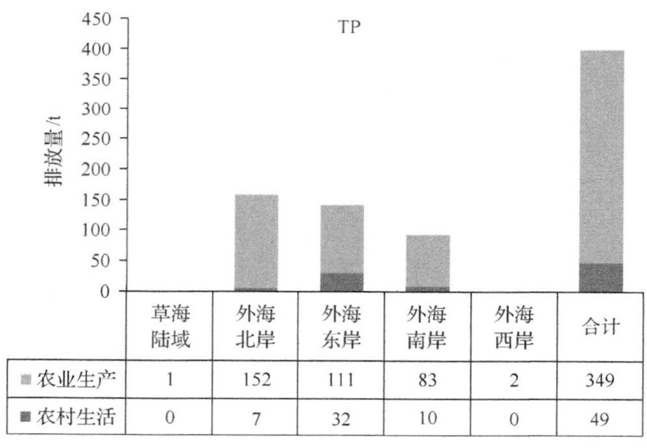

图 2-9　2017 年农村农业面源污染排放量

2. 农村农业面源污染负荷入湖量

根据《全国水环境容量核定技术指南》，并考虑滇池流域实际情况，采用农业农村面源污染物到达入河排放口之前的距离(流程)修正系数以及不同污染物类型 COD_{Cr}、NH_3-N、TN、TP 的径流损失修正系数，计算农业农村面源污染物入湖量。2017 年滇池流域农村农业污染总入湖量 COD 2708 t，NH_3-N 408 t，TN 795 t，TP 166 t，见表 2-14 和图 2-10。

表 2-14　2017 年滇池流域农村农业面源污染入湖量

控制单元	COD			NH_3-N			TN			TP		
	入湖量/t	农村生活所占比例/%	农业生产所占比例/%	入湖量/t	农村生活所占比例/%	农业生产所占比例/%	入湖量/t	农村生活所占比例/%	农业生产所占比例/%	入湖量/t	农村生活所占比例/%	农业生产所占比例/%
草海陆域	6	100	0	2	100	0	4	100	0	1	100	0
外海北岸	829	82	18	148	95	5	288	95	5	64	95	5
外海东岸	1227	35	65	165	77	23	322	78	22	60	74	26
外海南岸	621	59	41	90	87	13	175	87	13	40	88	12
外海西岸	25	100	0	3	100	0	6	100	0	1	100	0
合计	2708	55	45	408	86	14	795	87	13	166	86	14

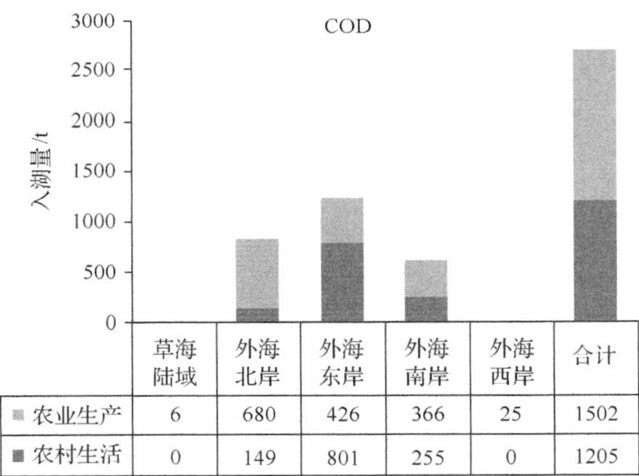

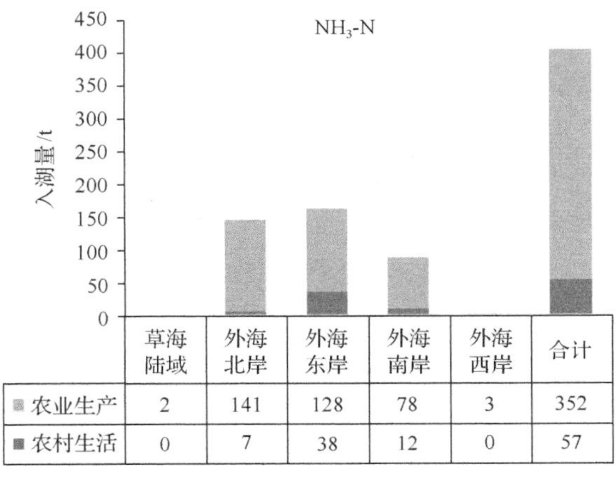

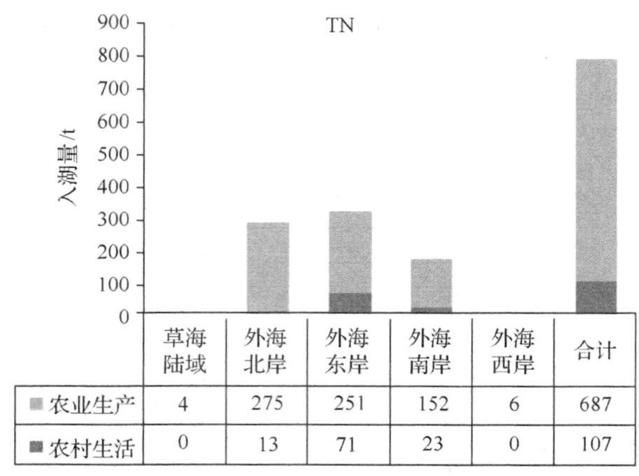

	草海陆域	外海北岸	外海东岸	外海南岸	外海西岸	合计
农业生产	4	275	251	152	6	687
农村生活	0	13	71	23	0	107

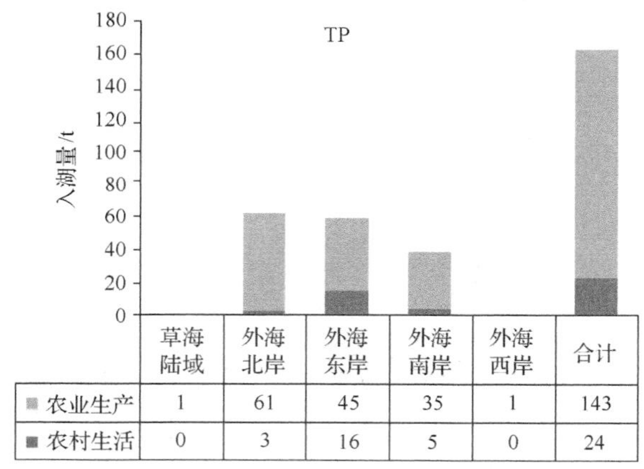

	草海陆域	外海北岸	外海东岸	外海南岸	外海西岸	合计
农业生产	1	61	45	35	1	143
农村生活	0	3	16	5	0	24

图 2-10　2017 年农村农业面源污染入湖量

2.2.2　变化趋势及原因分析

1. 农村农业面源变化趋势

1）农村农业面源排放量变化趋势

1988～2017 年，滇池流域农村生活面源排放量呈持续下降趋势，2017 年，来自农村生活面源的 COD、TN、TP、NH_3-N 分别比 1988 年降低了 46%、56%、67%、56%，见图 2-11。农业生产面源排放量先上升后下降，在 1993～1995 年出现峰值，随后逐渐下降，见图 2-12。总体来说，滇池流域农村农业面源污染排放量呈缓慢下降趋势，见图 2-13。

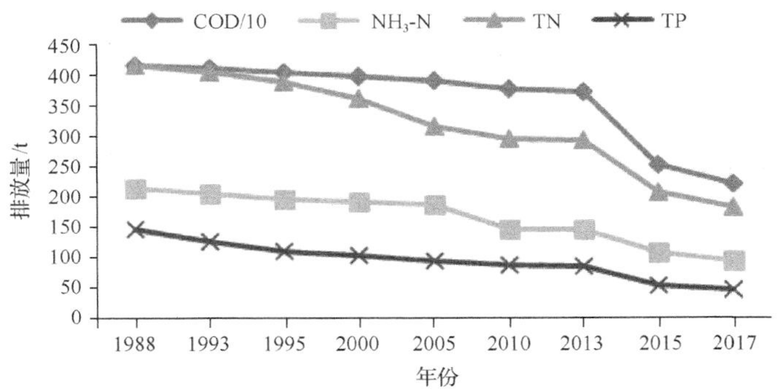

图 2-11　1988～2017 年农村生活面源排放量变化趋势

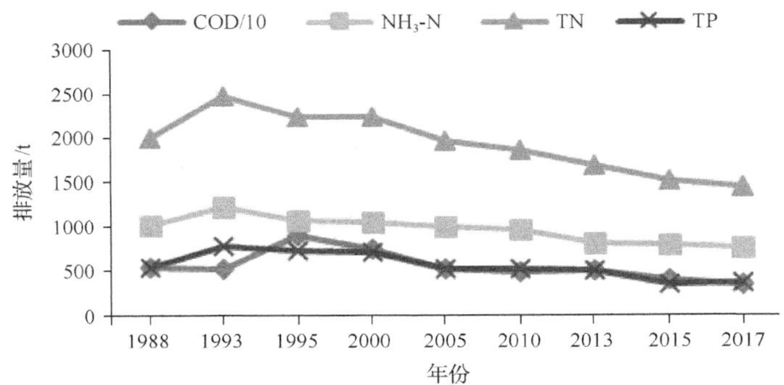

图 2-12　1988～2017 年农业生产面源排放量变化趋势

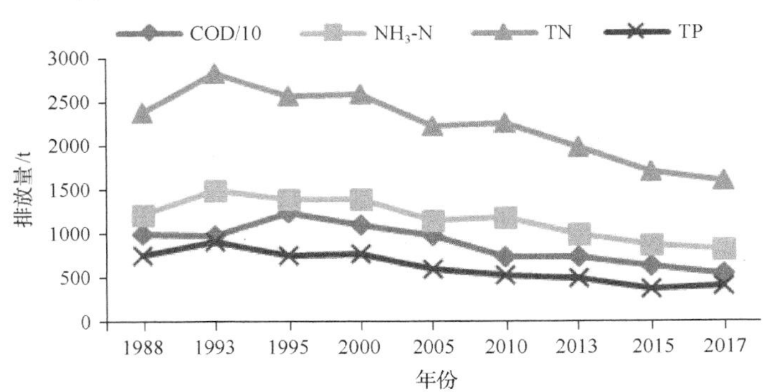

图 2-13　1988～2017 年农村农业面源污染排放总量变化趋势

2) 农村农业面源入湖量变化趋势

1998～2017 年，滇池流域农村生活面源入湖量呈持续下降趋势，2017 年，来自农村生活面源的 COD、TN、TP、NH_3-N 分别比 1988 年降低了 50%、57%、65%、55%。农业生产面源排放量先上升后下降，在 1993～1995 年出现峰值，随后逐渐下降。总体来说，滇池流域农村农业面源污染入湖量呈缓慢下降趋势。

然而需要认识到，农村农业面源污染的发生受降雨影响，具有间歇性，这使得农村农业面源污染的监测和其在水体污染中贡献率的客观评价相对困难，同时末端治理技术很难有效控制面源污染，滇池流域农村农业面源污染仍需要极大的重视以及各种针对措施的开展及投入。1988～2017 年农村生活入湖量变化趋势见图 2-14，1988～2017 年农业生产入湖量变化趋势见图 2-15，1988～2017 年农村农业面源污染入湖总量变化趋势见图 2-16。

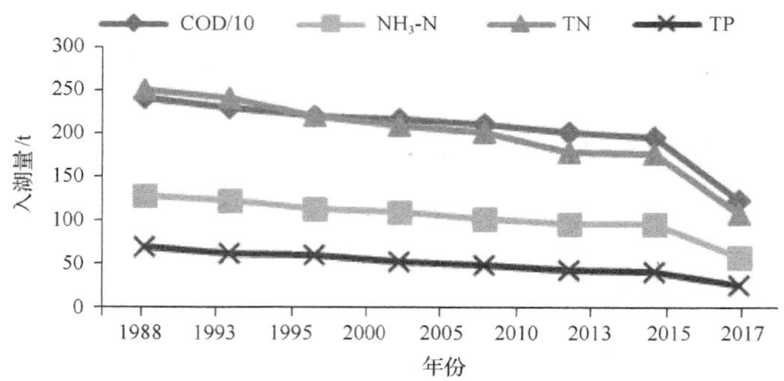

图 2-14　1988～2017 年农村生活入湖量变化趋势

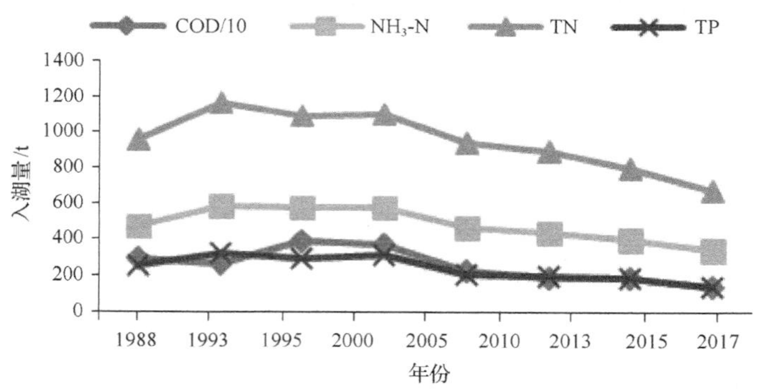

图 2-15　1988～2017 年农业生产入湖量变化趋势

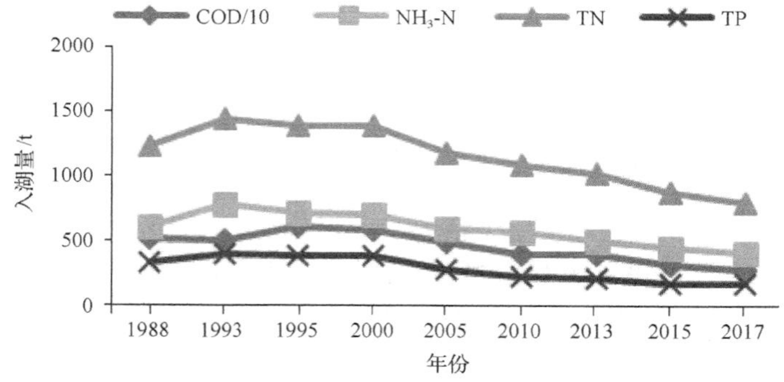

图 2-16　1988～2017 年农村农业面源污染入湖总量变化趋势

2. 农村农业面源变化趋势原因分析

1) 农村人口减少

由于城市和城镇化加速，滇池流域农村人口逐渐减少，农村生活污染排放呈下降趋势。根据昆明市历年统计年鉴，1988～2017 年昆明市总人口呈增长趋势，但昆明市农村人口和滇池流域农村人口则呈逐渐下降的趋势，由 1988 年的 52 万农村人口减少至 2017 年的 34 万，29 年间农村人口减少了约 18 万人，这是由于随着滇池流域社会经济的发展，城市和城镇化加速，一方面部分农村区域发展成为城镇，城市改变了区域内生活环境，另一方面部分农村人口转到城市、城镇区域谋生，农村人口迁出。随着农村人口的减少，农村生活排放量和入湖量也随之减少，见表 2-15。

表 2-15　各年度昆明市和滇池流域农村人口

年份	昆明市总人口/人	昆明市农村人口/人	滇池流域农村人口/人
1988	4167500	2745900	520784
1993	4355900	2819700	509301
1995	4499400	2849300	492459
2000	4809400	2917800	485908
2005	6085700	2553000	471279
2010	6439200	2318100	441963
2013	6533000	2152600	431674
2015	6677000	2000000	373700
2017	6783000	1895800	339600

2) 农业生产规模与结构变化

农业生产面源主要来自于农田固废、农田化肥流失以及牲畜粪便污染，农业生产面源污染排放量及入湖量受耕地面积、化肥施用量、产业结构以及畜禽养殖数量变化的影响。

1993～2005 年滇池流域为保证农田生产力而施肥以及畜禽养殖致使这一阶段农业生产污染排放量及入湖量有所增加，但随着“禁花减菜”、“全面禁养”等产业结构调整措施的实施以及“十一五”以来农业农村面源整治工程的开展，2005 年以后农业生产污染排放量及入湖量开始缓慢下降。

根据昆明市历年统计年鉴，昆明市年末实有耕地呈减少趋势，但 2000 年出现高值，是由于 1998 年国务院批准撤销地级东川市，设立昆明市东川区，东川区并入昆明市后导致耕地面积有所增加；而滇池流域由于城市化进程以及退耕还林还湿地，年末实有耕地面积逐年减少。

在化肥施用方面，根据昆明市历年统计年鉴，滇池流域 1993 年氮肥和磷肥施用（折纯）量最大，分别为 13728 t 和 9034 t，均高于其他年份，1995 年后，氮肥施用（折纯）量逐渐增加，但磷肥施用（折纯）量逐渐减少，见表 2-16；从单位平均施肥量来说，单位平均氮肥施用量逐年增加，单位平均磷肥施用量则呈波动状态，见表 2-17，这可能是由于滇池流域耕地面积逐渐减少，且与产业结构发生变化有关，1995 年后，滇池流域粮食作物的播种面积逐渐减小，而蔬菜瓜果的播种面积则逐年增加，见表 2-18。蔬菜瓜果和花卉种植较粮食作物对化肥的需求量大，而为保证耕地的生产力需要大量施用化肥以缩短农作物生长周期，导致了单位平均氮肥施用量的增加。滇池流域化肥施用（折纯）量变化趋势见图 2-17。

耕地面积、化肥施用量以及产业结构变化直接影响着农田化肥流失以及农田固废导致的排放量及入湖量。

表 2-16　各年度昆明市和滇池流域化肥施用（折纯）量

年份	昆明市氮肥施用（折纯）量/t	滇池流域氮肥施用（折纯）量/t	滇池流域占全市比例/%	昆明市磷肥施用（折纯）量/t	滇池流域磷肥施用（折纯）量/t	滇池流域占全市比例/%
1988	24234	7042	29.06	11608	5047	43.48
1993	34080	13728	40.28	18901	9034	47.80
1995	46354	10654	22.98	22709	5625	24.77
2000	65477	11476	17.53	29349	6760	23.03
2005	80192	11774	14.68	31778	4976	15.66
2010	94048	12834	13.65	32290	5110	15.82
2013	97415	11587	11.89	32763	4082	12.46
2015	104200	9960	9.56	37700	3802	10.08
2017	—	11086	—	—	4073	—

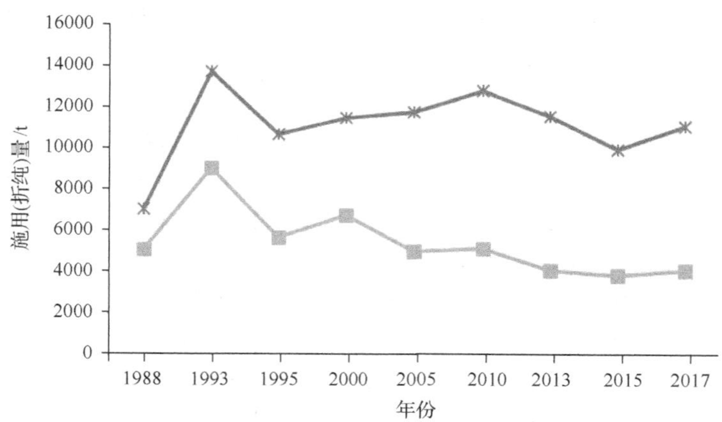

图 2-17　滇池流域化肥施用（折纯）量变化趋势

表 2-17　各年度昆明市和滇池流域单位平均化肥施用（折纯）量（t/亩）

年份	昆明市单位平均氮肥施用（折纯）量	滇池流域单位平均氮肥施用（折纯）量	昆明市单位平均磷肥施用（折纯）量	滇池流域单位平均磷肥施用（折纯）量
1988	0.011	0.019	0.005	0.014
1993	0.015	0.038	0.008	0.025
1995	0.021	0.032	0.010	0.017
2000	0.023	0.035	0.010	0.021
2005	0.031	0.042	0.012	0.018
2010	0.038	0.056	0.013	0.022
2013	0.040	0.053	0.013	0.019

表 2-18　各年度滇池流域种植业播种面积结构（%）

年份	粮食作物占比	油料占比	甘蔗占比	烟叶占比	药材占比	蔬菜瓜果占比	花卉占比
1988	86.27	2.38	0.01	2.37	0.00	8.98	0.00
1993	84.36	2.37	0.01	4.41	0.00	8.85	0.00
1995	72.57	1.77	0.00	12.52	0.00	13.14	0.00
2000	62.28	1.37	0.00	7.83	0.01	25.29	3.23
2005	43.48	2.01	0.00	7.59	0.03	39.86	7.03
2010	42.00	2.38	0.00	3.40	0.00	45.12	7.10
2013	39.89	1.55	0.00	2.89	0.03	48.87	6.77

根据昆明市历年统计年鉴，1988～2005 年间滇池流域畜禽养殖主要受市场影响而呈波动，但 2009 年后，昆明市在滇池流域实施“全面禁养”，流域内禁养区域的规模化畜禽养殖企业已迁出或是关闭，同时散养规模也有了明显缩减，因此滇池流域 2010～2013 年畜禽养殖数量呈缓慢下降趋势，但 2013～2017 年羊、家禽、大牲畜又出现缓慢升高趋势，见图 2-18。

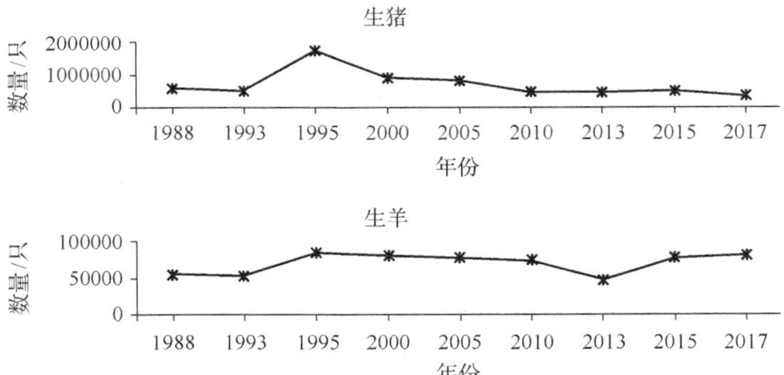

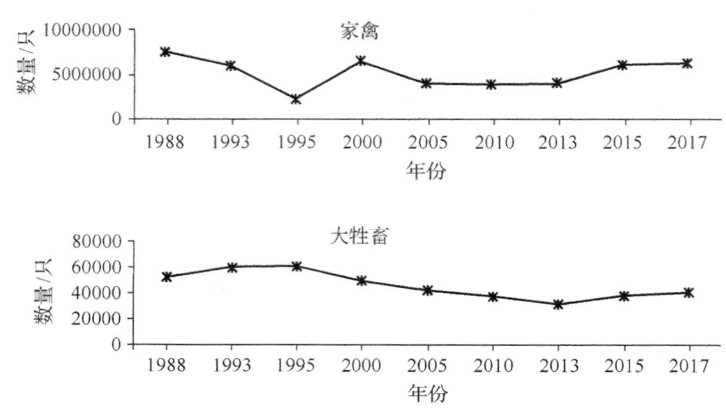

图 2-18　滇池流域畜禽年末存栏+出栏数量变化趋势

3) 生产生活方式改变及农民环保意识提高

生产生活方式的改变以及农民环保意识的提高，也在一定程度上影响了滇池流域农村农业面源污染状况。

滇池的水污染防治最早可追溯到“七五”期间，1988 年昆明市颁布实施了《滇池保护条例》，条例中第二十条，滇池流域内种植农作物应当增施有机肥，合理施用化肥、农药，积极推广农业综合防治和生物防治措施，减轻化肥、农药对滇池水域的污染。禁止生产、销售和使用国家禁止的低效高毒、高残留农药。受限于当时社会发展及科研水平，本版条例对农业生产方式只有简单的要求，甚至并没有提到对农村生活污染排放的约束。

根据 2002 年 1 月 21 日云南省第九届人民代表大会常务委员会第二十六次会议批准的《昆明市人民代表大会常务委员会关于修改〈滇池保护条例〉的决定》修正的《滇池保护条例》第二十三条“滇池流域内种植农作物，主要施用有机肥，合理施用化肥，积极推广施肥新技术和农业综合防治措施。禁止销售和使用国家禁止的高毒、高残留农药和除草剂。滇池流域内的城市及农村的固体废弃物必须进行资源化、无害化处理”。对滇池流域内农业生产方式有了进一步的要求，但并未对面源防治有具体的要求。

2012 年 9 月 28 日云南省第十一届人民代表大会常务委员会第三十四次会议通过的《云南省滇池保护条例》中，第十二条有关县级人民政府在本行政区域内履行职责中明确：①制定并实施入湖面源污染控制措施；②建立农村生活垃圾处理制度和农村垃圾、污水、固体废弃物收集处理系统。第十三条有关乡(镇)人民政府、街道办事处在本行政区域内履行职责中则明确：①控制面源污染和滇池沿岸污染源；②按规定处理农村生活、生产垃圾及其他固体废弃物；第三十一条有关县级人民政府应当逐步建设农村生产、生活污水和垃圾处理设施，鼓励施用农家肥，限制使用化肥、农药，科学防治面源污染，发展循环经济和生态农业，营造薪炭林，支持清洁能源建设。有关县级人民政府应当建立和完善农村保洁及生活垃圾处理机制，实行收集、清运和处理责任制。第四十四条除在二级、三级保护区内禁止的行为外，一级保护区内还禁止使用农药、化肥、有机肥；第四十八条除三级保护区禁止的行为外，在二级保护区内还禁止规模化畜禽养殖。第五十九条违反本条例规定，在二级保护区范围内有规模化畜禽养殖的，处 1 万元以上 10 万元以下罚款。可见，2013 年版的《云南省滇池保护条例》对面源污染控制更加重视，对于农村生产生活方式及面源控制都更具体和规范，并将各级行政单位在面源治理中的职责逐级明确。

2000～2001 年《滇池流域面源污染控制技术(第一专题)——场地信息》调查结果显示，滇池流域典型农户的人均生活垃圾产生量为 0.34 kg/d，生活垃圾易腐物含量为 28.5%～72.4%，废品含量为 5.9%～15.8%，灰渣含量为 21.3%～55.7%，垃圾构成及含量变幅很大，且生活垃圾就地随意倾倒或堆放，没有任何处理处置措施。而“十一五”水专项滇池项目中“滇池流域面源污染调查与系统控制研究及工程示范课题”滇池流域面源污染基础状况调查结果则显示：人均生活垃圾产生量为 0.40 kg/d，人均生活垃圾中的易腐物含量为 62.5%，灰渣含量为 22.5%，废品含量为 15.0%，此时，生活垃圾基本在指定地点丢弃，卫生状况较好。经过多年的治理和发展，到“十二五”期间，滇池流域已基本形成了“户集中、村收集、镇转运、县(区)处理”的垃圾转运处理体系，生活垃圾的收集处理率显著提高，农村卫生状况较 2000 年及“十一五”期间都有较大的提升。

在化肥和农药施用方面，虽然不少农民知道或是了解测土配方、综合害虫防治(IPM)技术等，但受经济效益驱使，农民更愿意大量施用化肥以缩短农作物生长周期，保证亩产量，放弃 IPM 技术的使用而采用杀虫效率更高的农药。

在农田固体废弃物利用方面，二十多年来也有很大的变化，2000～2001 年《滇池流域面源污染控制技术(第一专题)——场地信息》调查结果显示，农田固体废弃物(作物秸秆)产生量与作物的种类密切相关，滇池流域农田固体废物包括蔬菜、花卉的叶、秆、根、茎、废菜等，蔬菜平均固废产生量为 974 kg/(亩·a)，花卉平均固废产生量为 1419 kg/(亩·a)；除花卉及辣椒的秸秆用作烧柴外，其余基本无任何处理措施，一部分还田，多数往往随意堆于田边，最终随雨水经沟渠进入滇池。

而“十一五”水专项滇池项目中“滇池流域面源污染调查与系统控制研究及工程示范课题”滇池流域面源污染基础状况调查结果显示：蔬菜平均固废产生量为 545 kg/(亩·a)，粮食作物平均固废产生量为 857 kg/(亩·a)，花卉平均固废产生量为 1037 kg/(亩·a)；蔬菜秸秆约 22%被丢弃，18%被焚烧，其余以还田、堆肥、饲料、燃料等方式被资源化利用。粮食作物秸秆 3%被丢弃，38%被焚烧，其余被资源化利用。而花卉秸秆约 61%被丢弃，37%被焚烧，还有 2%被作为燃料利用。

农田固体废弃物利用率随着科技的发展及农民环保意识的增强逐渐加大。

在流域畜禽养殖方面，随着2009年禁养宣传工作的开展及不断深入，流域内禁养区域的规模化畜禽养殖企业已迁出或是关闭，同时散养规模也有了明显缩减，如呈贡区绝大部分农户可以通过购买获得肉类、蛋类食物，且不再散养畜禽改善了本身居住环境，使得绝大部分农户已经放弃畜禽散养。滇池流域晋宁区、西山区虽然仍有农户仍有散养畜禽，但与2009年相较，养殖数量已经有了大幅下降。

总体说来，随着滇池流域社会经济的发展，流域内农村生活水平也有较大提高，农村生活环境有了极大的改善，农民的环境保护意识也有所提升。

4）治理力度加大

“十一五”、“十二五”期间农村面源污染控制措施的加强，有效地削减了农村农业面源。

“九五”、“十五”阶段，农村面源污染防治尚处于试验示范阶段，主要开展平衡施肥、村镇生活污水处理、农村垃圾收集处置、农村能源替代与节能、秸秆还田与资源化、卫生旱厕推广等的示范试点。此阶段农村面源污染控制项目涉及范围小，对农村面源污染削减的效果有限。

“十一五”期间，滇池治理进入全面提速时期，农业农村面源治理工程主要在重点水源地区域开展实施，包括农村面源污染控制示范工程、水源区推广沼气池、测土配方施肥技术及面源减污控释化肥技术示范、畜禽养殖污染防治、水源地主要污染物减污示范工程、农村秸秆粪便资源化利用工程，此外还开展了农村面源污染控制定量研究项目，此阶段农村面源污染控制项目建设主要设置在重点水源地。

“十二五”期间，滇池规划涉及5项农村面源污染治理类项目，包括村庄分散污水处理工程、农业有机废弃物再利用工程、农田面源污染综合控制示范工程、滇池流域及补水区IPM工程项目、滇池流域及补水区“十二五”测土配方施肥技术推广工程。这些项目主要是“十五”、“十一五”农村面源污染治理示范工程在滇池流域的推广，在全流域范围内有效地削减了农村农业面源。

3. 农村农业面源治理存在问题

农业面源污染截留措施普及率低。村庄分散污水处理设施是因地制宜从源头上处理农村生活污水的好办法，但由于配套收集系统不完善，导致收集水量少，水质浓度低，而现采用的工艺多为“三池”，污染物削减效果有限。农户对测土配方施肥技术的认知度和采用率均偏低，农户参与积极性不高；一方面是由于推广深度不够，部分农户表明村中确实有开展过关于测土配方施肥技术工作，但农户很少参与其中；另一方面仍有一大部分的农户认为测土配方施肥可增产，但未能实现节支。这也在一定程度上表明农户的环保意识欠缺，这更需要政府在农业和环保工作方面加强引导。

随着昆明城市规划(尤其是东部呈贡新区)的加速实施，滇池流域的治理重点及其空间布局在“十二五”期间将发生转移，农业面源将主要向过渡区和水源区转移和扩散，农村面源在整个流域不断扩展，全流域面源污染的规模和负荷在空间局出现新态势，目前缺乏流域农业发展模式的调整以及全流域的共性技术研发综合示范；同时，滇池湖滨区农业用地在大规模城市化推进中减少，而对过渡区和水源涵养区的土地使用强度和干扰程度显著加大，农村面源的扩展效应和转移效应使之治理难度加大，同时城市面源和城乡接合部的面源问题也将更为突出(北京清华同衡规划设计研究院有限公司，2013)。

2.3　城市面源污染特征及其变化趋势

在点源污染逐步得到控制的情况下，面源污染逐渐成为世界上的主要污染问题。1984 年美国环境保护局(US EPA)指出面源污染已经成为导致美国水环境恶化的主要问题，1988 年其在向国会提出的报告中指出城市暴雨径流已成为美国河流水质恶化的第四大污染源以及湖泊水质恶化的第三大污染源，随后在 1992 年的报告中城市暴雨径流已升级成为美国河流水质恶化的第三大污染源以及湖泊和河口水质恶化的第二大污染源。目前，城市面源污染已逐渐成为各国水体污染研究和控制的重要对象。

滇池流域是昆明市的主要社会经济活动区以及未来经济发展的重要空间资源，随着经济社会的发展，滇池污染也日益严重，随着点源污染治理力度的加大，面源污染所带来的问题也日益凸显。城市面源污染作为面源污染的一大重要组成部分，关于其污染特征、变化趋势以及污染控制的研究也逐渐显现出其重要性。

有关滇池流域城市面源污染的研究早在“七五”期间就已经展开，昆明市环境科学研究所(现昆明市环境科学研究院)在 1991 年对滇池流域非点源污染进行了调查研究，并汇集国内外非点源研究资料编写完成了《非点源污染特征及负荷定量化方法研究》报告，但报告中关于非点源污染的研究主要集中在农业面源污染上，关于城市面源污染的篇幅有限，内容也相对较少。

随后云南农业大学、云南省环境科学研究院等单位也开展了关于城市面源污染的相关研究，但总体来说，关于滇池流域城市面源污染的研究尚未成为一个较为完整与全面的体系。

2009～2010 年间，昆明市环境科学研究院对滇池流域城市面源污染进行了较为系统的调查与研究，通过对不同下垫面降雨径流水质实测获取了滇池流域不同下垫面降雨径流产污特征，为滇池流域城市面源污染负荷核算提供了数据支持。

2.3.1　污染现状及特征

1. 滇池流域降雨径流产污特征

昆明市环境科学研究院于 2009 年 5 月至 2010 年 5 月共采集了 5 场降雨径流水质。通过对 5 场降雨水质样品的检测，得到了滇池流域不同下垫面类型径流污染物次降雨平均浓度(EMC)值。滇池流域不同下垫面中，道路地降雨流污染物浓度最高，其次为庭院，最后是屋顶，见表 2-19。

表 2-19　不同下垫面类型降雨径流污染物 EMC 值(mg/L)

下垫面	COD_{Cr}	TN	NH_3-N	TP	TDP
屋顶	36.62	4.53	1.64	0.24	0.25
庭院	117.92	5.04	1.20	0.47	0.22
道路	407.31	8.78	2.10	1.07	0.25

道路作为人类活动较为频繁的区域，是城市径流污染的主要污染源。国内关于路面降雨径流水质的研究均表明，路面降雨径流各项污染物指标均远远超过国家地表水环境质量标准Ⅴ类标准(侯培强等，2009)。国内外关于城市道路降雨径流污染物浓度的相关研究(表 2-20)表明，国内城市道理降雨径流各污染物浓度明显高于国外城市道路降雨径流污染物浓度，国内城市道路降雨径流 COD_{Cr} 浓度范围为 101～1225 mg/L，与之比较，滇池流域城市道路降雨径流 COD_{Cr} 浓度为 407.31 mg/L，处于中间水平，并与同区域赵磊等(2008)的研究结果大致相当。

表 2-20　国内外城市道路降雨径流污染物浓度(mg/L)

监测地点及年份	道路类型	SS	COD_{Cr}	BOD_5	TN	TP	文献来源
北京(1988～2001)	未介绍	734	582	—	11.2	1.74	(车伍等，2003)
北京(2004)	研究所路面	243.37	140.18	25.17	6.89	0.61	(任玉芬等，2005)
北京(2010)	普通机动车道	352	374	98.6	14.7	0.64	(孟莹莹等，2011)
	立交桥区机动车道	445	1225	494	39.9	1.90	
合肥(2011)	交通次干道	627.3	438.8	55.3	6.56	0.68	(徐微等，2013)
昆明(2007)	城市道路	493.6	389.7	159.8	8.2	2	(赵磊等，2008)
上海(2004)	城市道路	1731.4	748.7	—	—	1.01	(常静等，2006)
镇江(2006)	城市道路	202.5	264.7	—	2.12	0.86	(边博等，2008)
重庆(2009～2010)	交通干道	448	330	—	6.2	0.55	(王书敏等，2012)
济南(2007)	城区道路	969.25	101.22	—	3.87	0.31	(李梅和于晓晶，2008)

续表

监测地点及年份	道路类型	SS	COD_{Cr}	BOD_5	TN	TP	文献来源
西安(2000)	高速公路	347	167	—	—	—	(赵剑强等，2001)
广州(2005～2006)	高架路	439	373	19.5	11.7	0.49	(甘华阳等，2006)
法国巴黎	城市道路	92.5	131	—	—	—	(车伍等，2003)
德国	城市道路	—	87	—	—	0.55	
韩国(1997～1999)	未介绍	192.5	196.5	83.2	—	1.96	(Choe et al.，2002)
葡萄牙(2008)	高速公路	10.88	56.44	3.97	—	—	(Ramísio and Vieira，2012)
意大利(2002)	城市道路	140	129	—	—	—	(Gnecco et al.，2005)

不同的城市功能区，暴雨径流的污染程度不同。从滇池流域不同功能区路面降雨径流污染物浓度值可以看出，交通街道的污染最为严重，降雨径流中各项污染物的浓度均高于其他区域，城郊接合部径流污染程度仅次于交通道路，其COD_{Cr}、氮、磷类污染物浓度较商住区高，由于此区域的特殊性导致其环境卫生管理措施不完善，存在生活垃圾乱堆乱放、地表卫生管理水平低下等情况。生活废弃物及路面积累的有机物及营养盐受雨水冲刷进入径流导致径流污染，管理水平低下是造成城郊接合部区域面源污染的主要原因。居民商住区、休闲商住区、工业商住区径流污染情况区别不大，中心商住区径流水质较其他区域略好。

对比国内关于不同城市功能区降雨径流污染情况，由于研究地区的差异存在一定的区别。常静等(2006)对上海市区四个不同的功能区暴雨径流水质进行监测，其结果与滇池流域较为接近，即污染物浓度交通区明显高于其他区域。徐微等(2013)在对合肥市典型城区地表径流污染物特征调查结果则表明 SS 在交通干线浓度较高，COD_{Cr}、TN 和 TP 浓度则在商业区最高。李立青等(2010)对武汉汉阳的不同城市功能区雨水径流污染研究结果也表明不同功能区污染程度不同，各污染物显示的规律也略有不同，对于 TSS，旧城居民区＞居民饮食区＞新建居民区＞交通区＞商业区；对于 COD_{Cr}，居民饮食区＞旧城居民区＞新建居民区＞商业区＞交通区；对于 TN，居民饮食区＞旧城居民区＞新建居民区＞商业区＞交通区；对于 TP，旧城居民区＞居民饮食区＞交通区＞新建居民区＞商业区。

不同城市下垫面所呈现的暴雨径流污染程度也不同。滇池流域不同下垫面类型降雨径流污染物 EMC 值的变化见图 2-19。

从图中可以看出，对于 COD_{Cr}、TN、氨氮和 TP，街道径流污染物浓度最高，均超过国家地表水环境质量标准Ⅴ类标准，其次为庭院，屋顶降雨径流污染情况相对较好。各污染指标，除氨氮仅街道径流污染物浓度超过国家地表水环境质量标准Ⅴ类标准外，其余各指标均超标，其中 COD_{Cr} 超标情况最为严重。

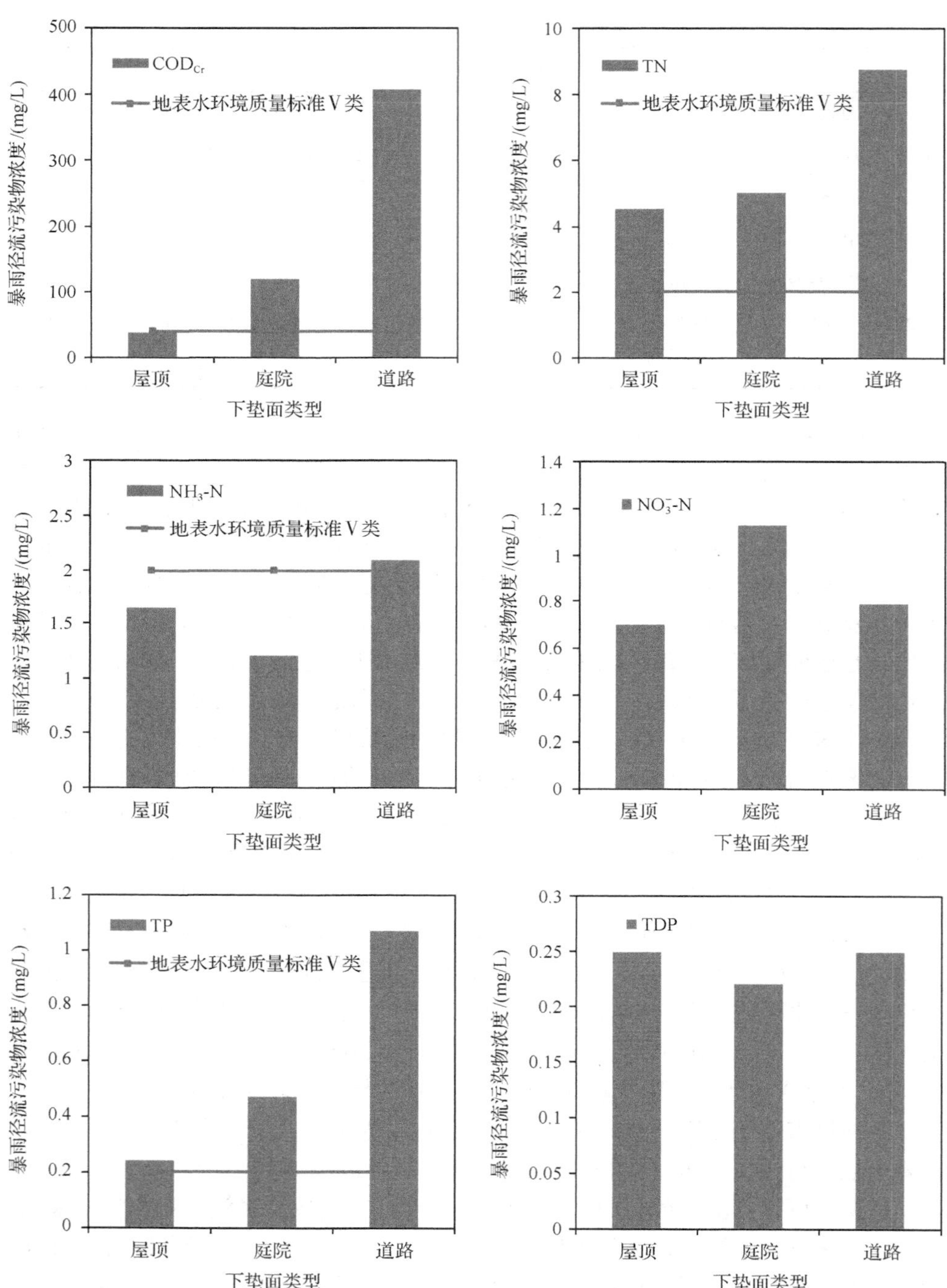

图 2-19　滇池流域不同下垫面降雨径流污染物 EMC 值变化情况

2. 初期冲刷效应

国外的大量研究多采用 Geiger 的定义，以污染物的累积污染负荷与累积径流量的相关性为基础，以两者所形成无量纲累积曲线的发散来确定是否发生了初期冲刷(Geiger，1987)。

$$L = m(t) / M \tag{2-1}$$

式中，L 为无量纲污染物累积负荷(%)；$m(t)$ 为 0～t 时刻污染物累积负荷(kg)；M 为次降雨污染物负荷(kg)。

$$F = v(t) / V \tag{2-2}$$

式中，F 为无量纲累积径流(%)；$v(t)$ 为 0～t 时刻累积径流量(m^3)。

$$L = F^b \tag{2-3}$$

式中，b 为初期冲刷系数，当 $b<1$ 时表明存在初期冲刷效应，b 越小表示初期冲刷强度越大。

滇池流域各下垫面类型不同污染物利用上述公式统计得出的初期冲刷系数 b 的平均值详见表 2-21。

表 2-21　滇池流域不同下垫面平均初期冲刷系数

下垫面	COD_{Cr}	TN	NH_3-N	NO_3^--N	TP	TDP	SS
屋顶	0.86	0.91	0.57	0.88	0.80	1.05	1.30
庭院	0.91	0.80	0.84	0.78	0.74	0.90	0.67
道路	0.73	0.77	0.74	0.96	0.77	0.76	0.74

从表 2-21 可以看出滇池流域各下垫面除屋顶降雨径流污染物中 TDP 和 SS 外各指标的初期冲刷系数均小于 1，即存在初期冲刷效应。道路暴雨径流中各污染物的初期冲刷系数较小，即各污染物在街道的初期冲刷效应较为明显。

3. 2017 年城市面源污染负荷产生量

城市面源污染主要来自于降雨径流对累积在城市不透水下垫面上的污染物冲刷作用，城市面源污染的年径流污染负荷可以根据式(2-4)进行估算。

$$L = 0.001 \times \mathrm{EMC} \times R \times A \times P \tag{2-4}$$

式中，EMC 为次降雨平均浓度(mg/L)；R 为年径流系数；P 为多年平均降雨量(mm)；A 为集水区面积(km^2)。

基于昆明市环境科学研究院 2008～2009 年间对城市面源污染的研究成果以及借助遥感的手段，可以对滇池流域城市面源现状污染负荷进行核算。

1) 滇池流域下垫面空间分布

下垫面类型是城市面源污染的重要组成部分，利用遥感的手段可以获取下垫面的主要参数。昆明市环境科学研究院利用遥感软件 ERDAS IMAGINE 9.2，对滇池流域遥感影像进行下垫面类型分类，主要分成屋顶、庭院、道路、绿地，以及其他类型(包括农田、荒地、水体)。

根据分类结果，道路、屋顶、庭院及其他类型下垫面面积所占滇池流域面积比例分别为 2.08%、5.11%、3.95%及 88.86%。滇池流域各下垫面组成见图 2-20。

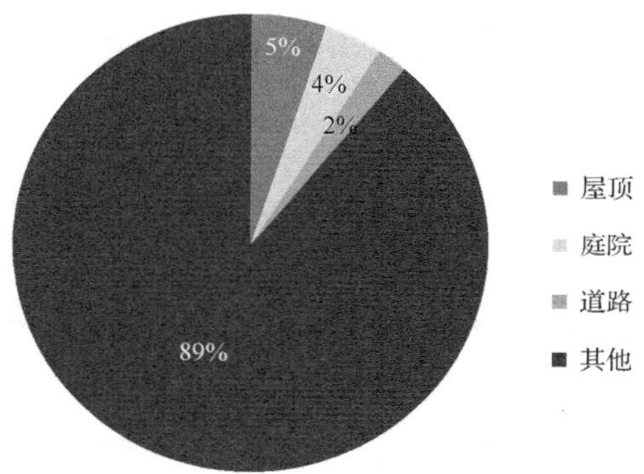

图 2-20　滇池流域各下垫面组成

2) 滇池流域建成区

利用遥感手段获取 2017 年滇池流域建成区面积及分布情况见表 2-22。

表 2-22　2017 年滇池流域建成区面积(km^2)

草海陆域	外海北岸	外海东岸	外海南岸	外海西岸	合计
65.03	245.51	63.09	23.40	0	397.03

从表中可以看出，滇池流域建成区主要集中在外海北岸、草海陆域和外海东岸，其中外海北岸建成区面积最大，占整个滇池流域建成区面积的 61.8%。

3) 2017 年滇池流域城市面源污染特征

A. 产生量

滇池流域城市面源污染产生量主要集中在外海北岸，各污染负荷产生量约占滇池流域总产生量的 54.5%，见表 2-23。

表 2-23 2017 年滇池流域城市面源污染产生量(t)

控制单元	COD_{Cr}	TN	TP	NH_3-N
草海陆域	5432	226	23	65
外海北岸	20692	861	74	247
外海东岸	5213	217	19	62
外海南岸	2413	100	9	29
外海西岸	0	0	0	0
合计	33750	1404	125	403

B. 排放量

考虑流域雨污合流制排水体制下水质净化厂对城市面源的削减，2017 年滇池流域水质净化厂雨季对城市面源污染物的削减量为 COD_{Cr} 13597 t、NH_3-N 75 t、TN 689 t、TP 77 t。城市面源污染负荷产生量扣减流域内水质净化厂雨季对污染的处理量，即为城市面源污染负荷排放量，见表 2-24。

表 2-24 2017 年滇池流域城市面源污染排放量(t)

控制单元	COD_{Cr}	TN	TP	NH_3-N
草海陆域	1510	21	4	45
外海北岸	13622	505	31	206
外海东岸	3431	127	7	52
外海南岸	1588	59	5	24
外海西岸	0	0	0	0
合计	20151	712	48	327

C. 入湖量

晴天沉积于地表的污染物由于受到雨滴的侵蚀力及降雨径流的溶蚀作用，进入径流后，在随降雨径流迁移的过程中，由于大颗粒物的沉降作用、城市绿地的截留作用以及其他城市面源污染控制措施的作用，污染负荷会存在一定的削减，2017 年滇池流域各控制单元城市面源污染入湖量见表 2-25。

表 2-25 2017 年滇池流域城市面源污染入湖量(t)

控制单元	COD_{Cr}	TN	TP	NH_3-N
草海陆域	1207	17	4	36
外海北岸	10899	404	24	164
外海东岸	2745	101	6	41
外海南岸	1270	48	3	20
外海西岸	0	0	0	0
合计	16120	570	39	262

2.3.2　变化趋势及原因分析

1. 城市面源变化趋势

滇池流域近年来城市面源污染负荷变化趋势见图 2-21。

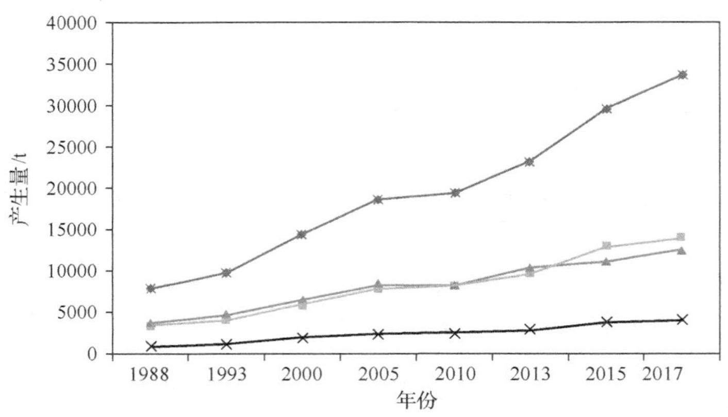

图 2-21　滇池流域城市面源污染产生量变化趋势

1988～2017 年间，滇池流域城市面源污染负荷产生量呈现持续上升的趋势，较 1988 年，2017 年滇池流域城市面源各污染物产生量明显增加，其中 1988～1993 年间，滇池流域城市面源各污染物产生量增加较为平缓，1993～2010 年间，滇池流域城市面源各污染物产生量增加较为明显，2010～2017 年间各污染物产生量有了快速的增长趋势。

从各控制单元城市面源污染产生量占滇池流域总产生量的比例可以看出，1988～2017 年间，滇池流域城市面源污染空间分布情况未随着时间的增长显现出明显的变化，滇池流域城市面源各污染主要集中在外海北岸和草海陆域，见图 2-22。

2. 城市面源变化趋势原因分析

城市面源污染的形成过程主要是污染物晴天累积在城市地表或屋顶等区域，雨天在降雨的冲刷、溶解作用下随地表径流进入天然水体，造成水体污染的过程。累积和冲刷是城市暴雨径流污染的两个主要过程。

城市面源污染过程受多种因素的影响，主要包括降雨量、降雨历时、降雨强度、雨前干期长度、交通流量、土地利用类型、区域地理及地质特征、城市卫生管理程度、排水系统结构(Tsihrintzis and Hamid，1997)。其中降雨特征和土地利用类型改变是较为重要的影响因素之一，土地利用类型的改变，特别是城市建成

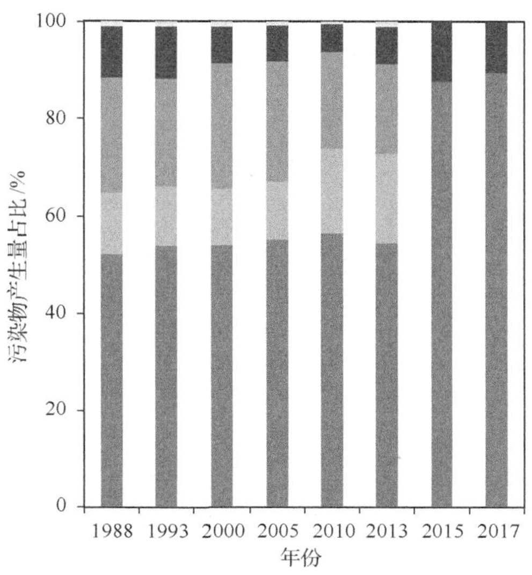

图 2-22 城市面源污染空间分布

区扩张，不透水下垫面面积的增加，直接影响污染物的累积过程，而降雨量、降雨历时以及降雨强度分别代表着降雨径流对地表污染物的冲刷溶解能力、冲刷强度和冲刷时间。

因此，影响滇池流域城市面源污染的原因主要包括建成区的扩张以及降雨。

1) 建成区扩张

随着建成区的扩张，滇池流域不透水下垫面的面积逐年增大。根据滇池流域 1988 年、1993 年、2000 年、2005 年、2010 年、2013 年及 2017 年多年的遥感影像得到滇池流域建成区面积，详见表 2-26 和图 2-23。

表 2-26 滇池流域建成区面积一览表

年份	建成区面积/km^2
1988	142.25
1993	154.35
2000	207.35
2005	243.78
2010	338.84
2013	371.12
2017	397.85

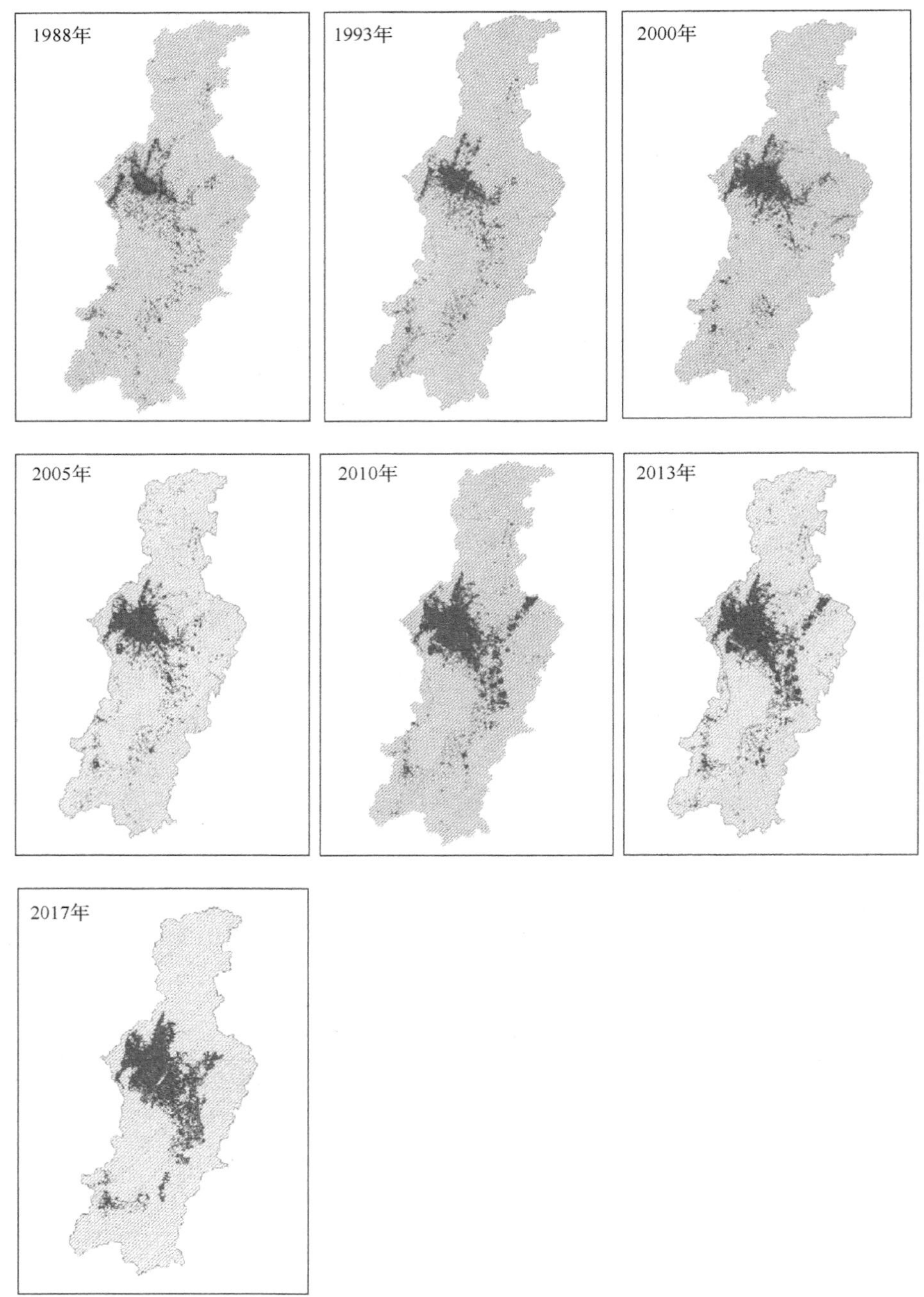

图 2-23　1998～2017 年滇池流域建成区面积变化

滇池流域自 1988～2017 年，建成区面积呈上升趋势，滇池流域建成区扩张趋势可以用建成区面积增长量、增长率、扩展速率及扩展强度指数等指标来表示，其中：

$$\text{面积增长量}\quad \Delta A = A_b - A_a \tag{2-5}$$

$$\text{面积增长率}\quad \eta = \frac{A_b - A_a}{A_a} \times 100\% \tag{2-6}$$

$$\text{面积扩展速率}\quad v = \frac{A_b - A_a}{T} \tag{2-7}$$

$$\text{面积扩展强度指数}\quad R = \frac{A_b - A_a}{A_a} \times \frac{1}{T} \times 100\% \tag{2-8}$$

式中，A_a 为研究初期城市用地面积(km^2)；A_b 为研究末期城市用地面积(km^2)；T 为时间间隔。

1988～2017 年，滇池流域建成区面积在 29 年内增加了 255.6 km^2，增长了近 1.8 倍，平均每年增加 8.81 km^2，扩展强度指数为 6.2%。1988～1993 年，扩展速度相对稳定，建成区面积增加了 12.1 km^2，平均扩展速率为 2.4 km^2/a，1993～2000 年，建成区扩展速率增加，建成区面积共增加 53 km^2，平均扩展速率为 7.6 km^2/a，进入 21 世纪以后，滇池流域建成区面积保持持续增长的趋势，其中 2005～2010 年扩展速率最快，5 年内建成区面积增加了 95.1 km^2，增长率为 39%，扩展强度指数达 7.8%，见表 2-27。

表 2-27　1988～2017 年滇池流域建成区扩展数量变化

年份	面积增长量/km^2	面积增长率/%	扩展速率/(km^2/a)	扩展强度指数/%
1988～1993	12.1	8.5	2.4	1.7
1993～2000	53.0	34.3	7.6	4.9
2000～2005	36.4	17.6	7.3	3.5
2005～2010	95.1	39.0	19.0	7.8
2010～2013	32.3	9.5	10.8	3.2
2013～2017	26.73	7.2	6.68	1.8
1988～2017	255.6	179.7	8.81	6.2

对比滇池流域 1988～2017 年建成区面积变化情况及城市面源各污染物产生量变化情况可以看出，滇池流域建成区面积呈现逐年增加的趋势，城市面源污染负荷产生量虽也呈现出逐年增加的趋势，但其增长率与建成区面积的增长率并不相同，例如 2005～2010 年间，建成区面积增长率高达 39%，但城市面源污染负荷产

生量的增长率仅为 4.3%。

1988～1993 年间，建城区面积扩展较为缓慢，城市面源污染负荷产生量增加也较为平缓，1993～2005 年，随着建成区面积的剧增，城市面源污染负荷也显现出明显的增加，但 2005～2010 年间，建成区面积大幅增加，但城市面源污染负荷并未随之呈现快速增长的趋势，可见，城市扩张并不是影响城市面源污染负荷的唯一因素，见图 2-24。

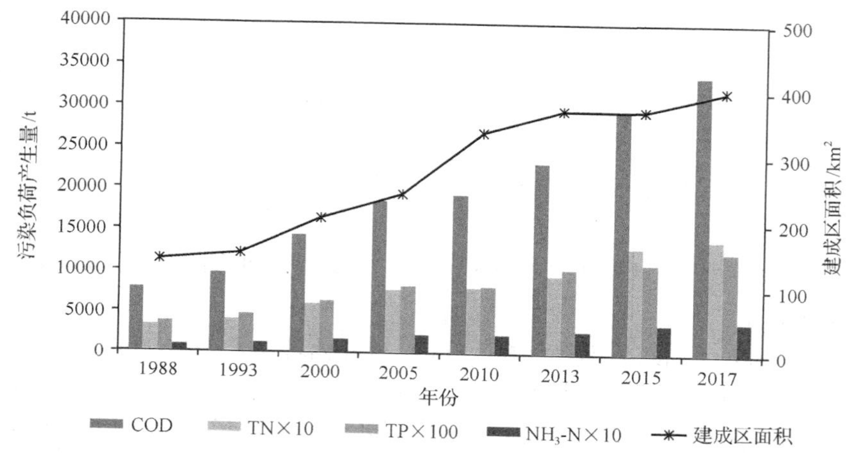

图 2-24　滇池流域建成区面积及城市面源污染负荷产生量变化

2）降雨

滇池流域年平均降雨量 1035 mm，5～10 月份为雨季，降水占全年的近 80%，其中 6、7、8 月集中了全年 60%的降水。利用多年降雨数据对次降雨特征（降雨量大于 0.1 mm、时间间隔小于 6 h 即统计为一次降雨）进行统计分析。10 mm 以下降雨发生频率最高达 55%，但降雨量仅占全年降雨量的 13.5%；10 mm 以上降雨虽发生频率较低，但降雨量却占全年降雨量的 86.5%，见图 2-25。

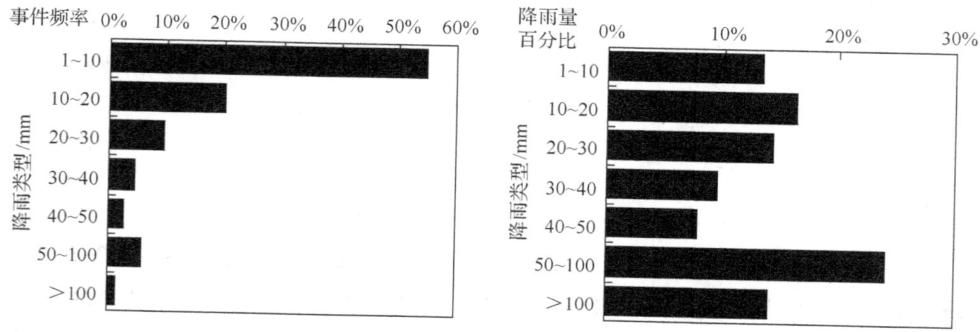

图 2-25　滇池流域多年降雨特征

与其他区域相比，滇池流域次降雨强度、历时、雨量、间隔时间等指标均较小，总体来说具有降雨集中、降雨频繁、降雨历时短、雨峰出现较早、以小到中雨和阵雨为主的特点。

对比滇池流域 1988～2017 年降雨量变化情况及城市面源各污染物产生量变化情况可以看出，滇池流域城市面源污染负荷产生量与年降雨量有一定的响应。2005 年，滇池流域降雨量较其他年份明显增加，从 1988 年的 706.5 mm 增加至 976 mm，增加了 38%，与之相对应，2005 年城市面源污染负荷也出现了明显的增加，见图 2-26。

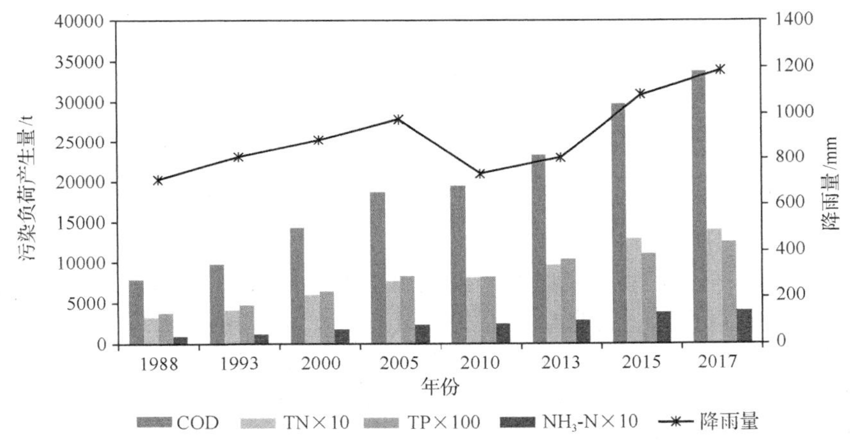

图 2-26　滇池流域年降雨量及城市面源污染负荷产生量变化

3. 城市面源控制对策

根据上述分析，随着建成区面积的增加，滇池流域每年城市面源各污染物产生量逐渐增加，城市面源污染对滇池污染的贡献率也日益增加，必须采取相应的对策措施来控制城市面源污染，减小其对滇池流域天然水体的污染。

针对滇池流域城市面源污染问题，目前政府已采取了一定工程措施及非工程措施来进行滇池流域城市面源污染的控制。这些措施主要包括滇池环湖截污工程的开展、滇池周边人工湿地处理系统的构建、公园绿地雨水资源化利用及调蓄池建设等。

1) 环湖截污工程

滇池环湖截污工程于 2009 年开工建设，是国家滇池流域水污染防治“十一五”规划的重点项目。该工程由环湖东岸、南岸干渠截污工程和环湖北岸、西岸截污完善(干管)工程四大部分组成。通过环湖截污工程的构建，能够有效削减雨季随暴雨径流进入天然水体的污染物的量，对加速滇池水质改善，促进滇池水生生态系统恢复具有重要作用。滇池环湖干渠(管)截污工程对于城市面源污染负荷的削减主要表现在对于城市初期雨水的截留及处理上，滇池环湖截污系统设计近期(2015 年)城市面源截留率≥50%，远期(2030 年)设计城市面源截留率为 70%～80%。目前，滇池环湖干渠(管)截污工程(“十一五”续建工程)已全部建设完成，滇池环湖干渠(管)截污工程的正常运行将为城市面源污染负荷的削减贡献重要的作用，有效地减少随降雨径流进入滇池的污染物。

2) 滇池周边人工湿地构建

滇池流域积极开展“四退三还一护”生态工程，即通过滇池湖滨退塘、退田、退人、退房，实现还林、还湖、还湿地、护水。滇池沿湖各县区已建成大观河入湖口湿地公园、西华湿地公园、五甲塘湿地公园、宝丰湿地公园、海东湿地公园、斗南湿地公园等多个湿地公园，通过各湿地公园能够将上游经环湖截污干管(渠)截留后浓度仍相对较高的“次初期”雨水截留后引入湿地系统内进行处理，通过湿地系统能够有效地实现污染物的去除，是环湖截污系统的重要补充。

3) 公共绿地雨水资源化利用

滇池流域积极开展城市公共绿地初期雨水处理及资源化利用工程，对包含翠湖公园、动物园、金殿、黑龙潭等在内的 51 个公园进行雨水资源化利用工程，工程内容主要包括初期雨水弃流装置及处理装置、雨水收集及存储装置等。工艺流程图见图 2-27，工程根据绿地所处地形地貌及其景观设置情况，针对不同类型的绿地结合其各自的特点进行了雨水收集利用方案的设计，总体设计思路基本一致，对不透水地表进行渗透铺装，增加雨水下渗量，针对溢流部分通过设置收集沟、格栅、沉砂池，过滤沉淀后进入收集设施储存后回用。

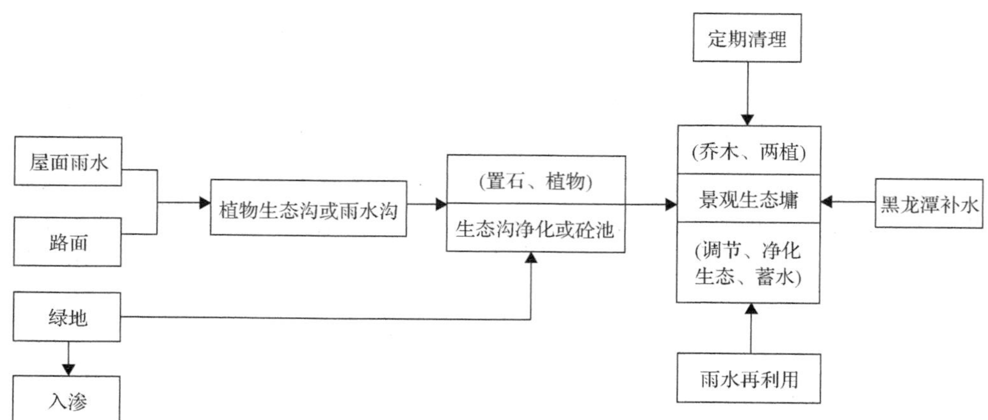

图 2-27　城市公共绿地雨水资源化利用工艺流程(以黑龙潭公园为例)

城市公共绿地雨水的资源化利用项目的实施能够有效地实现城市面源污染的

控制，项目建设前，雨水资源除下渗部分，均以地表径流的形式外排，在雨水冲刷作用下，地表累积的污染物进入地表径流，最终造成水体污染，项目建成后，通过渗透铺装增加道路雨水的下渗量，通过雨水收集处理及调蓄系统将雨水回用于公园绿化，减少来自于降雨径流的污染，实现了城市面源污染的削减。

4) 调蓄池工程

昆明主城老区排水方式多以合流制为主，年久失修、管道错接等情况普遍，雨季高浓度初期雨水、合流污水远超污水处理厂处理规模而溢流进入水体。这部分在暴雨期间超出合流制排水系统排水能力的降雨径流所形成的溢流(combined sewer overflow，CSO)，是目前城市河流与湖泊等受纳水体的主要污染源(程江等，2009a；黄建秀等，2010)。调蓄池是普遍运用在多个国家排水系统溢流污染控制方面的一项技术，能够有效地缓解下游合流制干管、泵站的冲击负荷，还可收集初期雨水，大大减少暴雨期间合流制泵站的溢流量，实现城市面源污染的控制。

“十二五”期间，实施了主城老城区市政排水管网及调蓄池建设工程。目前已建成 17 座调蓄池，总规模约 21.2 万 m^3，分属于控盘龙江、老运粮河、乌龙河、大观河、船房河、采莲河、大清河 7 个河道系统，主要调蓄 8 mm 降雨以内合流污水量。工程的实施能够有效地截留溢流的合流污水，防止因暴雨期间污水溢流而造成的水环境污染，同时还可以实现初期雨水的收集，有效控制城市面源污染。

5) 相关科学研究

随着城市面源污染重视程度的增加，针对滇池流域城市面源污染控制的相关科学研究近几年逐渐增多。国家水体污染控制与治理重大专项中关于滇池流域城市面源污染控制的研究所占的比例也逐渐加大，通过基础研究以及相应的技术示范及推广，为滇池流域城市面源污染控制提供了有力的技术支持。

位于弥勒寺公园的雨水调蓄减排示范工程是关于城市面源污染控制研究的代表之一。

昆明弥勒寺公园包含 9 个单项雨水利用技术，包括雨水快速下渗技术、屋面雨水收集技术、初期雨水弃流技术、雨水调蓄排放技术、雨水渗排一体化技术、绿地调蓄促渗控污技术、雨水低能耗快速净化技术、调蓄水体富营养化控制技术、回用绿化技术。通过雨水的调蓄和资源化利用，减少外排的径流量，从而控制随地表径流进入水环境的污染物的量。工程主要工艺流程如图 2-28 所示。

按昆明多年平均降雨量 1004 mm 计算，工程年削减雨水外排量 31042.9 m^3，削减率 91.65%；年削减污染物 COD 2379.7 kg，TN 61.52 kg，氨氮 14.69 kg，TP 13.87 kg，对于随暴雨径流进入自然水体的污染物削减及城市面源污染控制具有明显的作用。

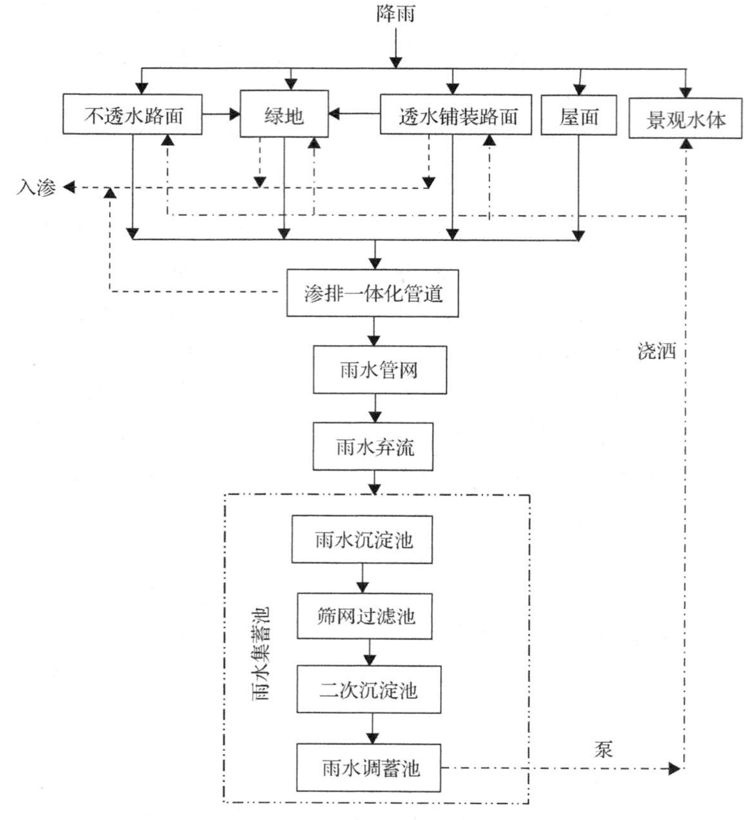

图 2-28　弥勒寺公园雨水利用工艺流程图

6) 相关政策法规

昆明市颁布的《昆明市节约用水管理条例》第三十二条规定“积极采用低洼草坪、渗水地面等雨水收集利用方法节约用水”。《昆明市雨水收集利用规定》第六条规定“符合下列条件之一的新建、改建、扩建工程项目，建设单位应当按照节水‘三同时’的要求同期配套建设雨水收集利用设施：(一) 民用建筑、工业建筑的建(构)筑物占地与路面硬化面积之和在 1500 平方米以上的建设工程项目；(二) 总用地面积在 2000 平方米以上的公园、广场、绿地等市政工程项目；(三) 城市道路及高架桥等市政工程项目”。通过颁布相关的节水及雨水资源化利用的规章制度，约束相关单位采取相应的雨水资源化利用措施，削减降雨洪峰，降低城市面源对天然水体的污染。

2.4　内源污染特征及其变化趋势

沉积物是自然水体的重要组成部分，内源污染的实质即沉积物污染。沉积物中主要污染物可分为氮磷营养盐、重金属和难降解有机物三类(王莹等，2012)。目前，内源污染已成为全球性环境问题，在对欧洲及美国等湖泊及河道沉积物的研究中表明，尽管外源输入污染负荷有所减少，但水体中营养盐仍出现了上升现象，底泥污染起到了“内源”的作用；对我国“三河三湖”以及大量的城中湖、城市近郊湖泊沉积物的研究结果也显示，国内一些典型的富营养化湖泊及河道的沉积物中 TP 含量大部分都在 1000 mg/kg 以上甚至更高，TN 的含量则有的超过 5000 mg/kg，远高于一些中营养和贫营养湖泊沉积物 TN、TP 含量。

滇池是我国典型的高原湖泊，近 20 多年来，由于受到流域经济发展、人口增长的影响，滇池水质恶化程度不断加剧，在人为环境干扰的作用下，沉积物中污染物含量已远超出土壤本底值，且整体污染情况逐年加重(毛建忠等，2005)。沉积物会再悬浮造成内源污染，如营养盐、重金属的释放(步青云等，2007)，从而进一步影响到湖泊水质、水环境安全与健康。李宝等(2008)研究了滇池沉积物内源营养盐的释放通量，李仁英等(2008)揭示了滇池沉积物重金属污染物的形态分布，邵晓华(2003)探讨了滇池沉积物中污染物的时空分布情况，陈云增等(2007)对滇池沉积物重金属污染进行了生态风险评价（王心宇等，2014）。弄清滇池沉积物中污染性质、特征及变化趋势，同时在对内源贡献进行估算的基础上，进行风险的分区分级评价，并结合沉积物污染的历史、滇池历史治理情况等进行讨论，可以更好地剖析滇池内源污染的整体变化过程，评判人类活动对沉积物中污染物的影响方式与程度，对准确评估滇池内源负荷贡献、湖泊富营养化机制提供依据。

2.4.1　污染现状及特征

1. 沉积物主要物理性质

湖泊沉积物可以根据颜色、气味、含水量、磁化率、氨氮及磷等因素自上而下分为三层：污染层、过渡层和湖泊沉积层(亓春英，2003)，2013 年对滇池全湖布设 36 个点位进行沉积物分层的调查，其结果见表 2-28。

表 2-28　滇池沉积物分层特征

分层	名称	特征
第一层	污染层	该层是湖泊污染物的蓄积库，沉积物中一般含有丰富的营养盐和大量的有机质、重金属等有害物质，这些污染物主要是近几十年人类活动的结果，也是对水体造成污染的层位。滇池沉积物的污染层多为黑色、深黑色淤泥，呈软塑或饱和状态，含大量有机质，有 H_2S 臭味，局部夹有机质黏土或淤泥质黏土，约 60%～80%为流塑状态，易移动(受风力、水流等)，其他部分受到较大扰动后也会随水漂移；平均厚度 0.29 m，其中外海 0.28 m，草海 0.44 m；污染底泥总量为 8516 万 m^3，其中外海 8038 万 m^3，草海 478 万 m^3
第二层	过渡层	该层颜色差异较大，多呈浅黄色、黄褐色或红褐色，冲击黏土，很湿-饱和，软塑状态，黏性强、无砂感、可搓条；含大量沉水植物根系及茎叶残骸，结构疏松；平均厚度 0.77 m，其中草海 1.33 m，外海 0.79 m；底泥总量 22064 万 m^3
第三、四层	湖底层	未污染的湖泊沉积层(20 cm 以下)多呈灰褐、灰、浅灰、深灰色等，软塑至可塑状态，无臭味、黏性强、偶有砂感、可搓条、夹杂螺壳、贝壳；多为泥质夹粉砂质黏土；平均厚度 5.73 m，其中草海 1.39 m，外海 5.94 m

受入湖河道、地理位置、水利条件和生物等因素的影响，滇池草海沉积物较厚，外海北部区域淤泥量较大，其次为外海南部区域。草海的沉积物以草海西南片区为最厚区域，平均厚度约 0.50 m，该区域紧邻村庄，水位较浅，沉积物淤积较重，沉积物最薄的区域为草海东北片区，平均厚度约为 0.18 m；滇池外海沉积物最厚区域为海埂大坝金家河与盘龙江冲积区域，该区域平均厚度约为 0.62 m，污染层较厚，沉积物最薄的区域为沿严家村至江尾村一片水域(外海东片)，该片区受风力、水流等因素影响，沉积物较难在该处堆积，该区域平均厚度为 0.21 m，见图 2-29。

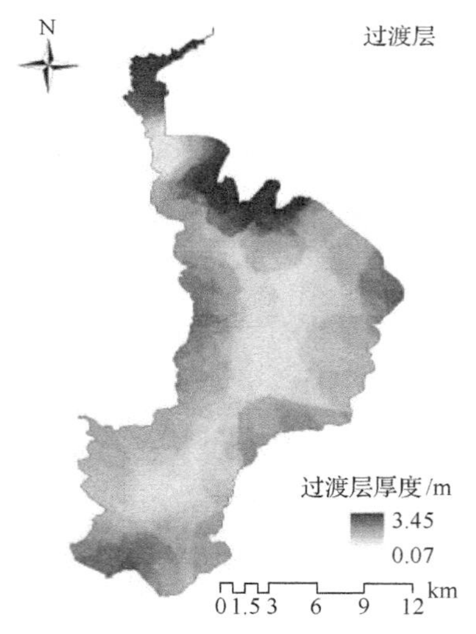

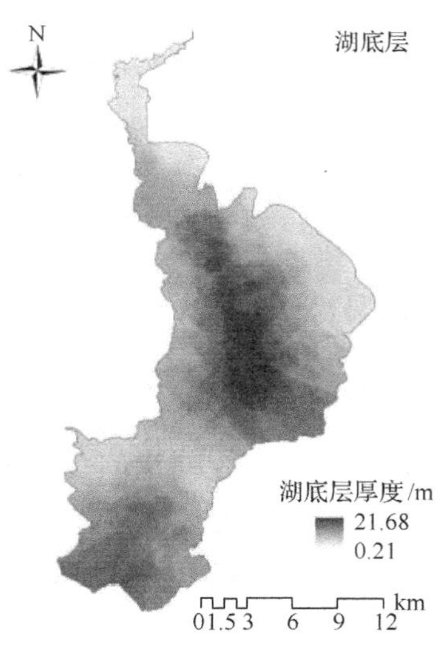

图 2-29　滇池沉积物分层分布特征

2. 沉积物主要污染物时空分布及赋存特征

1) 氮

A. 总氮

总氮(TN)含量是反映湖泊沉积物营养水平的重要指标之一。2013 年滇池沉积物总氮含量达到 g/kg 数量级，草海沉积物总氮平均值是外海的 2 倍左右，见表 2-29。

表 2-29　2013 年滇池沉积物总氮含量(mg/kg)

特征值	草海	外海
平均值	3632.86	1989.18
最大值	8144.44	3050.53
最小值	1910.18	1193.94
标准差	3219.42	868.19

从空间分布来看，总氮在滇池整体湖泊都有较高的分布，表现出南北高、中部较低的趋势，其形成与人类活动所引起的污染源的远近和多寡有突出的内在联系(米娟等，2013)。草海较靠近昆明主城区，每年接纳大量城市生活污水等，即便近年来滇池流域的外源污染得了有效的控制，但是沉积物中仍然积累了大量的氮；外海北部靠近海埂附近和南部海口—晋宁一带较高，这是整个流域的农业区，氮肥的施用导致大量氮通过降雨径流和水土流失等方式进入滇池，进而沉积到底泥中，海口作为滇池唯一的出口，在滇池长期富营养化过程中，水体中的营养物

质大量汇集于此，滨岸带沉积物中氨氮的含量高是由于氨氮吸附性强，易吸附在细颗粒物质上，而滨岸带沉积物细颗粒性质便造成氨氮的富集，湖心区湖水较深（6～7 m），沉积物-水界面扰动相对较小，水体中生物和微生物的残骸易于沉积，有利于氮的汇集(朱元荣等，2011)，见图 2-30。

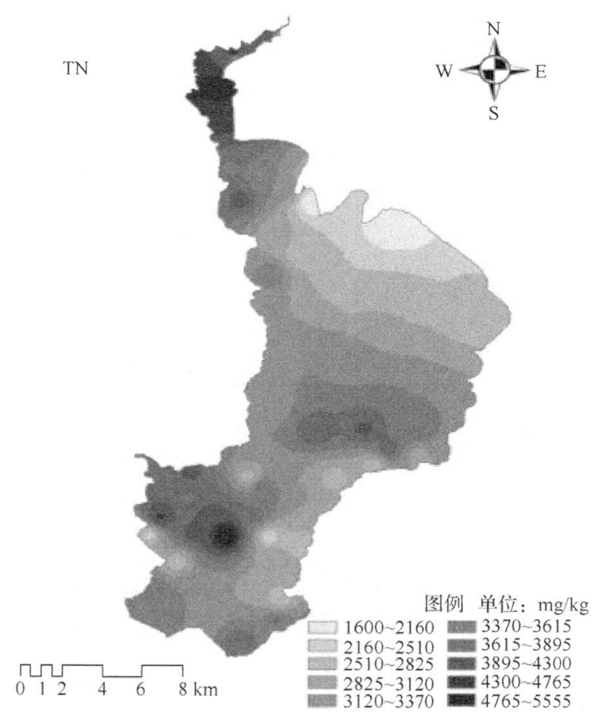

图 2-30　2013 年滇池沉积物总氮分布图

B. 赋存形态

氮的存在形态和形式影响其参与生物地球化学循环的进程和途径，以及对氮循环的贡献大小，与总氮相比，不同形态氮更能有效表征氮在湖泊富营养化中的作用。沉积物中氮的形态包括固定态氮(FN)、可矿化态氮(MN)和可交换态氮(EN)，其中可交换态氮(EN)又分为氨氮(NH_3-N)、硝氮(NO_3^--N)和亚硝氮(NO_2^--N)。MN 和 EN 则反映了沉积物的直接供氮能力和氮的生物有效性，一般来讲，MN、EN 含量越高，生物对氮的利用有效性就越高。

从表 2-30 可以看出，草海的硝氮、亚硝氮和可矿化态氮含量与外海基本持平，其余氮形态则为外海的 2 倍左右，可交换态氮中以氨氮含量最高。

表 2-30　2013 年滇池沉积物不同形态氮含量(mg/kg)

区域	特征值	氨氮	硝氮	亚硝氮	可交换态氮	可矿化态氮
草海	平均值	3632.86	309.12	291.13	3.73	534.64
	最小值	843.96	250.85	91.80	0.69	532.46
	最大值	8144.44	416.57	558.20	8.76	536.82
	标准差	3943.34	93.16	240.46	4.38	3.09
外海	平均值	1989.18	336.29	164.07	1.53	627.23
	最小值	1193.94	155.82	19.11	0.24	249.74
	最大值	3050.53	667.82	427.48	6.00	1617.97
	标准差	447.21	115.81	98.66	1.51	328.09

从空间分布来看，EN 含量以草海、外海中部和船房河入湖口较高，并以向四周逐渐降低的辐射状趋势分布(米娟等，2013)；滇池沉积物中 NO_3^--N、NO_2^--N 含量以草海、外海西部、白鱼口的海口区域较高，表明该区域硝化作用明显，可能是由于滇池铁锰氧化物处在相对氧化的环境中，NH_3-N 在氧化条件下极不稳定，容易被氧化物氧化，而 NO_3^--N 容易存在于氧化环境下，故造成三者不同的含量大小关系。NH_3-N、NO_3^--N 和 NO_2^--N 均在距离昆明主城区最近的西北部地区和作为滇池出口的南部海口地区有较为集中的高含量分布，这是因为滇池外海西北部靠近昆明主城区，城市生产生活的污水排放导致沉积物中氮的含量较高。同时，滇池外海南部海口地区作为滇池的出口，在滇池长期的富营养化过程中，水体中的营养物质大量汇集于此，见图 2-31。

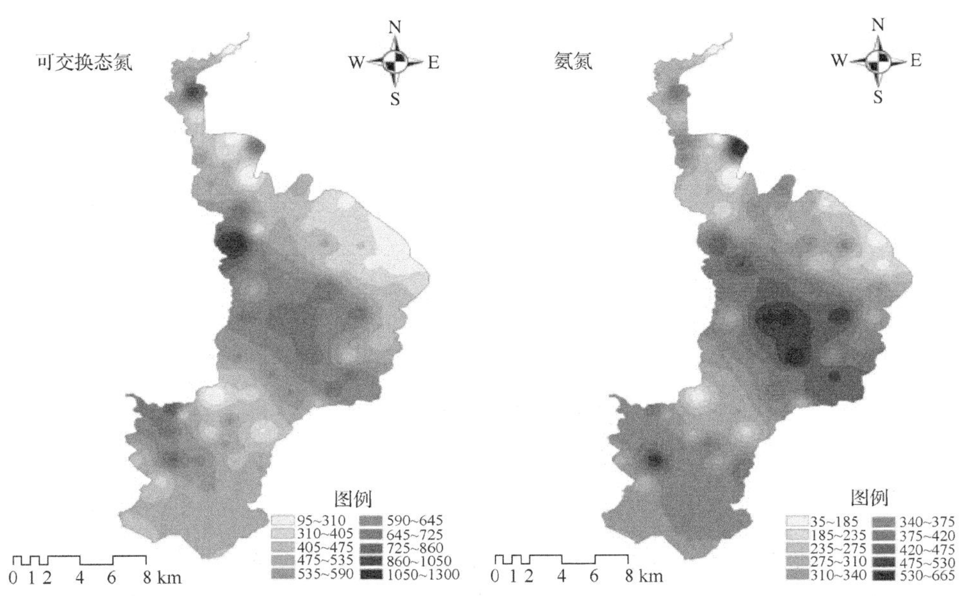

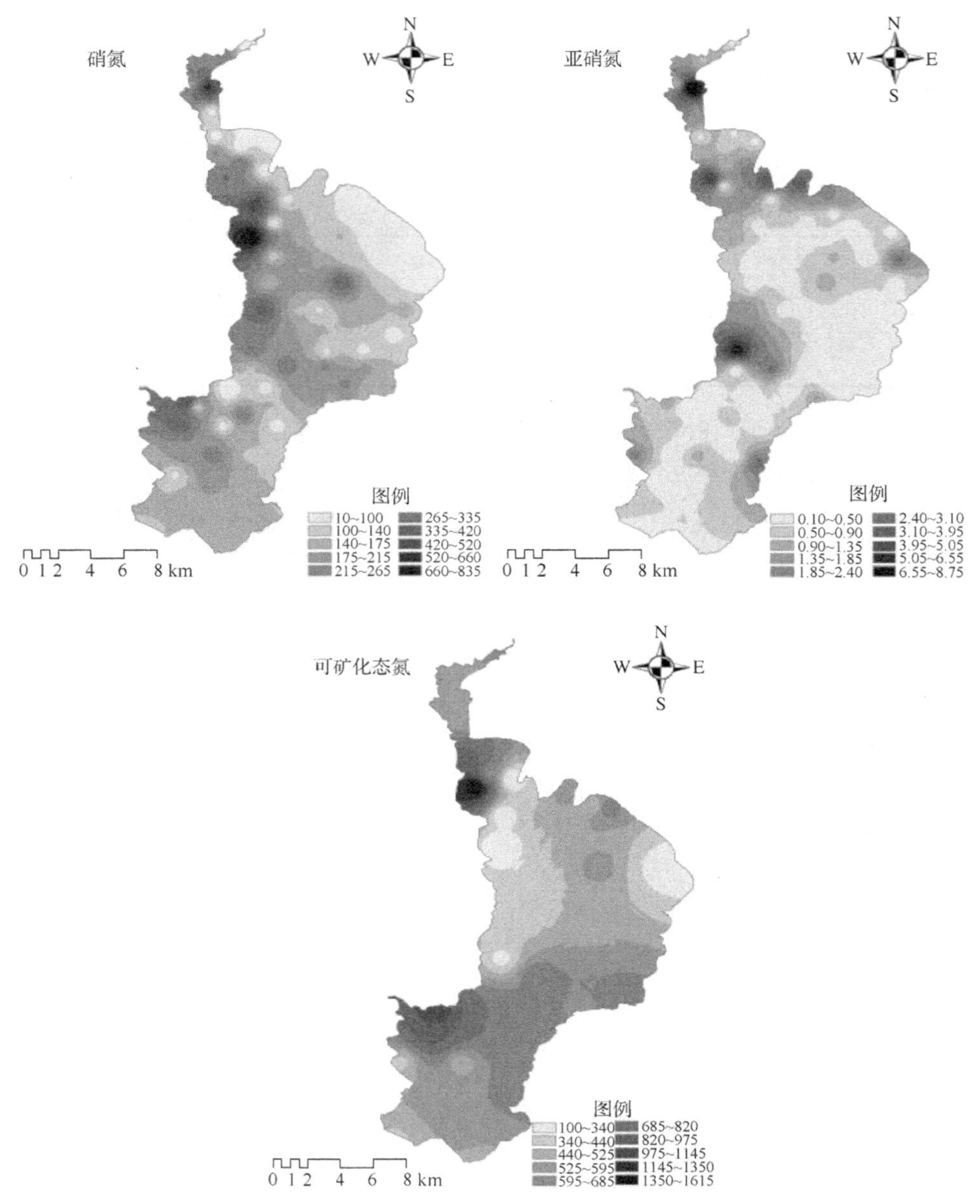

图 2-31　滇池沉积物不同氮形态的空间分布(单位：mg/kg)

2) 磷

A. 总磷

湖泊沉积物中的磷，对湖泊系统的初级生产力和湖泊的营养状况有着重要的作用(姚扬等，2004)，滇池沉积物中总磷(TP)含量介于 1596.25～5558.50 mg/kg

之间，平均值为 3248.22 mg/kg，见表 2-31。

表 2-31　2013 年滇池沉积物总磷含量(mg/kg)

特征值	草海	外海
平均值	4928.16	3038.22
最小值	4578.93	1596.25
最大值	5235.03	5558.50
标准差	330.09	868.19

与总氮的分布情况相似，总磷含量大体呈现出自北向南先降低再升高的趋势，不同区域总磷含量变化较大。其高值区在草海和外海北部区域，这显然与外源排入有关。相对外海而言，草海虽然进行了底泥疏浚，但是沉积物中磷的含量还是很高，这主要是由于草海靠近昆明主城区，历史上长期的大量城市污水、工农业用水排入草海，并在沉积物中大量的沉积下来的结果。滇池入湖河流以“心”状汇入滇池，河流中大量颗粒沉积物底质中，底质中含量较高，随着河流或湖水的流向，逐渐被稀释，湖心区底质中的磷含量逐渐降低；在中心湖区也有沉积磷的高值区(如 2010 年)，这与湖区沉积物的“汇集”作用有关。东北部区域是昆明花卉蔬菜的主产区，农业径流的输入使其沉积物磷含量较高；总磷含量在海口—晋宁一带又有所增高，其原因是与我国重要的磷化工基地有关，南部集中了昆阳、海口、尖山、澄江等著名大型富磷矿区，其磷矿资源储量约为 21 亿 t，约占全国的 12%。近 30 多年来的大规模开采使大量磷质通过暴雨冲刷使其分化后的磷块岩流入海口，致使南部沉积物中的磷含量增高，局部污染较为严重，见图 2-32。

B. 赋存形态

沉积物中能参与界面交换及生物可利用的磷含量取决于沉积物中磷的形态，沉积物中的磷在一定条件下可能是湖泊重要的营养物来源。沉积物中的磷大体可分为弱结合态磷，铁/铝结合态磷(Fe/Al-P)，钙结合态磷(Ca-P)和有机磷(OP)等(朱广伟和秦伯强，2003)，选取滇池 100 个样点的表层沉积物，采用 Huper 改进的 Psenner 连续提取法提取磷形态，其含量表现为：有机磷(OP)＞钙结合态磷(Ca-P)＞金属氧化物结合态磷(Al-P)＞残渣态磷(Res-P)＞可还原态磷(Fe-P)＞弱吸附态磷(NH_4Cl-P)，这一顺序与其他研究结果基本一致(刘勇，2012)。

NH_4Cl-P 主要指被沉积物矿物颗粒表面吸附的磷酸盐(夏黎莉，2007)，滇池沉积物 NH_4Cl-P 以草海和外海北部湖区含量较高。沉积物释磷时，首先释出这部分磷，并被水生生物吸收利用，是沉积物中较为活跃的，其与其他物质的结合能力较弱，易被释放到上覆水中。很容易参与生物循环，季节变化明显，对湖泊初级生产力有直接作用(宋倩文，2013)。

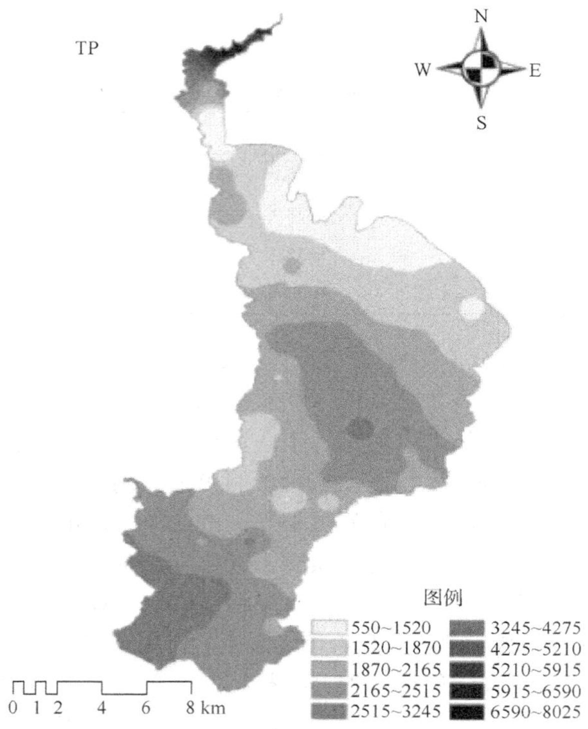

图 2-32　滇池沉积物总磷空间分布图

Fe/Al-P 是指通过物理化学作用被 Fe、Al 和 Mn 的氧化物及其氢氧化物所结合包裹的磷，该部分磷被认为是生物可以利用的磷，易受氧化还原电位和 pH 的影响进而释放到上覆水中；是沉积物中的活性磷部分，在厌氧和碱性条件下的溶解、迁移是沉积物释磷的重要机制，对水-沉积物界面磷的循环起到主要作用（岳宗恺，2013）。Fe/Al-P 受外源磷输入的影响较大，来源主要为生活污水、工业废水和部分农业面源流失的磷，其值能够反映不同区域磷污染的情况。滇池沉积物中 Fe-P 和 Al-P 以草海和晋宁附近湖区较高，海口和呈贡附近湖区较低，最大值和最小值相差 10 倍以上，说明滇池沉积物中的 Fe-P 和 Al-P 含量的差异体现了人类活动对不同区域的影响程度。

Ca-P 一般不易释放，但在 pH 低、酸度增加时可转化为可溶性磷酸盐。Ca-P 是滇池沉积物中无机磷含量最高的磷形态，南部晋宁附近湖区的 Ca-P 明显高于其他湖区，其原因主要有两个：一是由于早寒武纪滇池流域南部存在的酸盐岩含大量钙，早期成岩作用导致钙结合态磷的形成，主要以各种难溶性磷酸钙矿物为主，如过磷酸钙、羟基磷灰石等，主要来源于碎屑岩等；二是人类排放污染物造成湖泊沉积物-上覆水体钙离子浓度过高，往往会和磷酸根离子形成磷酸盐沉淀并沉积，滇池流域磷化工行业运行了近 60 年的时间，在磷肥生产中石膏和酸性磷酸盐的分离也可能导致 Ca-P 形成，进入表层沉积物。Ca-P 通常在碱性条件下稳定性较高，在 pH 较低情况下有可能释放，然而当湖泊水体酸化尤其是湖底水体-沉积物界面厌氧酸性环境也会导致部分难溶性的 Ca-P 释放，而造成湖泊内源污染。

Res-P 主要为大分子有机磷或其他难溶性磷，活性较低，基本不易发生变化，被认为是永久结合态磷。滇池沉积物中 Res-P 含量占 TP 的 6.73%，由于其相对较为稳定的特性，大部分会被沉积物埋藏，难以再生释放出来。

湖泊沉积物中 OP 具有部分活性，大约 50%～60%的 OP 可被降解或水解为生物可利用的磷形态，通过间隙水向上覆水体迁移释放，是沉积物中重要的“磷蓄积库”，对湖泊富营养化具有重要作用，OP 主要来源于农业面源，与人类的活动有关。滇池沉积物 OP 含量以滇池草海湖区最高，这与滇池流域人口及工业布局情况相符。

不同磷形态的含量以及分布情况可以作为评估滇池沉积物中磷元素释放风险的因素之一。总体来看，靠近昆明城区的草海沉积物中含有大量可移动磷，一旦水环境条件发生改变，极易从沉积物中释放，造成水质恶化；而相对比较稳定的磷元素则集中在远离城区的滇池外海南部区域和水深相对较深、受人类活动影响较小的湖心区。滇池沉积物不同磷形态的空间分布见图 2-33，滇池沉积物的不同磷形态含量见表 2-32。

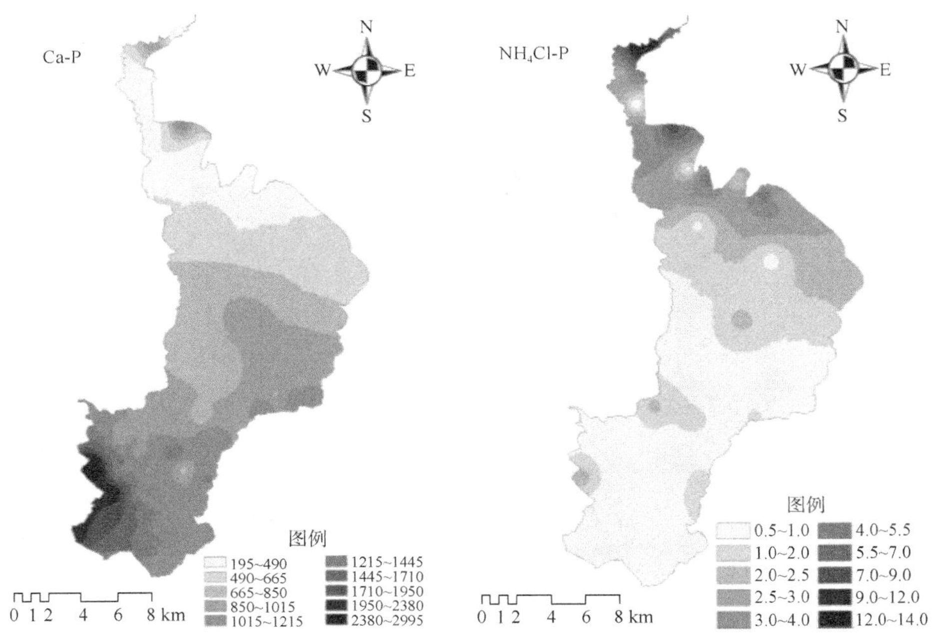

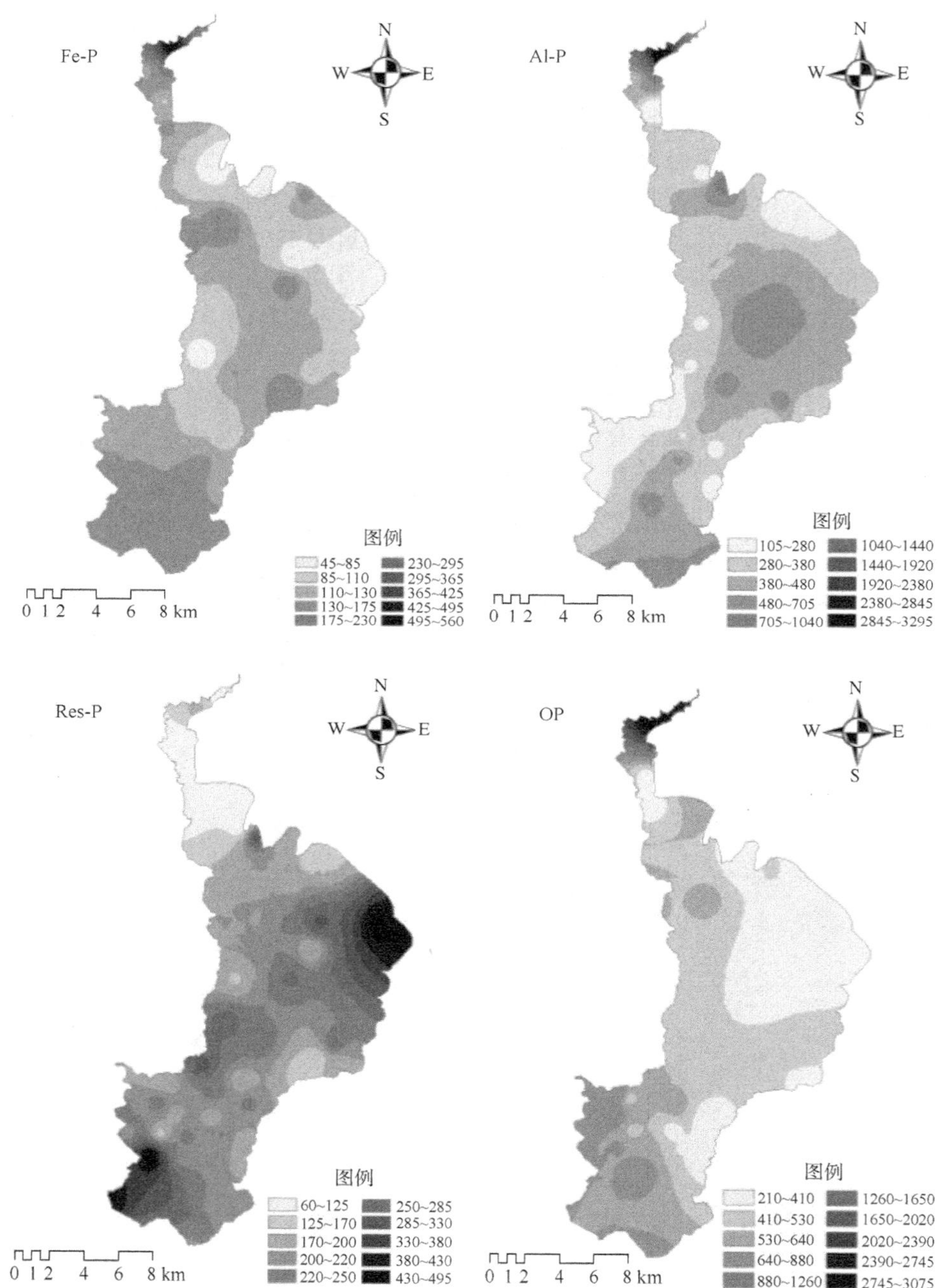

图 2-33　滇池沉积物不同磷形态的空间分布

表 2-32　滇池沉积物的不同磷形态含量(mg/kg)

特征值	TP	IP					OP
		NH_4Cl-P	Fe-P	Al-P	Ca-P	Res-P	
最小值	1596.25	0.69	46.33	103.98	193.80	78.72	830.99
最大值	5558.50	14.69	559.87	3295.92	2998.30	496.30	4074.72
平均值	3248.22	2.26	128.13	463.77	865.54	218.52	1482.49
标准差	1020.54	3.05	101.56	662.18	558.40	83.11	1156.82
所占总磷比例/%	—	0.07	3.94	14.28	26.65	6.73	45.64

3)有机质

沉积物中有机质(OM)是指其中的腐殖质以及其他有机化合物,是极为重要的自然胶体之一，有机质含量虽然较低但在湖泊营养盐交换过程中却有着举足轻重的作用，是重金属、有机物等污染物发生吸附、分配、络合作用的活性物质，也是反映沉积物有机营养程度的重要标志。

滇池沉积物中有机质的分布大体上表现出由北向南逐渐降低的趋势，含量在4.56～443.69 g/kg，平均值为 107.81 g/kg，最高值和最低值相差 10 倍左右，最高值为草海中心，最低值则位于外海北部疏浚区。

沉积物中有机质的空间分布不仅可以反映湖泊营养盐迁移转化规律，同时还可有效地反映湖泊及其流域生态环境的演变过程。滇池沉积物有机质分布与湖泊区域特点及人类活动密切相关，草海接纳较多来自昆明主城区的污染物，且湖区内水生动植物较多，流域内生物残体的迁移和湖泊内水生动植物残体在此沉积，这些有机残体经过湖泊生物的分解及矿化，不断与水体发生交换，逐步沉积和埋藏于沉积物中。滇池沉积物有机质空间分布见图 2-34。

3. 沉积物吸附-解吸特征

1)氮

A. 吸附动力学特征

图 2-35 显示了滇池不同区域沉积物中氨氮的吸附动力学过程。沉积物氨氮的吸附是一个复杂的动力学过程，通常包括快吸附和慢吸附两个过程。不同区域沉积物对氨氮的吸附具有类似的变化趋势：基本上在前 2 h 之内随着时间的推移，沉积物吸附氨氮量呈增长趋势，吸附速率较大；2 h 之后沉积物吸附氨氮量不随时间变化而变化，基本达到平衡。这和前人对太湖的研究结果基本一致。

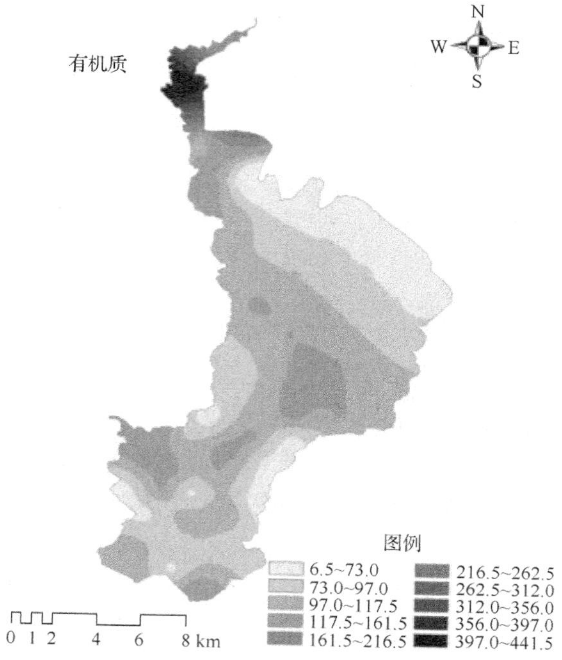

图 2-34　滇池沉积物有机质空间分布

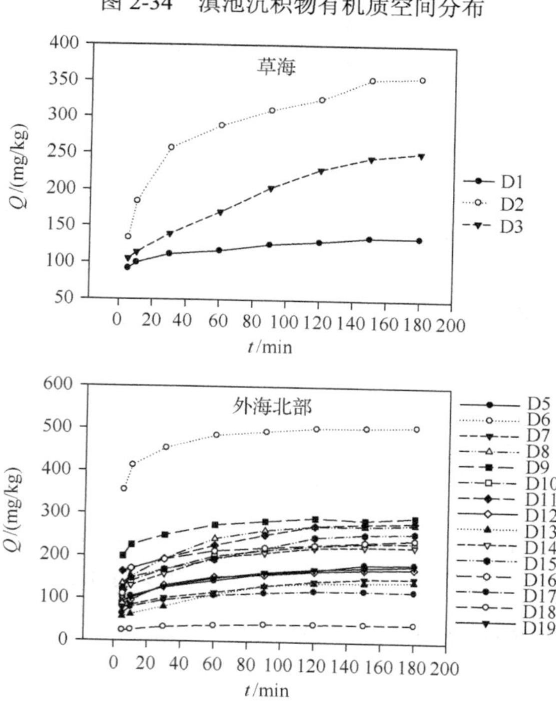

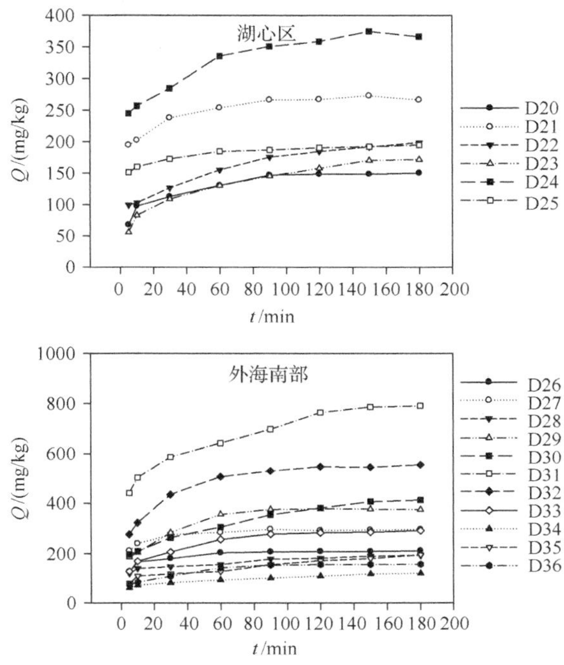

图 2-35　滇池表层沉积物氨氮吸附动力学曲线

为了进一步描述沉积物对氨氮的吸附动力学特征，用吸附方程对吸附过程进行拟合。常用的吸附模型有一级反应动力学模型、抛物线扩散模型和修正的 Elovich 模型。

$$\text{一级反应动力学模型：}\ln q = a + bt \tag{2-9}$$

$$\text{抛物线扩散模型：}q = a + kt^{1/2} \tag{2-10}$$

$$\text{修正的 Elovich 模型：}q = a+b\ln t \tag{2-11}$$

式中，q 为沉积物吸附氨氮的量(mg/kg)；t 为时间(min)；a、b 和 k 为常数，a 为初始吸附率，k 和 b 为吸附系数，其大小标志着沉积物吸附氨氮的强度。

修正的 Elovich 模型拟合沉积物吸附氨氮的动力学参数见表 2-33。滇池沉积物对氨氮的吸附动力学行为能很好地符合修正的 Elovich 模型，拟合曲线 R^2 值高于 0.90，均达到极显著水平($P<0.01$)。同时，不同污染水平沉积物的氨氮吸附参数间差别较大，说明滇池沉积物氨氮吸附行为十分复杂，受多种因素综合影响。

表 2-33　滇池表层沉积物吸附氨氮的 Elovich 模型拟合参数

湖区	参数	*a*	*b*
草海	最小值	23.61	12.08
	最大值	71.66	59.31
	平均值	46.89	39.36
外海北部	最小值	13.91	8.27
	最大值	306.86	40.49
	平均值	78.65	28.39
湖心区	最小值	3.96	10.68
	最大值	203.89	34.43
	平均值	3.96	10.68
外海南部	最小值	41.39	15.00
	最大值	302.18	88.97
	平均值	116.23	41.40

B. 吸附-解吸平衡浓度

在一系列低浓度范围内（初始溶液氨氮浓度＜5 mg/L），滇池沉积物对氨氮的等温吸附曲线见图 2-36。沉积物对氨氮的吸附量与平衡溶液中氨氮浓度呈良好的线性关系，可用 Henry 方程 $Q = \text{NAN}+K_d \times \text{ENC}_0$ 很好地拟合，均达到显著水平（$P<0.05$），其 $R^2>0.70$。NAN 为氮元素本底值吸附量；K_d 为线性分配系数，代表沉积物与 NH_4^+ 的亲和力及沉积物的缓冲强度。ENC_0 为吸附平衡时溶液浓度，表示沉积物与水体达到吸附-解吸平衡时溶液中 NH_4^+ 的浓度。滇池表层沉积物对氨氮均存在不同程度的解吸现象。滇池沉积物氨氮的吸附-解吸平衡浓度 ENC_0 最大值为 9.62 mg/L，最小值为 1.40 mg/L。不同区域沉积物 ENC_0 平均值表现为：外海南部（5.71 mg/L）＞草海（5.04 mg/L）＞湖心区（3.93 mg/L）＞外海北部（3.56 mg/L）。一般认为，当湖泊上覆水中氮浓度大于 0.2 mg/L 时，则可认为该湖泊水体中已具备富营养化的条件。根据对滇池沉积物氨氮的 ENC_0 和滇池水体上覆水中氨氮含量之间的比较结果显示，上覆水中氨氮的均值为 1.56 mg/L，除了样点 D1 之外，其他样点沉积物氨氮的 ENC_0 均高于上覆水中氨氮浓度，表明沉积物中氨氮极有向上覆水中释放的风险，沉积物在很长一段时间内起到水体污染“源”的作用。

沉积物氨氮吸附实验中测得的氨氮吸附量实际上仅是表观吸附量，即吸附量应包括本底结合在沉积物上可以解吸的氨氮量和真正在吸附实验中被吸附的氨氮。当沉积物对氨氮的释放量等于吸附实验中被吸附的氨氮量时，沉积物对氨氮的表观吸附量为零，此时溶液的氨氮浓度即为沉积物的吸附-解吸平衡浓度，滇池沉积物的 NAN 值介于 116.28～1340.32 mg/kg，变幅较大，平均值为 500.1334 mg/kg。不同区域沉积物 NAN 平均值表现为：湖心区（670.99 mg/kg）＞外海南部（638.50 mg/kg）＞外海北部（404.52 mg/kg）＞草海（175.92 mg/kg）。

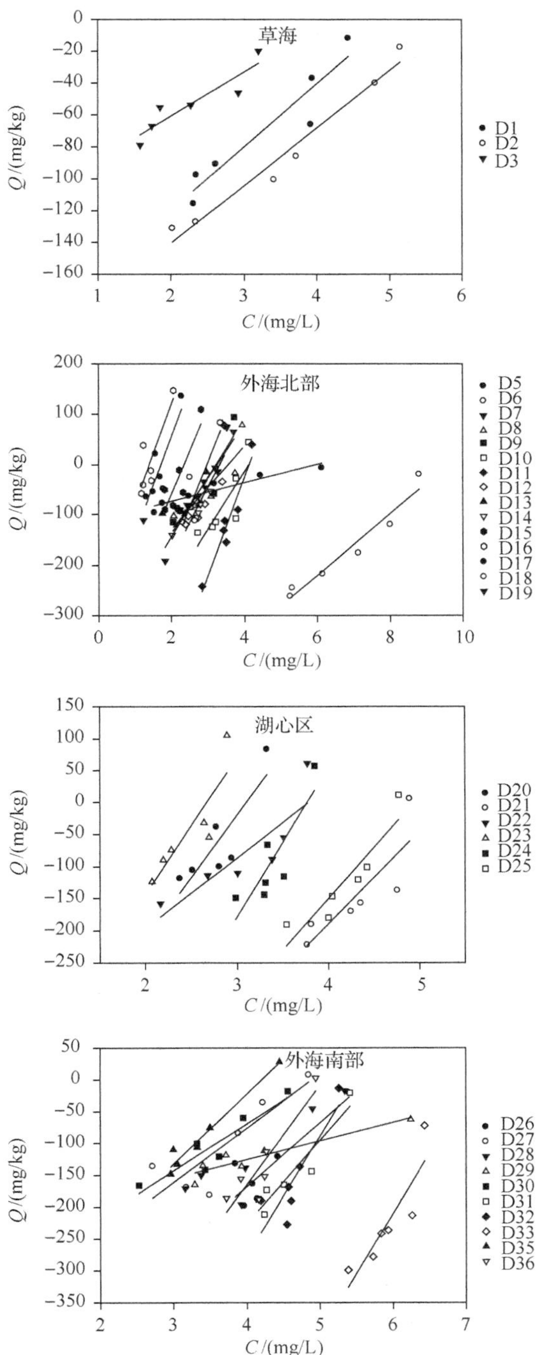

图 2-36　滇池表层沉积物氨氮吸附-解吸特征曲线

对长江中下游浅水湖泊沉积物对氨氮的吸附研究表明，本底态吸附量与湖泊的污染程度密切相关，即湖泊污染越严重，其沉积物对氨氮本底态吸附量越大。从表 2-34 中可以看出，滇池沉积物 NAN 远远大于其他湖泊，说明滇池湖体污染较其他湖泊严重。滇池的 ENC_0 是其他湖泊的 2～3 倍，沉积物中氮的释放风险非常大。

表 2-34　不同湖泊沉积物对氨氮的吸附/解吸特征参数对比

湖泊	NAN/(mg/kg)	ENC_0/(mg/L)
滇池(2013 年)	500.13	4.39
太湖(2003 年)	39.09	1.78
鄱阳湖(2003 年)	21.54	1.20
洪泽湖(2003 年)	31.86	1.22

C. 吸附等温线

当模拟实验中初始溶液氨氮的浓度在 5～200 mg/L 范围内时，滇池表层沉积物对氨氮的等温吸附曲线结果如图 2-37。沉积物对氨氮的吸附量都是随液相 NH_4^+ 平衡浓度的增大而增大，吸附量差异较为明显。

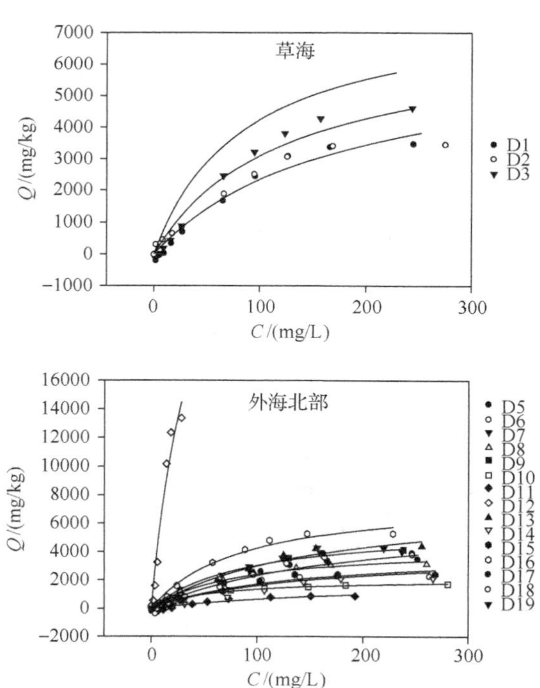

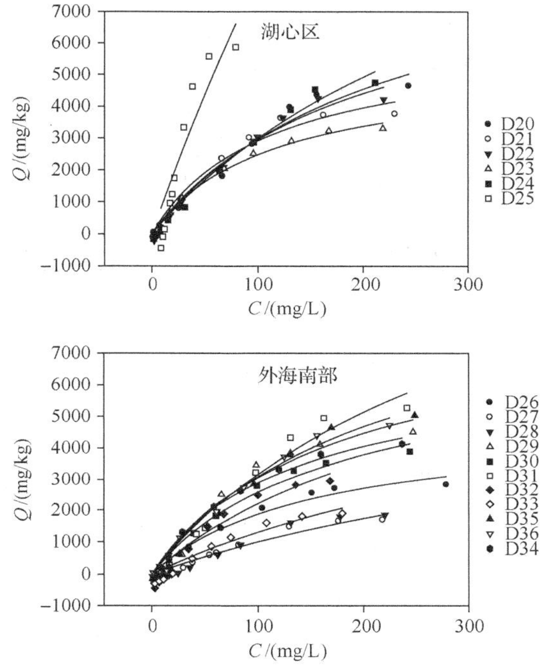

图 2-37　滇池表层沉积物氨氮吸附等温线

滇池不同区域沉积物对氨氮的最大吸附量用扩展的 Langmuir 吸附等温线模型 $Q = Q_{\max}K_c/(1+K_c)$ 拟合结果较好，R^2 高于 0.85，均达到显著水平（$P<0.0001$），且 $Q_{\max}$ 变化范围较大，在 2135.59～66253.21 mg/kg 之间，平均值为 10155.46 mg/kg。不同区域沉积物 $Q_{\max}$ 平均值表现为：湖心区（18383.80 mg/kg）＞外海南部（9263.29 mg/kg）＞外海北部（8233.99 mg/kg）＞草海（6577.41 mg/kg）；吸附效率 K 值平均值表现为：北外海北部（0.0082 L/mg）＞草海（0.0072 L/mg）＞湖心区（0.0052 L/mg）＞外海南部（0.0040 L/mg）。滇池不同区域沉积物氨氮吸附量差异较大。湖心区有机质含量较低，使得有机质对沉积物中氨氮交换的吸附点位干扰减少，整个湖心区沉积物对氨氮的吸附量就大。滇池草海及外海北部湖区沉积物对氨氮的吸附效率较高。滇池草海及外海北部湖区是滇池疏浚工程的重点区域，疏浚工程设计疏浚沉积物的厚度为 15～50 cm，而草海和外海北部沉积物的污染层平均为 26.4 cm，过渡层平均为 70.2 cm，疏浚工程基本已将污染层的沉积物转移出湖体，新产生的沉积物-水界面氨氮含量大幅度降低，打破了原有界面氮的平衡浓度，浓度梯度使得沉积物对水体中氨氮吸附能力有所增强。但与其他几大湖泊相比，滇池吸附氨氮效率处于较低水平。

为了更好地表述滇池沉积物氮的热力学特征，引入了总最大吸附容量的概念，用 $TQ_{\max}=NAN+Q_{\max}$ 表示。湖泊沉积物的氨氮总最大吸附量和本底吸附态氨氮量均与其污染程度有关，且污染严重，则其吸附量越低。滇池沉积物氨氮的总最大吸附容量在 2624.33～67041.82 mg/kg 之间。沉积物的氨氮总最大吸附量与其污染程度密切相关，即湖泊沉积物污染越严重，其氨氮的总最大吸附量就越小；反之，则越大。与其他湖泊相比，滇池沉积物氨氮的总最大吸附容量处于较高水平，可以推断滇池的污染程度是几大湖泊中最为严重的(表 2-35)。

表 2-35　不同湖泊沉积物最大吸附量和总最大吸附量对比

湖泊	Q_{max}/(mg/kg)	TQ_{max}/(mg/kg)
滇池(2013 年)	10155.46	10655.59
太湖(2003 年)	560.56	599.65
洪泽湖(2003 年)	1150.00	1181.86
鄱阳湖(2003 年)	450.20	471.73

沉积物作为湖泊营养物内源负荷的主要来源，其理化性质对湖泊富营养化进程有着重要的影响。本研究通过对滇池沉积物的氨氮吸附特征参数与其主要的理化性质进行相关性分析可知(表 2-36)，ENC_0 与沉积物中总氮、铵态氮、可交换态氮呈正相关关系，NAN 和有机质总量呈负相关关系($P<0.05$)，与其他指标相关性未达到显著水平($P>0.05$)。已有相关研究表明，沉积物吸附氨氮主要受有机质的影响。沉积物中有机质总量、总氮的含量增加会促使其氨氮释放，从而降低其吸收氨氮的效率。氨氮的吸附过程是一个复杂的过程，不仅受沉积物本身理化性质的影响，还与湖体中环境因素以及生物的作用有关。

表 2-36　滇池表层沉积物的氨氮吸附特征参数与其物理化学性质的相关系数

		V_{max}	ENC_0	NAN	Q_{max}	TQ_{max}
沉积物	有机质总量	−0.1517	0.2486	−0.5007*	−0.2646	−0.3026
	总氮	0.0691	0.5001*	−0.0810	−0.0635	−0.0653
	铵态氮	0.4260	0.6160*	0.3625	0.0844	0.0923
	硝态氮	0.0712	0.3096	−0.0477	0.0077	0.0066
	亚硝态氮	−0.0591	−0.0266	−0.0559	−0.1435	−0.1441
	可交换态氮	0.3174	0.5969*	0.1981	0.0572	0.0615
水体	总氮	−0.0249	0.0410	−0.3869	−0.1634	−0.1717
	溶解性总氮	0.0081	−0.0181	−0.2782	−0.1116	−0.1175
	硝氮	0.0596	−0.0017	−0.2583	−0.1150	−0.1204
	氨氮	−0.0777	0.0923	−0.3078	−0.1503	−0.1568
	颗粒态氮	−0.0843	0.1465	−0.3521	−0.1607	−0.1684
	溶解性有机氮	−0.0905	−0.2180	−0.0389	0.0680	0.0669

注：$*P<0.05$

D. 释放动力学特征

由图 2-38 可见，不同点位沉积物氨氮释放动力学曲线具有相似的变化趋势，沉积物中氨氮释放通常由快反应和慢反应两部分组成。一级动力学方程 Q_t =

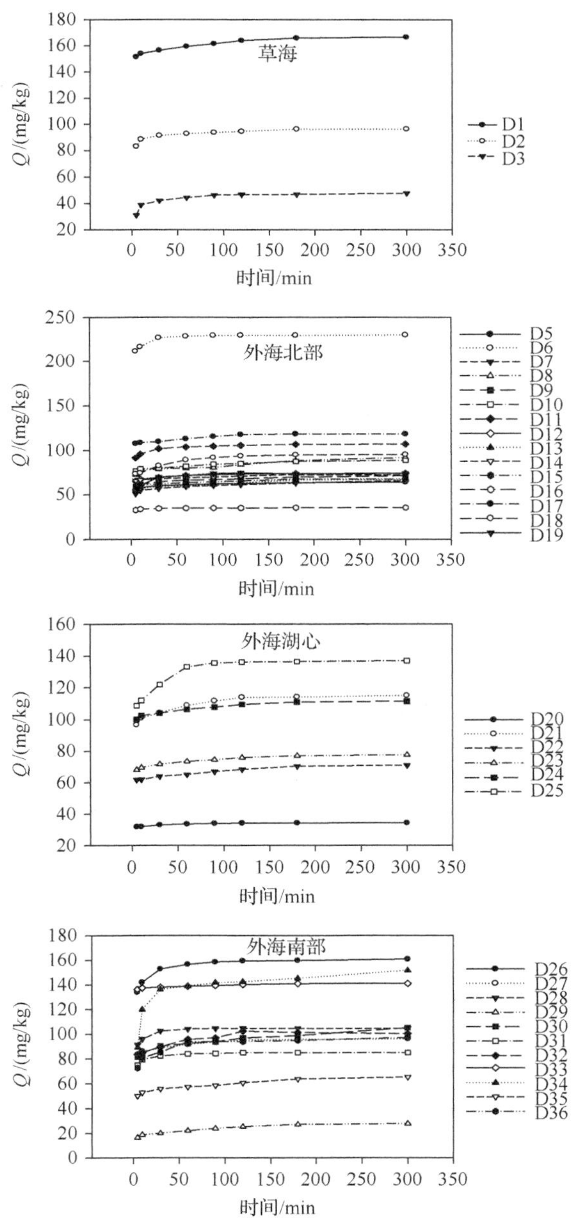

图 2-38　滇池表层沉积物氨氮的释放动力学曲线

$Q_{max}\times(1-e^{-kt})$可以很好地对滇池沉积物氨氮释放的动力学过程进行拟合，$R^2>0.50$，达到显著相关水平($P<0.05$)。滇池表层沉积物中氨氮的最大释放量在21.79～228.25 mg/kg之间，平均值为90.46 mg/kg。不同区域沉积物氨氮最大释放量平均值表现为草海(98.64 mg/kg)＞外海南岸(98.39 mg/kg)＞湖心区(87.75 mg/kg)＞外海北岸(84.08 mg/kg)。前人对长江中下游氨氮释放的研究结果表明，氨氮的释放量与湖泊的污染水平呈正相关关系，即沉积物污染越严重，其氨氮最大释放量也越大；反之，沉积物污染程度越轻，其氨氮最大释放量也较小。造成滇池沉积物不同采样点氨氮释放量差异的原因与各采样点沉积物特征有关。滇池草海的污染水平高于外海各区域，其氨氮释放量也明显高于外海。草海沉积物中有机质的含量也明显高于外海，大量有机质的积累很可能阻塞黏土矿物表面和氨氮交换的吸附点位。因此可以初步推断，滇池沉积物有机质可能是控制其氨氮释放的主导因素。

从图2-39中可以看出，氨氮最大释放速率与氨氮最大释放量呈极显著正相关性($P<0.01$)，这是由于随着沉积物总氮的增加，其氨氮释放速率常数K也随之增加，进而导致氨氮释放量的增加。

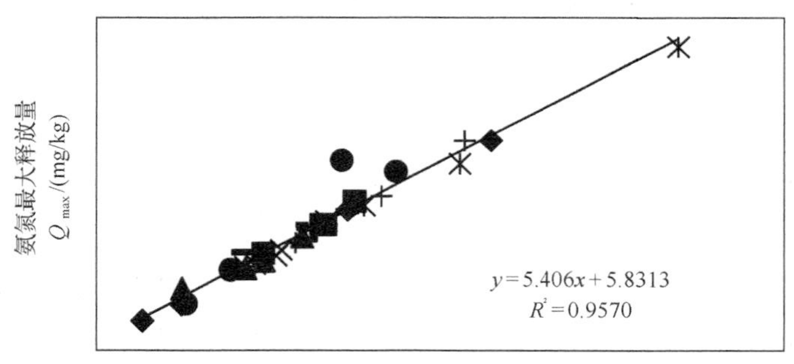

图2-39　滇池表层沉积物氨氮最大释放速率与最大释放量之间的相关关系

表2-37显示了滇池35个表层沉积物的氨氮释放特征和其理化性质之间的相关性，从中可以看出氨氮最大释放速率、最大释放量和沉积物中总氮、铵态氮之间有极显著相关性($P<0.01$)，即总氮和铵态氮可以在一定程度上表征其释放特征的分布规律，对氨氮的释放过程起关键作用。

E. 释放潜能

滇池沉积物氨氮的释放潜能为17147～34163 mg/kg，图2-40为滇池表层沉积物氨氮释放量随水土质量比的变化。从图中可以看出，表层沉积物中氨氮的释放量随着水土质量比的增加而增大，这种结果表明水土质量比越大，越有利于沉积物中氨氮的释放。

表 2-37　滇池表层沉积物氨氮释放特征参数和理化性质之间的相关性

		V_{max}	Q_{max}
沉积物	TOM	0.1273	0.1259
	TN	0.5547**	0.5207**
	铵态氮	0.6472**	0.6499**
	硝态氮	–0.1105	–0.1144
	亚硝态氮	–0.1392	–0.1426
	可交换态氮	0.3363	0.3353
上覆水	TN	0.2927	0.2644
	DTN	0.2701	0.2383
	硝氮	0.2555	0.2214
	氨氮	0.3177	0.2981
	颗粒态氮	0.1305	0.1312
	溶解性有机氮	–0.0003	–0.0083

注：$^{**}P<0.01$

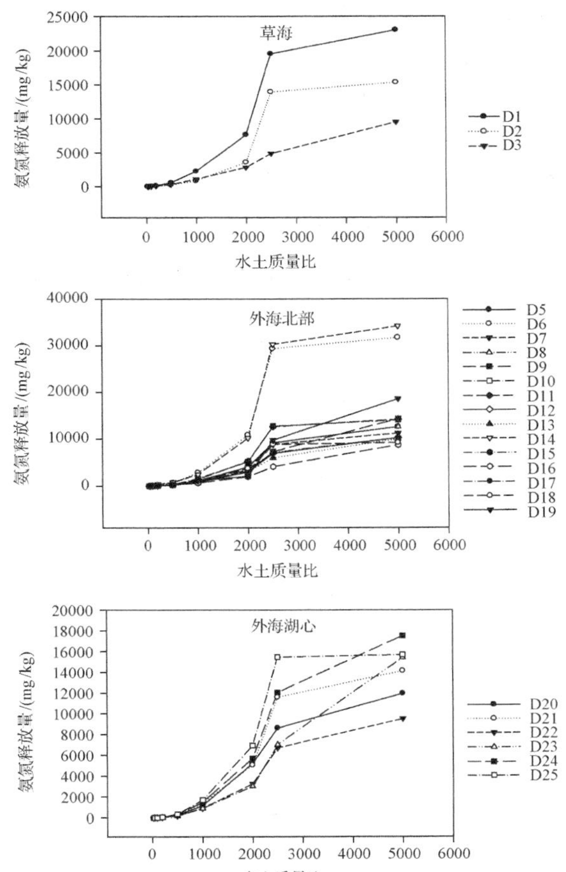

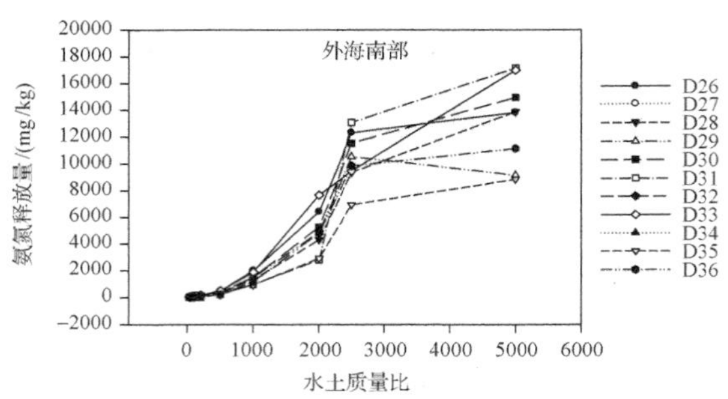

图 2-40　滇池表层沉积物氨氮释放量随水土质量比的变化

根据相关研究成果（王圣瑞等，2005），洱海表层沉积物中氨氮释放潜能为1700.1～3587.9 mg/kg。长江中下湖泊沉积物中氨氮释放潜能在447.2～1192.6 mg/kg之间。滇池沉积物氨氮的释放潜能是洱海的 10 倍以上，是长江中下游湖泊的 30 倍以上，释放潜力远高于其他湖泊，存在着非常高的释放风险。滇池大部分区域氨氮的释放潜能都相对较高，特别是在草海北部以及外海盘龙江河口处氨氮的释放潜能极高，草海北部是直接与昆明城区相连，而外海盘龙江河口处是流经城区的河流入湖口，受生活污水及农业灌溉污染严重，农业生产和生活污染带入的氮较多，使得沉积物中的氮含量不断积累，有明显向上覆水释放的趋势。由表 2-38 可见，滇池表层沉积物氨氮释放潜能与总氮含量之间有显著正相关关系（$P<0.05$），表明总氮对氨氮的释放其实起着重要作用。

表 2-38　滇池表层沉积物 NH_3-N 释放潜能与物理化学参数之间的相关性

		释放潜能
沉积物	TOM	0.2879
	TN	0.5190**
	氨氮	0.2905
	硝氮	–0.0493
	亚硝氮	–0.0075
	可交换态氮	0.1517
水	TN	0.3054
	DTN	0.3079
	硝氮	0.2495
	氨氮	0.3152
	颗粒态氮	0.0745
	溶解性有机氮	0.2412

注：**$P<0.01$

沉积物氨氮最大释放量仅仅是其释放潜能的一部分，但不同沉积物的氨氮最大释放量占其氨氮释放潜能比例有所不同，这可能与沉积物的理化特征有关，还有待进一步研究。同时，不同沉积物的氨氮释放潜能存在较大差别。污染严重的沉积物，其释放潜能高，而污染较轻的沉积物，则其释放潜能较低。因此，湖泊沉积物的氨氮释放潜能与其污染程度密切相关。氨氮是沉积物氮的主要释放形态，因此评估其释放潜能对揭示湖泊氮的释放风险具有重要意义。滇池表层沉积物氨氮最大释放量与释放潜能之间的比值介于 0.0020～0.0192 之间，平均值为 0.0069。同其他湖泊相比，滇池表层沉积物氨氮最大释放量与释放潜能之间的比值处于较低水平(表 2-39)，说明滇池沉积物氮污染较为严重，具有较大的氨氮释放能力。

表 2-39　不同湖泊表层沉积物氨氮最大释放量与释放潜能之间的比值

湖泊及研究时间	比值
滇池(2013 年)	0.01
太湖(2003 年)	0.09
鄱阳湖(2003 年)	0.12
洪泽湖(2003 年)	0.07

2) 磷

A. 吸附动力学特征

滇池沉积物对磷酸盐的吸附动力学曲线如图 2-41 所示。各采样点沉积物对磷的吸附动力学过程均可分为两个阶段，即快吸附和慢吸附阶段。快吸附过程主要发生在 0～5 min 内，介于 496.12～1175.92 mg/(kg·h)之间，是之后各时间段的几十甚至上百倍，慢速吸附过程主要发生在 5 min～4 h。这与洱海表层沉积物吸附磷特征结论一致(何宗健，2011)。初始磷浓度升高，磷在溶液和沉积物颗粒表面之间的浓度梯度增大，加强了水体-沉积物表面-沉积物颗粒空隙之间的传质过程，从而导致了磷的吸附量增加。但随着反应时间的延长，吸附位点数减少，而且沉积物因带负电荷会与溶液中的磷酸根产生静电斥力作用，从而导致磷吸附速率下降(黄利东，2012)。

滇池沉积物对磷的吸附动力学特征通过修正的 Elovich 模型拟合效果较好(表 2-40)，其拟合曲线 R^2 值高于 0.70，均达到极显著水平($P<0.01$)。不同污染水平沉积物磷酸盐的初始吸附速率差异不大，可能是由于初始吸附速率和吸附强度主要受沉积物本底值的影响。

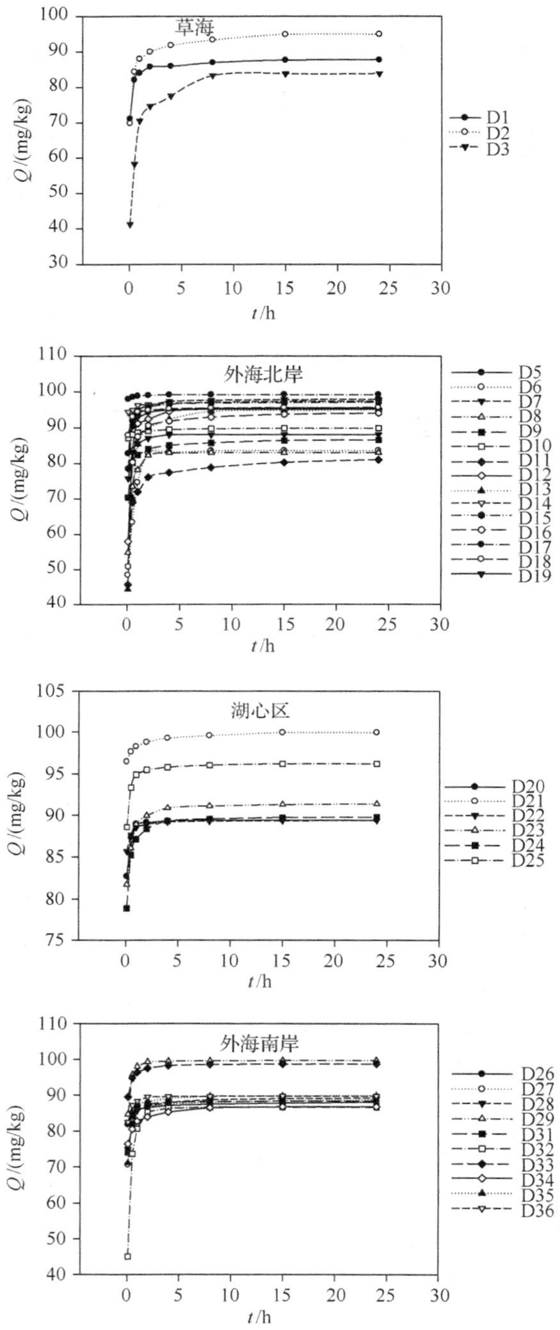

图 2-41　滇池表层沉积物磷酸盐吸附动力学曲线

表 2-40　滇池表层沉积物吸附磷的 Elovich 模型拟合参数

湖区	a	b
草海	77.22	4.81
外海北部	84.36	3.54
湖心区	90.03	1.17
外海南部	85.05	2.50

B. 吸附-解吸平衡浓度

在实验设定的浓度范围内(初始溶液磷浓度<0.5 mg/L)，滇池沉积物对磷的等温吸附曲线结果见图 2-42。沉积物对磷的吸附量与平衡溶液中磷浓度成良好的线性关系，可用 Linear 方程 $Q=m\times C_0$-NAP(江敏和苏学满，2012)很好地拟合，均可达到显著水平($P<0.05$)，其 $R^2>0.85$。通过改变溶液中磷的浓度，在初始磷浓度较低的情况下，存在解吸现象，随着磷浓度的增加逐渐进入吸附区。滇池表层沉积物对磷的吸附均存在解吸的现象，这与前人研究结果一致(金相灿等，2008)。

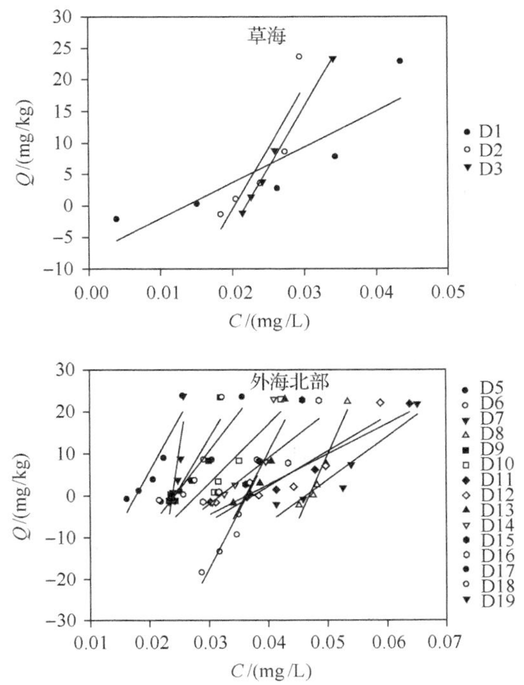

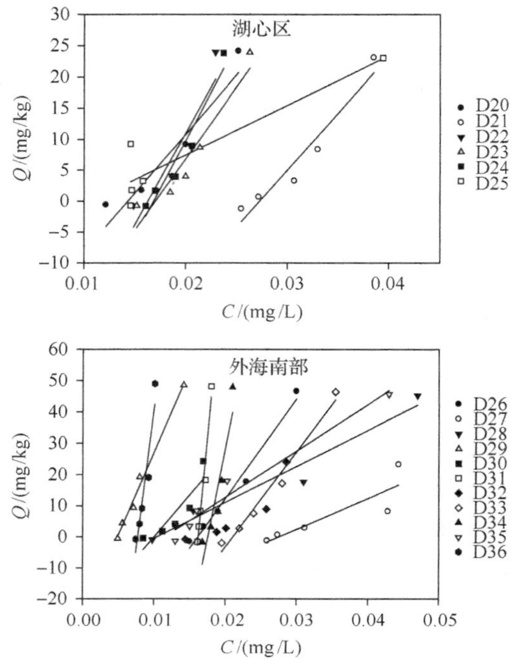

图 2-42 滇池表层沉积物磷酸盐的吸附-解吸曲线

水体的富营养化水平很大程度上是由于底泥向水体释放营养元素氮、磷所致。磷在沉积物上的吸附等温线是穿过浓度坐标而不是通过原点的"交叉式"的，由此可以看出沉积物既可从上覆水中吸附磷也可向上覆水释磷。这种"源"、"汇"的角色可通过磷的 EPC_0 来判别。根据计算，$EPC_0=NAP \cdot m^{-1}$，其中，EPC_0 是指沉积物对磷的表观吸附量为零时平衡溶液中磷的质量浓度；NAP 是指沉积物中磷元素的本底值吸附量。滇池沉积物磷的吸附-解吸平衡浓度(EPC_0)介于 0.0049～0.3644 mg/L 之间，平均值为 0.0320 mg/L。湖体中上覆水磷酸盐(SRP)浓度最小值为 0.0149 mg/L，最大值为 0.0980 mg/L，平均值为 0.0304 mg/L。和上覆水浓度对比来看，草海、湖心区和外海南部的上覆水 SRP 远高于沉积物中 EPC_0 浓度，则该区域上覆水处于吸附区，则沉积物吸附磷，可以初步判断草海、湖心区和外海南部的沉积物在短期内向上覆水中释放磷的风险较小；而外海北部上覆水 SRP 低于沉积物中 EPC_0 浓度，则该区域上覆水处于解吸区，则沉积解吸(释放)磷。所以，就目前而言，滇池外海北部沉积物有向上覆水体释放磷的潜在风险，见图 2-43。

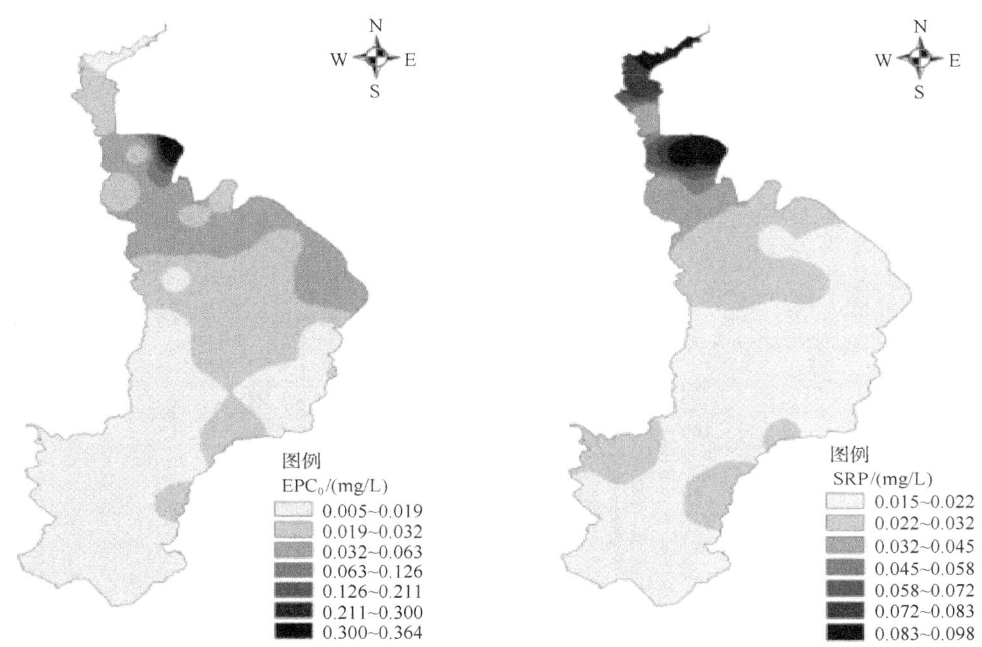

图 2-43　滇池表层沉积物磷酸盐的吸附-解吸平衡浓度和上覆水中磷酸盐浓度

C. 吸附等温线

当模拟实验中初始溶液磷的浓度在 0.5～20 mg/L 范围内时，不同区域沉积物对磷的等温吸附曲线结果见图 2-44。沉积物吸附磷的等温线可由 Langmuir 模型(庞燕等，2004)很好地拟合，R^2＞0.85，达到显著水平(P＜0.05)。滇池表层沉积物磷的最大吸附量 Q_{max} 变化范围较大，介于 535.69～41466.41 mg/kg 之间，平均值为 3084.29 mg/kg。不同区域沉积物磷的最大吸附量 Q_{max} 平均值表现为：外海南部(5639.24 mg/kg)＞湖心区(2032.89 mg/kg)＞外海北部(2011.90 mg/kg)＞草海(1180.85 mg/kg)。Langmuir 的吸附速率方程表明，对于恒定的环境条件，吸附质在吸附剂上的吸附速率与吸附质的浓度和吸附剂的有效吸附位有关。由于固体颗粒的数量影响着磷的吸附，外海南部海口区域是滇池唯一的出水口，大量固体颗粒物被输送到此并沉积在海口附近区域，造成该区域沉积物对磷有较大的吸附量；同时，有机质可以占据吸附位点，阻碍磷的吸附(黄利东，2012)，这也可能是不同湖区对磷吸附差异的原因之一。

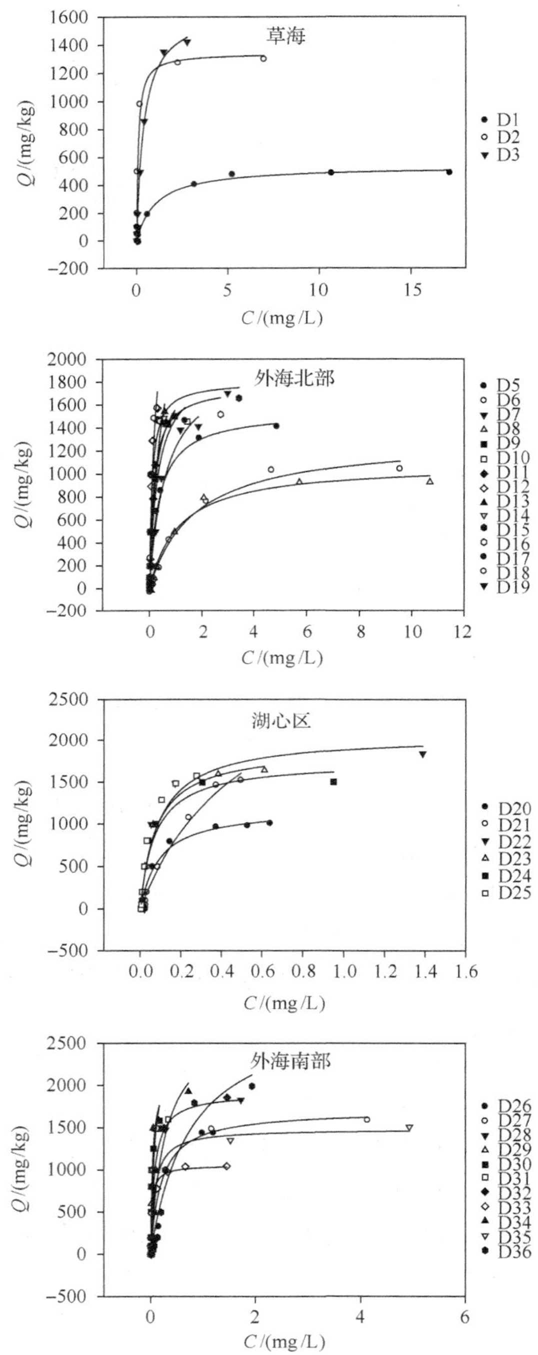

图 2-44　滇池表层沉积物磷酸盐的吸附等温线

沉积物样品中原本就含有一定量磷酸盐，而这部分原先结合在沉积物上的磷酸盐与吸附实验中吸附的磷酸盐在固液分配性质和结合力上可能不同(吴丰昌等，1996)。所以吸附实验中所测得的吸附磷量应包含两部分：一部分是原先就结合在沉积物样品上可解吸的磷酸盐，另一部分是吸附实验中吸附的磷酸盐(庞燕等，2004)。为了从整体上理解沉积物吸附磷酸盐，引入了沉积物总吸附磷量的概念，即沉积物总吸附磷量(TQ=NAP+Q)为沉积物本底吸附态磷酸盐量(NAP)和沉积物从溶液中吸附磷酸盐量(Q)的和。与之相关的，沉积物总最大吸附磷量(TQ_{max})即为其本底吸附态磷量(NAP)和沉积物最大吸附磷量(Q_{max})的和(王圣瑞等，2005)。滇池表层沉积物总最大吸附磷量(TQ_{max})介于543.43～41517.93 mg/kg之间，平均值为3151.37 mg/kg。从图2-45中可以看出，滇池沉积物总最大吸附磷量(TQ_{max})与沉积物最大吸附磷量(Q_{max})的分布基本一致，即外海南部尤其是海口区域的总最大吸附磷量最高。

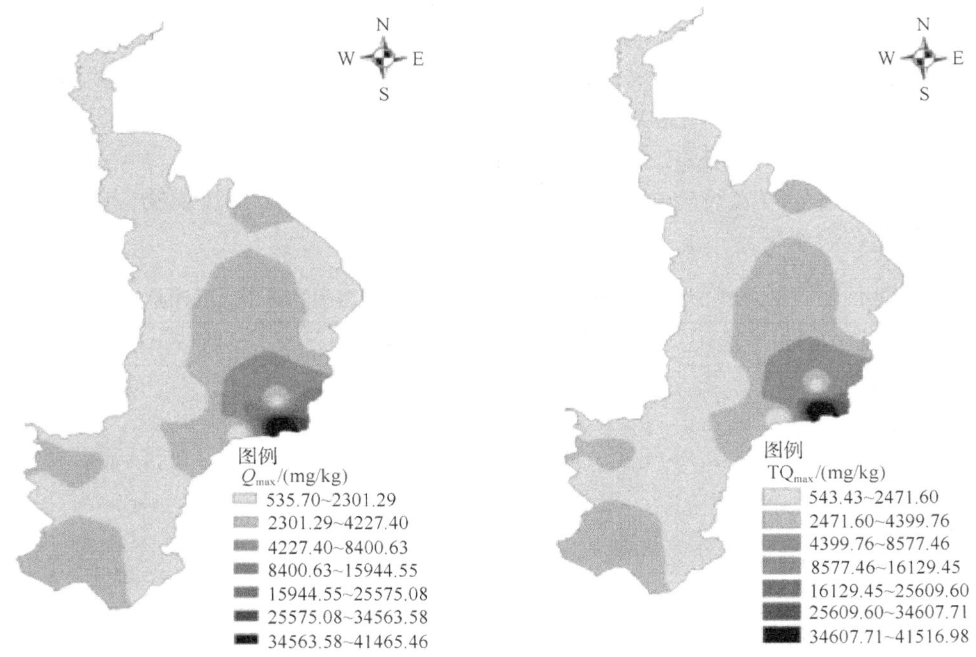

图2-45 滇池表层沉积物磷酸盐最大吸附量与总最大吸附量分布

沉积物磷的吸附和释放过程不仅与上覆水磷浓度有关，还与具体的环境条件及沉积物磷形态含量等因素有关。由表2-41可以看出，NAP与Ca-P呈显著正相关($P<0.05$)，这与滇池南部处于磷矿区，磷矿石含钙量较高，沉积物无机磷主要以钙磷化合物形式沉积有关(高丽等，2004a)。而其他吸附特征参数与沉积物各理化性质之间均无显著相关性。最大吸附磷量与总最大吸附磷量呈极显著正相关

($P<0.01$)，而本底吸附态量与总最大吸附量相关性不显著。所以，为了全面了解沉积物吸附磷的特征，不仅要分析本底吸附态磷量，也要分析最大吸附磷量与总最大吸附磷量。

表 2-41　滇池表层沉积物磷的吸附特征参数与不同磷形态之间的相关性

	NAP	Q_{max}	TQ_{max}	TP	NH_4Cl-P	Fe-P	Al-P	Ca-P	Res-P	O-P
NAP	1	0.0007	0.0325	0.0189	0.0003	0.016	0.0182	0.5139*	0.0031	0.3256
Q_{max}		1	0.9999**	0.0068	−0.1235	−0.0577	−0.1018	0.1095	−0.0741	0.0022
TQ_{max}			1	0.0069	−0.1237	−0.0584	−0.1031	0.1166	−0.0735	0.0025

注：$^{**}P<0.01$；$^{*}P<0.05$

一般来讲，本底吸附态磷与湖泊沉积物污染程度有关。总的趋势为，沉积物污染程度越高，其本底吸附态磷的含量也越高，总最大吸附磷量也越高。从表 2-42 中可以看出，2013 年滇池沉积物磷的本底吸附量、最大吸附量和总最大吸附量均大于 2006 年滇池以及其他湖泊水平，其原因有：首先，滇池水体 pH 值近年来有所升高，导致沉积物中磷的释放作用加强，造成 2013 年滇池磷的最大吸附量低于 2006 年数值(赵祥华等，2008)；其次，东部平原湖泊与高原湖泊在湖泊地质成因有着本质的区别，滇池属于石灰岩断陷性湖泊，沉积物黏粒矿物以高岭石和水云母为主，高岭石对磷酸盐表现出很高的亲和力，从而造成滇池沉积物磷的最大吸附量处于较高水平。

表 2-42　不同湖泊沉积物磷的本底吸附量、最大吸附量和总最大吸附量结果

湖泊(研究时间)	NAP	Q_{max}	TQ_{max}
滇池(2013 年)	67.09	3084.29	3151.38
滇池(2006 年)	—	5770.20	—
洱海(2009 年)	26.57	1070.51	1097.08
太湖(2003 年)	20.46	475.00	495.46
巢湖(2003 年)	39.62	210.00	249.62
鄱阳湖(2003 年)	17.18	744.00	761.18

D. 释放动力学特征

图 2-46 中显示了滇池沉积物释磷随反应时间变化的过程。磷的释放是一个复杂的动力学过程，由快反应和慢反应两部分组成。通常前一阶段快反应和慢反应同时进行，释放量增加较快，后一阶段主要以慢反应为主，释放量逐渐趋于平衡并逐步达到最大。

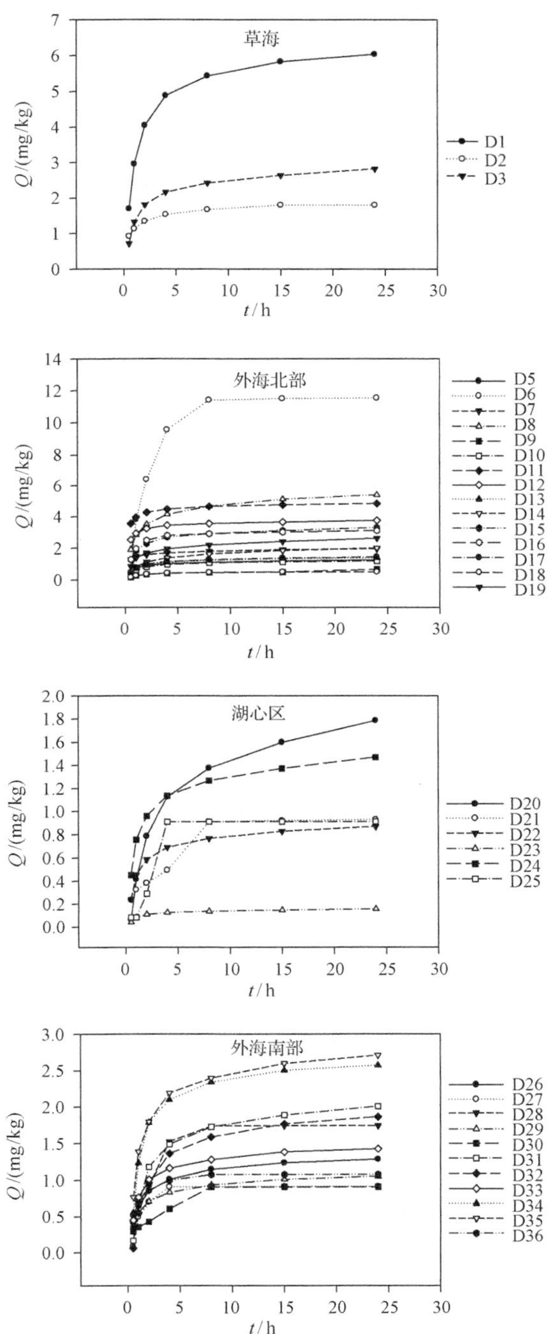

图 2-46 滇池表层沉积物磷的释放动力学曲线

一级动力学方程 $Q_t = Q_{max} \times (1-e^{-kt})$ 可以很好地拟合滇池沉积物释磷的动力学过程，其拟合结果 $R^2 > 0.70$，达到显著相关水平（$P < 0.05$）。磷的最大释放量 Q_{max} 是表示本研究条件下沉积物磷释放的能力，也是表示沉积物磷释放动力学特征的重要参数（金丹越等，2007）。滇池表层沉积物中磷的 Q_{max} 在 0.14～11.76 mg/kg 之间，平均值为 2.12 mg/kg。不同区域沉积物磷的最大释放量平均值表现为草海（3.32 mg/kg）＞外海北岸（2.83 mg/kg）＞外海南岸（1.43 mg/kg）＞湖心区（0.99 mg/kg）。草海和外海北岸有较多的入湖河道进入水体，底泥表层接纳来自外部污染性颗粒物沉降的机会较之其他湖区高，在生物矿化和化学转化等作用下，游离态磷（通常为 PO_4^{3-}-P）被不断分解出来，进入并溶存于沉积物间隙水中，在表层沉积物物性决定的阻碍层两侧，与上覆水 PO_4^{3-}-P 含量形成浓度梯度，进行着与环境条件（如温度）相适应并遵守分子扩散定律的磷的界面释放，所以该区域沉积物中磷的最大释放量较高。这与其他研究结果一致（范成新等，2002；2006）。

E. 释放潜能特征

滇池表层沉积物释放潜能结果见图 2-47。沉积物中磷的释放量随着水土质量比的增加而增加，水土质量比约为 20000 时，释放量达到最大（释放潜能），之后趋于平衡，显示水土质量比越大，越有利于沉积物的释放。滇池沉积物磷的释放潜能为 32.64～419.00 mg/kg，不同区域沉积物磷的释放潜能平均值表现为：草海（157.96 mg/kg）＞外海北部（113.45 mg/kg）＞外海南部（81.69 mg/kg）＞湖心区（67.17 mg/kg），湖心区由于人类活动较少，磷含量较低，其释放潜能较小，而靠近昆明主城区的区域和流经城区的河流入湖口区域的污染物释放潜能相对较高，沉积物与入湖水体之间存在较大的浓度差是造成这一结果的主要原因。

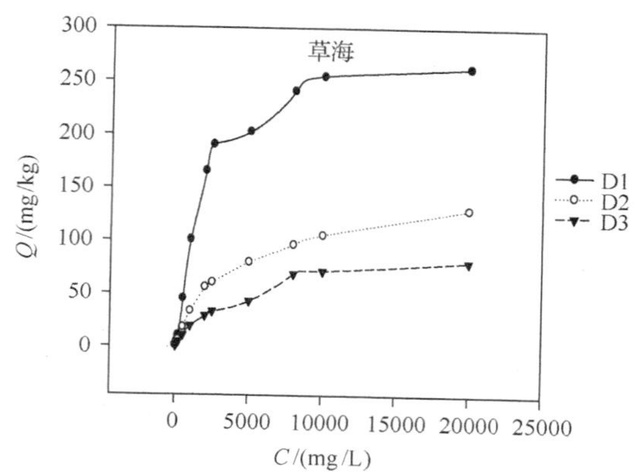

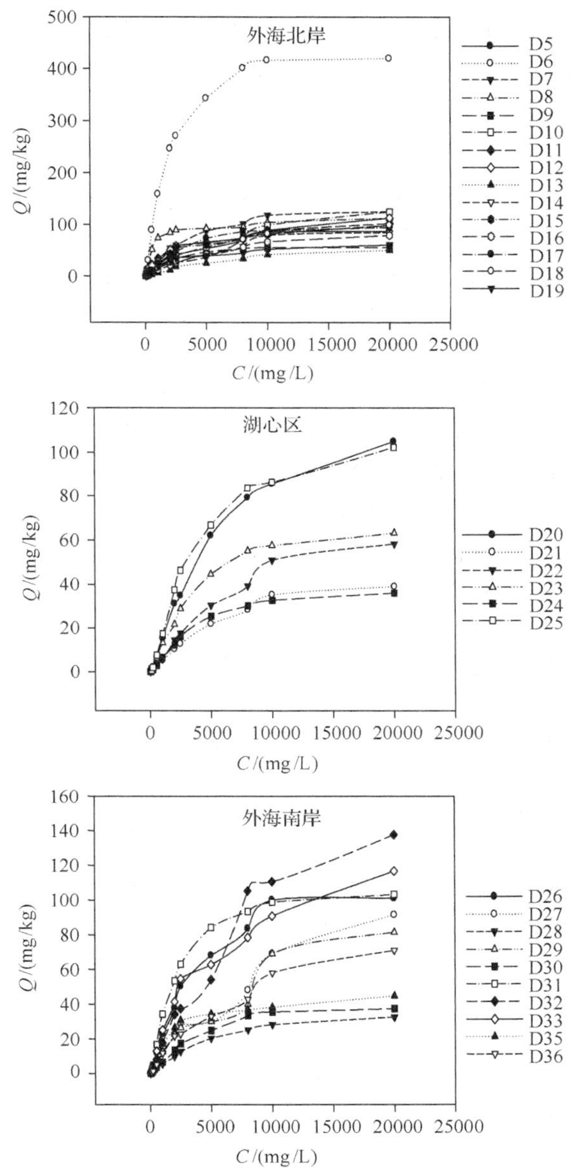

图 2-47　滇池表层沉积物磷释放量随水土质量比的变化

沉积物中的释放机理、释放量与内源的存在形态、金属结合态的转化能力、沉积物-上覆水之间磷元素的交换有关(焦念志，1989；王庭健，1994)。谢丽强等(2001)对我国部分湖泊底泥中磷含量和水柱中磷含量、磷负荷进行的相关分析说明不同地理环境的湖泊磷释放的决定因素也是各异的。如表 2-43 得出的结果，滇池表层沉积物磷的最大释放速率(V_{max})、最大释放量(Q_{max})和释放潜能与沉积物和上覆水中磷含量有显著相关性。由于沉积物中弱吸附态磷、可还原磷和可移动磷是较容易释放的磷，在厌氧环境中，可还原磷中的铁氧化物或铁氢氧化物还原而大量释放，因此可还原磷为氧化还原敏感磷，也是磷形态中对磷内负荷贡献最大的磷；铁铝氧化态磷(NaOH-rP)可以在一定条件下，释放或者转化成易释放形态的磷。虽然以上几种磷形态在滇池沉积物中所占比例不同，但对沉积物中磷的释放起到关键作用。正磷酸盐被认为是可溶解性总磷中最易被生物利用的磷形态，也称作生物可利用磷，用来作为研究湖泊富营养化状态的参数，主要包括原始正磷酸盐以及在酸性条件下能最终水解转化为正磷的焦磷酸盐、多磷酸盐及部分不稳定性磷。磷的最大释放速率、最大释放量和释放潜能与上覆水中 DTP、SRP 和 DOP 呈显著正相关性($P<0.05$)，预示着上覆水中磷的迁移转化更多地受到水-沉积物界面浓度梯度的控制。综上所述，磷的释放潜能并不完全由磷的总量决定。滇池沉积物及上覆水中不同形态磷含量及分布不同，对磷释放潜能的贡献程度也不同。所以，评价沉积物磷的释放风险，不仅要分析基本的理化性质，而且更要关注不同磷形态含量及所占总磷中的比例。

表 2-43　滇池表层沉积物磷的释放特征参数与不同磷形态之间的相关性

		V_{max}	Q_{max}	释放潜能
沉积物	TOM	0.2074	0.1224	0.3525
	TP	–0.284	–0.092	0.3504
	NH_4Cl-P	0.5459**	0.8001**	0.7855**
	BDP	0.2635	0.5659**	0.7638**
	NaOH-nrP	0.0516	0.3907	0.7357**
	NaOH-rP	0.1901	0.5729**	0.4756*
	HCl-P	–0.1795	–0.1502	0.1555
	Res-P	–0.168	–0.0696	–0.2054
上覆水	TP	0.1449	0.1597	0.3207
	DTP	0.4908**	0.6049**	0.7215**
	SRP	0.5289**	0.6527**	0.7063**
	DOP	0.1544	0.1879	0.3907*
	PP	0.0223	0.0054	0.1565

注：**$P<0.01$；*$P<0.05$

4. 内源负荷估算

定量获得湖泊内源负荷的方法主要有质量衡算法、孔隙水扩散模型法、表层底泥模拟法、柱状芯样模拟法和水下原位模拟法(范成新等，2002)。质量衡算法是通过对所有出入湖量进行收支平衡，从而估算湖泊内源负荷，该方法在没有沉积物释放数据时可参用，但对外源输入复杂的湖泊估算误差较大；孔隙水扩散模型法需有离子的物化参数，以及离子在泥水界面上的垂向分布；表层底泥模拟法由于难以保证原沉积物的表层物理状态不被破坏，其分析结果仅能做参考；柱状芯样法可基本不破坏沉积物性状，且在多种控制条件下进行模拟，因此应用较多，但柱状体系的体积通常不大，易产生壁效应；水下原位模拟法可在不移动沉积物情况下进行模拟，结果最接近实际，但费用较大。根据对近年来滇池内源负荷研究的结果，可以初步得出滇池沉积物中氮的释放通量为 4.53×10^4 t，磷的释放通量为 3.89×10^4 t(表 2-44)。

表 2-44　滇池沉积物氮磷释放通量历年研究结果

作者	文献出处	采样时间	研究区域	研究方法	结论
毛建忠等	滇池沉积物内源磷释放初步研究	2005 年	全湖	分子扩散通量计算法	滇池沉积物具有较大的向上覆水体的绝对释放通量，沉积物向水体的总溶解磷释放通量范围值为 0.018～0.18 mg/($cm^2\cdot a$)，平均 0.095 mg/($cm^2\cdot a$)；溶解磷酸盐的释放通量范围值为 0.007～0.285 mg/($cm^2\cdot a$)，平均 0.055 mg/($cm^2\cdot a$)
张燕等	滇池沉积物磷负荷估算	2005 年	全湖	在 ^{137}Cs 测定年法的基础上，估算滇池不同区域与泥沙沉积量对应的 TP 沉积通量和总量	0～5 cm、5～10 cm、10～15 cm 各深度区间的全湖 TP 蓄积总量分别为 1.16×10^4、1.27×10^4、1.46×10^4 t，全湖的 0～15 cm 沉积物中共蓄积 TP 3.89×10^4 t
李宝等	滇池福保湾底泥内源氮磷营养盐释放通量估算	2006 年 11 月 09 日	福保湾	①柱状模拟法；②孔隙水扩散通量模型法	①利用 Fick 定律计算出的界面氮磷释放通量明显小于柱样模拟方法；②福保湾底泥 NH_4^+-N 和 PO_4^{3-}-P 的年释放通量分别为 (49.9±8.8) t 和 (0.79±0.53) t
李辉	滇池柱状沉积物中氮赋存形态及其分布特征研究	2010 年 1 月	全湖	在 ^{137}Cs 测定年法的基础上，估算滇池不同区域与泥沙沉积量对应的 TP 沉积通量和总量	全湖的 0～15 cm 沉积物中共蓄积 TN 45353.6 t

5. 内源风险分区分级评价

湖泊生态系统是由系统内的生物群落和其生存环境要素构成的复杂系统。一个湖泊的结构是否合理，是否健康，是评判湖泊健康的最重要的标准。本小节根据滇池的实际情况选取了湖泊系统指标、湖泊结构指标和湖泊自身状态指标，根据各指标的计算方法及相关理论，制定出该湖生态健康评价标准，并运用层次分析法确定各指标层及准则层的权重，最后应用模糊模式识别模型进行计算，根据各级别的隶属度确定滇池所处状态(刘永和彭正洪，2008)。

1）指标体系构建

滇池内源污染包括泥源污染和藻源污染两个方面，其中，底泥是湖泊水体污染物的主要储存库，在一定条件下，底泥中污染物会向上覆水体释放，成为湖泊水质恶化的重要原因之一。藻源污染是湖泊水质及底泥污染的具体反映，又是湖泊水体和底泥污染物的主要来源之一，具有季节性特征。针对滇池底泥高氮磷含量且释放风险较大的特点，以氮磷含量及其释放特征为滇池内源污染风险划分的主要依据，水体中氮磷含量与藻类生物量作为参考依据，将滇池内源污染风险的分区分级评价指标划分为一般风险因子（包括底泥营养物质含量、水体营养物质含量、蓝藻生物量和底泥重金属污染指数）和直接风险因子（包括底泥氮磷元素活性、氮磷的释放速率和氮磷吸附释放状态）两类。滇池内源污染分区分级评价指标构成见表 2-45。

表 2-45　滇池内源污染风险分区分级评价指标表

一级指标	二级指标	三级指标
一般风险因子	底泥营养物含量	总磷 TP
		总氮 TN
		有机质 TOM
	水体营养物含量	总磷 TP
		总氮 TN
		化学需氧量 COD
	浮游植物生物量	蓝藻生物量
	底泥重金属含量	重金属综合污染指数
直接风险因子	底泥污染物质活性	可移动磷含量
		可交换态氮含量
	污染物释放速率	PO_4^{3-}-P 释放速率
		NH_4^+-N 释放速率
	污染物吸附释放状态	PO_4^{3-}-P 吸附释放平衡浓度 EPC_0
		NH_4^+-N 吸附释放平衡浓度 ENC_0

2）数据处理分析与评价方法

由于内源污染风险评价涉及底泥、水体、生物量等诸多因子，各评价因子测试结果数据的数量级存在差别，须对数据进行无量纲处理。采用 Min-Max 标准化方法 $X'=(X\text{-Min}A)/(\text{Max}A\text{-Min}A)$ 对内源污染风险评价因子的实验测定结果进行标准化，并通过 Arcgis 软件 Jion 功能最终实现滇池内源污染风险因子空间信息和专题属性信息的统一，采用 GIS 加权叠加分析法 $P=\sum_{i=1}^{n} W_i \cdot X_i$ 对滇池内源污染风险进行评价，得到滇池内源污染风险多因子加权叠加的综合风险评价值。其风险因子的权重见表 2-46。

表 2-46　滇池内源污染风险分区分级权重表

<table>
<tr><th colspan="2">一级指标</th><th colspan="2">二级指标</th><th colspan="2">三级指标</th></tr>
<tr><th>名称</th><th>权重(0～1)</th><th>名称</th><th>权重(0～1)</th><th>名称</th><th>权重(0～1)</th></tr>
<tr><td rowspan="8">一般风险因子</td><td rowspan="8">0.4</td><td rowspan="3">底泥营养物含量</td><td rowspan="3">0.4</td><td>总磷 TP</td><td>0.3</td></tr>
<tr><td>总氮 TN</td><td>0.4</td></tr>
<tr><td>有机质 TOM</td><td>0.3</td></tr>
<tr><td rowspan="3">水体营养物含量</td><td rowspan="3">0.3</td><td>总磷 TP</td><td>0.3</td></tr>
<tr><td>总氮 TN</td><td>0.4</td></tr>
<tr><td>总有机碳 TOC</td><td>0.3</td></tr>
<tr><td>浮游植物生物量</td><td>0.2</td><td>蓝藻生物量</td><td>1</td></tr>
<tr><td>底泥重金属</td><td>0.1</td><td>重金属综合污染指数</td><td>1</td></tr>
<tr><td rowspan="6">直接风险因子</td><td rowspan="6">0.6</td><td rowspan="2">底泥污染物质活性</td><td rowspan="2">0.4</td><td>可移动态磷含量</td><td>0.4</td></tr>
<tr><td>可交换态氮含量</td><td>0.6</td></tr>
<tr><td rowspan="2">污染物释放速率</td><td rowspan="2">0.3</td><td>PO_4^{3-}-P 释放速率</td><td>0.4</td></tr>
<tr><td>NH_4^+-N 释放速率</td><td>0.6</td></tr>
<tr><td rowspan="2">污染物吸附释放状态</td><td rowspan="2">0.3</td><td>PO_4^{3-}-P 吸附释放平衡浓度 EPC_0</td><td>0.4</td></tr>
<tr><td>NH_4^+-N 吸附释放平衡浓度 ENC_0</td><td>0.6</td></tr>
</table>

3) 结果与讨论

A. 内源污染二级风险分布

根据采集样品的实验分析以及数据标准化和空间插值分析结果，结合各风险因子权重打分，利用 GIS 加权叠加分析，对滇池内源污染二级风险因子进行评价，结果如图 2-48 所示。

由图 2-48 可知：

(1) 滇池内源污染风险因子中，底泥营养物质含量风险指数在草海和外海南部较高，外海北部宝丰湾、宝象河口一带较低，草海北部主要受氮元素和有机质的影响，而外海南部受磷元素影响与磷矿区有关，外海北部宝象河与宝丰湾区域可能与近期实施的底泥疏浚有关，可见，底泥疏浚在改善滇池底泥营养盐含量，降低其污染风险的作用显著。

(2) 水体营养物质含量风险指数在草海和外海北部盘龙江河口区域出现高值，外海东部和南部近岸区域出现次高，外海西北部较低。草海和外海北部主要受昆明主城生活污水和污水处理厂尾水的影响，外海东部和南部近岸区域主要受农业面源污染的影响，其中外海东部靠北风险次高区可能与呈贡新区的发展有关。

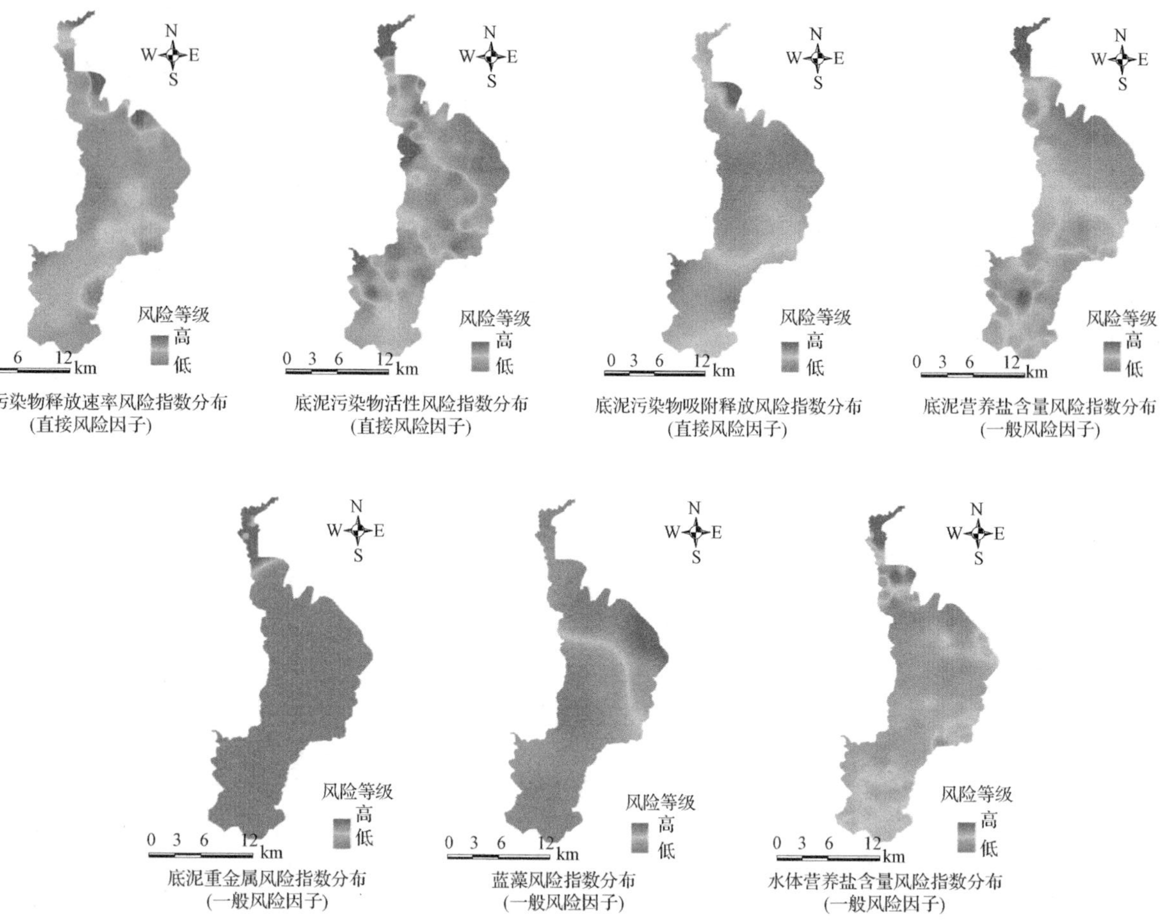

图2-48　滇池内源污染物二级风险指数分布情况

(3) 蓝藻的风险指数呈扇形分布可能与滇池流域主导风向西南风有关。

(4) 底泥重金属风险指数在草海较为突出，外海污染风险较低，这可能与草海外源输入量大，以及底泥有机质含量高，对重金属元素的吸附能力较强有较大关系。

(5) 底泥污染物活性风险指数与污染物的释放速率风险的分布差异较大，底泥污染物活性风险高值在草海、外海西部和海口区域，及风险高值区整体偏西，而污染物的释放速率风险高值区整体偏东，且高值区集中分布在外海盘龙江河口至白鱼河河口区域，底泥污染物吸附释放平衡浓度风险分布与污染物的释放速率风险的分布大致相似，区别在于污染物吸附释放平衡浓度风险高值区分布在盘龙江河口与海口至白鱼河入湖区域。

(6) 整体上看，滇池内源污染二级风险指数中水体营养盐的风险分布与底泥污染物的释放速率风险分布有一定的相似特征，两者可能存在某种相关。

B. 综合风险与分区分级

在二级风险评价的基础上，对滇池内源污染风险的一级指标进行评价，并采用 Arcgis 中 natural break 法将滇池内源污染综合风险分为相对安全、低风险、中风险、高风险四个等级，结果如图 2-49 至图 2-51 所示。

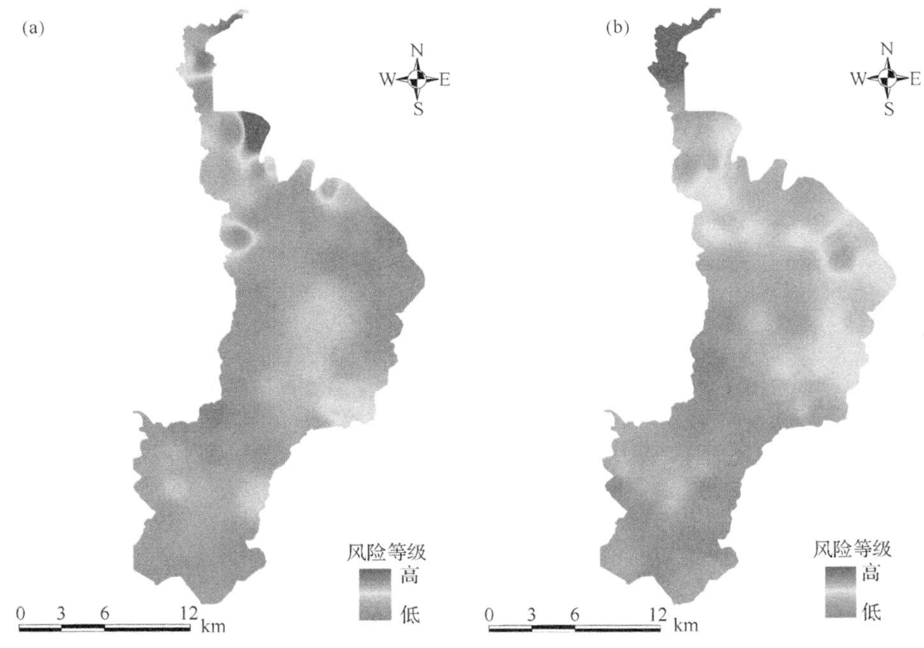

图 2-49　滇池内源污染一级风险分布

(a) 一般污染风险指数分布；(b) 直接污染风险指数分布

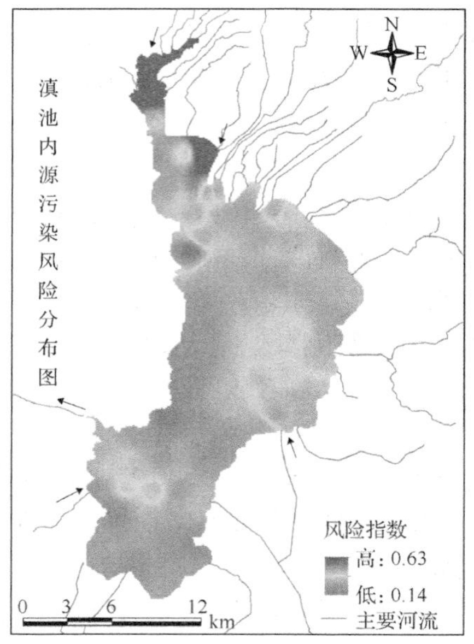

图 2-50　滇池内源污染风险综合评价结果

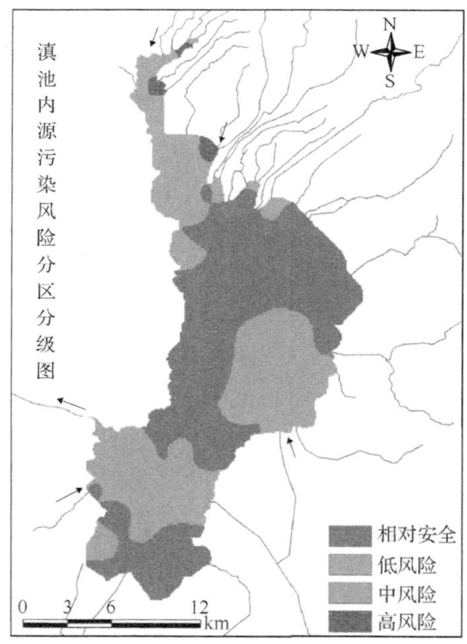

图 2-51　滇池内源污染风险分区分级结果

根据评价与分区分级结果：

(1)滇池内源污染高风险区集中在草海北部西坝河、船房河河口与盘龙江河口区域，这区域是主城五个污水处理厂(第一至第五污水处理厂)尾水接纳区，外源污染输入量大，受主城污水的影响严重；另外，这也可能与实施污染底泥疏浚后底层对新输入的污染物吸附能力降低有关。

(2) 中风险区分布在草海以及外海盘龙江河口外围区域，主要受底泥、水体营养盐含量和底泥污染物活性控制，且底泥和水体营养盐含量为主要影响因素，并与污染历史有较大关系。

(3) 低风险区主要分布在外海北部、东部南冲河入湖影响区、南部海口至白鱼河区域。外海北部与主城输入的污染有关，东部南冲和与白鱼河区域受面源污染的影响，南部也与滇池南岸磷矿存在和氮易释放有关，但由于滇池磷的释放速率慢、吸附释放平衡浓度低，滇池南部区域磷酸盐对内源污染风险的贡献不高。

(4) 滇池西区与南部近岸区域和宝象河至捞鱼河区域内源污染风险级别为相对安全，这主要与西部外源污染输入少、湖水较深，地下水补给量大有关，而南部近岸的低风险可能受位于滇池上风向、距出水口近、水量交换相对于北岸快等因素控制，宝象河河口至捞鱼河区域以前为农业区，对内源污染的影响弱于城市河流，另外，目前这些河流流经区域正发生城市化，新城区对污水的截留也明显好于老城区，因此这些河流可能对内源污染有一定的稀释作用。

2.4.2　内源污染变化趋势

1. *沉积物分层变化*

湖泊现代沉积物一般有明显的分层现象，滇池沉积物自上而下可分为污染层、过渡层和湖底层。其中污染层是湖泊沉积物主要蓄积储存的场所，也是与上覆水进行污染物交换的直接场所，污染层的厚度直观反映了沉积物赋存状态。

根据 2009 年与 2013 年（二期疏浚前后）对滇池污染层的厚度进行的勘探（表 2-47），由于疏浚工程可以直接将底泥从湖中转移，导致疏浚区域污染层和过渡层明显减少；在没有开展疏浚的区域，污染层和过渡层均不同程度累积变厚，其中湖心区域由于受风浪和其他扰动较小，累积效果最为明显。

表 2-47　2009 年和 2013 年滇池沉积物厚度勘探结果

区域	2009 年（疏浚前）		2013 年（疏浚后）		厚度变化	
	污泥层/cm	过渡层/cm	污泥层/cm	过渡层/cm	污泥层/cm	过渡层/cm
外海北部（疏浚区）	47	95	27	61	–20	–34
外海北部（未疏浚区）	26	99	32	77	6	–22
湖心区	25	59	35	74	10	15
外海南部	31	64	35	66	4	2

2. 沉积物物理特性变化

2013 年在滇池选取 3 个点位，包括 D21(湖心区，常规采样点)、D7(外海北岸未疏浚区域，能反映该区域本底)、D27(外海东岸柴河入湖口)进行容重、粒度、^{137}Cs 的测定，并计算得到沉积速率、不同深度沉积物所处年代以及沉积通量，利用计算结果分析沉积物物理特性的变化情况。

1)容重

沉积物天然湿容重(*r*)又称密度，其物理意义是指单位体积内沉积物的质量，即土的总体积与总质量的比。图 2-52 显示出滇池柱状沉积物容重随深度变化的趋势。受长期底泥上覆水及上层沉积物压实效应的作用，滇池下层沉积物容重大于上层。由于湖心沉积物受风浪及水流扰动较小，D21 则表现出更为明显的压实效应。

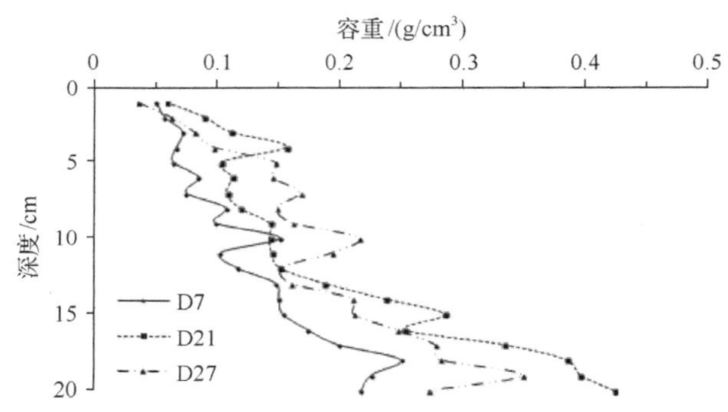

图 2-52　滇池柱状沉积物容重随深度的变化

2)沉积物速率和年代鉴定

^{137}Cs 是核爆炸产生的人工放射性核素，其半衰期为 31.23 年，^{137}Cs 测年是百年尺度地质测年的重要手段之一。在湖泊沉积物垂直剖面中，散落核素 ^{137}Cs 的分布特征取决于它进入湖泊的时间变化、在水体中的寄宿时间、沉积物堆积速率和核素在沉积物中的扩散作用等。

利用 ^{137}Cs 测定结果(图 2-53)，根据式(2-12)和式(2-13)进行沉积物沉积速率以及年代的计算，计算结果见表 2-48。D7 柱状样 ^{137}Cs 深度分布未检测到明显的蓄积峰，无法进行年代鉴定，其他两个点位结算结果清晰反映了不同深度沉积物所处年代。

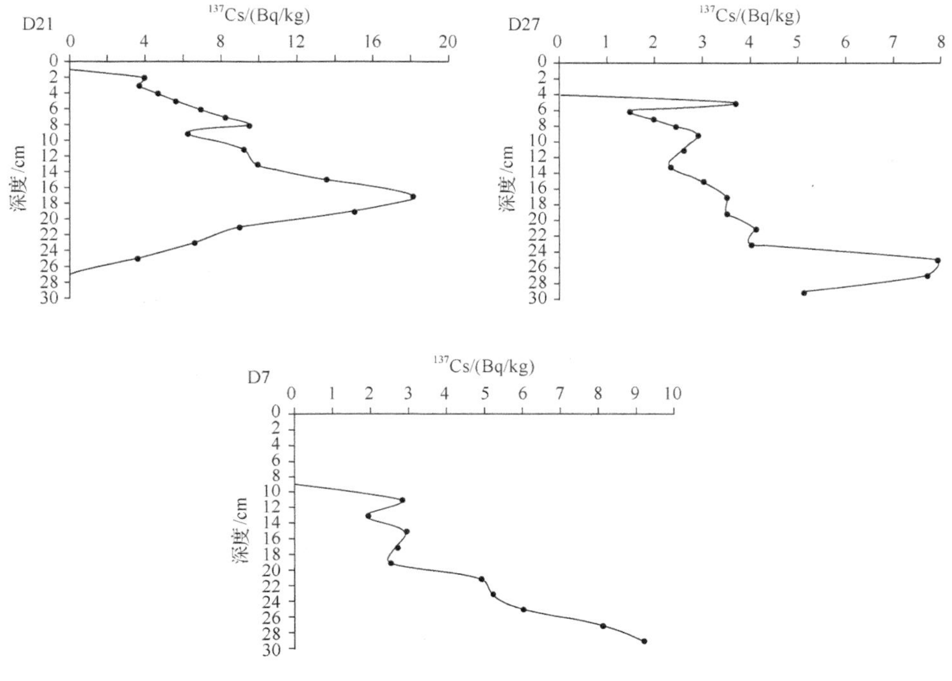

图 2-53　柱状样 ^{137}Cs 垂直分布

1963 年以来的平均沉积速率可用下式计算：

$$r = H / (n - 1963) \tag{2-12}$$

式中，r 为沉积速率(cm/a)；H 为 ^{137}Cs 蓄积峰的质量深度(cm)；n 为取样年份。

$$\text{Year} = 2013 - \Delta d / 沉积速率 \tag{2-13}$$

式中，Year 为从上到下相应位层沉积物的沉积年份；Δd 为上下两层沉积物之间的距离。

表 2-48　滇池柱状沉积速率测定和年代鉴定结果

深度/cm	D21		D27	
	平均沉积速率/(cm/a)	年份	平均沉积速率/(cm/a)	年份
0～1		2013		2013
1～2		2010		2011
2～3	0.34	2007	0.50	2009
3～4		2004		2007
4～5		2001		2005

续表

深度/cm	D21		D27	
	平均沉积速率/(cm/a)	年份	平均沉积速率/(cm/a)	年份
5～6		1998		2003
6～7		1995		2001
7～8		1992		1999
8～9		1989		1997
9～10		1986		1995
10～12		1980		1991
12～14		1971		1987
14～16	0.34	1968	0.50	1983
16～18		1963		1979
18～20		1957		1975
20～22		1951		1971
22～24		1945		1967
24～26		1939		1963
26～28		1933		1959
28～30		1927		1955

3）粒度

粒度是沉积物最基本的物理特征，粒度数据被广泛应用于物质运动方式的判定和沉积环境类型的识别(周连成等，2009)。3 个柱状样沉积物不同粒度所占百分比随深度变化情况详见图 2-54。三个柱状样均以细颗粒物为主，泥质(＜4 μm)和粉砂质(4～63 μm)级颗粒物占到 80%左右，砂组分(＞63 μm)含量相对较少。其中，D7 柱状沉积物泥质含量在 14 m 以下呈现出明显的增加趋势，相应的粉砂及砂质含量呈现下降趋势；D21 柱状沉积物的泥质含量在 9～18 m 处有明显的增加，随后变化趋于稳定，相应的粉砂含量在 9～18 m 处呈现下降趋势，随后变化趋于稳定，砂质含量整体呈现下降趋势，18 m 以下砂含量已低于 1%；D27 柱状沉积物泥质含量整体随深度的增加而增加，相应的粉砂质含量随深度的增加而减小，砂组分含量随深度变化有一定的波动，无明显变化趋势。结合 D21、D27 柱状沉积物粒度测定和年代鉴定结果可以看出，随着 20 世纪六七十年代大规模围海造田，沉积物颗粒逐渐变粗，粉砂及砂组分明显上升，泥质组分明显下降。

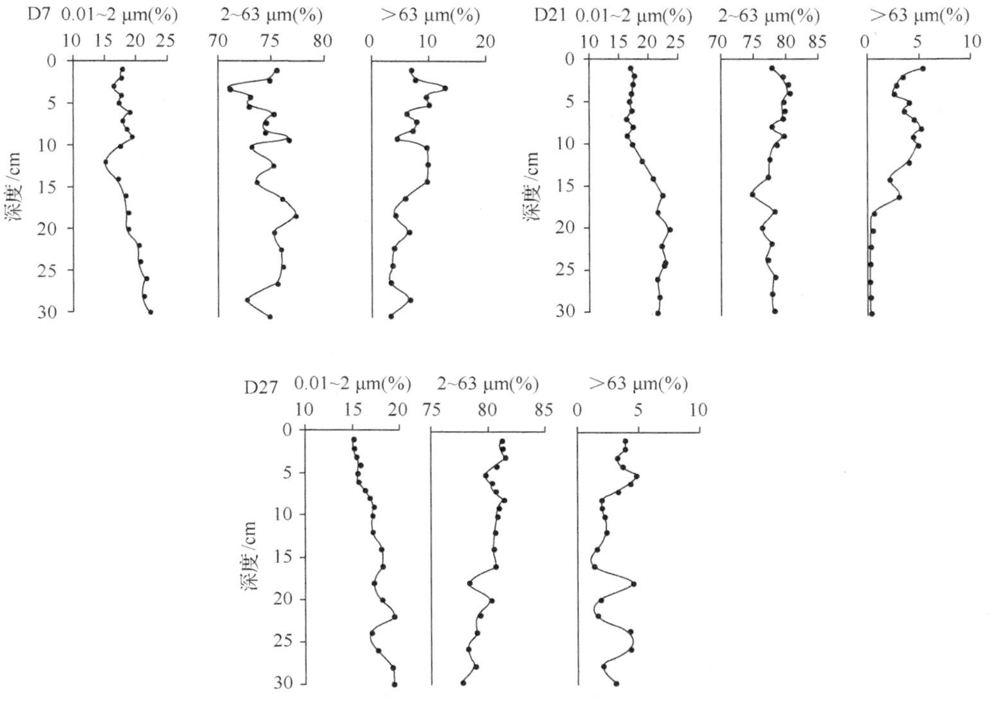

图 2-54　滇池柱状沉积物粒度随深度变化

根据图 2-55 和年代鉴定的结果可以推断出，外海湖心区 D21 柱状沉积物在 20 世纪 60 年代之前粒度较小且变化不大，在此之后，由于外源输入量不断增大，污染加重，沉积物粒径增大且呈现出较大波动。此外，柴河是入滇流量较大的河流，而兼顾农业灌溉、防洪等功能，处于外海东岸柴河入湖口的 D27 样点，受到较多农业面源的污染因素，平均粒度变化随时间变化较为剧烈，且由于河水携带的大颗粒物质在近岸处首先沉降，因此 D27 柱状样粒度整体大于 D21 柱状样。

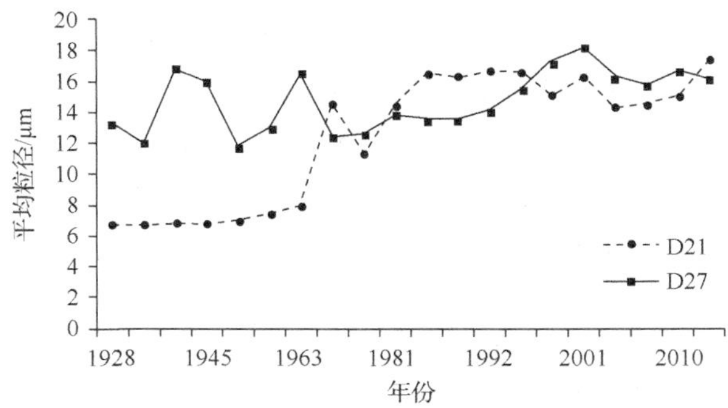

图 2-55　滇池柱状沉积物平均粒度变化曲线

通过对沉积物粒度与降雨量的相关关系研究，可以分析气候变化对沉积物的影响。如图 2-56 所示，沉积物平均粒径与降雨量呈现出良好的同步波动趋势。当降雨量大，气候湿润时，沉积物粒径减小；反之，降雨量小，气候干旱时，沉积物粒径增大。

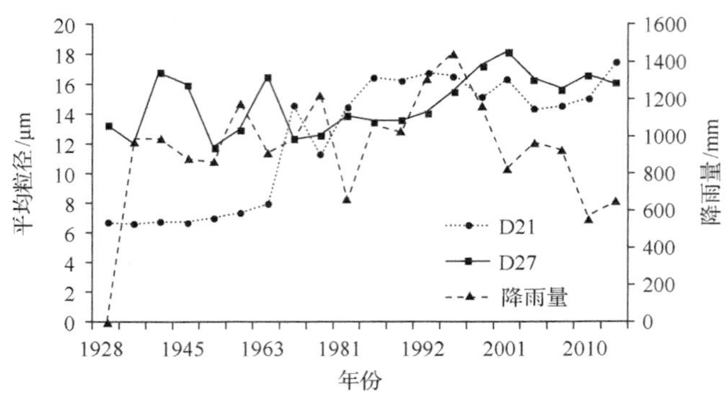

图 2-56　沉积物平均粒径与降雨量之间的响应

4) 沉积通量变化

本书中沉积通量指单位面积上单位时间内的沉积质量，单位为 g/(cm^2·a)。由于压实效应，同样体积的上下层沉积物样品实际质量不同，即使两年份沉积泥沙厚度相同，年份在前的泥沙沉积物质量将大于年份在后的沉积物质量，这样就造成由厚度表示的沉积速率与实际情况会有偏差，因此，为了更为准确地反映实际沉积状况，本研究以沉积通量来描述实际沉积状况。利用式(2-14)估算各时段沉积物年均沉积质量。

$$m = \Delta M / \Delta t \tag{2-14}$$

式中，m 为沉积通量[g/(cm^2·a)]；ΔT 为年份间隔；$\Delta M=\sum B_i \times h_i$，$B_i$ 为第 i 层沉积物容重(g/cm^3)；h_i 为第 i 层厚度(cm)。

从图 2-57 可以看出 D21 柱状沉积物沉积通量在 20 世纪六七十年代出现峰值，随后逐渐减小，八十年代以来一直在 0.03～0.05 g/(cm^2·a)之间波动，围海造田从 1969 年底开工，历时 8 个月，D21 沉积通量的峰值对这一事件呈现出良好的响应；D27 柱状样沉积通量峰值出现在五六十年代，在八九十年代沉积通量剧烈变化，九十年代末期至今沉积速率基本稳定维持在 0.02～0.04 g/(cm^2·a)；五六十年代的沉积物峰值对应于当时滇池流域磷矿的大规模开采，晋宁是世界的“四大磷都”之一，以磷为原料及相关产业蓬勃发展，九十年代末期，昆明市开始对滇池流域的矿山进行禁采与封停，沉积通量随之减小。

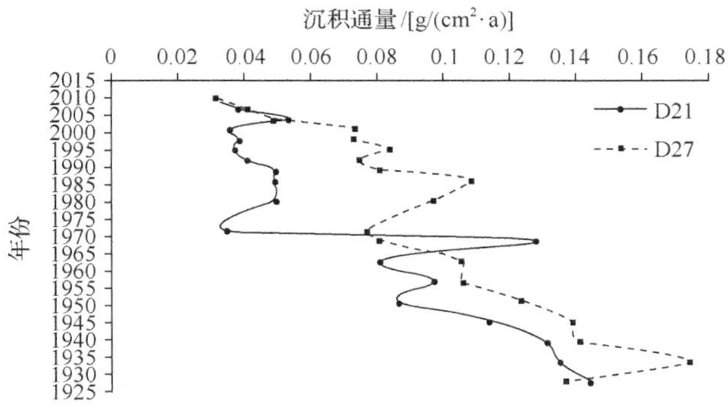

图 2-57　滇池柱状沉积物沉积通量变化

通过沉积通量计算公式和插值法计算滇池沉积物从 1954～2013 年之间的平均沉积通量，并与其他研究结果进行对比，结果如表 2-49 所示，可见，本研究 D21 实验结果与王小雷等(2010)的结果部分计时区间沉积通量在数值上较为接近，变化趋势上则与张燕等(2005)的结果一致，即五六十年代沉积通量最大，随后逐渐减弱。沉积通量变化趋势也与大部分研究结果一致，即认为滇池沉积通量先上升后下降，在五六十年代达到顶峰；D27 实验结果小于张燕等(2005)测定的外海东部大河入湖河口附近柱状样沉积通量。

表 2-49　滇池沉积物计时区间年平均沉积通量结果与对比

计时区间/年	D27		D21		
	测定时间 2013 年	张燕等(测定时间 2003 年)	测定时间 2013 年	王小雷等(测定时间 2007 年)	张燕等(测定时间 2003 年)
1954～2013	0.061	—	0.055	0.062	—
1963～2013	0.054	—	0.05	0.051	—
1975～2013	0.047	—	0.042	0.049	—
1986～2013	0.05	0.1095	0.042	0.043	0.0572
1975～1986	0.062	0.1427	0.046	0.061	0.0789
1963～1975	0.08	0.1272	0.071	0.055	0.1073
1954～1963	0.13	0.2117	0.09	0.118	0.258

从滇池历史降雨量与沉积物沉积通量的响应关系可以看出(图 2-58)，降雨量与沉积通量之间存在一定的对应关系，其主要原因是在不考虑人类活动影响的情况下，湖泊沉积通量主要以入湖泥沙量及降雨量有关。降雨量变化较小的年份，入湖泥沙来源比较稳定，降雨量较大的年份，流域侵蚀强度增加，较多的泥沙被带入湖泊，湖泊沉积量增加。其中湖心区的 D21 沉积通量与降雨量相关性最强。随着 1993～1998 年降雨量的增加，D21 沉积通量也表现出增加的趋势。D27 沉积

通量则呈现出明显下降趋势；2000～2010年之间，沉积通量与降雨量变化基本吻合。降雨量与沉积通量之间的响应关系与1998年昆明市政府实施的综合治理、整治临湖采石场、禁止围湖造田并进行底泥疏浚等一系列滇池治理措施有关。

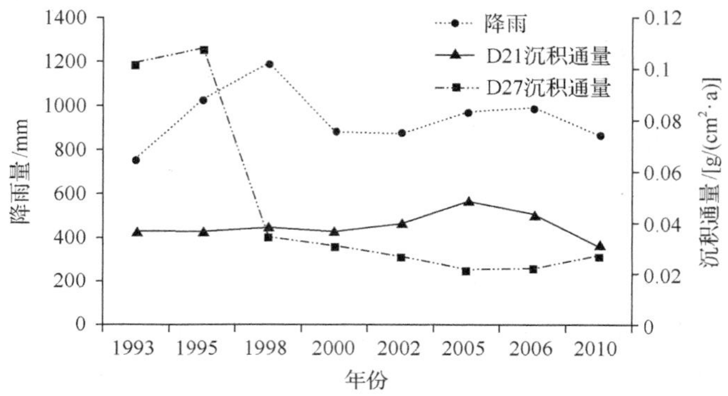

图 2-58　滇池柱状沉积通量与降雨量响应关系

3. *沉积物污染物变化趋势*

1) 总氮变化趋势

从时间上看，2004～2013年滇池沉积物中总氮含量均达到g/kg数量级，外海总氮含量变化较为平缓，但草海的总氮含量则呈现出"M"形的趋势变化，这与早期草海外源排入以及近期外源治理有较大关系，见图2-59。

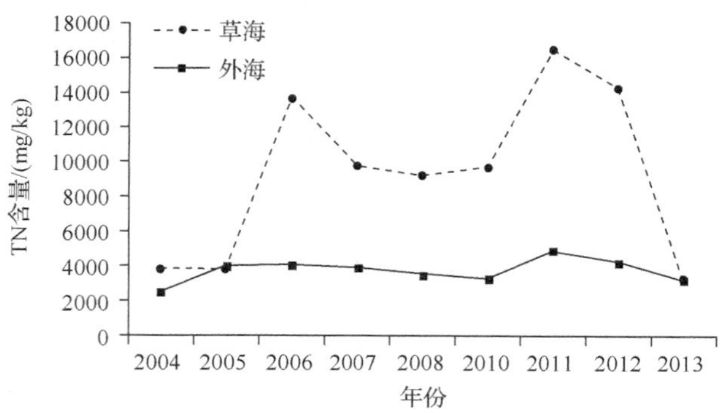

图 2-59　滇池沉积物总氮随时间变化趋势

表2-50为滇池沉积物总氮的历史数据与昆明市环境监测站对常规点监测数据对比的结果，常规监测结果与历史研究处于同一数量级(g/kg)，但历史研究数据较监测数据偏高，可能与采样布点有关。

表 2-50　滇池沉积物历史数据与常规监测数据与总氮含量对比

年份	历史数据			昆明市环境监测站数据	
	作者	点位	TN/(mg/kg)	点位	TN/(mg/kg)
2003～2004	陈永川，汤利，张德	全湖	4130～5410	全湖	2100～4000
		昆阳	5120	滇池南	2600
		罗家营	6280	罗家营	2500
		海埂	5930	断桥	3800
		斗南	3030	灰湾中	3400
2008	朱元荣、张润宇、吴丰昌	全湖	2522	全湖	6035

从空间分布的变化来看，滇池各湖区沉积物总氮含量整体上都处于不增加的趋势，其中南北湖区恶化最为严重(图 2-60)。沉积物中 TN 的积累是一个连续的过程，草海和外海北部较靠近昆明主城区，每年接纳大量城市生活污水、工业废水等；外海南部这是整个流域的农业区，氮肥的施用导致大量氮通过降雨径流和水土流失等方式进入滇池，虽然近年来滇池流域的外源污染得了有效的控制，但是沉积物中仍然积累了大量的氮，并且由于滇池水质的不断恶化，死亡后的动植物遗体进入沉积物，同时沉积物还会在上覆水 TN 含量过高时发挥“汇”的作用进一步吸收上覆水中氮，这些原因都直接导致了滇池湖区沉积物总氮含量的不断上升。

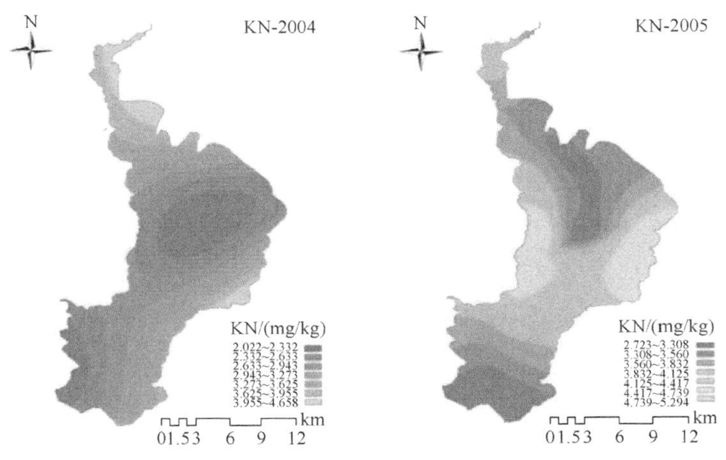

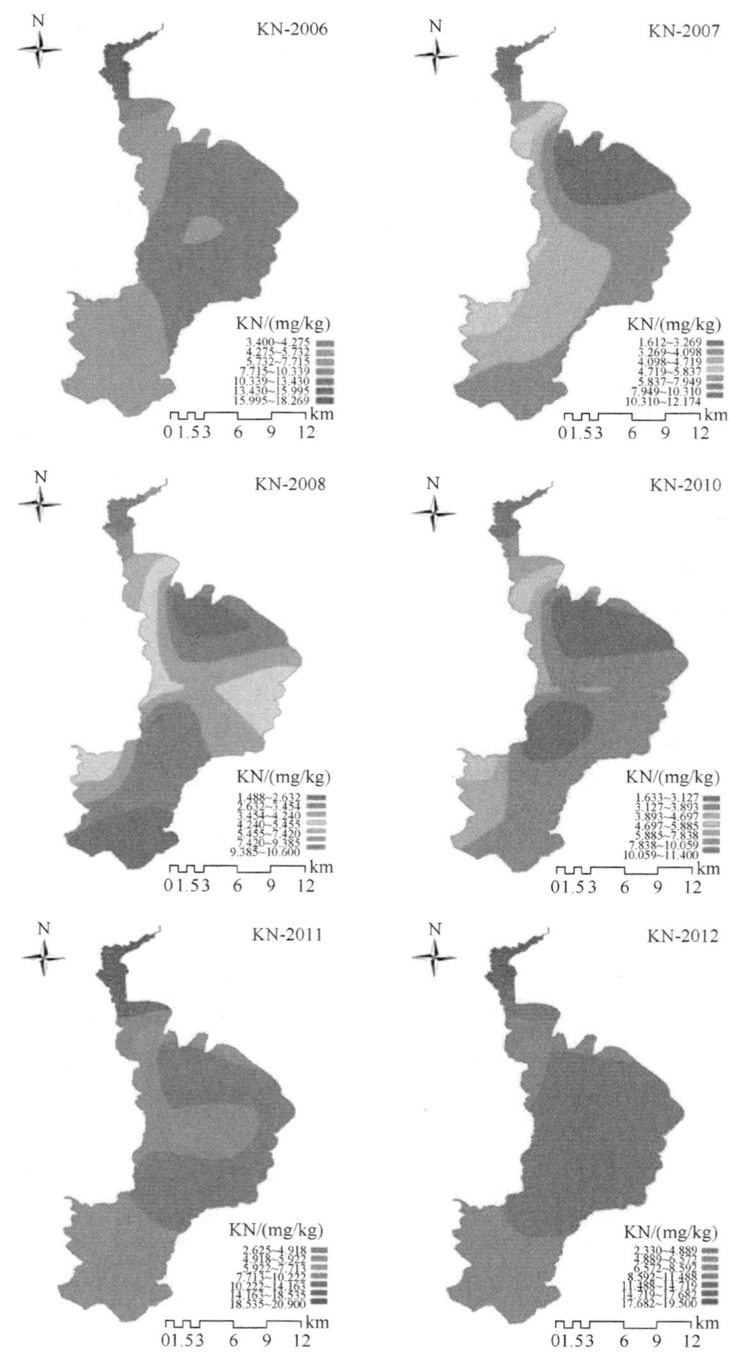

图 2-60　滇池沉积物总氮空间分布图

KN 表示凯氏氮

2) 总磷变化趋势

时间上，2004～2012 年，滇池草海和外海沉积物总磷含量呈现出先升高后降低的趋势，除个别年份外(2012 年草海)，其值均在 g/kg 数量级以上，2007 年达到最高值(图 2-61)；总体来讲，滇池草海总磷含量高于外海，在 2012 年达到历史次低值，外海总磷含量变化较为平缓。

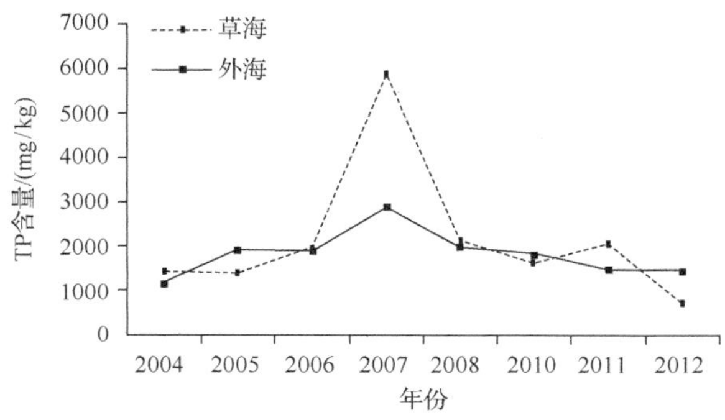

图 2-61　滇池沉积物总磷随时间变化趋势

通过对滇池沉积物总磷的历史研究数据与昆明市环境监测站数据进行对比得出常规监测结果与历史研究处于同一数量级(g/kg)，相对比较吻合。

空间上，滇池各湖区沉积物中总磷含量表现为恶化—好转的趋势，2004～2007 年间沉积物 TP 含量大幅度增加，从 2007 年以后沉积物 TP 污染有所好转。其中，滇池南部由于磷矿的存在，一直为 TP 的重污染区域，在 2007 年磷矿企业大面积关停后总磷污染情况明显好转；草海、外海北部由于外源输入的控制以及疏浚工程、河道治理、水生植被种植等内源治理工程的开展污染情况同样明显好转(表 2-51 和图 2-62)。

表 2-51　滇池沉积物历史数据与常规监测数据总磷含量对比

年代	历史研究		监测站数据	
	点位	TP/(mg/kg)	点位	TP/(mg/kg)
2006	全湖	701.97～2868.61	全湖	1588～2401
2010	全湖	680～13104	全湖	1140～2260
2004	全湖	1537～4695(上层 5cm)	全湖	792.8～1497.54
2003～2004	全湖	2210～2900	全湖	1140～2260
	昆阳	3590	滇池南	1350.85
	罗家营	1970	罗家营	802.84
	海埂	1960	断桥	1450.63
	斗南	1650	灰湾中	792.8

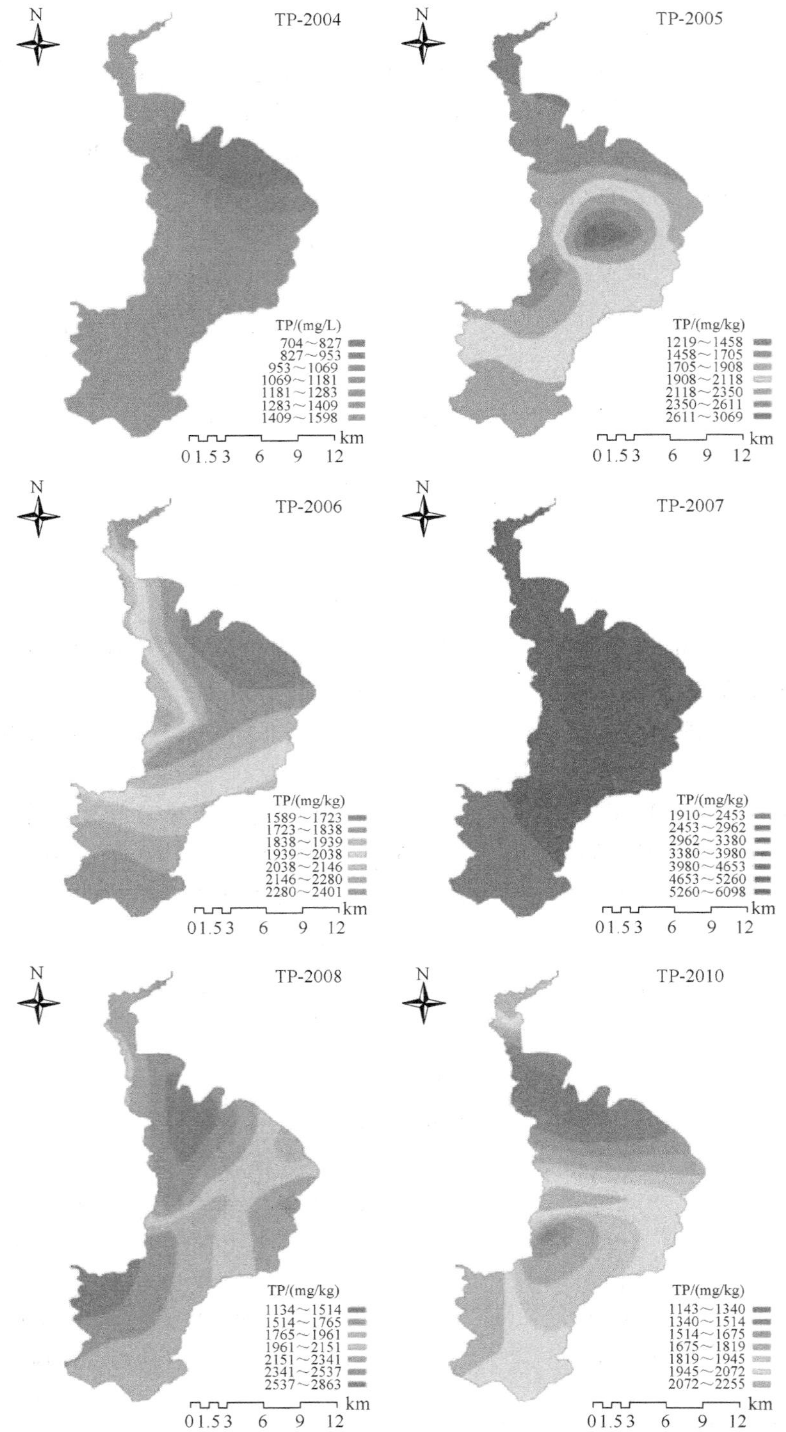
N
TP-2004
TP/(mg/L)
704～827
827～953
953～1069
1069～1181
1181～1283
1283～1409
1409～1598
km
0 1.5 3 6 9 12
N
TP-2005
TP/(mg/kg)
1219～1458
1458～1705
1705～1908
1908～2118
2118～2350
2350～2611
2611～3069
km
0 1.5 3 6 9 12
N
TP-2006
TP/(mg/kg)
1589～1723
1723～1838
1838～1939
1939～2038
2038～2146
2146～2280
2280～2401
km
0 1.5 3 6 9 12
N
TP-2007
TP/(mg/kg)
1910～2453
2453～2962
2962～3380
3380～3980
3980～4653
4653～5260
5260～6098
km
0 1.5 3 6 9 12
N
TP-2008
TP/(mg/kg)
1134～1514
1514～1765
1765～1961
1961～2151
2151～2341
2341～2537
2537～2863
km
0 1.5 3 6 9 12
N
TP-2010
TP/(mg/kg)
1143～1340
1340～1514
1514～1675
1675～1819
1819～1945
1945～2072
2072～2255
km
0 1.5 3 6 9 12

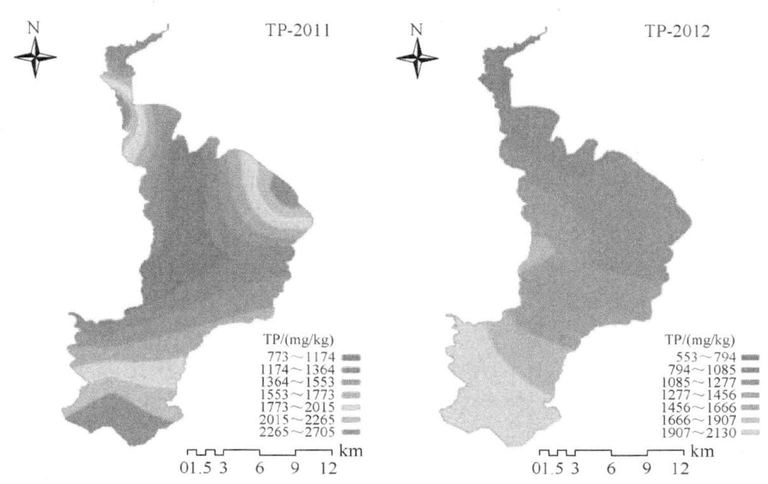

图 2-62　滇池沉积物总磷空间分布变化图

3) 有机质变化趋势

滇池沉积物有机质垂向变化如图 2-63 所示，外海监测点 D12(广普大沟入湖口)有机质含量随底泥深度增加表现为减少—增加—减少的趋势变化，D12 位于河流入湖口处，受到水力扰动影响明显，同时河流携带大量污染物入湖，特殊的地理位置可能是导致 D12 有机质含量变化不同于其他点位的原因；其余四个点位均明显呈现出随底泥深度增加而递减少的规律性变化；草海有机质的垂向变化(D2)则与外海相反，呈现出随深度增加有机质含量明显上升，这可能是由于草海比外海污染更严重，长时间接纳来自昆明城区的工业及生活污水，改变了底泥有机质的分布规律，此外，草海水生植物丰富，水生植物死亡后逐年累积导致草海有机质含量远高于外海，而底泥疏浚也是导致草海表层有机质含量低于底层的原因之一。

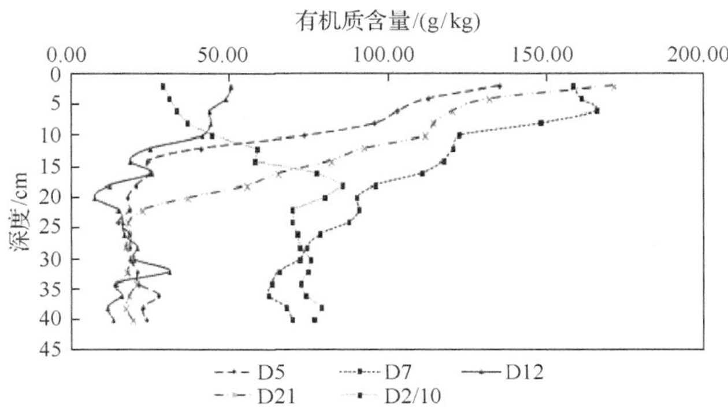

图 2-63　滇池有机质垂向分布

将 D21 年代鉴定结果和有机质垂向分布情况结合分析来看，2004～2010 年间有机质含量每年的增长幅度最大，约为 4.5 g/kg 左右，由此可知随着经济的快速发展，外源输入量增大是导致有机质含量增加的主要原因之一。

2.4.3 原因及问题分析

1. 水生态环境的影响

1) 水生植物

水生植物在生长过程中吸收上覆水和底泥中的氮、磷等矿质元素，同时固持底泥、抑制藻类、澄清水质，对降低水体营养，防止富营养化起了重要的作用，但水生植物体腐烂后又会造成二次污染及发生生物淤积效应(朱广伟和秦伯强，2003)，从而严重影响湖泊水质。水生植物修复技术由于具有投资成本低、操作简单、不易产生二次污染，且能有效地去除有机物、氮磷等多种元素等优点，已成为世界各国控制水体富营养化的主要措施之一(成小英等，2002)，水葫芦是水生修复最为广泛的水生植物，对水质的改善作用非常显著，但其对沉积物中污染物的去除作用是十分有限的。有研究根据滇池上覆水营养盐浓度、水葫芦植株吸收营养盐总量，推算底泥氮磷营养盐释放的平均速率，表明水葫芦加速了滇池底泥氮、磷营养盐的释放速率，处理组氮、磷释放速率分别为对照组的 5.3～170.2 倍和 1.5～21.6 倍。

2) 微生物

微生物活性对沉积物酶活性及其理化性状具有重要的影响，从而引起沉积物营养盐的释放和固定。滇池微生物种群和数量繁多，但能对磷溶解、转化、迁移、聚集、沉积的微生物主要有解磷菌和聚磷菌两类，通过研究解磷与聚磷细菌的数量、种类、分布及其与底泥、水中磷含量的关系发现，解磷菌种类和数量与底泥难溶磷酸盐的含量呈负相关，而与水中的可溶性磷酸盐呈正相关关系，聚磷菌则与之正好相反，其种类和数量与底泥难溶磷酸盐含量呈正相关关系。表明解磷菌种类与数量及繁衍量大于聚磷菌时，底质中的磷向水体迁移，反之，水体中的磷向底质迁移、聚集。沉积物中的有机氮可包括蛋白质、肽、氨基酸、氨基糖、核酸、叶绿素及其他相关色素、腐殖质等，是湖泊水体氮来源的一个重要储库，主要通过物理化学过程和微生物活动等分解释放于水体，滇池沉积物丰富的有机质对应着高的微生物数量和活性，且与间隙水中 NH_4^+-N 有着密切的关系，这意味着沉积物中强氧化剂可提取态氮(SOEF-N)在微生物和其他环境条件的作用下分解释放，是水体氮的一个重要的来源(吴丰昌等，2010)。

3) 藻类

沉积物中磷的释放与藻类暴发两者相互促进，形成了一个恶性循环，这可能是滇池水质长期得不到改善的原因之一(高丽等，2004b)。在即使没有外源污染，水体 DIP 的浓度也非常低的情况下，滇池藻类依然可以正常生长，滇池沉积物在藻类生长的影响下，具有较强的磷释放潜力，释放速率可达 19.2 mg/(m^2·d)；滇池藻类生长时(不考虑其他释磷条件的变化)对磷的大量需求是通过 OH^-对沉积物铁结合态磷中的阴离子置换，以及对金属铁离子的有机螯合以增加铁结合态磷的解吸两种主要途径来获得的，藻类吸收利用磷的主要来源为沉积物中铁结合态磷(余天应和杨浩，2005)。

2. 入湖负荷的影响

陆域产生的污染物通过河道收集、漫流、地表径流等方式进入湖体后，颗粒态可能直接沉淀进入沉积物，溶解态可能被湖泊初级生产者所利用，最终以有机态形式沉淀进入沉积物，另外，碳酸盐、黏土矿物以及铁、铝水合物的吸附，或形成钙、铁、铝的化合物等也可将部分污染物带入沉积物。湖泊沉积物在外源不断输入并逐渐向湖底累积的条件下，其含量也有所升高。不同汇水区入湖污染负荷随时间的变化具有相似的特征，即 TN 以外海北岸入湖量最高，草海陆域次之，外海西岸最低；TP 同样以外海北岸最高，外海西岸最低，见图 2-64。

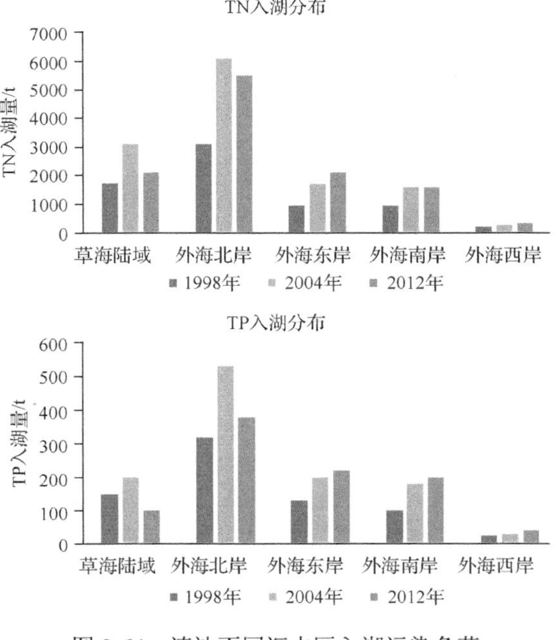

图 2-64　滇池不同汇水区入湖污染负荷

3. 疏浚工程的影响

湖泊底泥疏挖通过挖除表层污染底泥并对底泥进行合理处置来去除湖泊水体中污染物，控制底泥中污染物的释放以及营养物质的生物可利用性增强底泥对水体的净化能力，是治理湖泊内源污染的重要措施。

图 2-65 为滇池疏浚工程范围示意图。疏浚区域包括：内草海疏浚区域、外草海西北部疏浚区域、草海南部疏浚区域、盘龙江河口疏浚区域、大清河河口疏浚区域、外海北部疏浚区域、宝丰湾疏浚区域以及宝象河河口疏浚区域，疏挖后一期工程、继续工程和二期工程总疏浚面积为 8.9791 km^2(设计挖泥底面积)，疏浚工程量达 982.18 万 m^3。共去除 TN 21937.38 t，TP 3455.07 t，Pb 1285.36 t，Cu 1148.83 t，Zn 2063.08 t，Cd 141.01 t，As 670.12 t。疏挖工程实施后，疏挖区沉积物主要指标均有较为明显的改善，大部分污染物含量均有不同程度的降低。

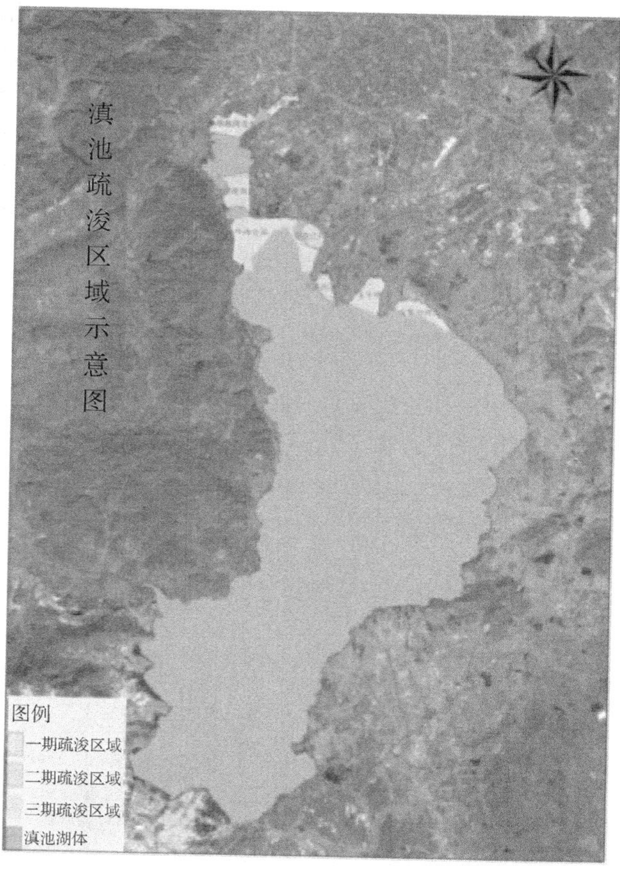

图 2-65　滇池疏浚工程范围示意图

其中，汞、铬、铅、镉、锌、总氮和总磷含量分别下降了 94.83%、77.21%、38.69%、30.53%、47.91%、1.08%、56%；但也有部分指标有所回升，砷上升了 101.54%，铜上升了 45.28%。

4. 补水工程的影响

牛栏江—滇池生态补水工程是滇池治理六大工程之一，被纳入《滇池流域水污染综合防治规划(2011～2015)》，于 2008 年启动，是“十二五”时期滇池治理实施的重点工程之一。该工程补水工程全长 115.84 km。有研究在 2011 年依据该工程的补水量及补水 TN 浓度，在不考虑补水后水温变化、水体流动增强以及污染物降解速率变化等因素的情况下，推算出沉积层中易释放的氮形态含量远低于维持原有平衡所需可释放量，并预测得出：实施补水工程时滇池沉积物-水界面会出现部分生物可利用性较好的氮形态由沉积物向水体迁移释放，但这一释放量很小，对水质的影响十分有限；而同时该工程大大增强水体流动性，降低水温，提升水中溶解氧，这会大幅提升水体及沉积物中的污染物降解速率，对滇池治污具有治本之效。

2.4.4　小结

滇池沉积物自上而下分为污染层、过渡层和湖泥层，平均厚度分别为 32 cm、70 cm、500 cm；根据研究结果分析，受底泥上覆水及上层沉积物压实效应的作用，下层沉积物容重大于上层，湖心沉积物表现出更为明显的压实效应；其他底泥物理特性中粒度和通量从上至下呈波动变化，年代鉴定的结果和历年降雨资料可以明确说明粒度和通量变化的原因。

根据本研究，滇池沉积物污染相对比较严重，TN 含量在 1193.94～8144.44 mg/kg 之间，各形态氮含量氨氮＞硝氮＞亚硝氮；TP 含量在 1596.25～5558.50 mg/kg 之间，各形态磷含量有机磷＞钙结合态磷＞金属氧化物结合态磷＞残渣态磷＞可还原态磷＞弱吸附态磷；OM 含量在 4.56～443.69 g/kg 之间；重金属含量分别为 As 163.96 mg/kg，Hg 0.29 mg/kg，Cr 72.28 mg/kg，Pb 162.88 mg/kg，Cd 7.30 mg/kg，Cu 214.33 mg/kg，Zn 345.09 mg/kg。其中，总氮在时间上波动变化，外海总氮含量变化较为平缓，草海的总氮含量则呈现出“M”形的趋势变化，总磷呈现出先升高后降低的趋势。空间上，各湖区沉积物总氮含量整体上都处于不增加的趋势；各湖区总磷含量表现为先增加后减小的趋势；外海大部分区域有机质均明显呈现出随底泥深度增加而递减的规律性变化；草海有机质的垂向变化则与外海相反，呈现出随深度增加有机质含量明显上升。

就目前滇池环境而言，沉积物不但氮磷含量高，而且具有较高的向上覆水释放的风险。沉积物氮磷的吸附-释放都是由快、慢反应两部分组成，其中沉积物对磷的吸附主要在 4 h 内完成，磷的释放过程主要发生在前 8 h 内，15 h 后趋于平衡；沉积物对氨氮的吸附主要在前 2 h 内完成，2 h 基本达到平衡，而氮释放主要集中在 0～5 min 内，同样是 2 h 后趋于平衡。

影响沉积物物理特性以及所含污染物质时空变化的主要因素分为人为影响和湖体水环境的自身影响，人为活动带来的污染物入湖、疏浚工程以及补水的开展是对湖体沉积物影响最为显著的人为因素；在水体环境中水生动植物以及藻类都会对沉积物中污染物的含量和分布造成不同程度的影响。

滇池内源污染风险分区分级评价过程从数据处理至评价结果均遵循了滇池内源污染实验分析的客观事实，较好地反映了滇池内源污染风险的等级和分布规律，评价结果显示，滇池内源污染高风险区集中在草海北部西坝河、船房河河口与盘龙江河口区域；中风险区分布在草海以及外海盘龙江河口外围区域；低风险区主要分布在外海北部、东部南冲河入湖影响区、南部海口至白鱼河区域；滇池西区与南部近岸区域和宝象河至捞鱼河区域内源污染风险级别为相对安全。

2.5 滇池流域入湖污染负荷组成及时空分布特征

2.5.1 外源污染负荷产生量及入湖量变化趋势

滇池流域外源污染负荷包括点源和面源，点源是以点状形式排放污染物而使水体污染的发生源，主要包括生活源和企业源；面源是指在水体的集水面上因降雨冲刷形成污染径流而使水体污染的发生源，可以分为城市面源和农业面源。

滇池流域污染负荷总产生量变化趋势见图 2-66。1988～2017 年 COD、TP、NH_3-N 产生量均呈持续上升趋势，TN 在 2017 年稍有下降。1988 年滇池流域外源污染负荷产生量为 COD 3.24 万吨、TN 0.55 万吨、TP 0.09 万吨、NH_3-N 0.32 万吨。

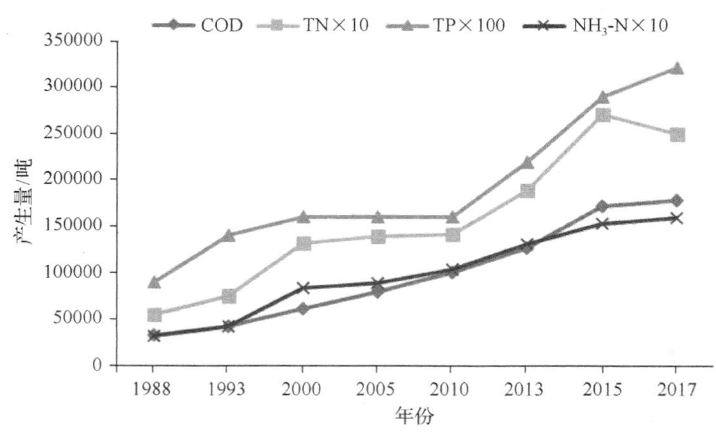

图 2-66 1988～2017 年滇池流域污染负荷总产生量变化趋势

2000 年为 COD 6.10 万吨、TN 1.32 万吨、TP 0.16 万吨、NH_3-N 0.84 万吨。2005 年为 COD 7.93 万吨、TN 1.39 万吨、TP 0.16 万吨、NH_3-N 0.89 万吨。2013 年为 COD 12.64 万吨、TN 1.89 万吨、TP 0.22 万吨、NH_3-N 1.31 万吨。2017 年为 COD 117.83 万吨、TN 2.5 万吨、TP 0.32 万吨、NH_3-N 1.59 万吨。2017 年滇池流域外源污染负荷产生量为 1988 年的 4～5 倍。

1988～2017 年滇池流域污染负荷入湖量变化趋势见图 2-67。COD 入湖量 1988～1993 年间有较大增长，此后基本保持不变。TN 和 TP 入湖量先增加后减少，并在 2000 年达到顶峰。1988 年滇池流域入湖污染负荷总量为 COD 2.77 万吨、TN 0.45 万吨、TP 0.05 万吨、NH_3-N 0.26 万吨。2000 年为 COD 3.59 万吨、TN 0.88 万吨、TP 0.10 万吨、NH_3-N 0.57 万吨。2005 年为 COD 3.69 万吨、TN 0.83 万吨、TP 0.07 万吨、NH_3-N 0.54 万吨。2013 年为 COD 3.63 万吨、TN 0.70 万吨、TP 0.06 万吨、NH_3-N 0.49 万吨。2017 年为 COD 3.45 万吨、TN 0.60 万吨、TP 0.05 万吨、NH_3-N 0.42 万吨。

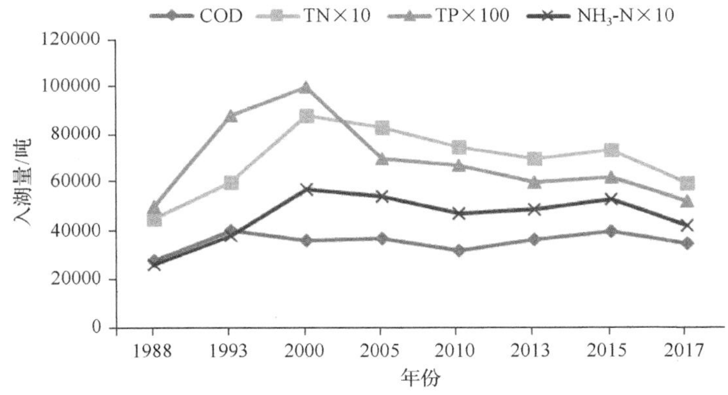

图 2-67　滇池流域污染负荷入湖量变化趋势

2.5.2　入湖污染负荷构成特征及变化趋势

从污染负荷的组成来看，滇池流域入湖污染物主要由污水处理厂尾水、未收集的点源、农业面源和城市面源构成。其中污水处理厂尾水为流域内污水处理厂处理后达标排放的污水，采用污水处理厂运行数据核算。未收集的点源即为城镇生活污染源和工业污染源产生量与收集量之差，其核算借鉴徐晓梅等(2011)的研究方法，结合流域污染源普查数据进行计算。农业面源用化肥流失系数法计算。城市面源借鉴何佳等(2012)的研究成果，结合 GIS 技术分析不同城市功能区和下垫面的径流污染。

滇池流域可分为五个污染控制区，其中，草海陆域位于草海北部，主要涉及昆明市的主城五华区和西山区，是昆明重要的老城区，集中了大量的人口，区域内已建有 2 座污水处理厂，点源污水收集率达到 90%以上，雨季存在雨污合流污水溢流污染；外海北岸是昆明市的主城区五华区、盘龙区、官渡区所在的单元，是外海主要的污染来源，污染源以生活污染源为主，点源污水收集率同样达到 90%以上，城市非点源贡献较高，雨季同样存在雨污合流污水溢流污染；外海东岸是昆明市呈贡新城所在地，该控制单元内有昆明市的新开发区，是政府机构及大学城的所在地，也是近年来最大的污染负荷增长点；外海南岸主要位于晋宁区辖区，发展速度相对缓慢，是流域内的磷矿和磷化工企业分布区，目前水环境质量状况相对较好；外海西岸位于西山区，人口稀少，地势陡峭，无工业污染源。

1. 入湖污染负荷组成及空间分布现状

如图 2-68 所示，2017 年，滇池流域污染负荷中，COD 主要来自于城市面源，约占整个滇池流域 COD 入湖污染负荷总量的 47%；TN 主要来自点源，约占整个滇池流域 TN 入湖污染负荷总量的 77%；TP 主要来自点源，约占整个滇池流域 TP 入湖污染负荷总量的 61%。

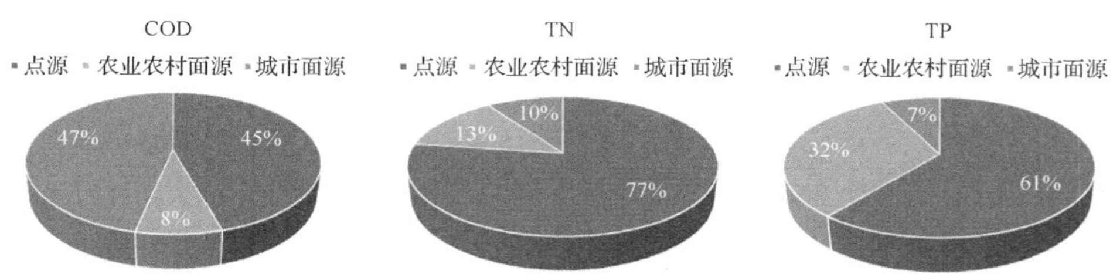

图 2-68 滇池流域污染负荷组成(2017 年)

昆明市环境科学研究院 1992 年的研究表明，20 世纪 90 年代初期，滇池流域 COD 在点源及非点源中所占比例为 88.3%及 11.7%，TN 分别为 68.8%及 31.2%，TP 分别为 55.1%及 44.9%。随着科技的发展和对滇池治理投入的增加，流域内生活点源和工业源污染源逐步得到控制，到 2017 年，来自面源污染的 COD、TN 和 TP 占总污染负荷的 53%、23%和 29%。来源于面源和点源的 TP 比例基本保持不变。随着流域污水处理厂和管网的建设，流域内点源污水收集率大大提升，但是由于污水厂 TN 处理的瓶颈，来源于点源的 TN 占比有所增长。近年来影响滇池考核的 COD，面源污染贡献率相比 20 年前增长了 3 倍。为全面改善滇池水质，下一步应加大面源污染治理力度。

图 2-69 显示 2017 年入湖污染负荷的空间分布情况。由于草海陆域和外海北岸为昆明主城区，区域内建成区面积广、人口密度大，对滇池外源污染的贡献率最高，该区域 COD、TN、TP 入湖量分别占到滇池流域入湖污染物总量的 67%、

66%和 60%。外海西岸多为山地，人口稀少，污染程度较轻，该区污染物入湖量约占滇池流域入湖污染物总量的 1%～2%。

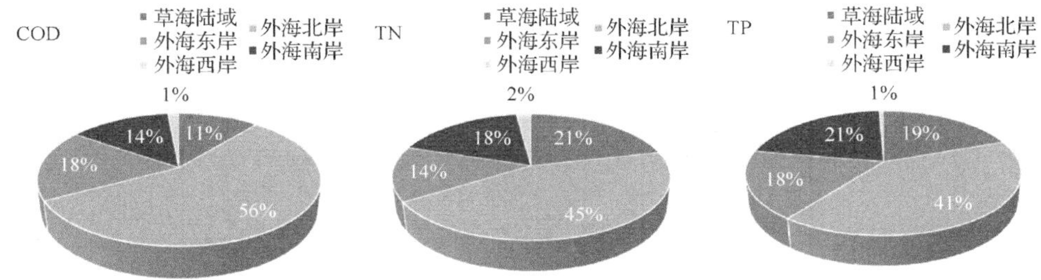

图 2-69　入湖污染负荷空间分布(2017 年)

按照入湖方式的不同，可将各汇水区入湖污染物划分为漫流入湖和河道收集入湖。昆明主城污染物几乎全部经管网收集进入污水处理厂，污水处理厂尾水和少部分未收集污水排入河道后汇入滇池，将其入湖方式划分为河道收集；外海西岸多为山地，区域内点源多经河道/沟渠汇流进入滇池，将其入湖方式划分为河道收集，区域内面源无固定收集汇流途径，将其划分为漫流入湖；外海东岸和南岸污水处理厂尾水和少部分未收集点源以河道汇流的方式进入滇池，环湖截污干渠内侧区域面源污水则以漫流方式直接排入滇池。

如表 2-52 所示，2017 年，滇池流域污染物入湖方式以河道汇流为主，占整个滇池外源污染物总量的 80%以上。

表 2-52　2017 年各汇水区污染物入湖方式

控制单元	漫流			河道		
	COD/t	TN/t	TP/t	COD/t	TN/t	TP/t
草海陆域	0	0	0	3804	1280	100
外海北岸	0	0	0	19421	2656	211
外海东岸	3972	423	66	2084	424	26
外海南岸	1891	223	43	2892	847	67
外海西岸	25	6	1	483	113	2

昆明主城区是滇池流域城镇化率最高的区域，管网配套设施完善、污水收集率高，污水处理厂尾水和未收集污水以河道汇流的方式进入滇池，其 COD、TN 和 TP 分别占到了整个滇池流域河道汇流污染物的 59%、71%和 46%。

滇池流域漫流污染物主要来自外海西岸，该汇水区多为未开发利用土地，污水收集率低，大部分污染物以漫流的方式进入滇池，该区域漫流入湖 COD、TN 和 TP 分别占到滇池流域漫流入湖污染物总量的 54%、42%和 36%。

外海东岸和南岸污染源大多位于环湖截污干渠外侧，环湖截污系统将该区域内污水收集引入污水处理厂，97%以上的污染物以河道汇集的方式流入滇池(图 2-70)。

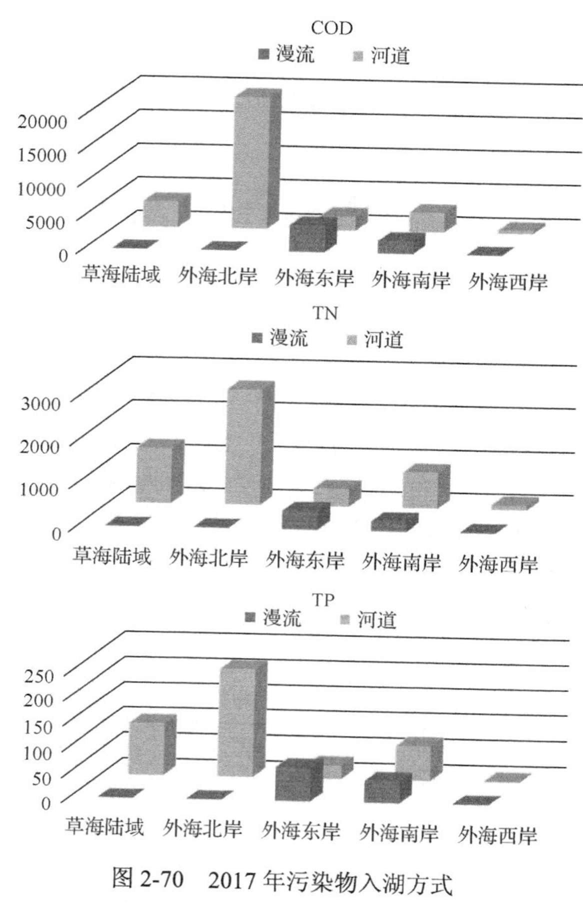

图 2-70　2017 年污染物入湖方式

2. 入湖污染负荷组成特征变化趋势

本部分分析 1988 年、2000 年、2005 年、2013 年、2017 年滇池流域入湖污染负荷组成及空间分布特征。

1988 年滇池流域无污水处理设施，流域内污水全部进入滇池。入湖 COD_{Cr} 和 TN 主要来自于未收集的点源，分别占整个滇池流域入湖污染负荷总量的 70% 和 74%，来自未收集点源的 TP 占其总入湖量的 46%。农业面源对总入湖量有一定的贡献，来自农业农村面源的 TP 约占其总入湖量的 48%，COD_{Cr} 和 TN 则分别占 10%和 21%。1988 年滇池流域城市化水平还较低，城市面源对污染负荷总量的贡献还较小，来自城市面源的 COD_{Cr}、TN、TP 分别占三种污染物总入湖量的 21%、6%和 6%，见表 2-53。

2000 年滇池流域入湖污染负荷组成情况见表 2-54。2000 年滇池流域内建成第一、三、四污水处理厂，但未收集的点源仍然是流域内最大的污染负荷来源。来自未收集点源的 COD_{Cr}、TN、TP 分别占三种污染物总入湖量的 53%、70%和 56%。来自城市面源的 COD_{Cr}、TN、TP 分别占三种污染物总入湖量的 31%、5%和 5%，城市面源对 COD_{Cr} 的贡献较 1988 年有了较大增长。来自农村面源的污染负荷有所减少，COD_{Cr}、TN、TP 分别占其污染负荷总入湖量的 10%、13%和 30%。污水处理厂尾水也贡献了一定了入湖污染负荷，来自尾水的 COD_{Cr}、TN、TP 分别占三种污染物总入湖量的 5%、13%和 9%。

表 2-53　1988 年滇池流域入湖污染负荷组成情况（%）

控制单元	污染源分类	COD_{Cr}	TN	TP
草海陆域	污水处理厂尾水	0	0	0
	未收集的点源	87	95	94
	农业农村面源	0	0	1
	城市面源	13	4	4
外海北岸	污水处理厂尾水	0	0	0
	未收集的点源	66	80	59
	农业农村面源	8	15	36
	城市面源	26	6	5
外海东岸	污水处理厂尾水	0	0	0
	未收集的点源	36	23	0
	农业农村面源	32	69	97
	城市面源	32	8	3
外海南岸	污水处理厂尾水	0	0	0
	未收集的点源	46	29	0
	农业农村面源	32	65	88
	城市面源	22	6	12
外海西岸	污水处理厂尾水	0	0	0
	未收集的点源	63	50	19
	农业农村面源	27	46	79
	城市面源	10	4	2
合计	污水处理厂尾水	0	0	0
	未收集的点源	70	74	46
	农业农村面源	10	21	48
	城市面源	21	6	6

表 2-54　2000 年滇池流域入湖污染负荷组成情况（%）

控制单元	污染源分类	COD_{Cr}	TN	TP
草海陆域	污水处理厂尾水	14	27	17
	未收集的点源	55	68	78
	农业农村面源	0	0	1
	城市面源	30	4	4
外海北岸	污水处理厂尾水	3	7	10
	未收集的点源	60	80	65
	农业农村面源	5	8	20
	城市面源	32	5	4
外海东岸	污水处理厂尾水	0	0	0
	未收集的点源	20	30	12
	农业农村面源	28	59	83
	城市面源	52	11	5
外海南岸	污水处理厂尾水	0	0	0
	未收集的点源	23	22	7
	农业农村面源	48	72	83
	城市面源	29	7	10
外海西岸	污水处理厂尾水	0	0	0
	未收集的点源	75	77	63
	农业农村面源	16	21	36
	城市面源	8	2	1
合计	污水处理厂尾水	5	13	9
	未收集的点源	53	70	56
	农业农村面源	10	13	30
	城市面源	31	5	5

2005 年滇池流域入湖污染负荷组成情况见表 2-55。滇池流域昆明主城区建成六座污水处理厂（第一至第六污水处理厂），污水处理能力达 55.5 万 m^3，但未收集的点源仍然是流域内最大的污染负荷来源。来自未收集点源的 COD_{Cr}、TN、TP 分别占三种污染物总入湖量的 43%、58%和 48%，较 2000 年减小了约 10%。城市面源对总入湖量的贡献进一步加大，来自城市面源的 COD_{Cr}、TN、TP 分别占三种污染物总入湖量的 38%、7%和 9%。农业面源的贡献进一步减小，来自农业面源的 COD_{Cr}、TN 和 TP 分别占三种污染物总入湖量的 7%、11%和 29%。污水处理厂尾水对总入湖量的贡献随着污水处理规模的增大而显著增大，到 2005 年来自尾水的 COD_{Cr}、TN 和 TP 分别占三种污染物总入湖量的 12%、24%和 14%。

2013 年滇池流域入湖污染负荷组成情况见表 2-56。2013 年，滇池流域污水处理能力达 194 万 m^3，滇池流域污水收集处理率显著提高。随着污水收集处理率的提高，未收集的点源不再是流域污染物的主要来源。来自未收集点源的 COD、TN 和 TP 分别占三种污染物总入湖量的 36.1%、26.6%和 37.3%。城市面源对总入湖量的贡献进一步加大，2013 年入湖 COD 主要来自于城市面源，占其总入湖量的 45.2%，来自城市面源的 TN 和 TP 则分别占其总入湖量的 9.2%和 15.3%，比 2005 年均有所增长。来自农村面源的 COD、TN 和 TP 分别占三种污染物总入湖量的 4.4%、10.0%和 32.6%，农村面源对 TP 的贡献比 2005 年增加了 3.2%。污水处理厂尾水对总入湖量的贡献进一步加大，来自尾水的 COD、TN 和 TP 分别占三种污染物总入湖量的 14.3%、54.2%和 14.8%，TN 主要来自污水处理厂尾水，这与污水处理厂面临的脱氮技术瓶颈有关。

表 2-55　2005 年滇池流域入湖污染负荷组成情况(%)

控制单元	污染源分类	COD_{Cr}	TN	TP
草海陆域	污水处理厂尾水	22	45	39
	未收集的点源	42	50	53
	农业农村面源	0	0	1
	城市面源	36	5	7
外海北岸	污水处理厂尾水	11	18	10
	未收集的点源	46	68	63
	农业农村面源	4	7	19
	城市面源	39	7	8
外海东岸	污水处理厂尾水	0	0	0
	未收集的点源	40	50	31
	农业农村面源	11	38	61
	城市面源	49	12	8
外海南岸	污水处理厂尾水	0	0	0
	未收集的点源	34	38	16
	农业农村面源	33	55	72
	城市面源	33	7	13
外海西岸	污水处理厂尾水	0	0	0
	未收集的点源	29	38	25
	农业农村面源	44	55	72
	城市面源	27	7	3
合计	污水处理厂尾水	12	24	14
	未收集的点源	43	58	48
	农业农村面源	7	11	29
	城市面源	38	7	9

表 2-56　2013 年滇池流域入湖污染负荷组成情况(%)

控制单元	污染源分类	COD_{Cr}	TN	TP
草海陆域	污水处理厂尾水	26	77	30
	未收集的点源	25	15	49
	农业农村面源	0	0	2
	城市面源	49	8	19
外海北岸	污水处理厂尾水	22	74	32
	未收集的点源	15	11	26
	农业农村面源	3	5	22
	城市面源	60	10	20
外海东岸	污水处理厂尾水	1	3	2
	未收集的点源	64	72	64
	农业农村面源	0	13	24
	城市面源	35	11	11
外海南岸	污水处理厂尾水	3	5	1
	未收集的点源	54	43	22
	农业农村面源	21	46	64
	城市面源	23	6	13
外海西岸	污水处理厂尾水	0	0	0
	未收集的点源	80	89	84
	农业农村面源	4	7	13
	城市面源	16	4	3
合计	污水处理厂尾水	14	54	15
	未收集的点源	36	27	37
	农业农村面源	4	10	33
	城市面源	45	9	15

2017 年滇池流域入湖污染负荷组成情况见表 2-57。2017 年，滇池流域污水处理能力达 199 万 m^3，滇池流域污水收集处理率显著提高。随着污水收集处理率的提高，未收集的点源不再是流域污染物的主要来源。来自未收集点源的 COD、TN 和 TP 分别占三种污染物总入湖量的 34%、25%和 48%。城市面源对总入湖量的贡献进一步加大，2017 年入湖 COD 主要来自于城市面源，占其总入湖量的 47%，来自城市面源的 TN 和 TP 则分别占其总入湖量的 10%和 7%。来自农村面源的 COD、TN 和 TP 分别占三种污染物总入湖量的 8%、13%和 32%。来自尾水的 COD、TN 和 TP 分别占三种污染物总入湖量的 11%、51%和 13%。

表 2-57　2017 年滇池流域入湖污染负荷组成情况(%)

控制单元	污染源分类	COD_{Cr}	TN	TP
草海陆域	污水处理厂尾水	28	70	13
	未收集的点源	40	29	82
	农业农村面源	0	0	1
	城市面源	32	1	4
外海北岸	污水处理厂尾水	12	70	21
	未收集的点源	27	4	38
	农业农村面源	4	11	30
	城市面源	56	15	11
外海东岸	污水处理厂尾水	5	31	7
	未收集的点源	29	19	21
	农业农村面源	20	38	65
	城市面源	45	12	7
外海南岸	污水处理厂尾水	3	9	3
	未收集的点源	57	70	58
	农业农村面源	13	16	36
	城市面源	27	4	3
外海西岸	污水处理厂尾水	2	3	8
	未收集的点源	93	92	59
	农业农村面源	5	5	33
	城市面源	0	0	0
合计	污水处理厂尾水	11	52	13
	未收集的点源	34	25	48
	农业农村面源	8	13	32
	城市面源	47	10	7

总体上，随着滇池治理力度的加大，流域内污水收集处理率不断提高，未收集点源对污染物总入湖量的贡献逐渐减小；由于滇池流域城市化进程的加快和建成区面积的增大，城市面源对污染物总入湖量的贡献逐渐增大，已经成为入湖 COD 的主要来源。随着“禁花减菜”、“全面禁养”等产业结构调整措施的实施以及“十一五”以来农业农村面源治理工程的开展，农业面源对滇池流域污染物总入湖量的贡献逐渐减小。

2.6 本章小结

滇池流域污染特征及社会经济发展研究的最终目的是更好地控制水污染入湖。本章从各区域主要的污染负荷特征及造成的水环境问题出发，考虑不同区域的水环境问题，根据流域的行政区划和汇水特征，将整个流域划分为五个污染控制区——草海陆域、外海北岸、外海东岸、外海南岸、外海西岸。在分析滇池流域点源和面源污染排放特征的基础上，构建入湖点源和面源的污染负荷计算模型，以此核算 1988～2017 年滇池流域点源和面源污染负荷产生量、削减量和入湖量，从而分析滇池流域外源污染源的时空分布特征。同时在对内源贡献进行估算的基础上，进行风险的分区分级评价，并结合沉积物污染的历史、滇池历史治理情况等进行讨论，可以更好地剖析滇池内源污染的整体变化过程，评判人类活动对沉积物中污染物的影响方式与程度，对准确评估滇池内源负荷贡献、湖泊富营养化机制提供依据。

通过对 1988 年滇池流域入湖污染负荷的计算，滇池流域总外源入湖情况如下：1988 年滇池流域入湖污染负荷总量为 COD 2.77 万吨、TN 0.45 万吨、TP 0.05 万吨、NH_3-N 0.26 万吨；2000 年为 COD 3.59 万吨、TN 0.88 万吨、TP 0.10 万吨、NH_3-N 0.57 万吨；2005 年为 COD 3.69 万吨、TN 0.83 万吨、TP 0.07 万吨、NH_3-N 0.54 万吨；2013 年为 COD 3.63 万吨、TN 0.70 万吨、TP 0.06 万吨、NH_3-N 0.49 万吨；2017 年为 COD 3.45 万吨、TN 0.60 万吨、TP 0.05 万吨、NH_3-N 0.42 万吨。1988 年滇池流域入湖 COD、TN 和 TP 主要来自未收集点源，分别占整个滇池流域 COD、TN 和 TP 入湖污染负荷总量的 70%、74%和 46%；2000 年滇池流域入湖 COD、TN 和 TP 主要来自未收集点源，分别占整个滇池流域 COD、TN 和 TP 入湖污染负荷总量的 53%、70%和 56%；2005 年滇池流域入湖 COD、TN 和 TP 同样以未收集点源为主，分别占整个滇池流域 COD、TN 和 TP 入湖污染负荷总量的 43%、58%和 48%；2013 年随着污水收集处理率的提高，未收集的点源不再是污染的主要来源，COD 主要来自城市面源，TN 主要来自污水处理厂尾水，TP 主要来自未收集点源，分别占整个滇池流域 COD、TN 和 TP 入湖污染负荷总量的 45%、54%和 37%；2017 年情况与 2013 年类似，COD 主要来自城市面源，TN 主要来自污水处理厂尾水，TP 主要来自未收集点源，分别占整个滇池流域 COD、TN 和 TP 入湖污染负荷总量的 47%、52%和 13%。

滇池内源污染高风险区集中在草海北部，西坝河、船房河河口与盘龙江河口区域；中风险区分布在草海以及外海盘龙江河口外围区域；低风险区主要分布在外海北部、东部南冲河入湖影响区、南部海口至白鱼河区域；滇池西区与南部近岸区域和宝象河至捞鱼河区域内源污染风险级别为相对安全。

1988～2017 年滇池外源入湖污染负荷时间演变趋势为：滇池流域点源入湖量基本呈现先上升后下降的趋势，总体上看，各污染源入湖量在 2000 年达到峰值后，至 2017 年呈逐年下降趋势。滇池流域农村农业面源污染入湖量呈缓慢下降趋势。1988～2014 年间，滇池流域城市面源污染负荷量呈现持续上升的趋势，其中 1988～1993 年间，滇池流域城市面源负荷增加较为平缓，1993～2014 年间呈现快速的增长趋势，2017 年在合流制排水体制下，水质净化厂对城市面源的削减量有所增加，使得城市面源入湖量得到降低。滇池外源入湖污染负荷空间演变趋势为：滇池流域点源污染排放，主要集中在草海陆域和外海北岸。虽然点源排污量不断增加，但是污水处理厂逐渐增加，污水管网不断完善，污水收集率增加，治理力度不断提升，使得入湖污染负荷大幅削减。农村农业面源污染负荷主要来自外海东岸，城市面源主要来自外海北岸。

第 3 章 滇池水污染治理概况

滇池是世界关注的高原湖泊，是长江上游生态安全格局的重要组成部分。滇池流域承载着云南省和昆明市的经济、社会发展的重任，昆明是我国面向南亚、东南亚的辐射中心，是“一带一路”的重要枢纽。从 20 世纪 80 年代末开始，迅速推进的城镇化和工业化，高速发展的城市、经济及人口导致入湖污染负荷迅速增加，生境破坏，流域内的人类活动突破了滇池的承载能力，滇池水质恶化到劣Ⅴ类，富营养化严重。从 20 世纪 90 年代初，滇池成为我国污染最严重的湖泊之一。滇池治理是我国生态环境保护和水污染治理的标志性工程。在国家对滇池治理的重视及殷切希望下，云南省和昆明市始终把滇池治理作为头等大事和头号工程，作为争当生态文明建设排头兵的重大举措和美丽春城、生态昆明建设的重中之重。自“九五”以来，滇池连续四个“五年规划”被列入国家重点治理的“三湖”之一，“十三五”期间，滇池保护治理进入攻坚阶段。党的十八大及五中全会对生态文明建设及水环境保护提出了新理念和新战略，为滇池保护治理提供了新的历史机遇。在全面深入总结滇池保护治理 4 个“五年规划”的基础上，编制了《滇池水环境保护治理“十三五”规划(2016—2020 年)》。5 个“五年规划”为滇池污染防治提供有力指导，使滇池水污染防治被纳入了系统化、法制化的轨道。

本章通过回顾分析 30 年来滇池保护治理历史及基本情况，总结滇池保护治理工程取得的成效及经验，对于指导下一步滇池治理方向具有非常重要的意义。

3.1 滇池水污染治理基本概况

由于滇池处在城市的下水口，又属于自然演替过程中的衰老期，滇池从 20 世纪 70 年代后期开始受到污染，进入 20 世纪 90 年代污染速度明显加剧，水体富营养化异常严重，成为影响和制约昆明区域经济社会发展的重要因素。滇池水污染防治工作始于“八五”时期，以工业污染治理为主，有效控制了滇池重金属和有毒有害物质污染，并兴建了昆明市第一、第二污水处理厂。“九五”到“十一五”期间，滇池被列为国家重点治理的“三河三湖”之一，云南省九大高原湖泊水污染防治之首，治理力度不断加大。根据国家环境保护总局(现国家环保部)要求，“九五”、“十五”、“十一五”、“十二五”期间分别编制了《滇池流域水污染防治“九五”计划及 2010 年规划》、《滇池流域水污染防治“十五”计划》、

《滇池流域水污染防治规划(2006—2010 年)》和《滇池流域水污染防治规划(2011—2015 年)》。“十三五”期间，滇池保护治理进入攻坚阶段，在全面深入总结滇池保护治理 4 个“五年规划”的基础上，按照云南省九湖办要求，编制了《滇池水环境保护治理“十三五”规划(2016—2020 年)》。5 个“五年规划”为滇池污染防治提供有力指导，使滇池水污染防治被纳入了系统化、法制化的轨道。

滇池污染治理经历了从单一的工程措施向工程与生态相结合的综合治污措施转变，投资力度不断加大。“九五”至“十二五”规划实施 290 个项目，规划总投资 712.46 亿元；扣除续建、取消、暂缓的项目，实际实施规划项目 240 项，实际完成投资 500.59 亿元。规划外实施 7 个项目，完成投资 8.59 亿元。“九五”至“十二五”共实际实施滇池治理工程 247 项，实际总投资 509.18 亿元。

在实施一系列重大环保项目工程的同时，地方政府不断健全滇池治理的法规政策体系和监督管理体系，加大滇池流域的综合整治力度。2002 年和 2004 年，昆明市相继成立了“滇池管理局”和“滇池管理综合行政执法局”；2008 年 1 月，昆明市成立了“滇池流域水环境综合治理指挥部”，统筹协调滇池治理过程中各部门的相关工作；为适应滇池流域的水环境保护，还相继成立了“滇池北岸水环境综合整治工程管理局”、“环湖南岸工程指挥部”、“环湖东岸工程指挥部”、“彻底截污指挥部”、“水体置换指挥部”、“生态建设指挥部”和“一湖两江”流域水环境治理专家督导组。随之，昆明市对滇池流域主要入湖河流正式施行“河(段)长负责制”，将入湖河流的管理和治理工作落实到各级行政领导，实行分段监控、分段管理、分段考核、分段问责，极大地调动了各方力量综合整治滇池入湖河流；2010 年 5 月施行了《昆明市河道管理条例》，2011 年 3 月修订并执行《昆明市城市排水管理条例》，与此同时，省政府成立了滇池水污染防治专家督导组，旨在加强对滇池水污染防治工作的指导、检查和监督，推进各项重点工作和重点工程顺利实施；2013 年新制定并执行《云南省滇池保护条例》；2017 年 4 月制定并执行《滇池流域河道生态补偿办法(试行)》及 5 个配套文件，滇池流域 34 条河道及支流沟渠全面施行生态补偿工作。河道生态补偿机制，是昆明市在生态文明建设上的重大创新之举。这一系列重大措施的出台、实施和落实，是滇池水环境改善的主要原因之一，在制度上保障了滇池水污染综合整治效果的实现。

3.1.1　“九五”滇池治理情况

“九五”规划设置 84 个项目，规划总投资 31.03 亿元；扣除取消、暂缓的项目，实际实施规划项目 78 项，实际完成投资 18.4 亿元。规划外实施 5 个项目，完成投资 6.9 亿元。“九五”期间共实际实施滇池治理工程 83 项，实际完成总投资 25.3 亿元。工程内容主要为工业污染治理和城镇污水厂建设。通过“九五”滇池治理项目的实施，滇池流域工业污染源基本实现达标排放；建成 4 座城市污水处理厂，城市污水设计处理能力达到 36.5 万 m^3/d；完成滇池北岸截污工程，计划建设 9.7 km 截污管及泵站，将第一、第二污水处理厂无法接纳的污水截出流域异地处理。完成盘龙江中段、大观河等河道截污疏浚工程；完成草海底泥疏浚一期工程；采取滇池蓝藻清除应急措施；部分区域实施了工程造林、退耕还林、封山育林，滇池面山森林覆盖率达到 32.9%。此外，为贯彻实施《滇池保护条例》，建立了滇池综合治理目标责任制，取缔养鱼网箱 5000 多个、滇池机动捕鱼船 1170 多只、滇池面山采石点 50 多个。并于 1998 年 10 月 1 日起在滇池流域禁止销售和限制使用含磷洗涤用品，并征收城市排水设施有偿使用费，以确保排污设施正常运行，促进节约用水。

通过“九五”期间的综合治理，与“八五”相比，草海、外海高锰酸盐指数分别下降 22%、28%；草海透明度由 0.34 m 提高到 0.47 m；草海的砷和重金属污染得到有效控制，砷的浓度由劣Ⅴ类水质标准变为优于Ⅲ类水质标准。滇池流域工业污染源排放的主要污染物基本实现达标排放，主城区旱季污水处理率超过 60%，草海水体黑臭状况得到明显改善，滇池污染迅速恶化的趋势初步得到遏制，水污染防治工作取得阶段性成果。

3.1.2 “十五”滇池治理情况

“十五”规划设置 38 个项目，规划总投资 77.99 亿元；扣除取消、暂缓的项目，实际实施规划项目 35 项，实际完成投资 20.63 亿元。规划外实施 2 个项目，完成投资 1.69 亿元。“十五”期间共实际实施滇池治理工程 37 项，实际完成总投资 22.32 亿元。“十五”期间滇池治理主要以城市污染控制为主，开展流域综合污染防治，新增流域污水处理能力 22 万 m^3/d，使滇池流域污水处理能力达到 58.5 万 m^3/d，并开展以建设和完善昆明城市排水主干系统，提高城市污水处理能力为主线的滇池北岸水环境综合治理工程前期工作；进行主要河道综合治理工程，整治河段环境得到改善；推广平衡施肥和控制农药使用，有效地减少了化肥农药用量；清除污染底泥，打捞滇池水葫芦，基本做到滇池水面无成片水葫芦漂浮，重点水域景观明显改善；实施退塘还湖，开展湖滨带生态恢复与建设工程；治理水土流失，植树造林使森林覆盖率达到 50.8%；通过中水处理站建设和城市污水厂尾水用做景观用水，城市污水再生利用率达 35.2%。

通过“十五”期间的综合治理，滇池流域水污染物排放量有下降趋势。规划期末，全流域排放的化学需氧量、总氮、总磷分别为 41986 吨、9810 吨、927 吨。与“九五”相比，化学需氧量、总氮、总磷的排放量分别削减了 4.5%、10.3%、29.8%。滇池草海处于重度富营养状态，水质为劣Ⅴ类，主要超标指标为生化需氧量、氨氮、总氮、总磷；外海处于中度富营养状态，水质为Ⅴ类，主要超标指标为高锰酸盐指数、总氮、总磷；29 条入湖河流中，纳入监测的 13 条主要入湖河流，进入草海的 4 条河流水质均为劣Ⅴ类。进入外海的 9 条河流中，除大河、东大河水质为Ⅴ类外，其余均为劣Ⅴ类。主要超标指标为化学需氧量、生化需氧量、总氮、总磷、氨氮；7 个主要地表饮用水源中，松华坝水库、宝象河水库、柴河水库、自卫村水库水质达Ⅳ类地表水标准，大河水库、双龙水库及洛武河水库水质达Ⅲ类地表水标准。

3.1.3 “十一五”滇池治理情况

“十一五”规划设置 67 个项目，规划总投资 183.3 亿元，实际实施规划项目 67 项，实际完成投资 171.77 亿元。提出了以“六大工程”为主线的综合治污思路，全面实施“环湖截污及交通、农业农村面源治理、生态修复与建设、入湖河道整治、生态清淤等内源污染治理、外流域引水及节水”六大工程。

“十一五”期间，滇池流域水污染防治继续贯彻《“十五”计划》提出的“污染控制、生态修复、资源调配、监督管理、科技示范”污染防治方针，根据各污染控制区的特点，制定相应的污染防治对策，突出污染物总量控制，管理治理并重，抓住流域污染主要矛盾，最大限度削减入湖污染负荷。完成了昆明主城第一、二、四污水处理厂技术改造，第三、五、六污水处理厂改扩建，新建第七污水处理厂，新建污水收集管 251.66 km，大大提高了污水收集率。流域城镇污水处理厂处理规模从 58.5 万 m^3/d 提高到 113.5 万 m^3/d，污水处理厂出水水质均达一级 A 标准。开展盘龙江等 13 条河道水环境综合整治工程，对(出)入滇池主要河道和支流干渠开展了全面综合整治，共封堵排污口 4971 个，铺设截污管道 353.35 km，两岸拆临拆违拆迁绿化美化面积 728.7 万 m^2，绿化长度 725.8 km，湿地建设 14992 亩，河床清障、清淤 179.72 万 m^3，入湖河道水质状况及景观得到明显改善；开展农业农村面源治理工程，滇池流域实施全面“禁养”，流域内规模化畜禽养殖企业已迁出或关闭，在滇池流域及水源区累计完成测土配方施肥推 50.4432 万亩，共减少化肥施用量 20323.56 吨，建设农村户用沼气池 10430 口，使得滇池流域农业面源污染防治工作取得一定成效；实施滇池污染底泥疏挖及处置二期工程，疏挖底泥 370 万吨，对改善滇池水域水质，恢复水生生态环境起到重要的作用；全面开展滇池生态修复与建设工程，完成退塘、退田 44595 亩，退房 141.2 万 m^2，退人 23129 人，开展湖滨生态建设 54305 亩，其中湖内湿地 11220 亩，湖滨湿地 19080 亩，河口湿地 3086 亩，湖滨林带 20919 亩；滇池草海湖滨生态建设 5384 亩，其中湖滨林 3524 亩，湖滨湿地 1318 亩，入湖河口湿地 542 亩，栽种乔木类植物近 50 万株，种植水生植物 106.5 万丛。

通过“十一五”期间的综合治理，滇池流域内 9 个污水处理厂和大清河、船房河两个截污泵站，全年共计削减污染物化学需氧量、总氮、总磷的量分别为 82087 吨、9342 吨、1164 吨，相当于“十五”末期污染物排放量的 196%、95%、

126%，大幅削减了入湖污染负荷；流域点源排放化学需氧量、总氮、总磷较“十五”期末分别下降 20.3%、14.0%、13.7%；实现了化学需氧量、总氮、总磷分别控制在 18000 吨、6075 吨、400 吨以内的污染控制目标。外海水质为劣Ⅴ类，超标指标为化学需氧量；草海水质为劣Ⅴ类，超标指标为氨氮、总磷和五日生化需氧量；纳入《滇池“十一五”规划》考核的 7 个饮用水源地中，大河水库、柴河水库、洛武河水库未供水，松华坝水库水质达到地表水Ⅱ类标准，双龙水库、宝象河水库、自卫村水库水质达到地表水Ⅲ类标准，均达到考核要求；纳入《滇池“十一五”规划》考核的 13 条河流中，除新运粮河、护城河 2 条河流外，其余 11 条河流水污染程度显著减轻，达到考核要求，最终使得滇池流域环境效益和生态效益显著提高。

3.1.4　“十二五”滇池治理情况

“十二五”规划设置 101 个项目，规划总投资 420.14 亿元；扣除取消、暂缓的项目，实际实施规划项目 94 项，实际完成投资 289.79 亿元。

“十二五”期间，滇池治理投入力度最大。截污治污系统基本建成，流域城镇污水处理规模达到 149.5 万 m^3/d，出水水质均达到一级 A 标准；建成 97 km 环湖截污主干管渠及 10 座配套雨污混合污水处理厂，处理规模为 55.5 万 m^3/d；建成 17 座雨污调蓄池，可收集储存 21.24 万 m^3 雨污混合水，减少了合流溢流排放。继续实施河道综合整治工程，35 条主要入湖河道均已开展综合整治，完成河道 4100 多个排污口的截污及雨污分流改造，铺设改造截污管网 1300 km，完成河道清淤 101.5 万 m^3。在湖滨一级保护区 33.3 km^2 范围内全面实施“四退三还”，建成湖滨生态湿地 3600 hm^2。实施了牛栏江—滇池补水工程，每年可向滇池生态补水 5.66 亿 m^3；完成污水处理厂尾水外排及资源化利用工程，每天可将 77.5 万 m^3 优质尾水外排至安宁作为工业用水。

通过“十二五”以来的综合治理，2015 年滇池流域点源污染负荷排放量为化学需氧量 14687 吨、氨氮 4333 吨、总氮 5199 吨、总磷 340 吨，化学需氧量、氨氮、总氮、总磷相对于 2010 年排放量分别削减了 11.6%、12%、10.5%、11.5%，净削减量为化学需氧量 1932 吨、氨氮 589 吨、总氮 607 吨、总磷 44 吨。

在连续干旱气候条件下，滇池流域水环境质量逐年改善，2015 年水质综合达标率由 2010 年的 22.58%上升为 63.64%，滇池流域实际纳入考核的断面为 33 个，有 21 个断面水质达标。其中，16 个河流水质断面有 14 个达标，河流水质达标率为 87.5%；饮用水源地 7 个水质断面均达标，饮用水源地水质达标率为 100%；滇池湖体 10 个水质断面均不达标。

3.1.5 “十三五”以来滇池保护治理情况

“十三五”期间设置 107 个项目，规划总投资 159.24 亿元。截至 2017 年 12 月 31 日，已完成 27 项，调试 3 项，在建 52 项，项目开工率 76.6%，项目完成率 28%（含调试）；累计到位资金 30.17 亿元，占批复投资的 17.9%；累计完成投资 44.33 亿元，投资完成率为 26.3%。昆明主城污水收集率由 2015 年的 92%提升至 95%；随着环湖截污配套管网完善工程的实施，10 座配套污水处理厂 2017 年实际运行规模达到 22.62 万 m^3/d，相对于 2015 年的 6.66 万 m^3/d 有了很大的提升；完成河道治理 8.023 km；生态修复工程共完成滇池流域面山植被修复未成林造林补植和幼林抚育 20000 亩；内源污染防治工程共完成了 4000 亩紫根水葫芦控养、管护、采收、处置，累计处理富藻水 37874.6 万 m^3，疏浚滇池污染底泥 88 万 m^3，对于改善滇池水域水质，恢复滇池水生生态环境起到十分重要的作用。实施了牛栏江—草海补水通道应急工程。补水工程实施后，草海水质改善明显。同时，针对草海毗邻城市、城市面源污染负荷大的特点，实施了新运粮河、老运粮河入湖河口前置库水体净化生态工程和草海西岸尾水及面源污染控制等工程，减少了进入草海污染负荷，提高了牛栏江—草海补水工程效果。另一方面，为增强外海水动力，改善北部湖区水环境，实施了滇池外海北部水体置换通道提升改造工程，增强了北部湖区水动力，缩短水体置换周期，将对该水域水环境改善起到明显效果。

经过“十三五”以来的综合治理，2017 年滇池流域污染负荷入湖总量为化学需氧量 3.55 万吨，总氮 0.91 万吨，总磷 607 吨，氨氮 0.43 万吨，与 2015 年相比，化学需氧量减少了 3113 t，同比下降 8.05%，总氮减少了 776 t，同比下降 7.85%，总磷减少了 19 t，同比下降 3.03%，氨氮减少了 744 t，同比下降 14.75%，污染继续得到控制，入湖污染物总量进一步削减。滇池流域水环境、生态环境和水资源状况显著改善，滇池水质总体企稳向好，2016 年、2017 年滇池全湖水质由劣 V 类好转为 V 类，但年际、年内水质存在一定波动。

3.2 滇池治理六大工程

滇池治理“六大工程”（即环湖截污及交通、农业农村面源治理、生态修复与建设、入湖河道综合整治、内源污染治理、外流域引水及节水）是云南省和昆明市在总结多年来滇池治理经验的基础上提出的治理新思路，在“十一五”、“十二五”、“十三五”期间得到全面实施。

3.2.1 环湖截污及交通工程

环湖截污及交通工程旨在构建保护滇池的最后一道屏障，防止未经处理的污水进入滇池。环湖截污及交通工程对滇池流域工业污水、生活污水和农业农村面源污水进行收集处理，进一步提高滇池流域点源和面源污水的收集处理率，并建立完善的雨水收集管网，收集处理初期雨水。环湖截污及交通工程由四个层次组成，分别为片区截污、河道截污、集镇和村庄截污及干渠截污。

"九五"以来，共建成并投运城市污水处理厂 14 座，总处理规模达到 149.5 万 m^3/d，出水水质均达到一级 A 标准；建成环湖截污主干管(渠)97 km，配套雨污混合污水处理厂 10 座，处理规模为 55.5 万 m^3/d；铺设市政排水管网 5569 km，旱季的主城污水收集率达到 95%；建成雨污调蓄池 17 座，可收集储存 21.24 万 m^3 雨污混合水，减少了合流溢流排放。总体而言，通过污水收集处理设施的建设，滇池流域环湖截污系统已经基本完善，流域内污水收集处理率不断提高，流域污染物负荷入湖率不断降低，至 2017 年，水污染物入湖量占产生量的比例降至 20%。

3.2.2　农业农村面源污染治理工程

农业农村面源污染治理工程旨在有效防治农业面源污染，减少面源入湖污染负荷，改善农业和农村生态环境，是削减滇池流域污染负荷的关键。"九五"以来，开展滇池流域畜禽禁养，关闭搬迁畜禽养殖户 18124 户，大大降低了滇池流域的畜禽养殖污染风险，削减入湖负荷化学需氧量 29383 t/a，总氮 1223 t/a，总磷 2266 t/a，氨氮 715 t/a。在滇池补水区，建成大中型沼气示范工程 8 座，新建 5227 m^3 厌氧发酵装置，使牛栏江流域 50%～60%的规模化畜禽养殖污染得到处理处置。累计完成 275 万亩农田测土配方施肥，从源头控制农业面源污染。通过秸秆综合利用及资源化利用的实施，降低农田固废污染负荷排放。建立和推广 IPM 技术应用及有害生物综合防治体系，减少 15%～20%的农药施用量，降低农药风险。建设完成 885 个村庄生活污水收集处理设施，从源头上控制农村生活污染。

村庄分散污水处理设施是因地制宜从源头上处理农村生活污水的好办法，但还存在配套收集系统不完善和管理维护不到位等问题，导致已建设施运行效果欠佳，没有充分发挥污染物削减的效果。测土配方技术、IPM 技术、秸秆还田及资源化利用等技术的推广结果均不甚理想，农民对新技术的认知度和采用率均偏低，参与积极性有待提高，农民在环境保护和清洁农业方面的积极性尚未完全调动起来，需要政府在农业和环保工作方面加强引导。

3.2.3　生态修复与建设工程

生态修复与建设是阻断截留及净化减少污染物入湖，巩固治理效果、恢复自然生态提高湖泊自净能力必备的措施，是治理效果可持续性的保证。生态修复与建设工程是依靠滇池流域生态系统的自我调节能力使其向有序的方向进行演化，并且在生态系统自我恢复能力的基础上，辅以人工措施，使遭到破坏的流域生态系统逐步恢复并向良性循环方向发展。

通过森林生态修复项目，使滇池流域的森林覆盖率由“九五”期间的 49.7%，上升到 2017 年的 50.8%，有效恢复了滇池流域受损生态系统。通过湖滨生态建设，在滇池外海建成完成湿地建设 33 km^2，沿湖共拆除防浪堤 43.138 km，增加水面面积 11.5 km^2，历史上首次出现了“湖进人退”的现象，为滇池生态系统恢复创造了条件。通过开展饮用水源地保护项目，有效保障了集中式饮用水源地水质达标，确保居民饮用水安全，流域内 7 个饮用水水源地水质均达标，主要集中式饮用水源地保护区森林覆盖率提高到 60%以上。建成垃圾卫生填埋场 3 座(东郊、西郊、晋宁区)，垃圾焚烧厂 5 座(五华区、西山区、官渡区、呈贡区、空港)，完成昆明东郊和西郊垃圾卫生填埋场封场工，垃圾处理率不断提高，实现流域内生活垃圾减量化、无害化和资源化。

通过开展生态修复与建设工程，滇池流域生态安全格局基本形成，森林覆盖率显著提高，昆明市荣获“国家森林城市”称号。然而，滇池流域生态系统完整性与多样性方面尚不能满足流域生态安全需要，应在结构与功能方面进一步优化。“四退三还”工程实施后，恢复湖滨湿地面积约 33.3 km^2，但部分湿地布水系统不完善，尾水、河水、湖水连通不畅，缺乏长效管理和维护机制，湿地生态环境功能尚需提升。

3.2.4　入湖河道综合整治工程

入湖河道整治工程旨在对滇池出入湖河流和支流进行综合整治，提升河道水质，恢复入湖河道生态功能。截至 2017 年 12 月底，所有出入湖河流均开展了整治工程，完成河道上千个排污口的截污及雨污分流改造，在河道所在流域铺设改造截污管网，完成河道清淤，基本实现了整个滇池流域的河道整治。通过近三十年来河道综合整治工程的实施，有力地清除河道污染底泥，降低污染物释放风险，减少污水入河，提升污水的收集处理率，削减河道入滇污染负荷，有效地改善了河道水环境质量，恢复了河道水体自然生态系统。昆明市环境监测中心 1987～2017 年的滇池入湖河道监测数据分析表明，入滇河道水质改善明显。入滇河道中化学需氧量平均浓度从 102 mg/L 逐步下降为 22 mg/L，改善率约为 78%；总氮平均浓度从 16.1 mg/L 逐步下降为 7.4 mg/L，改善率约为 54%；总磷平均浓度从 1.13 mg/L 逐步下降为 0.35 mg/L，改善率约为 63%；氨氮平均浓度从 11.8 mg/L 逐步下降为 2.63 mg/L，改善率约为 78%。截至 2017 年 12 月底，在 35 条主要入湖河道中，劣Ⅴ类河道的数量已经降低至 7 条，仅占主要入滇河道总数的 20%；水质达到或优于Ⅲ类的 6 条；水质为Ⅳ类的 15 条；水质为Ⅴ类 4 条；3 条河道断流。经过近三十年来的河道综合整治工程，入滇河道水质已得到明显改善。

3.2.5 内源污染治理工程

内源污染治理工程是运用物理手段和生物手段进行底泥清淤和水体生物治理，减少湖泊内源污染物，改善湖体水质和生态环境，削减滇池内源污染的有效措施。“九五”以来实施了底泥疏浚、蓝藻清除及水葫芦综合利用、滇池内源污染生物治理三类工程。截至 2017 年 12 月底，滇池内源治理工程共计疏浚底泥 1318.73 万吨，采收水葫芦 245.71 万吨，清除富藻水 3846.54 万 m^3，放流鲢、鳙鱼种 389381.94 kg、高背鲫鱼苗 2320.19 万尾，直接清除湖体内部总氮 1.74 万吨，总磷 0.88 万吨。通过内源污染治理工程的实施，可以有效降低水体氮磷浓度，提高水体透明度，构建新的生态链和生态系统，抑制内源性污染物的释放。

3.2.6 外流域引水及节水工程

外流域引水及节水工程是解决滇池流域内水资源严重短缺，滇池生态用水不足、换水周期过长，只靠污染物治理和生态修复不能达到治理目标情况下的必然选择。该工程旨在构建和加快健康水循环，缓解滇池流域水资源短缺、提高城市供水保证率、进一步改善滇池水质和水生生态环境。“九五”以来，实施了“2258”引水供水工程、掌鸠河引水供水工程、板桥河—清水海引水济昆一期工程和牛栏江—滇池补水工程，昆明市形成了 3 个主要供水水源和 1 个应急供水水源，截至 2015 年 12 月底，昆明市共有自来水厂 13 座，日供水设计能力达到 183 万 m^3，极大地提高昆明城市供水保障率。2013 年，牛栏江—滇池补水工程正式通水，每年有 5.66 亿 m^3，满足Ⅲ类水质标准的水补水滇池，滇池水环境容量增加，水体置换周期大大缩短。至“十二五”末，主城一、二、三、四、五、六、十污水处理厂，呈贡南和呈贡北污水处理厂配套建成了再生水处理站，集中式再生水处理规模达到 15.7 万 m^3/d；建成分散式再生水利用设施 500 余座，设计处理规模约 16.87 万 m^3/d；同时实施了主城污水处理厂尾水外排及资源化利用工程，每天 77.5 万 m^3 的污水处理厂尾水不再流入滇池，可削减入湖污染负荷为化学需氧量 10290 t/a、总氮 2614 t/a、总磷 207 t/a、氨氮 587 t/a。外流域引水及节水工程的实施，初步构建了滇池流域健康水循环系统。

3.3 本章小结

滇池治理经历了从单一的工程措施向工程与生态相结合的综合措施转变，投资力度不断加大。“九五”、“十五”期间，滇池治理以工程措施为主，“九五”期间投资 31.03 亿元，工程内容主要为工业污染治理和城镇污水厂建设；“十五”期间投资增加到 77.99 亿元，工程内容扩展到截污工程和生态修复，但并未从根本上解决滇池的水污染问题。为此，“十一五”期间，提出了以“六大工程”为主线的综合治污思路，共投资 183.3 亿元，全面实施“环湖截污、农业农村面源治理、生态修复与建设、入湖河道综合整治、生态清淤等内源污染治理、外流域引水及节水”六大工程；“十二五”期间，滇池治理投资增加到 420.14 亿元，工程内容在“十一五”的基础上，进一步对“六大工程”进行了提升和完善。“十三五”期间设置 107 个项目，规划总投资 159.24 亿元，重点开展深化产业结构调整，完善治污体系，构建健康水循环，修复生态环境，创新管理机制，加强科技支撑与发动全民参与等七方面工作。在实施一系列重大环保项目工程的同时，地方政府不断健全滇池治理的法规政策体系和监督管理体系，加大滇池流域的综合整治力度。滇池治理逐步显现成效，目前滇池水质企稳向好，流域生态环境明显改观。滇池治理工作获得了国家有关部门的认可，滇池治理正在走出一条重污染湖泊水污染防治的新路子，为深化滇池治理提供了有益的借鉴。

第 4 章　流域水质目标管理方法

在借鉴发达国家流域水质目标管理经验的基础上，我国学者在“十一五”水体污染控制与治理科技重大专项研究的基础上，提出了我国流域水质目标管理体系的概念和框架设计，促进目标总量控制向容量总量控制，在流域水污染防治工作中更加突出“以环境质量为核心”，为流域水环境管理提供了一种新的思路。

本研究系统梳理了流域水质目标管理理论的形成与发展过程，总结了流域水质目标管理体系的关键技术方法，具体包括流域控制单元划分、水环境质量基准及标准确定、流域污染源调查、水环境容量核算、河湖水质响应关系研究、流域污染物总量分配等，为水质目标管理体系的推广应用提供重要参考。

4.1　流域水质目标管理理论的形成与发展

4.1.1　国外水质目标管理经验

水是人类社会赖以生存和发展的基础，然而伴随着工业化、城镇化的快速发展，水环境遭受到越来越大的人类社会影响，水质污染、水资源匮乏、水生态破坏等问题已经成为全世界共同面临的生存和发展问题。为保护水环境，一些发达国家和地区自 20 世纪 70 年代就开始探索水污染治理和管理技术体系，并取得了很好的效果，如美国的 TMDL 计划、欧盟的水框架指令和日本的总量控制计划等。这些管理技术均以水质目标为导向，以水生态系统完整性保护为目标，实现了从污染物控制向流域水生态管理的战略转型(程鹏等，2016)。学习借鉴发达国家经验，对我国水质目标管理体系构建和水生态文明建设具有重要的意义。

1. 美国最大日负荷总量(TMDL)计划

美国最大日负荷总量(Total Maximum Daily Load，TMDL)计划最早于美国环境保护局 1972 年的《清洁水法》中提出，其定义为在满足水质标准的条件下，水体能够接受的某种污染物的最大日负荷量。TMDL 计划旨在将污染负荷分配到各个点源和非点源，同时考虑安全临界值和季节性的变化，从而采取适当的污染控制措施来保证目标水体达到相应的水质标准(邢乃春和陈捍华，2005)。

TMDL 实施的步骤包括水质受限水体识别、水质受限水体排序、TMDL 计划制定、控制措施实施以及控制行动效果评价等(孟伟等，2007)。第一步水质受限水体识别，即识别那些即使实施了一定的污染控制措施后，也无望实现水质标准的“问题水体”。水质标准包括水体指定的使用功能、用于保护水体使用功能的指标(包含物理、化学和生物指标)以及防止水质恶化政策规定三个部分，是评估水体水质状况和实施所需污染控制措施的基础和准绳。US EPA 要求各州对未满足这三条水质标准要求之一的水体进行识别，识别出的水体即为需要实施 TMDL 计划的水体。第二步水质受限水体排序，是指对于识别出的目标水体，考虑水体的污染程度和使用功能，按优先顺序进行排序，确定需要优先执行 TMDL 计划的水体。第三步为特定目标水体 TMDL 计划的制定，主要内容包括主要污染物筛选、目标水体同化容量估算、进入目标水体的污染物总量估算、水体允许的污染负荷总量确定、考虑安全临界值的各个污染源污染负荷分配等。第四步为控制措施实施，首先对水质管理计划进行更新，然后按 TMDL 计划中制定的污染负荷分配方案对点源和非点源进行分配，其中点源排放由排放许可制度进行限制，非点源排放采用最佳管理办法(Best Management Practices，BMPs)进行限制。第五步为控制行动效果评价，主要是加强目标水体水质监测和点源、非点源的排放监测，评估 TMDL 和控制措施对水质改善的有效性，以便持续改进(邢乃春和陈捍华，2005)。

2. 欧盟水框架指令

为保护和管理水，2000 年欧盟理事会和欧洲议会签署并颁布水框架指令(Water Framework Directive)，共包含 26 条和 11 个附件。作为一个基础性法律文件，水框架指令保护范围涵盖地表水、地下水、半咸水和沿海水域，保护内容涉及水量、水质、水生态，提出了以流域为单元保护水的要求，将水域的保护与污染控制措施紧密结合，要求 2015 年各成员国实现水环境改善的目标(石秋池，2005)。

欧盟水污染控制技术体系的实质是一种基于最佳技术的总量控制方法。针对地表水体的污染防治，水框架指令明确了点面源联合治理的方法，并且要求成员国最迟于 2012 年按照最佳可行技术、相关排放限值、最佳环境实践等综合方式控制进入地表水体的污染物，执行新颁布的污染物排放控制标准，同时欧洲议会和欧盟理事会要采取措施，防止某种、某类污染物对水体的污染或危害，避免其对饮用水的威胁；并且要不断削减这些污染物，逐步停止或淘汰优先控制危险物质的排放(孟伟等，2007)。

欧盟水框架指令注重依法管理，在指导各成员国开展水管理工作方面具有很强的法律效力和权威性；注重规划管理，把流域管理规划作为流域管理的重要手段；注重综合管理，形成了完整的水管理目标体系；注重结果管理，指标体系不仅包括形态学(物理结构)、水文学(流量和水位)、化学(包括物理化学指标和化学污染物)，还包括浮生植物、其他水生植物、无脊椎动物和鱼类等的组成、丰度、生物量等生物指标；注重协调管理，各国针对流域管理成立或强化了相应的管理执行机构，充分调动有关国家流域管理积极性；注重时间管理，通过明确的时间表，确定了水环境各类目标完成的时限(鲍淑君等，2013)。

3. 日本总量控制计划

日本的水环境管理也经历了“稀释”、“架高”等为主要措施的早期限制时期和以浓度控制为核心的“单打一”治理时期，至 20 世纪 70 年代，开始了以部分区域总量控制为核心的综合防治时期。日本的水污染物总量控制制度，以完备的立法和严格的执法为根本保障，以必要的经济支持和优惠政策为重要条件，以封闭性海域及污染严重地区实施特征污染物总量控制为关键，以开发并普及分散性污水处理装置为典型示范；以明晰明确的政府相关部门管理职能职责划分为组织保证；以科学研究、公众和中介组织监督为重要措施，取得良好的效果(赵华林等，2007)。

严格的环境标准、排放标准和科学合理的总量削减计划是日本水环境质量改善的关键。日本将环境质量达标状况作为评定政府政绩的指标，称为“政务目标”，环境标准基本达到设定的目标后，国家会不断发布更严格的新标准，同时各地还会颁布严于国家标准要求的标准。在排放标准方面，针对有害物质和其他一般污染物制定排放标准，但当排放标准不能满足需要时，即达标排放也很难达到环境标准时，则在浓度控制之外，制定总量控制标准(特别排放标准)。总量控制计划的制定首先由各地根据具体情况和项目来计算削减量，并事先进行科学、详细的可行性分析，在此基础上上报削减计划，国家根据各地上报的计划制定现实可行的年度削减目标。日本环境行政主管部门制定了对未完成计划的地区实施处罚的规定，以督促各地区实现年度计划(赵华林等，2007)。

4.1.2　我国水质目标管理体系的发展

从 20 世纪 70 年代开始，我国相继开展了大量关于水环境容量、水功能区划、水质模型、流域水污染防治综合规划以及排污许可证管理制度等方面的研究，初步建立了我国水环境管理基本制度(雷坤等，2013)。自 1973 年国务院召开第一次全国环境保护工作会议以来，我国的水环境管理经历了三个阶段，管理思路不断完善，管理制度不断健全。

1. 以浓度控制为主的阶段

浓度控制是指以控制污染源排放口排出污染物的浓度为核心的环境管理方法体系。“九五”以前，我国的水环境管理以浓度控制为主。在国民经济发展计划(1976～1980 年)(“五五”计划)中，首次纳入环境保护，提出：大中型工矿企业和污染危害严重的企业，都要搞好“三废”(废水、废气、废渣)治理，按照国家规定的标准排放；北京、上海、天津等 18 个环境保护重点城市，工业和生活污水得到处理，按照国家规定的标准排放；黄河、淮河、松花江、漓江、白洋淀、官厅水库、渤海等水系和主要港口的污染得到控制，水质有所改善等环境保护内容。“七五”期间(1986～1990 年)首次独立印发环境保护规划，即《“七五”时期国家环境保护计划》，首次针对工业污染源提出“废水和废气的主要污染物基本控制在 1985 年水平上”的总量控制要求，但没有明确提出水环境管理的总量控制目标值。“五五”至“八五”时期，我国水环境管理的核心内容为达标排放，即达到国家水污染物排放标准(主要是浓度排放标准)。浓度控制策略操作方便，控制简单，对我国水环境管理制度形成影响深远，我国的排污收费、三同时、环境影响评价等都是以浓度排放标准为主要评价标准，但浓度控制只控制单个排污口的限量，企业可以采取稀释污染物浓度增加排污量的方式来达到污染物排放浓度标准，而且即使所有企业达标排放，在工业密集区也会造成一定面积内污染物总量的增大并超过环境容量，其结果仍然造成环境的污染。

2. 以总量控制为主的阶段

总量控制是相对于浓度控制而言的，是指在规定时间内，对某一区域或某一企业在生产过程中所产生的污染物最终排入环境的污染物数量的限制。自“九五”开始，我国大力开展“三河三湖”等重点流域综合治理。1996 年国务院批准实施《“九五”期间全国主要污染物排放总量控制计划》，明确提出对废气或废水中排放的烟尘、二氧化硫、粉尘、化学耗氧量、石油类、氰化物、砷、汞、铅、镉、六价铬和工业固体废物排放量等 12 项指标实行排放总量控制。“九五”期间总量控制计划的实施，标志着我国污染物总量控制制度的正式建立，在随后实施的“十五”、“十一五”、“十二五”、“十三五”环境保护规划中都提出了有关污染物总量控制的要求。然而，这一时期的总量控制主要是指目标总量控制。目标总量控制以排放限制为控制基点，从污染源可控性研究入手，综合考虑环境保护要求、社会经济发展水平和环境科学技术水平，进行总量控制目标的设定和负荷分配，在一定的历史时期内对控制水污染物排放和改善水环境质量起到了积极有效的作用，但是，这种目标总量控制的策略未能有效建立污染物减排与水质改善的关系，导致总量减排与质量改善不同步，造成了总量控制目标易达而水质目标难达的局面；另外，目标总量控制制度与现有污染源管理制度缺乏协调整合，与现行的环境影响评价、排污收费等环境管理制度无法有效衔接，难以形成制度合力，不能有效发挥环境管理效果。

3. 水质目标管理的阶段

“十一五”期间，国家环境保护部开始推动目标总量控制向容量总量控制转变，以减少负荷削减目标确定的主观性(单保庆等，2015)。为提高我国重点流域水环境管理水平，国家水体污染控制与治理科技重大专项在“十一五”期间设置了流域水生态功能分区与质量目标管理技术项目，通过关键技术突破和流域应用示范，初步构建了我国的流域水质目标管理技术体系。项目突破了 37 项关键技术，形成了 20 项技术规范建议稿，完成了我国 10 个重点流域的水生态功能分区方案，提出了 3 大类 12 种特征污染物的水环境质量基准建议值，完成了辽河、太湖等流域的 30%控制单元容量总量控制(TMDL)方案，有效支撑了重点流域的污染减排及水环境质量改善，大幅提升了我国流域水环境管理制度创新的科学技术水平。

自“十一五”以来，我国学者以水质目标为导向，开展了众多的相关研究，为我国水质目标管理体系建立奠定了基础。孟伟等(2007)借鉴美国 TMDL 计划，提出我国流域水质目标管理体系的内涵和特点，研究了面向控制单元的总量控制技术方法；明确了水环境质量基准与标准的确定在水质目标管理体系构建中的重要地位和二者的基本概念，提出了对我国建立新型污染物和负荷污染物水质基准的建议(孟伟等，2008a)；分析了我国水环境监控技术体系的特点和存在问题，提出了流域水环境监控的系统设计思路(孟伟等，2008b)；借鉴美国和欧盟经验，研究建立了我国流域控制单元水污染物排放限值与削减技术评估体系(孟伟等，2008c)；通过分析国内外环境经济政策特点和实施情况，提出了适合我国流域水质目标管理的环境经济政策框架与构建思路(孟伟等，2008d)。谭斌等(2011)以赣江流域为例，提出了基于 GIS 的 TMYL 计划技术框架，构建了以保持水生态系统健康为目标的流域水质目标管理技术体系。张蕾(2012)以东辽河流域为例进行了水质目标管理体系的实证研究，通过水生态系统调查与特征分析、水生态功能区与控制单元划分、控制单元污染负荷核算、流域污染源排放与河流水质之间的输入-响应关系建立、控制单元水环境容量计算等步骤，最终构建了东辽河流域水质目标管理方案。胡晞(2013)基于 WASP 模型，以湘江湘潭段为研究对象开展了水质目标管理研究，建立了湘江湘潭段的流域水质管理模式。雷坤等(2013)在研究国内外流域水环境管理技术的基础上，提出了控制单元水质目标管理技术方法，剖析了其内涵、特征，并全面阐述水质目标管理的核心技术环节，并开展了辽河流域南沙河控制单元进行研究示范。李恒鹏等(2013)以天目湖沙河水库为例，开展了基于湖库水质目标的流域氮、磷减排与分区管理研究。李艳等(2013)开展了清河流域水质目标管理技术应用示范，为清河流域水环境管理提供科技支撑。王道涵等(2014)以美国比弗河流域 TMDL 计划执行案例为研究对象，简要分析了水质目标管理技术的计划内容、实施情况及效果评估，并提出了对我国流域水环境管理的启示。张晓玲等(2014)在分析流域系统的非线性和不确定性的基础上，识别并实证了水质目标管理中的主要风险来源，为流域水质目标风险管理提供借鉴。单保庆等(2015)提出了适合于我国国情的基于水质目标的河流治理方案制定方法，并在滏阳河邢台段进行了实际应用。程鹏等(2016)在介绍河流水质目标管理概念和技术框架的基础上，探讨了我国河流水质目标管理技术的关键问题。

随着水质目标管理体系概念、内涵、特征和相关案例学术研究的深入，以水质改善为核心的治水理念也逐步受到管理部门的认可和推行。2015 年 4 月 16 日，国务院正式发布《水污染防治行动计划》(“水十条”)，环境保护部与 31 个省(自治区、直辖市)人民政府签订水污染防治目标责任书，在全国范围内确定了 1900 余个控制断面及其水质目标要求。《国家生态环境保护“十三五”规划》明确提出“以环境质量为核心”，把环境质量作为约束性指标和环保工作的核心，标志着环境保护阶段和治理要求发生战略性转变，也表明在未来一定时间内，我国将实行以水质目标管理为导向的水环境管理。

4.1.3　水质目标管理体系内涵与特点

水质目标管理体系，是由总量控制体系发展而来，强调以追求人体健康和水生态系统安全为水环境目标，在“分区、分级、分类、分期”水环境管理模式指导下，以先进的、规范的技术方法体系为支撑，所建立的一种以水质目标为约束和核心的水环境管理技术体系(孟伟等，2007)。

水质目标管理体系具有如下特点(孟伟等，2007)：

(1)更加强调以水生态安全和人体健康保护为最终目标，将流域污染负荷削减和流域水质与水生态安全有机结合，从而实现在流域尺度水生态系统结构与功能评价的基础上制定污染控制总体方案。其中，水生态分区以及基于分区的水质标准体系是该总量控制技术体系的基础，也是建立水体功能与保护目标的主要依据；而环境容量则是总量控制方案制定的出发点，通过确定区域污染物的限定排放量，制定出流域水污染物削减技术方案，完善排污许可制度。

(2)遵循着“分类、分区、分级、分期”的水污染防治原则。分类是指明确流域的优先控制目标污染物，针对不同类型污染物分别制定污染控制方案；分区是指基于流域水环境生态系统的特征差异，有针对性地制定水环境保护方案；分级是指基于水体功能差异性以及与其相适应的水环境质量标准体系，实施水环境质量的不同目标管理；分期是指通过分析水污染防治与社会经济技术发展水平的相适应性，实施与社会经济发展同步的污染防治阶段控制策略。

(3)强调流域尺度的总量控制技术体系的建立。在流域尺度下，建立统一的污染物总量控制技术体系，不仅要求充分考虑点源的控制，而且还要考虑到非点源污染负荷的削减。

(4)强调污染负荷分配的合理性和公平性。分配允许排放量实质上是确定各排污者利用环境资源的权利，确定各排污者削减污染物的义务，即利益的分配和矛盾的协调。应在科学、公平、效率、经济的原则下考虑采用新的分配方法，并经过严格合理性检验后进行污染负荷削减措施的制定，要充分考虑经济、资源、环境、管理方面存在的区域差异性以及总量控制系统中的不确定性，其中包括点、面源之间以及点源之间的污染负荷分配。

4.2 流域水质目标管理体系关键技术方法

4.2.1 流域控制单元划分

1. 控制单元的概念和内涵

控制单元是为实现水环境容量总量的计算、分配和管理等目标，综合考虑水文、水环境、水生态和水体使用功能等因素而人为划分的水质目标管理单元。控制单元是流域水污染防治的最小单元，集水体、断面、行政区于一体，在不打破自然水系前提下，以控制断面为节点，组合统一汇水范围内的行政单位形成控制单元。控制单元起到了纽带的作用，使以流域自然特性为主要特征的水环境生态系统与以行政区为基本单位的水质管理体系之间的矛盾得以调和，是解决行政区跨界环境问题纠纷的重要技术手段之一(方玉杰等，2015)。

2. 控制单元划分方法

流域控制单元划分是因地制宜、精准施策、实施流域分区管理的基础，是落实流域水环境精细化管理的前提。

2016 年 1 月，环境保护部办公厅印发《重点流域水污染防治“十三五”规划编制技术大纲》，用于指导各省、自治区、直辖市《重点流域水污染防治“十三五”规划编制工作》。技术大纲明确了控制单元划分方法。控制单元的划分包括四个步骤，即水系概化、控制断面选取、陆域范围确定、控制单元命名。

1) 水系概化

河网的自然分布和水系构成是控制单元划分的基础，水系概化是控制单元划分的一个重要准备工作。

A. 基础数据收集

尽可能收集大比例尺(矢量数据)或者高分辨率(栅格数据)的原始数据。矢量数据比例尺至少应达到 1∶250000 或更高精度；栅格数据分辨率至少达到 90 m 或更高精度。

B. DEM 数据采集与预处理

数字高程模型(DEM)包括平面位置和高程数据两种信息，可以通过 GPS、激光测距仪等测量获取，也可以间接从航空或遥感影像和已有地图上获取。在条件许可的前提下，应尽量采用分辨率更大、精度更高的 DEM 数据。若没有大分辨率和高精度 DEM 数据，也可以从网络上获取 SRTM(航天飞机雷达地形测量任务)、DEM 数据(如中国科学院国际科学数据服务平台可以下载到我国任意一个地理区域的分辨率为 90 m 或更高精度的 DEM 数据)。若采集的 DEM 栅格数据中有洼地和尖峰，可以采用 ArcHydro 水文模块的相关命令进行预处理，避免出现逆流的现象，得到无凹陷的栅格地形数据。

C. DEM 提取河网

应用 ArcGIS 中 ArcHydro 水文模块的相关命令生成河流网络。首先按照“地表径流在流域空间内从地势高处向地势低处流动，最后经流域的水流出口排出流域”的原理，确定水流方向。根据“流域中地势较高的区域可能为流域的分水岭”等原则，确定集水区汇水范围。根据河流排水去向，从汇流栅格中提取河网，并将河网栅格转换为矢量化的河网或水系图层(Shape 格式)。

D. 水系概化

检查河流的相互连接状况、检查河流流向，依据河流等级完成水系概化。对于环境管理部门关注的重要河段[如流域干流、重点支流(至少到 5 级河流)、重点湖泊、城市水体、重污染支流或小流域等]，应在水系概化后予以重点检查和补充。

E. 汇水范围提取

配好基础地图和完成水系概化后，提取水系对应的陆域汇水范围。

(1)首先将 DEM 数据、航片和卫星影像与已配好的基础地图叠加。

(2)按照“每个子流域只能有一条主干河流(即一条流径)，且子流域内所有河流的水流方向都应该指向主干河流(即指向流径)”的原则，参照水资源分区的情况，大致构建出陆域汇水范围。

(3)参考 DEM 数据、航片和卫星影像信息，重点参考高程值较大的区域(如山脉等可作为分水岭)，通过手工编辑方式，形成实际的矢量图层(面状图层)，形成各子流域范围。

2)控制断面选取

A. 控制断面选取的原则

(1)覆盖水体要全面。根据人口、水系分布等不同特征实施差异化断面布设，包括干流及各级支流水体，重点湖库及良好湖泊等，保证满足“水十条”管理要求。

(2)与现有监测体系保持一致。在现有的国控、省控、市控断面中筛选国家考核断面，其中国控、省控断面约占断面总数的 80%。

(3)管住重要节点。在重要支流入河口、主要入海河流、重点湖库、跨国界、省界、市界位置设置考核断面。

(4)推进精细化管理。人口密集且水系相对发达地区平均每 2000 km^2 设置 1 个考核断面，人口相对稀疏或水系欠发达地区平均每 6000 km^2 设置 1 个考核断面，京津冀、长三角、珠三角等重点区域加密设置考核断面。

B. 控制断面初选

针对水域敏感性，在干流各城市下游、支流汇入干流前、跨界(国界、省界、市界)水体、重要功能水体、河流源头区、湖(库)主要泄水口、城市建成区下游、入海河流(入海口)处均考虑设置控制断面，并从已有的国控、省控、市控、县控监测断面中选取，部分水体需增设监测断面。

C. 控制断面优化

当根据不同原则选取的控制断面临近时，需判断各断面的水质代表性、敏感性和重要性，最终保留一个控制断面。

控制断面根据环保需求合理设置，如重污染区域可加密设置，人类活动少、水质较好区域可减少控制断面个数。

对于区域未设置监测断面的情况，除考虑增设断面外，也可观察上游断面与增设断面之间的区域是否有影响水质的重大污染源。若没有，也可用上游断面替代。

3) 陆域范围确定

结合子流域划分结果，以控制断面为节点，以维持行政边界完整性为约束条件，组合同一汇水范围的行政区形成控制单元陆域范围。

五种特殊情况处理如下：①若行政区存在多个汇水去向，则需结合行政中心位置判断其主导去向，将其完整地划至某一个控制单元。②对于受人为干扰较大、涉及截污导流的行政区，应根据实际的排水去向确定所属单元。③对于排海的行政区，若其在空间上连片，则可划为一个控制单元；若其在空间上被分水岭或其他河流划成两片或两片以上，则划为多个控制单元。④对于内流区的行政区，结合水环境特征及环保需求，将其划分为一个或多个控制单元。⑤对于水系复杂、湖泊众多、河道水流方向复杂多变且人为干扰较大的湖泊河网区域(如太湖流域)，可在维护自然水系基础上，以县级行政区划分控制单元。

另外，以水功能区修正单元边界，使控制单元与水(环境)功能区边界衔接，尽量保证水(环境)功能区段的完整性。

4) 控制单元命名

控制单元以“水+陆”的方式进行命名，即采用主要的水体或河段+区县的形式，如××河××县控制单元。对于完整的河流或湖体控制单元，可直接以河流或湖体名称命名控制单元，如××河(湖)控制单元。

4.2.2　水环境质量基准及标准确定

1. 水环境质量基准与标准的概念

水环境质量基准与标准是有效实施环境水质目标的主要基础和管理依据。水环境质量基准是指一定自然特征的水生态环境中污染物对特定对象（水生生物或人）不产生有害影响的最大可接受剂量（或无损害效应剂量）、浓度水平或限度，是基于科学实验和科学推论而获得的客观结果，不具有法律效力；它是制定环境标准的理论基础，决定着环境标准的科学性、准确性和可靠性，不同的环境基准可能会导致环境保护管理行为和结果的明显差异。水环境质量标准是以水环境质量基准为理论依据，在考虑自然条件和国家或地区的人文社会、经济水平、技术条件等因素的基础上，经过一定的综合分析所制定的，由国家有关管理部门颁布的具有法律效力的管理限值或限度，一般具有法律强制性；它是进行环境规划、环境现状评价、环境影响评估、环境突发事件应对以及环境污染控制等环境管理的重要依据（孟伟等，2008a）。

2. 水质基准方法学

水质基准按保护对象可分为保护人群健康的环境卫生基准和保护鱼类等水生生物及水生态系统的水生态基准（金小伟等，2009）。水生生物水质基准在研究方法上主要有评估因子法和统计外推法；人体健康水质基准则针对污染物类别的不同，根据污染物的毒理学效应，分别产生了致癌和非致癌效应基准研究方法（冯承莲等，2012）。

1）水生生物水质基准

A. 评价因子法

评价因子法是使用最低毒性值除以适当的评价因子得到一个最终的水质基准单值。该方法选择最低的毒性值作为推导水质基准的依据。如果最低的毒性值为慢性试验结果无观察效应浓度（no observed effect concentration，NOEC）或最低观察效应浓度（lowest observed effect concentration，LOEC），则将该值除以评价因子10；如果最低的毒性值是急性试验结果，则推导水质基准有两种选择：①如果可以得到恰当的急慢性比率（acute to chronic ratio，ACR），可以使用最低的半致死浓度（lethal concentration 50，LC_{50}）或半效应浓度（effect concentration 50，EC_{50}）除以ACR 得到水质基准；②如果没有 ACR，可使用最低的 LC_{50} 或 EC_{50} 除以评价因子 100 得到水质基准。评价因子用于表示由于物种、实验室或野外条件和试验终点不同导致的敏感性差别（吴丰昌等，2011）。

B. 物种敏感度分布曲线法

物种敏感度分布曲线法是推导水质基准比较科学的一种研究方法(吴丰昌等，2012)。该方法假设从整个生态系统中随机选取物种并获得毒性数据，且假设生态系统中不同物种的毒性数据符合一定概率函数，即“物种敏感度分布”。首先检验所获毒性数据的正态性，然后使用统计模型将污染物浓度和物种敏感性分布的累计概率进行拟合分析，计算可以保护大多数物种的污染物浓度，通常采用5%物种受危害浓度(hazardous concentration for 5% of species，HC_5)表示，或称作95%保护水平的浓度(吴丰昌等，2011)。

急性基准值的推导将用于推导水质基准的毒性数据按照生物种属分别计算各物种平均急性值(SMAV)和属平均急性值(GMAV)(二者均为几何平均值)；将GMAV按照大小排序，并统一编号R(R=1，2，…，N)，其中，N为毒性数据的个数；计算每个毒性数据的毒性百分数(累计概率)P，$P=R/(N+1)$；选择分布模型对全部数据的P值和属平均急性值进行拟合分析，推算HC_5；急性基准值为HC_5的一半。慢性基准值有两种可选推导方法：①当有足够慢性数据用于拟合模型时，可使用与推导急性基准值同样的方法；②如果不能使用模型拟合，则使用急性数据得到的HC_5除以急慢性比率ACR获得。急慢性比率为至少3个物种的急慢性比率的几何平均值；如果不能计算得出急慢性比率，则默认ACR为10(吴丰昌等，2011)。

C. 毒性百分位数排序法

毒性百分数排序法是美国EPA推荐的水质基准制定的标准方法。以计算最终急性值为例，具体计算过程如下：①计算各种水生生物的种平均毒性值(SMAG)和属平均急性值(GMAV)，将所获得GMAV按从小到大的顺序进行排列，并按照公式序百分位数$=R/(N+1)\times100$计算序列的百分位数，其中R表示毒性数据在序列中的位置，N表示所获得的毒性数据量；②计算序百分位数5%处所对应的浓度，该浓度即为最终急性值(FAV)，基准最大浓度(CMC)=FAV/2。最终慢性值(FCV)也可采用相同的方法进行计算，但是由于慢性试验毒理数据一般比急性毒理数据要少，因此往往很难收集到能够覆盖一定范围的种属生物的毒性数据；在这种情况，可以采用最终急慢性比率(final acute chronic ratio，FACR)法进行计算，该方法是通过以获取的生物的急性和慢性毒理数据，根据公式FACR=FAV/FCV得到急性慢性比值，从而计算最终慢性值(严莎，2012)。

2)人体健康水质基准

人体健康水质基准是保护人体避免受到环境水体中污染物造成的有害影响的某一水体浓度值。美国环境保护局在2000年颁布了人体健康水质基准指南，并形成了人体健康基准基本的理论与方法。针对不同污染物，分别设定了致癌和非致癌两类毒性效应终点。对于可疑的或已经证实的致癌物，人体健康水质基准是指人体暴露于特定污染物时可能增加 10^{-6} 个体终生致癌风险的水体浓度，而不考虑其他特定来源暴露引起的额外终生致癌风险；对于非致癌物，则估算不对人体健康产生有害影响的水体浓度。人体健康水质基准主要通过剂量-效应关系的无观察有害作用水平(no observed adverse effect level，NOAEL)以及最低观察有害作用水平(lowest observed adverse effect level，LOAEL)等相关参数，最终计算人体健康基准(冯承莲等，2012)。

3. 水质标准的确定

1) 美国水质标准确定

美国的水质标准是一个广义的水环境质量标准体系，它由水体化学物质标准、营养物标准、底泥标准以及水生生物标准组成，反映了水生态系统所有组成的质量状况。美国水质标准不是由美国环境保护局统一制定的，而是根据《清洁水法》第 303(C)的规定，由州和授权的部落自己制定、评估和修改，并要求在制定之后每三年对其进行总结或修改。所制定的水质标准由水体功能识别、保护水体功能的水质标准值、防止降级的政策及应用与执行的综合政策等组成。各州和授权部落在确定水质标准值时，可以有四种选择：①直接采用美国环境保护局推荐的基准值；②根据特定地域对基准值进行修订；③采用其他科学预防方法确定的基准值；④当不能确定数据基准时，建立描述性基准。因此，美国各州和授权的部落可在直接采用、调整和修改水质基准的基础上制定水质标准，但这些标准必须报经美国环境保护局批准后才能生效(孟伟等，2006)。

2) 我国水质标准确定

我国没有开展过系统化的水质基准研究，主要是参考其他国家的水质基准制定我国的水质标准(孟伟等，2006)。目前，我国执行的《地表水环境质量标准》于 1983 年首次发布，分别于 1988 年、1999 年、2002 年进行了三次修订(蒋燕敏，2003)。《地表水环境质量标准》(GB 3838—2002)依据地表水水域环境功能和保护目标，按功能高低依次划分为五类：Ⅰ类主要适用于源头水、国家自然保护区；Ⅱ类主要适用于集中式生活饮用水地表水源地一级保护区、珍稀水生生物栖息地、鱼虾类产场、仔稚幼鱼的索饵场等；Ⅲ类主要适用于集中式生活饮用水地表水源地二级保护区、鱼虾类越冬场、洄游通道、水产养殖区等渔业水域及游泳区；Ⅳ类主要适用于一般工业用水区及人体非直接接触的娱乐用水区；Ⅴ类主要适用于农业用水区及一般景观要求水域。

对应地表水上述五类水域功能，将地表水环境质量标准基本项目标准值分为五类，不同功能类别分别执行相应类别的标准值。水域功能类别高的标准值严于水域功能类别低的标准值。同一水域兼有多类使用功能的，执行最高功能类别对应的标准值。实现水域功能与达功能类别标准为同一含义。

可以看出我国的水质标准主要考虑更偏重于对水体使用功能的保护，而对人体健康和水生生态系统安全联系不够紧密。

具体到某一流域控制单元，确定水质目标的步骤通常包括：水环境功能区划分、水环境现状调查、水环境问题诊断、水环境改善潜力分析、水质目标确定。确定的水质目标通常以《水环境功能区划》明确的水域功能对应的水质类别执行相应的地表水环境质量标准，但如果现状水质与水环境功能区划确定的目标差距较大，也会根据当地社会经济发展水平和污染防治情况确定一个阶段目标。

4.2.3 流域污染源调查

为准确掌握污染源排放的废、污水量及其中所含污染物的特性，找出其时空变化规律，为流域水质目标管理奠定基础，有必要开展流域污染源调查。湖泊流域污染源按照排放源的特征分为点源和面源。点源是以点状形式排放污染物而使水体污染的发生源，包括生活源、工业源、规模化畜禽养殖点源等；面源是指在水体的集水面上因降雨冲刷形成污染径流而使水体污染的发生源，包括城市面源、农村农业面源、水土流失面源等（云南省九大高原湖泊水污染综合防治领导小组办公室，2015）。

1. 各类污染源的概念

1）城镇生活点源

城市生活点源是城市人口在生活过程中产生的污染，以污水形式进入排水系统集中排放。该污染源主要与城市人口数量、城市居民生活水平相关，在不同地区及发展阶段其特征有所不同。

2）工业点源

工业点源是工业企业生产过程中产生的废水，包含重点工业源和一般工业源，环境统计仅包括规模以上重点企业。

3）规模化畜禽养殖点源

包括规模化畜禽养殖场和养殖小区，规模化养殖场是指饲养数量达到一定规模的养殖场，其中：生猪≥500头（出栏）、奶牛≥100头（存栏）、肉牛≥200头（出栏）、蛋鸡≥20000羽（存栏）、肉鸡≥50000羽（出栏）。养殖小区是指在统一规划的区域内，由多个养殖业主共同组成、按照统一操作规程进行养殖、管理的养殖单元；养殖专业户是指畜禽饲养数量达到一定规模的养殖户：生猪≥50头（出栏）、奶牛≥5头（存栏）、肉牛≥10头（出栏）、蛋鸡≥500羽（存栏）、肉鸡≥2000羽（出栏）。

4) 农村农业面源

农村农业区降雨形成的径流冲刷和溶解产生并携带进入湖体的污染物，下游农村农业面源具有排放分散、随机性、突发性、监测难度大的特点。

5) 城市面源

城市面源指由城市区域降雨形成的径流冲刷和溶解产生并携带进入湖体的污染物，城市面源在合流制系统区域进入污水处理系统，在分流制区域进入河道汇入湖体。

6) 水土流失

指流域土壤因降雨形成的径流冲刷和溶解产生并携带进入湖体的污染物。

2. 点源调查方法

1) 工业源调查内容

工业源调查内容包括工业源的数量及分布特征；企业的基本登记信息及其他相关情况，包括企业所属行业、排污口情况、排水去向等；原材料消耗情况，包括水的使用和消耗量，主要有毒有害原辅材料消耗量等；生产产品情况，包括该企业主要产品的种类、产量等；产生污染的设施情况，包括产生废水、固体废物的设施，以及这些设施的种类、数量和规模；各类污染治理设施建设、运行及投入情况等；污染物排放监测情况，包括监测点位、时间、频次，污染物种类和排放浓度、排放量等；重污染行业排放废水综合毒性分析，摸清流域范围内的主要风险源。

2) 城镇生活源调查内容

城镇生活源主要调查城镇居民生活污染，主要包括城市(镇)人口、生活供水量、排水量及污染物浓度等，同时调查流域范围内污水处理厂尾水排放情况，包括污水处理厂的规模、进出水水质、处理量、排水去向等。其他流动性生活污染源，如具有一定规模的住宿业、餐饮业、居民服务和其他服务业(包括洗染、理发及美容保健、洗浴、摄影扩印、汽车与摩托车维修与保养业)，有条件的湖泊可以进行调查，也可以根据第一次全国污染源普查结果，依据人口增长、经济生活水平进行适当修正。

3) 规模化畜禽养殖调查内容

针对规模化畜禽养殖场和养殖小区，调查饲养目的、畜禽种类、存栏量、出栏量、饲养阶段、各阶段存栏量、饲养周期等。污染物产生和排放情况：包括污水产生量、清粪方式、粪便和污水处理利用方式、粪便和污水处理利用量、排放去向等。

4）点源核算技术方法和数据来源

点源核算方法以产排污系数测算为主，排污系数参考《第一次全国污染源普查系数手册》之《工业源产排污系数手册》、《城镇生活源产排污系数手册》、《畜禽养殖业产排污系数手册》。

重点工业源数据来源于环保部门环境统计数据，一般工业源数据可参考第一次全国污染源普查数据，收集工商部门的数据，结合必要的现场调查获取。

城镇生活源数据来源于统计部门和住建部门。

规模化畜禽养殖场数据来源于农业部门统计数据，结合必要的现场调查获取。

3. 面源调查方法

1）农业种植业调查内容

主要调查肥料流失和农作物秸秆污染情况。

肥料的调查主要针对肥料（包括化肥和有机肥）的施用和流失情况。其中，化肥包括氮肥、磷肥、钾肥、复合肥，有机肥包括商品有机肥、畜禽粪便等。调查内容包括肥料名称、有效成分及其含量、施用量、施用方法等。

秸秆的调查主要针对粮食作物和经济作物生产过程中的秸秆及其去向。调查内容包括秸秆产生量、丢弃量、田间焚烧量、还田量、饲料利用量、燃料利用量、堆肥利用量、原料利用量等。

2）散养畜禽养殖业调查内容

调查饲养目的、畜禽种类、存栏量、出栏量、饲养阶段、各阶段存栏量、饲养周期等。污染物产生和排放情况包括污水产生量、清粪方式、粪便和污水处理利用方式、粪便和污水处理利用量、排放去向等。

3）水产养殖业调查内容

调查鱼、虾、贝、蟹等在规模养殖条件下污染物的产生情况。调查内容主要包括养殖基本情况：养殖品种、养殖模式、养殖水体、养殖类型、养殖面积/体积、投放量、产量、废水排放量及去向、水体交换情况、换水频率、换水比例等。

投入品使用情况调查主要包括饲料名称、主要成分及含量、使用量，肥料名称、主要成分及含量、施用量、施用方法，渔药名称、主要成分及含量、施用量、施用方法等。

4）农村生活面源调查内容

根据流域乡镇的基本情况做详细调查，包括区域面积、人口数量及各土地利用类型的面积，调查总氮、总磷、氨氮、COD 等污染物的发生量及主要发生时期，农村生活污水和垃圾的收集处理情况，分析面源污染排放量及其分布特征。

5) 城市面源调查内容

城镇面源污染的污染物产出强度受下垫面类型影响极大，众多研究结果表明，在城市下垫面中道路污染物产出强度最大，是城市面源污染的关键源区。同时，国内外众多监测结果表明，城镇面源径流水中的 COD 浓度极高，是不容忽视的污染源。

城镇径流污染负荷建议采用输出系数法进行估算。主要数据调查内容为：城镇排水管网分布、流域内城镇区域土地利用分布（分类标准参照“全国第二次土地利用调查”）、城区代表性气象站点的逐日降雨量、基于雨水干管监测的多次降雨污染物平均浓度（EMC）。

6) 水土流失污染调查内容

根据流域土壤侵蚀强度和面积，调查不同土地利用类型土壤污染流失强度，综合分析水土流失污染。

7) 面源核算技术方法和数据来源

农业农村面源污染物核算方法以产排污系数测算为主，排污系数参考《第一次全国污染源普查系数手册》之《肥料流失系数手册》、《畜禽养殖业产排污系数手册》、《水产养殖业产排污系数手册》。数据来源于统计部门，结合现场入户调查。

城市面源污染物核算采用输出系数模型法，根据式（4-1）进行估算（徐晓梅等，2016）：

$$L = 0.001 \cdot \mathrm{EMC}_i \cdot R \cdot A \cdot P \tag{4-1}$$

式中，EMC_i 为第 i 种下垫面的降雨径流事件平均浓度（mg/L），通过对不同下垫面（屋顶、庭院、道路）的多场降雨水质样品的检测得到；R 为年径流系数，无量纲；P 为降雨量（mm），数据来自气象部门；A 为集水区面积（km^2），通过遥感卫星影像图解译和 GIS 空间分析技术获取建成区面积及分布情况。

4.2.4　水环境容量

1. 水环境容量基本概念和影响因子

1) 水环境容量概念

水环境容量是水体在规定的环境目标下所能容纳的污染物的最大负荷，其大小与水体特征、水质目标及污染物特性有关。通常以单位时间内水体所能承受的污染物总量表示，水环境容量也可称为水域的纳污能力（逄勇等，2010）。

2) 水环境容量影响因子

水环境容量的影响因子主要包括以下四个方面（逄勇等，2010）：

A. 水域特性

水域特性是确定水环境容量的基础，主要包括：几何特征(岸边形状、水底地形、水深或体积)，水文特征(流量、流速、降雨、径流等)，化学性质(pH、硬度等)，物理自净能力(挥发、扩散、稀释、沉降、吸附)，化学自净能力(氧化、水解等)，生物降解(光合作用、呼吸作用)。

B. 水环境功能要求

目前，我国各类水域一般都划分了水环境功能区。对不同的水环境功能区提出不同水质功能要求。不同的功能区划，对水环境容量的影响很大；水质要求高的水域，水环境容量小；水质要求低的水域，水环境容量大。

C. 污染物质性质

不同污染物本身具有不同的物理化学特征和生物反应规律，不同类型的污染物对水生生物和人体健康的影响程度不同。因此，不同的污染物具有不同的环境容量，但具有一定的相互联系和影响，提高某种污染物的环境容量可能会降低另一种污染物的环境容量。

D. 排污方式

水域的环境容量与污染物的排放位置和排放方式有关，因此，限定的排污方式是确定环境容量的一个重要确定因素。

2. 水环境容量基本计算方法

1) 总体达标计算法

总体达标计算法不考虑污染源位置，计算简便易操作，人为影响较小，但计算结果值偏大，需要进行不均匀系数的修订。

A. 水质计算

总体达标计算法采用零维模型(图 4-1)进行水质计算，混合水质浓度为

$$C = \frac{W + C_0Q_0}{KV + Q_0 + q} \tag{4-2}$$

式中，W 为污染物排放量；Q_0 为流入河流、湖库流量；C_0 为上游来水的背景浓度值；K 为水质降解系数；V 为水体容积；q 为旁侧支流流量。

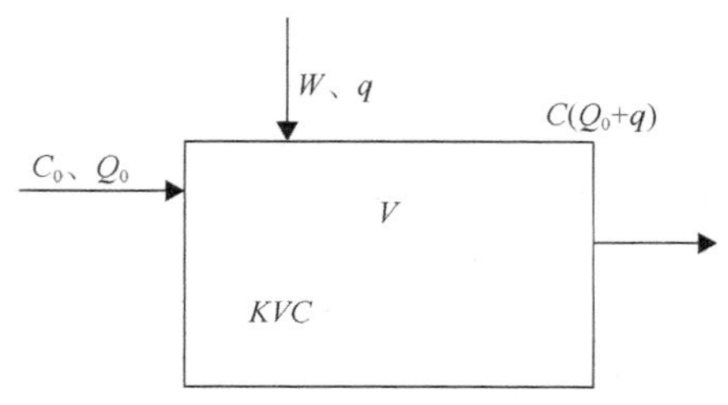

图 4-1　零维模型示意图

B. 水环境容量计算

$$W_{ij纳污能力} = Q_{0ij}(C_{sij} - C_{0ij}) + KV_{ij}C_{sij} \tag{4-3}$$

式中，等号右边第一部分为稀释容量，第二部分为自净容量。当 $C=C_s$（水质标准）时，W 即为环境容量，公式中的单位为 kg/d。

C. 不均匀系数订正

总体达标水环境容量方法计算出的结果值偏大，一般称为偏不保守。故为了符合实际，引入不均匀系数的概念进行订正。订正方法如下：

$$W_{订正} = \alpha \cdot W(\alpha为不均匀系数，介于0和1之间) \tag{4-4}$$

河网（河道）区不均匀系数：河道越宽、湖泊越大，污染物排入水体后达到均匀混合越难，不均匀系数就越小，分析得出不均匀系数，如表 4-1 和表 4-2 所示。

表 4-1　河道不均匀系数表

河宽/m	不均匀系数
0～50	0.8～1.0
50～100	0.6～0.8
100～150	0.4～0.6
150～200	0.1～0.4

表 4-2　湖库不均匀系数表

面积/km^2	不均匀系数
≤5.0	0.6～1.0
5～50	0.4～0.6
50～500	0.11～0.4
500～1000	0.09～0.11
1000～3000	0.05～0.09

D. 双向河流时的计算方法

$$正向河流：W_{正} = Q_{01}(C_s - C_{01}) + K_1V_1C_s + q_1C_s \tag{4-5}$$

$$反向河流：W_{反} = Q_{02}(C_s - C_{02}) + K_2V_2C_s + q_2C_s \tag{4-6}$$

设计算时间段为 A，反向流在计算时间段中的天数为 B，则双向流允许纳污量的计算公式：

$$W = \frac{A}{A+B} W_{正} + \frac{B}{A+B} W_{反} \tag{4-7}$$

2) 控制断面达标计算法

控制断面水质达标水环境容量指保证控制断面水质达标，上游各污染源的最大允许排污量。

A. 一维稳态水质模型

a) 水质计算

一维稳态水质模型(图 4-2)排污口下游某处的水质浓度为

$$C = C' \exp\left(-\frac{k}{86400 \cdot u} x\right) \tag{4-8}$$

式中，C' 为混合后水质浓度按零维模型求解

$$C' = \frac{C_0 Q_0 + C_1 q}{Q_0 + q} \tag{4-9}$$

式中，C_1，q 为排污口废水浓度(mg/L)和废水量(m^3/s)；C_0，Q_0 为上游河水浓度(mg/L)和流量(m^3/s)；k 为水质降解系数(d^{-1})；x 为距排污口的距离(m)；u 为流速(m/s)。

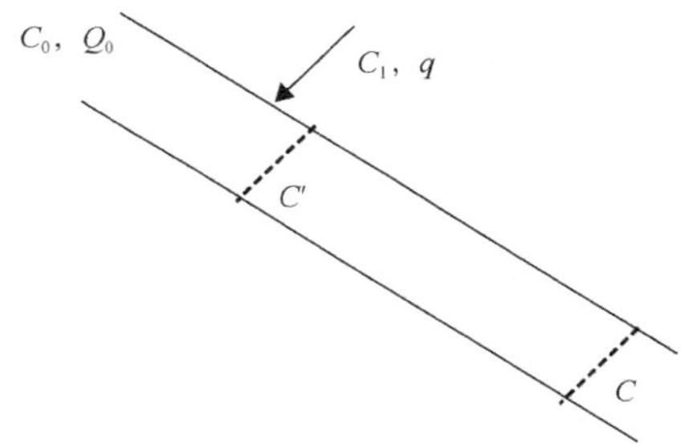

图 4-2 一维模型示意图

b) 水环境容量计算

只有一个排污口时，且 $C=C_s$ 时，水环境容量 $W=C_1 q$，即

$$W = \left[(Q_0 + q) \cdot C_s \cdot \exp\left(\frac{K \cdot x}{86400u}\right) - C_0 Q_0\right] \times 86.4 \tag{4-10}$$

式中，W 的单位为 kg/d。

B. 二维稳态水质模型

a) 水质计算

单个污染源时(图 4-3)：

$$c(x,y)=\exp\left(-K\frac{x}{86400\cdot u}\right)\left\{c_0+\frac{C_{\mathrm{p}}Q_{\mathrm{p}}}{H(\pi M_y xu)^{1/2}}\left[\exp\left(-\frac{uy^2}{4M_y x}\right)+\exp\left(-\frac{u(2B-y)^2}{4M_y x}\right)\right]\right\} \tag{4-11}$$

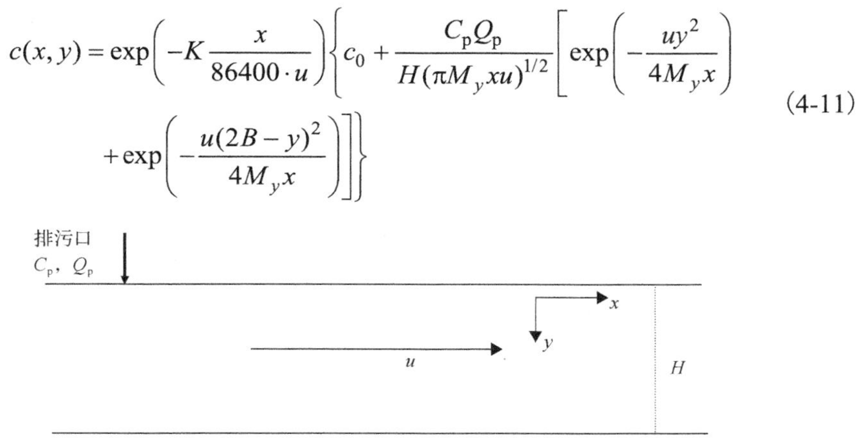

图 4-3　二维模型示意图

b) 水环境容量计算

一个排污口时，且 $C=C_{\mathrm{s}}$ 时，水环境容量 $W=C_{\mathrm{p}}Q_{\mathrm{p}}$

$$W=\frac{H(\pi Exu)^{1/2}\left[C_{\mathrm{s}}\exp\left(\frac{Kx}{86400\cdot u}\right)-C_0\right]}{\exp\left(\frac{-uy^2}{4M_y x}\right)+\exp\left(\frac{-u(2B-y)^2}{4M_y x}\right)}\times 86.4 \tag{4-12}$$

C. 多个排污口时的计算公式

当一段河流有多个排污口时，若排污口距离较近，可把多个排污口概化成一个排污口，或采用控制断面水质与排污量响应关系曲线计算。设控制断面水质浓度为 C_1；控制断面上游各污染源排污量为：W_1，W_2，W_3，…，则可根据水质模型公式推导得出控制断面水质与上游排污量之间的函数关系式为：$C_1=C_1(W_1, W_2, W_3, \cdots)$。根据公式可绘制在不同上游排污量情况下 W_1，W_2，W_3，…对 C_1 影响的关系曲线。

3. 水环境容量计算关键参数

1) 设计水文条件

A. 河流设计水文条件计算

a) 经验频率法

将水文变量(例如水位或流量)由大到小排列，排列中的序号不仅表示排列大小的次序，而且也表示变量自大到小(大于或等于某变量)的累积次数，其计算公式为：

$$P = \frac{m}{n+1} \times 100\% \tag{4-13}$$

式中，P 为大于或等于变量的经验频率(%)；m 为在几个观测资料中按大小排列序号；n 为观测资料(样本)的总数。

b) P-Ⅲ 曲线法

1895～1916 年，英国生物统计学家 K. Pearson 通过对实测资料的研究，提出了 Pearson 曲线簇(13 种曲线，简记为 P 曲线)。1924 年美国学者 Foster 首先将 P-Ⅲ 型曲线用于水文现象，以后得到各国水文学者的广泛研究。P-Ⅲ 型分布与我国大部分河流水文资料拟合得较好；中国 SL 44—93《水利水电工程设计洪水计算规范》规定使用 P-Ⅲ 型曲线，即 P-Ⅲ 型曲线。

P-Ⅲ 型分布的概率密度为

$$f(x) = \frac{\beta^{\alpha}}{\Gamma(\alpha)}(x - a_0)^{\alpha-1}\mathrm{e}^{-\beta(x-a_0)} \tag{4-14}$$

B. 大型河网区设计水文条件计算

根据长序列降雨量资料推求不同水文保证率的典型年，建立大型河网区主要水体的水量数学模型；根据典型年计算区域水利工程的调度资料及边界处在水文保证率条件下的水位或流量，利用模型对各计算河网(或河道区)各河段的设计水文条件进行计算，一般步骤如下：

a) 典型年选取

典型年主要依据所求的河网地区的降水量资料进行选取，考虑该河网流域内的多个雨量站现存的所有的年降水量资料，平均并排序，再进行频率分析，求出不同保证率的典型年份。

b) 模型率定和验证

选取该河网区域的数个代表水位站某年份的实测水位资料用于率定。判断通过部分断面计算水位与实测水位的比较确定计算水位与实测值相当吻合。

选取该河网区域的数个代表性断面某年份的实测流量资料用于率定流量。判断计算的流量量级及趋势与实测值一致。

c) 水位和流量的确定

根据该河网区域典型年和水文边界条件，采用河网水环境数学模型，进行河网区域主要河道的设计水文条件计算。

C. 一般湖泊设计水文条件计算

a) 湖泊水位-容积曲线计算

进行湖泊湖底高程测量，根据数据进行湖底高程等值线图的绘制，如图 4-4 所示。

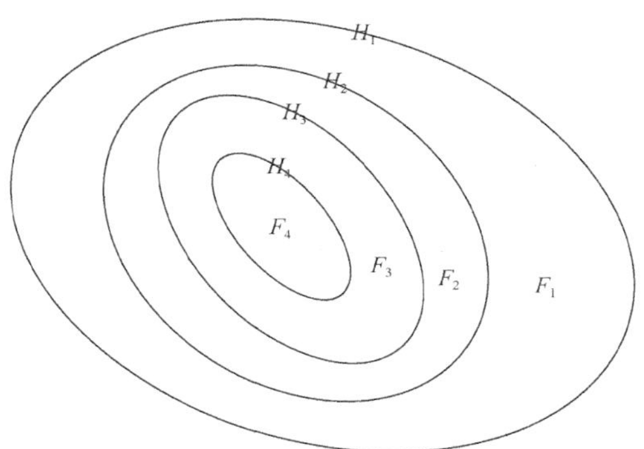

图 4-4　湖泊湖底高程等值线图示意

b）湖泊容积计算

两等高线之间的湖泊容积可利用下式计算：

$$V = \int_{H_1}^{H_2} F(H) \mathrm{d}H \tag{4-15}$$

式中，V 为水位 H_1 和 H_2 之间的湖泊容积（m^3）；H_1，H_2 为湖泊水位（m）；$F(H)$ 为水位 H 时的湖泊面积（m^2）。

一般可在湖泊平面图上量出等高线所包围的面积，并乘以两水位线之间的高度 Δh，即：

$$\mathrm{V} = \Delta h\left[\frac{F_1}{2}+\left(\frac{F_1+F_2}{2}+\frac{F_2+F_3}{2}+\cdots+\frac{F_{n-1}+F_n}{2}+\frac{F_n}{2}\right)\right] \tag{4-16}$$

c）水位与湖泊容积的对应关系

根据上述公式，计算得出某湖泊水位与容积的值，作水位-湖泊容积的对应关系表，绘出湖泊水位-容积的关系曲线（图 4-5）。

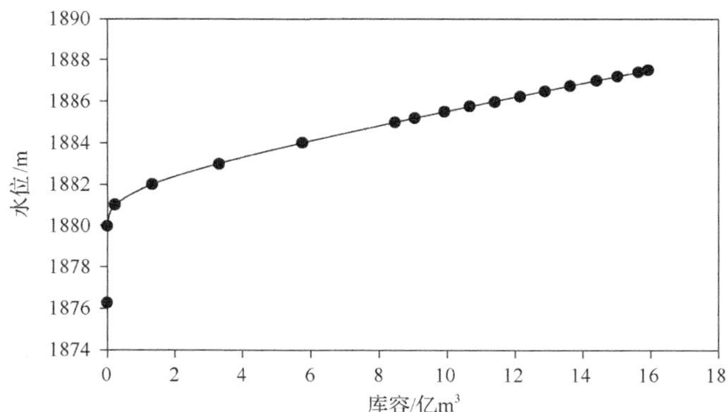

图 4-5　湖泊水位-容积的关系曲线示例

2）水质降解系数

A. 原位水样实验室测定法

适用于静水条件下水质综合降解系数求取。在实际操作过程中，选择典型河流，根据不同水体特点（如河宽、水深等）进行野外采样，将所有的水样在实验室20℃恒温条件下保存静置，室内每天测 BOD、COD_{Cr}、COD_{Mn}、NH_3-N、NO_2^--N、NO_3^--N、DO、水温、pH 等因子，根据其降解规律求解静水条件下的水质综合降解系数。

B. 野外同步监测率定法

野外同步监测率定常被用于水动力条件下水质综合降解系数求取。对污染源、水量、水质同步监测，采用水质数学模型，对不同流速下的水质综合降解系数进行率定，从而求得河网区动水下的水质综合降解系数值。

C. 原位监测统计计算法

a）一维河道两点法

两点法降解系数的计算公式为：

$$K = \frac{86400u}{x} \ln \frac{C_A}{C_B} \tag{4-17}$$

式中，u 为平均流速（m/s）；x 为监测点至排污点的距离（m）；C_A 为上游断面水质浓度监测值；C_B 为下游断面水质浓度监测值。

b）一维河道法多点法

多点法降解系数的计算公式为：

$$K = 86400u\left[\frac{m\sum_{i=1}^{m} x_i \ln c_i - \left(\sum_{i=1}^{m} x_i\right)\left(\sum_{i=1}^{m} \ln c_i\right)}{\left(\sum_{i=1}^{m} x_i\right)^2 - m\sum_{i=1}^{m} x_i^2}\right] \tag{4-18}$$

式中，u 为平均流速（m/s）；x_i 为监测点至排污点的距离（m）；c_i 为监测点的水质浓度（mg/L）；m 为监测点的个数。

c）二维模型计算法

由二维稳态数学模型导出 K 值的计算公式为：

$$K = -\ln\left\{\frac{C(x,y)}{C_0 + \dfrac{C_p Q_p}{H\left(\pi M_y x u\right)^{\frac{1}{2}}}\left[\exp\left(-\dfrac{uy^2}{4M_y x}\right) + \exp\left(-\dfrac{u(2B-y)^2}{4M_y x}\right)\right]}\right\} \times 86400u / x \tag{4-19}$$

式中，$C(x,y)$为污染物质浓度；K 为降解系数；x 为沿河长方向变量；y 为沿河宽方向变量；u 为流速；C_0 为排污口上游污染物质浓度；Q_p 为排污口废水排放量；C_p 为排污口废水排放浓度；H 为平均水深；M_y 为横向混合系数；B 为河道水面宽度。

3）水质边界条件

A. 根据功能区划水质目标选取

以计算区域边界处的水环境功能区划的水质目标值作为水质边界条件。

B. 根据边界处水质现状监测选取

利用边界处的长序列水质现状监测值选取不利边界水质值（即从小到大排序得到）。

当不利水质值劣于水功能区划水质目标值时，可选取功能区划水质目标值作为水质边界条件，此时应提出对上游污染的削减要求；当水质值优于水功能区划值时，可选取功能区划水质目标值作为水质边界条件，也可选取不利水质值作为水质边界条件，此时应提出对上游的生态补偿建议。

4.2.5　河湖水质响应关系研究

1. 水环境数学模型简介

水环境数学模型是在水质迁移转化基本方程基础上，针对模拟的水环境要素在时间和空间的变化规律建立的一整套数学计算方法。目前有很多种模型可用于流体力学和水质的研究，选择一个最适合研究需求的模型是一个复杂的任务。模型选择的目的是使选择的模型能够满足所有（或大多数）的研究目标。从定义上说，所有的模型都是对实际过程的再现。各种假设用于简化实际系统，但同时也限制了模型的应用。因此，选择一个合适的模型需要遵循以下原则：①模型理论科学，涵盖足够环境过程；②模型复杂度适当，计算结果不确定性小；③模型普及度较高，易于获取且技术支持；④模型软件化程度高，界面友好操作便利。目前，国内外水环境数学模型有很多，例如水环境模型就有 EFDC、MIKE21、MIKE3、Delft3D 等，流域非点源模型也有 SWAT、HSPF 等。

2. 流域非点源污染模型

1）流域非点源模型起源与发展

非点源污染负荷计算方法研究始于美国 20 世纪六七十年代，通过在北美地区开展的一系列深入研究，研发了包括输出系数模型、机理模型等在内的一系列非点源污染负荷计算方法（刘庄等，2015）。进入 21 世纪后，该领域的研究在世界各国引起广泛关注，并逐渐成为流域污染负荷总量控制管理的基础和关键。

A. 输出系数模型

输出系数模型是利用污染物输出系数估算流域输出的面源污染负荷，主要用于评价土地利用和湖泊富营养之间的关系，由此建立的半分布式输出系数模型(Johnes，1996)。其核心是测算每个计算单元(人、畜禽或单位土地面积)的污染物产生量，将每个计算单元的平均污染物产生量与总量相乘，估算研究范围内非点源污染的潜在产生量。

$$L = \sum_{i=1}^{n} E_i A_i I_i + P \tag{4-20}$$

式中，L 为研究区域的总污染负荷量；n 为土地利用类型的种类或牲畜、人口等不同的污染来源；E_i 为第 i 种土地利用类型、牲畜或人口的污染物输出系数；A_i 为第 i 种土地利用类型的面积或牲畜、人口的数量；I_i 为第 i 种污染物的输出量；P 为来自降雨的污染物输出量。

输出系数模型因其结构简单和数据获取容易等特点在国内得到广泛应用(薛利红和杨林章，2009)。该模型忽略了非点源污染复杂的迁移转化过程，可以使用统计数据开展污染负荷计算，其计算区域，既可以是边界明确的流域，也可以是不同等级的行政单元，时间步长的设定比较灵活，可以是月、季节甚至年。虽然测算精度通常比机理模型低(如果不测算输移系数，其计算结果只是非点源污染的产生潜力，而不是真正进入水体的污染量)，但对尺度不敏感，可移植性好，并可以在较大尺度和较长时间段对非点源污染负荷进行估算。

B. 统计模型

统计模型以实测数据的统计分析为基础，也称为实证模型，是根据长时间序列的降雨、水文和水质监测数据，通过回归分析法建立的非点源污染负荷变化和降雨、径流变化之间的相关关系模型来计算非点源污染负荷。统计模型的典型代表有污染分割法、平均浓度法等(李怀恩，2000)，也有将这些方法称为水文分割法。这些方法的研究思路基本一致，即将河川径流过程划分为汛期地表径流过程和基流过程，认为降雨径流的冲刷是产生非点源污染的原动力，非点源污染主要由汛期地表径流携带，而枯水季节的水污染主要由点源污染引起。

统计模型一般适用于内部结构比较单一的小流域。主要是小流域内降雨、径流量和污染负荷之间的关系相对简单，大多是线性关系或者简单的非线性关系。由于统计模型同样不考虑污染的迁移转化，无法从机理上对计算公式进行解释，加之这些公式都是通过回归分析获得，因此，模型通常不可移植，在其他流域使用时须根据不同流域的水文水质监测数据进行重新分析。

C. 机理模型

机理模型是根据非点源污染形成的内在机理，通过数学模型，对降雨径流的形成以及污染物的迁移转化过程进行模拟，它通常包括子流域划分、产汇流计算、污染物流失转化和水质模拟等子模块，不仅考虑污染物的输入和输出情况，还考虑污染物的迁移转化过程；机理模型对数据量和数据精度要求较高，但如果经过规范的率定和验证，能够获得较高的计算精度，并且由于其机理和过程比较明晰，具有良好的可移植性，率定好的模型应用于其他条件类似的流域，也能获得理想的计算结果。

从开发和应用方向来看，机理模型可以分为农业非点源污染模型和城市非点源污染模型，两种类型的模型在不同的应用区均有优劣。

农业非点源污染模型，早期的代表性模型有美国农业部提出的 CREAMS(Knisel, 1980)和 GLEAMS 模型(Leonard et al., 1987)，普度大学 Beasley 等(1980)提出的 ANSWERS 模型，以及美国农业研究署和明尼苏达州联合开发的 AGNPS 模型。这些模型能够对流域不同节点及出口处的流量和水质进行较为准确的模拟和预测；但是模型对空间变异性考虑不足，还不适用于大型流域及复杂的地貌状况，同时模型所需的大量空间信息也难以获得。随着“3S”技术与非点源污染模型的融合，研究过程充分考虑空间变异特征，模型的功能和精度更加完善，处理效率进一步提高(陈勇等，2010)。一些功能强大的超大型流域模型被开发出来，这些模型不再是单纯的数学运算程序，而是集空间信息处理、数据库技术、数学计算、可视化表达等功能为一体的大型专业软件，如美国环境保护局开发的 BASINS 模型，美国农业部开发的 SWAT 模型和连续模拟模型 AnnAGNPS 模型等(李丽华和李强坤，2014)。

城市非点源污染模型，国外欧美发达国家对暴雨径流引起的城市非点源污染重视较早，开发推出了 SWMM、STORM、SLAMM、HSPF、DR3M-QUAL、QQS、FHWA、MOUSE、HydroWorks 等城市非点源污染模型，其中影响较大、应用广泛的主要有美国的 SWMM、STORM、SLAMM、HSPF 和 DR3M-QUAL 模型以及欧洲的 MOUSE 和 HydroWorks 模型(王龙等，2010)。

目前，无论是国内还是国外，机理模型在非点源污染负荷计算方法中都占据了主导地位，国内广泛使用的机理模型绝大多数来自美国，SWAT、AnnAGNPS 和 HSPF 是应用最为广泛的 3 种模型，除此以外，ANSWERS、SWMM、WEPP 模型等也有一定的应用(刘庄等，2015)。

2) 常用非点源模型

A. AGNPS

AGNPS 模型(agricultural non-point source pollution model)是由美国农业部农业研究局与明尼苏达污染物防治局共同研制出的流域分布式事件模型，不仅能预报流域的非点源污染负荷，而且还可以用来进行风险和投资/效益分析。AGNPS 按照栅格采集模型参数，由水文、侵蚀和营养物质(主要因子为氮和磷)迁移三部分组成，用以土壤养分流失预测，并对农业地区的水质问题以重要性为顺序进行排列，同时对单次暴雨径流和侵蚀产沙过程进行模拟（Young et al.，1989）。AGNPS 模型适用的流域尺度大小从几公顷到大约 20000 hm^2，流域再以 0.4～26 hm^2 的单元进行均等分室，并以网格为基本运行单位，通过网格间逐步演算推算出流域出口。AGNPS 模型是单次降雨模型，无法对流域内非点源污染进行连续预测，不适用于流域物理过程的长期演变特点，以及土壤侵蚀的时空分布规律等方面的研究。因此，美国农业部自然资源保护局与农业研究局开发了连续模拟模型——AnnAGNPS 模型（annualized agricultural non-point source pollution model）。与 AGNPS 模型相比，AnnAGNPS 根据流域水文特征（地形、土地利用和土壤类型等）按照集水区来划分任意形状的分室，并以河网连接分室，以日为基础连续模拟一个时段内每天以及累计的径流、泥沙、养分及农药等输出结果，可用于评价流域内非点源污染长期影响（朱瑶等，2013）。

B. SWAT

SWAT（soil and water assessment tool）模型是由美国农业部（USDA）的农业研究中心开发的流域尺度模型，被称为在以农业和森林为主的流域具有连续模拟能力的最有前途的非点源污染模拟模型。模型开发的目的是在具有多种土壤、土地利用和农业管理条件的复杂流域，预测土地管理措施对水分、泥沙和农业污染物的长期影响。SWAT 模型采用日尺度为时间单位进行连续计算，是一种基于 GIS 的分布式流域水文模型，主要是利用 RS 和 GI 提供的空间信息模拟多种不同的水文物理化学过程（Arnold et al.，2007）。考虑到流域下垫面和气候因素时空变异对模型的影响，SWAT 模型按照特定的集水区面积阈值，划分成若干个子流域，再根据不同的土地利用方式和土壤类型将各个子流域进一步划分出水文响应单元（HRU）。模型在各个 HRU 上独立运行，并将结果在子流域的出口进行汇合。模型模拟的流域水文过程分为两部分：坡面产流和汇流部分、河道汇流部分，前者控制着每个子流域内主河道的水、沙和化学物质等的输入量，后者决定水、沙和营养物质从河网向流域出口的输移情况。SWAT 模型主要含有水文过程子模型、土壤侵蚀子模型和污染负荷子模型 3 个子模型。采用 SCS 模型计算地表径流，引入反映降水前流域特征的无因子参数 CN，得到降水径流的经验方程；利用改进的通用方程（MUSLE）预测土壤侵蚀量；考虑各种形式的 N、P 在土壤中的迁移转化，并采用 QUAL2E 模型计算河道中营养物的迁移转化（朱瑶等，2013）。SWAT 模型目前应用广泛，但在实际应用中亦存在一定的问题。SWAT 模型的数据库标准是针对北美地区的植被、气候与流域特点设计的，与我国现行的流域数据库（如土壤类型）存在差异，因此在实际应用时，需进行相关标准的转换，且工作量大而烦琐。此外，模型模拟的准确度主要通过调整与校验参数来取得，重要参数的选取也是影响模型应用效率的因素。

C. HSPF

HSPF(hydrological simulation program-fortran)是 20 世纪 70 年代 US EPA 联合美国地质调查局(USGS)推出的用于模拟农村和城市地区水文水质过程的非点源污染模型。HSPF 模型借鉴集成了早期 SWM(Stanford watershed model)、HSP(hydrologic simulation program)、ARM(agricultural runoff management)、NPS(nonpoint source runoff)等模型(Bicknell et al.，1997)。目前作为一个子模型嵌入 US EPA 1998 年开发的 BASINS 系统。HSPF 包括 3 个主要应用模块，分别为透水区、不透水区、河道和混合水库。在不透水区，模型采用线性函数累积模型，冲刷率直接取径流的比例，不同污染物可以取不同的比例。在透水区，采用土壤表面降雨侵蚀模型计算土壤侵蚀，污染物作为泥沙产量的一部分。模型输入信息包括水文气象、土地利用、累积和冲刷系数、地形、受纳水体特征和污染物衰减系数等，输出信息包括地表径流量和污染物负荷过程线、污染物对受纳水体的影响以及 BMPs 等控制措施的效果评价。模型可以模拟 TSS、BOD、大肠杆菌、TP、硝酸盐和亚硝酸盐等污染物，考虑污染物之间的相互作用和转化。HSPF 的最大的缺陷是假设模拟区对斯坦福流域水文模型是适用的，且污染物在受纳水体的宽度和深度上充分混合，限制模型的实用性，只能模拟到各子流域不同土地利用类型污染负荷产生量，空间分辨率较低(夏军等，2012)。另外，HSPF 不能进行管道水流的复杂计算，不适合场次暴雨尺度的模拟，在城区应用局限性较大，模型校正时参数不唯一(Gallagher and Doherty，2007)。

D. SWMM

SWMM 模型(storm water management model)是 1971 年 US EPA 为解决日益严重的城市非点源污染而推出的城市暴雨水量水质预测和管理模型。SWMM 主要由径流模块(runoff)、输送模块(transport)、扩充输送模块(extran)、存储处理模块(stroage/treatment)4 个计算模块和用于统计分析和绘图的一个服务模块组成，可以模拟完整的城市降雨径流过程，包括不透水区地表径流，透水区土壤侵蚀和下渗过程，排水管网中的溢流以及受纳水体的水质变化。在不透水区，系统提供线幂函数、指数函数和饱和函数 3 种污染物累积模型，以及指数函数、关系曲线和场次平均浓度 3 种污染物冲刷模型，基本以统计经验模型为主。在透水区，采用通用修正土壤流失方程(RUSLE)计算土壤侵蚀，入渗过程提供霍顿公式、Green-Ampt 入渗模型和曲线数值法 3 种计算方法。模型能够对 BMPs 效果进行模拟评价(Rossman，2009)。SWMM 可以模拟生化需氧量(BOD)、化学需氧量(COD)、大肠杆菌、总氮(TN)、总磷(TP)、总固体悬浮物(TSS)、沉淀物质、油类等 10 种污染物及用户自定义污染物，考虑大气污染物的沉降，但不考虑污染物之间的相互作用和转化(Obropta and Kardos，2007)。SWMM 不仅可用于单次暴雨洪水的模拟，还具有连续模拟功能。在模拟具有复杂下垫面条件的城市时，将流域离散成多个子流域，根据各子流域的地表性质，逐个模拟，可以方便地解决复杂城市流域的雨洪模拟问题。SWMM 模型是城市雨洪资源化研究的有效工具。模型局限是对污染物的生化反应的模拟能力很差，对与水质密切相关的管道泥沙运动也不能进行较好的模拟，另外，模型构建过程复杂，大量数据需要手动输入，尤其当研究区范围较大时，建模工作量繁重。

3. 水质模型

1) 水质模型起源与发展

水质模型是用一组数学方程描述地表水体的动力学特性及水体中污染物随空间和时间迁移转化规律的定量关系。水质模型可定量反映水质状况与污染物排放之间的响应关系，并在水环境管理中扮演着非常重要的角色。从 20 世纪 20 年代中期开始，国内外学者就开始研究污染物输移扩散规律的数学模型，经过近百年的探索和研究，取得了显著的进展(陶亚，2010)。

根据水质模型发展的历程可分为五个阶段：1925～1960 年为水质模型发展的第一阶段，以 Streeter-Phdps(S.P)水质模型为代表，后来科学家在其基础上成功地发展了 BOD-DO 耦合模型，并应用于水质预测等方面；1960～1965 年，在 S.P 模型的基础上又有了新的发展，引进了空间变量、动力学系数，温度作为状态变量也被引入一维河流和水库(湖泊)模型，水库(湖泊)模型同时考虑了空气和水表面的热交换，并将其用于比较复杂的系统；1965～1970 年为水质模型发展的第三阶段，期间不连续的一维模型附加了一系列的源和汇，这些源和汇包括氮化合物好氧作用、光合作用、藻类的呼吸以及沉降、再悬浮等，计算机的成功应用使水质模型的研究取得了突破性的进展；1970～1975 年，水质模型已发展成相互作用的线性化体系，生态水质模型的研究初见端倪，有限元技术用于二维体系，有限差分技术应用于水质模型的计算；1975 年至今，科学家的注意力已逐渐地转移到改善模型的可行性和评价能力的研究上，水质模型的研究范围日益扩大、状态变量不断增多、网格量几何增长，水质模型出现向以下几个方面发展的趋判：基于人工神经网络的研究、包括水生食物链在内的多介质环境生态综合模型、模拟预测不确定性的研究、模糊数学在水质模型中的应用、水质模型与“3S”技术的结合、以水质为中心的流域管理模型的产生(陶亚，2010)。

2) 常用水质模型

A. QUAL2K

QUAL2K 模型(river and stream water quality model)是最新版本的 QUAL2E 模型，QUAL2E 模型是 1987 年由美国环境保护局的 Brown 和 Barnwell 开发的一维稳态模型。QUAL2K 模型的基本原理与 QUAL2E 相同，只是在 QUAL2E 模型的

基础上新增了一些要素之间的相互作用，以弥补 QUAL2E 模型的不足，如死亡藻类到 BOD 的转化、河流底泥 BOD 上浮成为悬浮物以及由特定植物引起的 DO 变化。QUAL2K 是一种灵活的河流水质模型，被广泛应用于北美、欧洲、亚洲等的流域污染物总量控制和水质管理(方晓波等，2007)。

B. WASP

WASP(water quality analysis simulation program)是美国环境保护局提出的水质模型系统，能够用于不同环境污染决策系统中分析和预测由于自然和人为污染造成的各种水质状况，可以模拟水文动力学、河流一维不稳定流、湖泊和河口三维不稳定流、常规污染物(包括溶解氧、生物耗氧量、营养物质以及海藻污染)和有毒污染物(包括有机化学物质、金属和沉积物)在水中的迁移和转化规律，被称为万能水质模型。WASP 最原始的版本是于 1983 年发布的，它综合了以前其他许多模型所用的概念，之后 WASP 模型又经过几次修订，逐步成为 US EPA 开发成熟的模型之一。WASP 的主要特点是：①基于 Windows 开发友好用户界面；②包括能够转化生成 WASP 可识别的处理数据格式；③具有高效的富营养化和有机污染物的处理模块；④计算结果与实测的结果可直接进行曲线比较。但是由于它们的源码不公开，给模型的二次开发带来了很大限制(陈美丹等，2006)。

C. DHI MIKE

DHI 是丹麦一家非盈利的私营研究所，成立于 1964 年，隶属于丹麦技术科学院，主要从事海岸港口工程、城市水力学、河流、水文水资源及环境工程的设计，软件研究及水工模型实验等工作。MIKE 系列软件是 DHI 的产品，从一维到三维，从水动力到水环境和生态系统，从流域大范围水资源评估和管理的 MIKEBASIN，到地下水与地表水联合的 MIKESHE，一维河网的 MIKE11，城市供水系统的 MIKENET 和城市排水系统的 MIKEMOUSE，二维河口和地表水体的 MIKE21，近海的沿岸流 LITPACK，直到深海的三维 MIKE3，是目前较为通用的商业水质模型软件之一(程海云和黄艳，1996)。

D. EFDC

环境流动动力学模型(environmental fluid dynamic code，EFDC)最早由美国弗吉尼亚州海洋研究所 Hamrick 等集成开发而成，目前由美国 EPA 资助开发，用于模拟湖泊、水库、海湾、湿地和河口等地表水的用 FORTRAN 语言编制的三维数值计算模型，可用于模拟水动力(湖流和温度场)、溶解态和颗粒态物料的迁移、沉积物的作用、富营养化过程以及水生生物的不同生命周期的湖泊生化过程等(章双双等，2017)。模型由水动力学模块、水质模块等组成。EFDC 模型采用曲线-直线直角网络与沿地形的垂直网络，可以实现各类地表水，如河流、湖泊、湿地系统、水库等水体的水动力水质模拟，能够根据需要分别进行一维、二维与三维计算(Hamrick，1992)。EFDC 模型通用性好、模块完整、数值计算能力强，它所采用的数值方法和系统开发方法代表了目前国际上水环境模拟系统开发、研究的主流方向，数据输出应用范围广(陈异晖，2005)。

4. 水污染物源解析

大气污染物源解析的研究开始较早，积累了大量的经验方法，但水污染物源解析技术相对薄弱。目前水污染源解析模型主要有两种，一种是以污染源为对象的正向扩散模型，另一种是以污染受体为对象的反向溯源模型，即受体模型。扩散模型是一种预测式模型，通过输入各个污染源的排放数据和相关参数信息来预测污染物的时空变化情况。由于扩散模型参数复杂，解析烦琐，在水环境源解析中的应用还较少。受体模型因不受污染源源强的限制，不依赖于距离、扩散系数等多种特性参数而得到广泛应用(王在峰等，2015)。常见的水环境中污染物的受体模型源解析方法主要有多元统计模型法、化学质量平衡模型(chemical-mass-balance，CMB)、成分和比值分析法等方法。

1) 多元统计模型法

多元统计方法的基本思路是利用观测信息中物质间的相互关系来产生源成分谱或产生暗示重要排放源类型的因子，主要包括主成分分析法(principal component analysis，PCA)及因子分析法(factor analysis，FA)。FA 和 PCA 既有联系又不完全相同，都是从相关矩阵或协方差矩阵出发，对高维变量系统进行最佳的综合与简化，其基本方程式是(苏丹等，2009)：

$$\boldsymbol{D}_{(m\times r)}=\boldsymbol{C}_{(m\times n)}\times\boldsymbol{R}_{(n\times r)} \tag{4-21}$$

式中，$\boldsymbol{D}$ 是由 m 个样品中对 r 个变量观测结果组成的矩阵；$\boldsymbol{C}$ 是因子载荷矩阵，表示源成分谱；$\boldsymbol{R}$ 是因子得分矩阵，表示污染源的贡献率。在源解析中应用这两种方法，还需要以下几个假定：①污染源成分谱在从源到受体这段距离没有显著变化；②单个污染物通量的变化与浓度成比例；③在给定时段污染物总通量是所有已知源通量的总和；④源成分谱和贡献率都线性无关；⑤所有采样点均主要受几个相同源的影响。

诊断解析结果的手段有决定系数(coefficient of determination，COD)、方差累计贡献(cumulative percent variance)和 Exner 方程。解析结果中包含的因子数量越多，单个污染物的 COD 越接近于 1，方差累计贡献越接近于 100%，Exner 方程值越小。一般只要选取方差累计贡献大于 85%的因子组合就可以了。最后根据实测的污染源成分谱，通过参数 $\log Q^2$ 来确定由因子分析/主成分分析得到的几个主要因子究竟是哪种类型的源。

$$\log Q^2 = \sum_{i=1}^{m} \log Q^2 \left(C_{ijp} / C_{ijm} \right) \tag{4-22}$$

式中，C_{ijp} 是模型的预测值；C_{ijm} 是实测值。$\log Q^2$ 是 j 源 m 个污染物预测值与实测值的自然对数差的平方和，该值越小，说明预测污染源类型与实测污染源类型越接近。

PCA 与 FA 的主要区别是：PCA 所提取的因子个数 g＝变量个数 r，由 r 个因子(主成分)对 r 个变量的总方差作以说明，而 FA 提取的公因子个数 g＜变量个数 r，而且这 g 个不同因子对同一个变量所提供的变量总方差作以说明。

2) 化学质量平衡模型

化学质量平衡模型(CMB)法的基础是质量守恒，即污染源的组分与采样点污染物的组分呈线性组合。该模型应用时具有以下假设：①可识别出对水环境受体中污染物有明显贡献的所有污染源类，并且各源类所排放的污染物化学组成有明显的差别；②各源类所排放的污染物化学组分相对稳定，化学组分之间无相互影响；③所有污染源成分谱是线性无关的；④污染源种类低于等于化学组分的种类；⑤测量的不确定度是随机的、符合正态分布；⑥各源类所排放的污染物在传输过程中的变化可以被忽略(王在峰等，2015)。

根据化学质量平衡原理，CMB 模型在水污染源源解析中的含义为目标断面污染物组分与污染源在目标断面的污染物组分呈线性组合。即：

$$C_i = \sum_{j=0}^{J} Q_{ij} \times S_j = \sum_{j=1}^{J} \frac{\mathrm{e}^{-k_i \frac{x_j}{U}} \times F_{ij}}{\sum_{i=1}^{I} \mathrm{e}^{-k_i \frac{x_j}{U}} \times F_{nj}} \times s_j \left(i = 1, 2, \cdots, I; j = 0, 2, \cdots, J \right) \tag{4-23}$$

式中，C_i 为目标断面组分 i 的浓度测量值(mg/L)；Q_{ij} 为第 j 个源在目标断面的污染物成分谱，即第 j 个污染源的组分 i 在目标断面的含量(mg/mg)；S_j 为第 j 个污染源对受体贡献的浓度值(mg/L)；J 为污染源的数目，$j = 0, 2, \cdots, J; j = 0$ 表示的污染源是上游断面；I 为组分的数目，$i = 1, 2, \cdots, I$；F_{ij} 为第 j 个污染源在采样点的污染物成分谱，即污染源中组分 i 的含量测量值(mg/mg)；x_j 为第 j 个污染源排放口到目标断面的距离(km)；k_i 为第 i 个组分的经验衰减系数(d^{-1})。

3) 成分和比值法

根据污染物产生途径的差异，可以将其进入环境的途径进行分类，根据每一种途径独特的成分和比值进行污染物源解析。该法在流域水环境 PAH 定性源解析中应用较多(苏丹等，2009)。

4.2.6　流域污染物总量分配

1. 总量分配的原则

污染物总量控制是目前治理改善水环境质量的有效手段。实施污染物总量控制制度的首要任务是通过制定区域性的水环境质量规划，对流域内各部分(如行政区域)制定区域层面上的污染物排放总量，并根据该排放总量对区域内各排污单位进行总量分配。将污染物总量落实到各排污单位，使抽象的水环境质量保护目标转变为具体的流域总量控制指标是实施污染物总量控制的前提条件(高子亭等，2012)。

污染物总量分配所遵循的一般原则如下(邱俊永，2010)：

1)等比例分配原则

等比例分配原则是为保证整个地区某种污染物排放总量不超过容量总量控制指标，在该地区的各个行政区排污现状的基础上，按照相同比率或各行政区排放量占地区总量的比例为权重进行容量分配。该原则从基本上讲是公平的，也是符合环境容量有效性的。但是，该法未能科学地考虑各行政区在经济、资源等方面的差异，即从现实角度而言，该方法缺乏科学性和公平性，在实际工作中难以有效实施。

2)费用最小分配原则

该分配原则在整个地区范围内，以治理费用为目标函数，在系统的污染治理投资费用总和最小的前提下确定各污染源的允许排放量。其优点在于以整个系统的经济效益、社会效益和环境效益为着眼点，对地区的经济、环境均起到了积极作用。但是，该法却忽视了各行政区的公平性。国内外实践表明，只依照最小费用制定的分配方法在实施时将受到很大阻力。

3)按贡献率削减排放量的分配原则

该原则依据各行政区对容量控制区域内水质影响程度的大小分配水环境容量或削减水污染物排放量。其优点在于本方法在一定程度上反映了各地区平等共享水环境容量资源的权利和承担超过允许负荷量的义务，从环境与资源利用的角度体现了一定的公平性。然而，该法未涉及区域间经济、人口等因素，从综合性与现实的角度而言未能充分地体现公平原则，在调整过程中极有可能出现方案与社会各方面不相符的情况。

从上述分析可知，在对各控制单元排污指标分配时，不能仅仅考虑某一个独立的方面，而应该综合考虑各方面的因素，从环境、经济、社会、技术等诸多方面的因素及其相互的关联性分析，综合运用多种分配原则，协调好各方面的关系，尽量使排污指标分配的结果最公平、最合理、最容易被接受。

4) 按污染程度和范围的大小包括面积的大小、污染长度分配原则

由于各污染源在功能区或污染控制单元内的位置不同，有的污染源污染面积较大、距离比较长，有的污染源污染面积较小、距离较短，这就说明各污染源的污染影响的程度和范围不同。因此，其应当作为确定排污削减责任的重要因素考虑。

5) 按污染物毒性的大小承担污染责任的原则

在确定排污削减责任大小的时，对毒性比较大，危害严重的危险污染物应加大其治理责任，其污染责任承担比例应该增大的原则。

6) 按控制单元治理污染的积极性考虑污染责任分担率的原则

由国内外文献综述可知，公平和效益是污染物总量分配时所应考虑的两个基本原则。等比例分配原则、按贡献系数分配原则和费用最小分配原则是污染物总量分配中的三项基本原则，现有容量总量控制指标分配方法多是基于以上三种分配方法的改进和变化。基于这些原则，国内外学者对于污染物总量分配的方法，进行了大量研究。

2. 总量分配方法

1) 基尼系数法

基尼系数法是基于分配平等的前提产生的理论方法，其最主要的目的是在现有技术条件下，对各区域已分配的污染物排放指标作出尽可能公平的优化分配。因此，基尼系数法需在已有的初始分配方案的基础上进行。其基本思想如下：对于选定的某流域，通过对其自然和社会因素的综合分析，筛选出最具代表性的环境基尼系数指标，如水资源量、GDP 等；然后把流域内各行政区按其污染物现状排放量的大小除以其所拥有的水资源量的比值大小进行升序排列，计算各行政区一定累计百分比可利用水资源总量所对应的累计污染物现状排放量百分比，绘出各行政区污染物现状排放量与其所拥有水资源量的洛伦茨曲线，即可计算基于水资源量的环境基尼系数。同理，也可绘出各行政区污染物现状排放量与其环境容量等其他指标的洛伦茨曲线，计算基于其他各环境指标的环境基尼系数。对于环境基尼系数公平区间的设定标准，可参照经济基尼系数对公平区间的划分方法，初步考虑将环境基尼系数的公平区间定为：环境基尼系数低于 0.2 表示环境资源利用合理；0.2～0.3 表示比较合理；0.3～0.4 表示相对合理；0.4～0.5 表示利用不合理；0.6 以上表示利用非常不合理(但在具体操作中，尚需进一步进行调整，详见后文)。若基尼系数处在合理范围，则可以不作调整；若超出比较合理的范围，则必须进行调整。根据污染物排放量分配基数和调整系数，可以得到污染物总量分配系数，即可求取流域内各行政区污染物总量分配指标。这种基于水资源量、

经济总量公平性等指标的水污染物排放总量指标的分配方法，即为基尼系数法水污染物总量排放指标分配方法(邱俊永，2010)。

2) 线性规划法

线性规划是数学规划中理论成熟、方法有效、应用最广泛的一个分支。它研究满足一组线性的等式或不等式约束条件，对一定的线性目标函数进行最优化处理的问题。

$$\text{目标函数：}\max\sum_{j=1}^{m}X_j \tag{4-24}$$

$$\text{约束方程：}X_j\geqslant 0, j=1,2,\cdots,N \quad \sum_{j=1}^{m}a_{ij}X_j\leqslant C_i, i=1,2,\cdots,N \tag{4-25}$$

式中，决策变量 X_j 为第 j 个污染源的排放量；a_{ij} 为第 j 源对第 i 控制点的响应系数，可由水质模拟计算得到；C_i 为控制断面(点) i 的水质控制浓度。目标函数是某一类污染物的最大允许排放总量，这是一种简单的线性规划问题。

当 $C_\mathrm{p}=0;Q_jC_j=1\mathrm{g/s}$ 时，第 j 源对第 i 控制点的响应系数 $a_{ij}=\dfrac{1}{Q}\cdot\mathrm{e}^{-kx/u}$ 。

通过水动力水质模型计算各污染源在单位负荷下的响应场，建立污染源与水质之间的响应关系：构建总量分配计算的优化目标和约束方程，采用线性规划方法，计算污染物水环境容量。①根据各水环境功能区内排污口、取水口、监测点及支流等控制点位置，建立各点源各控制点的响应系数计算模型。②建立各点源各控制点的线性响应系数矩阵。线性响应系数矩阵；响应系数的量纲为流量的倒数，即浓度/排放量=s/m^3，其含义为 j 排放口排放负荷在 i 断面可以得到的等效稀释流量的倒数。响应系数计算，在流量恒定(径流量和污水量不变，排放浓度可变)的情况下，可由线性水质模型简单求解，即对每一个排放位置计算一个单独排放单位负荷的浓度场，其各点浓度即为该源点的全部响应系数，全部排放点计算完毕，则构成响应系数矩阵。③计算功能区允许增加浓度。根据各水环境功能区水质目标与背景浓度之差得出。④建立多源与各控制点浓度约束关系。非保守物质环境容量计算一般与排放位置有关，允许纳污总量受排放位置的约束，不可以忽略。⑤利用线性规划计算最大允许纳污量。

3) 基于合理性指数的分配

总量分配往往是多目标优化问题，需要在公平、效率原则和环境、经济、技术可行的条件下求得合理分配方案。而总量分配的结果合理与否，可以通过建立基于公平与效率原则的总量分配合理性评价指标来衡量。该指标既可以对不同的总量分配方案进行评价和比较，也可以直接作为规划模型的目标函数，将分配原则反映到优化中，进行总量分配方案的制定。

总量分配合理性指数(total load allocation rationality index，TLARI)：

$$\text{TLARI} = \sum \alpha_k I_k \tag{4-26}$$

式中，α_k 为权重系数，$\sum \alpha_k = 1$，可以采用一般的统计方法确定，权重系数可以采用一般的统计方法确定，如专家打分法、熵值法、层次分析法等；I_k 为单项指标值，为 0～1 之间的无量纲值，数值越大越合理，下标 k 表示考虑的因素的序号(周刚等，2015)。

总量分配合理性指数的分项评价指标见表(4-3)(邓伟明，2012)。

表 4-3　总量分项指标列表

指标		内容	表达方式
科学性指标	I_1	环境容量利用率	分配负荷总量与分配区域排污口环境容量之比 或者 $1-\sum\left(R_j - F_{ij}\right)^2$ 式中：$F_{ij} = \dfrac{X_j}{\max \sum_{i=1}^{m} X_j}$ 为最大纳污量负荷比例 $R_j = \dfrac{X_j}{\sum_{j=1}^{m} X_j}$ 为分配负荷比例 下标 j 表示污染源的序号
公平性指标	I_2	容量利用与水资源贡献比例	$1-\sum\left(R_j - F_{2j}\right)^2$ (F_{2j} 为径流贡献比例)
	I_3	人口(生存排污权)	$1-\sum\left(R_j - F_{3j}\right)^2$ (F_{3j} 为人口比例)
	I_4	农田(生存生产排污权)	$1-\sum\left(R_j - F_{4j}\right)^2$ (F_{4j} 为农田面积比例)
	I_5	城市发展(达标排污权)	$1-\sum\left(R_j - F_{5j}\right)^2$ (F_{5j} 为 GDP 比例)
经济指标	I_6	治理费用较低	$1-\sum\left(R_j - F_{6j}\right)^2$ (F_{6j} 为现状负荷量比例)

根据流域的实际情况，以及资料收集的完整程度选取合适的评价指标，同时确定每种评价指标的权重系数，调整污染源的分配比例，在兼顾效率、公平的前提下，尽量满足环境容量利用率和总量分配合理性指数最大。

4.3　流域水质目标管理技术方法展望

4.3.1　水生态环境分区

我国于 20 世纪 90 年代以明确水质目标为目的划定了水环境功能区，将地表水划分为自然保护区、饮用水水源保护区、渔业用水区、工农业用水区、景观娱乐用水区，以及混合区、过渡区等。2002 年，又以明确水体使用功能为目标划定了水功能区，包括保护区、缓冲区、开发利用区、保留区。但是这种水(环境)功能区划只是针对水体，没有进行水陆统筹。“十二五”开始的流域控制单元划分，主要是借助 GIS 手段，综合考虑自然分水岭、行政区划和水(环境)功能区划等因素，划定流域水质目标管理的最小单元，满足了水陆一体化原则，但对水生态系统的结构和功能考虑不足。相比而言，美国、欧盟与日本的流域水质目标管理的控制单元划分则以水生态分区为基础(程鹏等，2016)。2015 年发布的“水十条”明确提出“研究建立流域水生态环境功能分区管理体系”的要求。近年来我国学者在水生态功能分区这一领域也进行了大量的探索研究，完成了松花江、辽河、海河、淮河、黑河、东江、太湖、巢湖、滇池、洱海等流域的水生态环境功能分区方案，开展了太湖、辽河流域水生态功能区管理示范。为了进一步树立了“山水林田湖生命共同体”的理念，有必要在开展流域水质目标管理时继续完善流域水生态控制区生态健康状况调查，进一步加强控制单元与水生态环境分区的衔接。

4.3.2　水生态基准

水生态基准研究是反映一个国家环境科学研究水平的标志之一(冯承莲等，2012)。美国环境保护局(US EPA)早在 20 世纪 70 年代末就要求水环境质量管理不仅关注污染控制问题，还要关注水环境生态系统的结构与功能的保护(孟伟等，2008a)。然而我国本土化的水质基准研究较为薄弱，现行的水环境质量标准主要参照发达国家水质基准和标准制定。由于我国地域辽阔，不同地区的水体在水质和水生态系统结构特征上都有明显差异，简单借鉴国外基准和标准，不能为我国不同区域的水生态安全提供有效保障(金小伟等，2009)。另外，我国污染物急性、慢性毒性测试方法体系建设滞后，目前仅有大型溞、斑马鱼等急性毒性测试标准方法(郭海娟等，2017)。为加强流域水质目标管理，制定科学合理的水质目标，有必要加强水生态基准方面的研究，促进水生态环境系统保护由化学指标控制向水生态系统保护的方向转变。

4.3.3　水生态模型

湖泊流域是复杂的生态系统。随着计算机模拟技术的发展，湖泊水体模型由水动力模型发展到水质模型，再到考虑了富营养化的水生态模型，取得了很大的进步，为湖泊水环境管理提供了科学有效的技术支持(牛志广等，2013)。富营养化模型是研究湖泊水质动态变化的有力工具，它将理论分析、实验研究、计算机模拟有机结合起来，考虑了水生态系统中生态过程的时空变化，以及自然界中多因素之间的相互作用，能够更真实地反映富营养化水体的水质、水生态情况(李一平等，2014)。但是，水生态模型机理复杂，参数众多，有必要进一步加强湖泊富营养化机理研究，提高湖泊水生态模型模拟的灵敏度和精度。

4.4　本 章 小 结

水质目标管理是目前国际上流域水环境管理的主流技术体系。我国的水质目标管理体系由总量控制体系发展而来，其最主要的特征是以流域水质目标为约束和核心。自“十一五”期间我国学者提出水质目标管理体系概念以来，该技术体系在我国众多流域进行了广泛的应用研究示范。目前，在流域控制单元划分、水环境质量基准及标准确定、流域污染源调查、水环境容量核算、河湖水质响应研究、污染负荷总量分配等关键技术方面积累了大量的研究成果，形成了较为成熟的方法体系。随着我国流域水质目标管理体系的进一步发展，我国的水质目标管理也将由目前的化学指标控制为主转变为水生态系统全面保护，在水生态环境分区、水生态基准和水生态模型等研究方向上将取会得更多的研究进展。

第 5 章　滇池流域水质目标管理

目前滇池流域水环境管理仍然以污染物排放控制为核心，污染物排放的总量控制上仍然属于目标总量控制的范畴，与流域的水质目标相脱节。因此，必须从根本上转变流域水环境管理的思路，对水质目标管理的核心技术进行突破和创新，建立与滇池流域相适应的水质目标管理技术体系。本章对流域水质目标管理方法进行了系统分析，选定合适的模型建立河流-湖体水质响应关系，并结合滇池流域入湖污染负荷特征，计算水环境容量，在国控断面水质达标的前提下，提出与湖体水质目标相衔接的主要入滇河流水质控制目标和流域污染物总量控制策略，以期为滇池流域水质目标管理提供参考依据。

5.1　滇池流域陆域污染负荷迁移转化模型和湖体水质水动力模型构建

5.1.1　滇池流域陆域污染负荷迁移模型构建

1. 模型概述

1) SWAT 模型简介

SWAT (soil and water assessment tool) 模型是由美国农业部 (USDA) 农业研究中心 (ARS) 历经 30 年开发的一个适用于中大尺度流域的具有很强物理机制的长时段分布式水文模型。SWAT 模型集成了遥感 (RS)、地理信息系统 (GIS) 和数字高程模型 (DEM) 技术，能有效模拟和预测长期连续时间段内不同管理模式对大面积复杂流域的水、泥沙、营养物和农业化学物质输出的影响，是进行流域非点源污染模拟的有效工具。

SWAT 模型的开发历程可以追溯到早期的序列模型，包括 CREAMS 模型、GLEAMS 模型、EPIC 模型。SWAT 模型不断地更新和完善，使其在适应性、自动划分子流域、模型的参数化敏感性、模型的校准与验证及其与其他模型的整合等方面具有较大的优势。此外，该模型与 GIS 平台集成，使其具有非常友好的用户界面，为模型运行所涉及的诸如流域边界、地形、土壤类型及其理化属性的空间分布、土地利用/覆盖、流域的空间离散化等大量空间数据的前后处理提供了强大的支持。与同类型模型相比，该模型不仅源码开放易于获取，因而在模拟非点源污染、水文对环境变化的响应以及洪水短期预报等方面得到了国际上大量的应用。

2) SWAT 模型原理

SWAT 允许模拟流域中许多不同的物理过程，模拟的流域水文过程分为两个主要部分：一个是陆面部分，控制每个子流域主河道的水、泥沙、营养物和农药负荷等的输入量，主要的组件包括天气、水文、土壤温度与性质、泥沙、作物生长、营养物、农药/杀虫剂、农业管理。另一个是水面或汇流演算部分，决定水、泥沙、营养物及化学物质等通过流域的河网向出口的输移运动，包括河道汇流演算和蓄水体(水库、池塘/湿地)汇流演算两大部分。

A. 水循环的陆面部分

流域内蒸发量随植被覆盖和土壤的不同而变化，可通过水文响应单元(HRU)的划分来反映这种变化。每个 HRU 都单独计算径流量，然后演算得到流域总径流量。在实际的计算中，一般要考虑气候、水文和植被覆盖这三个方面的因素。

a) 气候因素

流域气候(特别是湿度和能量的输入)控制着水量平衡，并决定了水循环中不同要素的相对重要性。SWAT 所需要输入的气候因素变量包括：日降水量、最大最小气温、太阳辐射、风速和相对湿度。这些变量的数值可通过模型自动生成也可直接输入实测数据。

b) 水文因素

降水可被植被截留或直接降落到地面。降到地面上的水一部分下渗到土壤；一部分形成地表径流。地表径流快速汇入河道，对短期河流响应起到很大贡献。下渗到土壤中的水可保持在土壤中被后期蒸发掉，或者经由地下路径缓慢流入地表水系统。

冠层蓄水：SWAT 有两种计算地表径流的方法。当采用 Green & Ampt 方法时需要单独计算冠层截留。计算主要输入为冠层最大蓄水量和时段叶面指数(LAI)。当计算蒸发时，冠层水首先蒸发。

下渗：计算下渗考虑两个主要参数：初始下渗率(依赖于土壤湿度和供水条件)和最终下渗率(等于土壤饱和水力传导度)。当用 SCS 曲线法计算地表径流时，由于计算时间步长为日，不能直接模拟下渗。下渗量的计算基于水量平衡。Green & Ampt 模型可以直接模拟下渗，但需要次降雨数据。

重新分配：降水或灌溉停止时水在土壤剖面中的持续运动。它是由土壤水不均匀引起的。SWAT 中重新分配过程采用存储演算技术预测根系区每个土层中的水流。当一个土层中的蓄水量超过田间持水量，而下土层处于非饱和态时，便产生渗漏。渗漏的速率由土层饱和水力传导率控制。土壤水重新分配受土温的影响，当温度低于零度时该土层中的水停止运动。

蒸散发：蒸散发包括水面蒸发、裸地蒸发和植被蒸腾。土壤水蒸发和植物蒸腾被分开模拟。潜在土壤水蒸发由潜在蒸散发和叶面指数估算。实际土壤水蒸发用土壤厚度和含水量的指数关系式计算。植物蒸腾由潜在蒸散发和叶面指数的线性关系式计算。潜在蒸散发有三种计算方法：Hargreaves、Priestley-Taylor 和 Penman-Monteith。

壤中流：壤中流的计算与重新分配同时进行，用动态存储模型预测。模型考虑到水力传导度、坡度和土壤含水量的时空变化。

地表径流：SWAT 模拟每个水文响应单元的地表径流量和洪峰流量。地表径流量的计算可用 SCS 曲线方法或 Green & Ampt 方法计算。SWAT 还考虑到冻土上地表径流量的计算。洪峰流量的计算采用推理模型。它是子流域汇流期间的降水量、地表径流量和子流域汇流时间的函数。

池塘：池塘是子流域内截获地表径流的蓄水结构。池塘被假定远离主河道，不接受上游子流域的来水。池塘蓄水量是池塘蓄水容量、日入流和出流、渗流和蒸发的函数。

支流河道：SWAT 在一个子流域内定义了两种类型的河道，主河道和支流河道。支流河道不接受地下水。SWAT 根据支流河道的特性计算子流域汇流时间。

输移损失：这种类型的损失发生在短期或间歇性河流地区(如干旱半干旱地区)，该地区只在特定时期有地下水补给或全年根本无地下水补给。当支流河道中输移损失发生时，需要调整地表径流量和洪峰流量。

地下径流：SWAT 将地下水分为两层(浅层地下水和深层地下水)。浅层地下径流汇入流域内河流；深层地下径流汇入流域外河流。

c)植被因素

SWAT 利用一个单一的植物生长模型模拟所有类型的植被覆盖。植物生长模型能区分一年生植物和多年生植物。被用来判定根系区水和营养物的移动、蒸腾和生物量或产量。

B. 水循环的水面部分

水循环的水面过程即河道汇流部分，主要考虑水、沙、营养物(N，P)在河网中的输移，包括主河道以及水库的汇流计算。

a)主河道(或河段)汇流

主河道的演算分为四部分：水、泥沙、营养物和有机化学物质。其中进行洪水演算时若水流向下游，其一部分被蒸发和通过河床流失，另一部分被人类取用。补充的来源为直接降雨或点源输入。河道水流演算多采用变动存储系数模型或 Muskingum 方法。

b)水库汇流演算

水库水量平衡包括：入流、出流、降雨、蒸发和渗流。在计算水库出流时，SWAT 提供三种估算出流量的方法以供选择：①需要输入实测出流数据；②对于小的无观测值的水库，需要规定一个出流量；③对于大水库，需要一个月调控目标。

C. 模型集成的主要方程

SWAT 具有极其复杂的模型结构，是一个包含有 701 个方程和 1013 个中间变量的模型系统，主要包含水文过程模型、土壤侵蚀模型和污染负荷模型。

a) 水文过程模型

SWAT 模型中的水文循环模拟是依据水量平衡方程进行的：

$$\mathrm{SW}_t = \mathrm{SW}_0 + \sum_{i=1}^{t}\left(R_{\mathrm{day}} - Q_{\mathrm{surf}} - E_{\mathrm{a}} - W_{\mathrm{seep}} - Q_{\mathrm{gw}}\right) \tag{5-1}$$

式中，SW_t 表示土壤最终含水量(mm)；SW_0 表示第 i 天的土壤初始含水量(mm)；t 表示时间(d)；R_{day} 表示第 i 天的降雨量(mm)；Q_{surf} 表示第 i 天的地表径流量(mm)；E_{a} 表示第 i 天的蒸散发量(mm)；W_{seep} 表示第 i 天离开土壤剖面底部的渗透水流和旁通水流的水量(mm)；Q_{gw} 表示第 i 天回归流的水量(mm)。

模型采用 SCS-CN 曲线数法来计算地表径流量。SCS 模型的方程为：

$$Q_{\mathrm{surf}} = \frac{\left(R_{\mathrm{day}} - I_{\mathrm{a}}\right)^2}{\left(R_{\mathrm{day}} - I_{\mathrm{a}}\right) + S} \tag{5-2}$$

式中：Q_{surf} 表示累积流量或超渗雨量(mm)；R_{day} 表示某天的雨深(mm)；I_{a} 表示初损量(mm)；S 表示滞留参数(mm)。

b) 土壤侵蚀模型

SWAT 模型利用修正的土壤流失通用方程计算由降雨和径流引起的土壤侵蚀量：

$$m_{\mathrm{sed}} = 11.8\left(Q_{\mathrm{surf}} \cdot q_{\mathrm{peak}} \cdot A_{\mathrm{rea}}\right)^{0.56} \cdot K_{\mathrm{USLE}} \cdot C_{\mathrm{USLE}} \cdot P_{\mathrm{USLE}} \cdot \mathrm{LS}_{\mathrm{USLE}} \cdot \mathrm{CFRG} \tag{5-3}$$

式中，m_{sed} 表示某天的产沙量(t)；Q_{surf} 表示地表径流总量(mm/hm^2)；q_{peak} 表示洪峰流量(m^3/s)；A_{rea} 表示 HRU 的面积(hm^2)；K_{USLE} 表示 USLE 中土壤可蚀性因子；C_{USLE} 表示 USLE 中土地覆盖与管理措施因子；P_{USLE} 表示 USLE 中水土保持措施因子；$\mathrm{LS}_{\mathrm{USLE}}$ 表示 USLE 中地形因子；CFRG 表示粗糙度因子。

c) 污染负荷模型

污染负荷模型主要包括溶解态氮(硝态氮)污染负荷计算方程、吸附态氮(有机氮)污染负荷计算方程、溶解态磷污染负荷计算方程、吸附态磷(有机磷和矿物磷)污染负荷计算方程等，方程可参考 SWAT 模型相关资料。

3) SWAT 建模基本流程

模型构建流程主要包括模型构建所需数据收集与制备、子流域划分、水文响应单元(HRU)分析、模型数据输入和编辑、模型参数率定等，详细构建流程如图 5-1 所示。

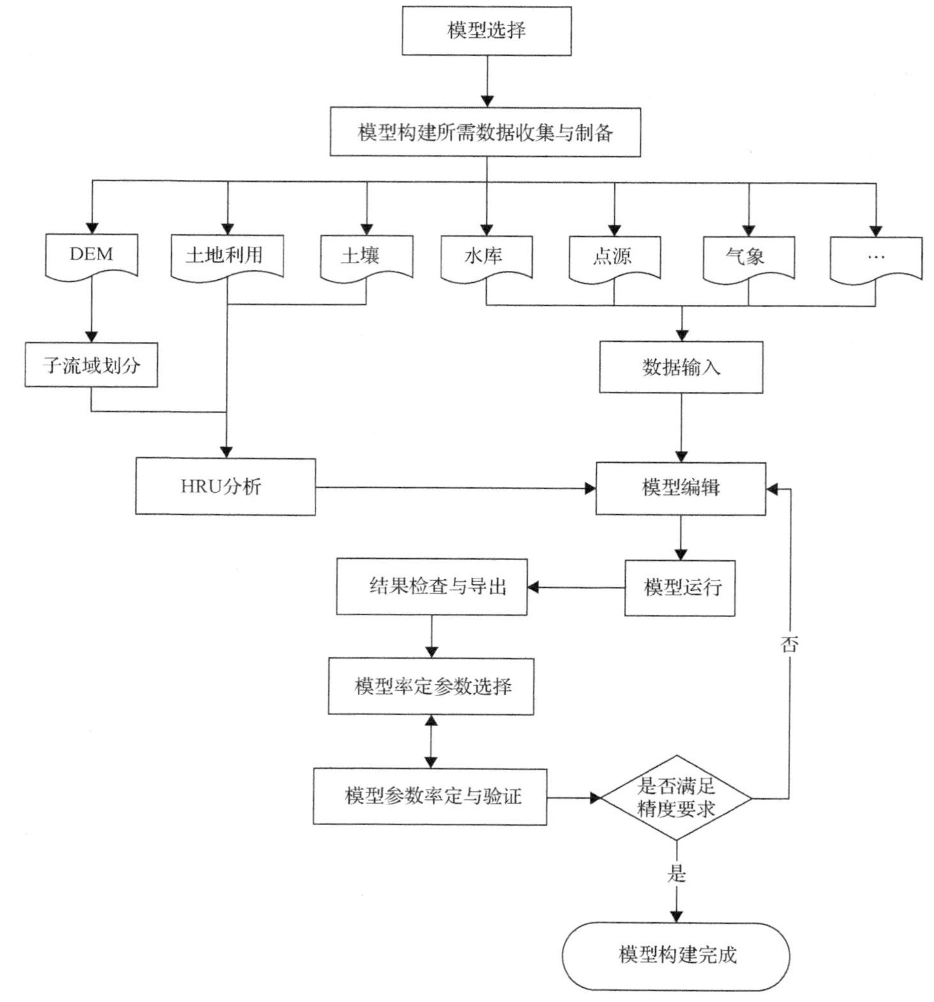

图 5-1　模型构建基本流程

2. 建模基础数据

滇池流域陆域污染负荷迁移模型构建所需数据主要包括：流域地形数据、土地利用数据、土壤类型数据、气象数据、入湖河道实测水文数据、水质数据、流域污染源数据等。

1) 地形数据

地形数据是陆域模型构建中流域水文过程汇流方向、河网生成、汇水区划分的基础。本次建模采用地理空间数据云 (http://www.gscloud.cn) 数字高程模型 (DEM)，数据空间分辨率 30 m×30 m。地形数据通过主要水系修正后，为确保建模中流域范围的完整性，以流域边界外延 1 km 裁剪得到。

2) 土地利用数据

模型输入的土地利用数据采用 2017 年 Landsat-8 卫星影像数据(空间分辨率 30 m×30 m)，通过监督分类法将流域土地利用类型分为林地、草地、旱地、大棚、建设用地、裸地和水域 7 种土地利用类型。

3) 土壤类型数据

土壤类型数据采用中国土壤数据库(http://vdb3.soil.csdb.cn/)的土壤类型数据，通过流域边界裁剪得到。研究区土壤类型主要涉及红壤、水稻土和棕壤三类。

4) 气象数据

气象数据是模型的驱动数据，建模所需的气象数据包括降雨、气温、相对湿度、太阳辐射和风速。考虑到流域降雨量的空间分配差异，在基准站(56778)5 个气象要素数据基础上，增加了流域内 20 个自动雨量站降雨观测数据，流域内自动雨量站信息如表 5-1 所示。

表 5-1　流域自动雨量站信息表

序号	站号	经度/(°)	纬度/(°)	数据信息
1	T5003	102.479238	24.679518	降雨量
2	T5065	102.796667	24.783333	降雨量
3	T5066	102.789722	24.914444	降雨量
4	T5068	102.683333	24.533333	降雨量
5	T5069	102.683333	24.683333	降雨量
6	T5088	102.715393	24.732380	降雨量
7	T5089	102.748532	24.698841	降雨量
8	T5091	102.550000	24.550000	降雨量
9	T5105	102.802222	24.891389	降雨量
10	T5106	102.793889	24.832500	降雨量
11	T5110	102.613333	24.783333	降雨量
12	T5111	102.628056	24.983333	降雨量
13	T5120	102.866667	25.416667	降雨量
14	T5127	102.774937	24.511241	降雨量
15	T5139	102.883333	25.283333	降雨量
16	T5143	102.600168	25.047970	降雨量
17	T5144	102.709783	25.005742	降雨量
18	T5146	102.778796	25.107381	降雨量
19	T5148	102.738634	25.145957	降雨量
20	T4898	102.879305	25.047210	降雨量

基准站(56778)5 个气象要素(降雨、气温、太阳辐射、相对湿度、风速)数据包括 2000～2017 年连续 18 年的日数据。

流域内自动雨量站降雨量数据包括 2010～2017 年连续 8 年的日数据，缺失的历史数据采用基准站数据补充。

由此，流域内用于模型驱动的气象数据空间上已补充至 21 个站点，时间序列上包含近 18 年的连续日数据。

5) 点源数据

流域尺度上，研究区点源输入数据主要是污水处理厂尾水和外流域调水。污水处理厂尾水采用 2017 年滇池外海主要污染处理厂第一水质净化厂、第二水质净化厂、第三水质净化厂、第四水质净化厂、第五水质净化厂、第六水质净化厂、第七八水质净化厂、第九水质净化厂、第十水质净化厂、第十一水质净化厂、第十二水质净化厂、环湖截污洛龙河污(雨)水处理厂、捞鱼河污水处理厂、淤泥河污水处理厂、白鱼河污水处理厂、昆阳污水处理厂、白鱼口污水处理厂运行日水量和水质数据，外流域调水采用牛栏江调水水量和水质数据。

上述两部分数据作为模型的主要点源输入。

6) 其他数据

除上述建模所需的主要数据外，陆域模型所需的数据还包括：流域内主要大中型水库位置、库容、集水面积；用于模型参数率定和校验的入湖河道水文观测站水量数据、入湖河道水质监测数据；用于面源模拟输入的流域农田种植与施肥数据，流域各土壤类型土壤质地、土壤理化性质等数据，该部分数据从流域内已有观测/监测站点历史数据、相关统计资料和文献研究报告等资料中获取。

3. 模型构建

滇池流域陆域污染负荷迁移动态模拟模型构建基于 ArcSWAT 版本，模型构建过程主要包括模型下垫面构建、气象资料输入、数据库文件创建、输入数据编辑和模型运行模拟等。

1) 模型响应单元构建

A. DEM 数据修正

DEM 数据是进行流域水系和汇水区(子流域)自动提取与划分的主要计算依据。由于滇池入湖河道下段流经坝区，地形平缓，基于区域 DEM 数据自动提取的结果往往与现实存在较大的偏差。因此，采用矢量化的流域水系数据对区域 DEM 进行修正，以消除由流域坝区地形相对平缓产生的水系自动提取偏差。

DEM 数据修正是一个反复和不断完善的过程，直到利用修正后的 DEM 数据自动提取出与主要入湖河道基本吻合的水系为止。

B. 流域水系定义

a) 河网定义

流域河网定义目的是为形成河流的最小汇水区，通过指定上游汇水区面积实现。指定的公顷数值越小，划分的河网越详细。

通过多次测试，为满足滇池流域陆域河道汇水区划分，并同时考虑汇水区面积设置过小，计算时间过长的问题，滇池流域陆域模型基于阈值的河流定义范围为确定为 180 hm^2。

b) 出/入水口定义

由于上述定义的河流是在最小上游汇水区的基础上完成，理论上定义的河流中存在许多流域层面无须关注的节点。因此，滇池流域陆域模型在子流域出水口和测站位置处添加出水口，以便流量及水质的实测值和预测值在河段上属于同一个点位。

入水口有两种类型，即排放点源或排水流域的入水口。

根据滇池流域入湖河道数量，水文水质观测站点位置、污水处理厂尾水排放口位置和牛栏江调水盘龙江入口位置数据，进行滇池流域陆域出水口和入水口的定义。

c) 水库定义

子流域空间信息划分完成后，需要计算子流域和河段的地形特征，以及确定流域内的水库位置。

根据流域水库位置沿着主河网添加水库。新的水库将置于相应子流域的出水口处。

C. 子流域划分

通过上述划分方法与基础，将滇池流域划分为 30 个子流域和 84 个汇水片区划。划分结果详细信息如表 5-2 和图 5-2 所示。

表 5-2　滇池流域子流域与汇水片区划分结果

序号	所属区域	子流域	汇水片区	面积/km^2
1	草海陆域	新运粮河系统	新运粮河-中干渠-西边小河	73.2
	草海陆域		西白沙河水库	10.6
	草海陆域		三家村水库	6.1
2	草海陆域	老运粮河系统	老运粮河-小路沟-七亩沟-鱼翅沟	18.6
3	草海陆域	乌龙河	乌龙河	1.9
4	草海陆域	大观河	大观河	4.2
5	草海陆域	西坝河	西坝河	5.0
6	草海陆域	船房河	船房河-兰花沟	7.1

续表

序号	所属区域	子流域	汇水片区	面积/km²
7	外海北岸	采莲河系统	采莲河	17.3
	外海北岸		金柳河	4.3
8	外海北岸	金家河系统	正大河	4.0
	外海北岸		金家河	7.4
9	外海北岸	盘龙江系统	牧羊河	382.8
	外海北岸		冷水河	135.7
	外海北岸		松华坝水库	68.3
	外海北岸		盘龙江	109.9
10	外海北岸	大清河系统	源清水库	7.1
	外海北岸		金殿水库	10.7
	外海北岸		云山堰塘	7.8
	外海北岸		明通河	8.9
	外海北岸		大清河	1.6
	外海北岸		枧槽河-金汁河	36.7
11	外海北岸	海河系统	东白沙河水库	25.3
	外海北岸		东干渠	8.4
	外海北岸		海河	25.6
12	外海北岸	小清河系统	小清河-六甲宝象河-五甲宝象河	5.6
13	外海北岸	虾坝河系统	虾坝河	7.6
14	外海北岸	姚安河系统	姚安河	2.5
15	外海北岸	老宝象河	宝象河分洪闸	4.0
16	外海北岸	宝象河系统	二龙坝水库	30.9
	外海北岸		复兴水库	7.4
	外海北岸		宝象河水库	68.4
	外海北岸		铜牛寺水库	9.7
	外海北岸		新宝象河	171.7
	外海北岸		彩云北路截洪沟	10.0
17	外海东岸	广普大沟系统	广普大沟	23.3
18	外海东岸	马料河系统	果林水库	27.1
	外海东岸		老马料河	3.2
	外海东岸		马料河	31.8

续表

序号	所属区域	子流域	汇水片区	面积/km²
19	外海东岸	洛龙河系统	石龙坝水库	19.4
	外海东岸		瑶冲河	65.3
	外海东岸		白龙潭水库	7.3
	外海东岸		洛龙河	41.9
20	外海东岸	捞鱼河系统	松茂水库	45.5
	外海东岸		梁王河	17.4
	外海东岸		横冲水库	26.2
	外海东岸		捞鱼河	62.9
	外海东岸		关山水库	14.0
21	外海东岸	梁王河系统	梁王河左支	11.8
22	外海南岸	南冲河系统	南冲河	37.2
	外海南岸		韶山水库	12.4
	外海南岸		白云水库	14.9
23	外海南岸	淤泥河系统	淤泥河	64.6
	外海南岸		映山塘水库	18.6
24	外海南岸	白鱼河系统	白鱼河-大河	146.4
	外海南岸		大河水库	46.6
25	外海南岸	柴河系统	柴河-茨巷河	91.5
	外海南岸		柴河水库	105.1
26	外海南岸	东大河系统	双龙水库	42.18
	外海南岸		东大河	75.6
	外海南岸		洛武河水库	7.1
	外海南岸		大春河水库	14.4
	外海南岸		团结水库	8.1
27	外海南岸	中河系统	中河	32.8
28	外海南岸	古城河系统	古城河	25.5
	外海南岸		大竹箐水库	1.4
小计				2447.9
29		草海散流区	—	146.5
30		外海散流区	—	

注：①外海北岸与东、南岸的划分以主城管网系统与环湖截污干渠覆盖区域为界，东岸与南岸的划分以环湖截污东岸干渠与南岸干渠覆盖区域为界；

②六甲宝象河与五甲宝象河为区域高位河，故将两条河并入其中间的小清河子流域

图 5-2　滇池流域子流域与汇水片区划分图

D. 模型水文响应单元

水文响应单元将流域划分为具有不同土地利用和土壤组合的区域，来反映不同土地覆盖 / 植物及土壤的蒸散发量和其他水文条件的差异。分别预测各 HRU 的径流并演算，获得整个流域上的总径流量。这样大大提高了负荷预测的精确度，提供了一个更具物理性的水量平衡描述。

综合考虑模拟尺度和数据精度，以 2017 年滇池流域影像数据（空间分辨率 30 m）为基础，通过前述建模基础数据中遥感影像数据监督分类得到的研究区土地利用类型，作为土地利用类型输入数据；根据滇池流域土壤类型分布图，以红壤、水稻土和棕壤为主要土壤类型，通过查表、计算形成研究区土壤输入数据；流域坡度相对稳定，数据由 DEM 生成。

通过上述三类数据的输入，进行空间叠置生成模型的水文响应单元（HRU）。确定 HRU 分布时，有两个选择，即为各子流域指定一个 HRU 或者多个 HRU。如果选择指定一个 HRU，通过各子流域内的主要土地利用类型、土壤类型和坡度类决定 HRU；如果选择指定多个 HRU，可以指定土地利用、土壤及坡度数据敏感性，来确定各子流域内 HRU 的数量和种类。

为充分模拟滇池流域陆域水文过程的空间离散特性，流域陆域模型 HRU 定义采用 Multiple HRU。分析结果如图 5-3 所示。该结果中详细描述了流域和所有子流域运用阈值之后，土地利用类、土壤类和坡度类的分布，并且列出了各子流域土地利用/土壤/坡度类的 HRU 数量及空间范围。

		Area [ha]	Area[acres]		
Watershed		261319.0000	645732.3149		

		Area [ha]	Area[acres]	%Wat.Area	
LANDUSE:					
	Agricultural Land-Generic --> AGRL	46218.6793	114208.6675	17.69	
	Forest-Evergreen --> FRSE	144446.2588	356933.9277	55.28	
	Water --> WATR	733.7741	1813.1925	0.28	
	Residential-High Density --> URHD	51081.3382	126224.5407	19.55	
	Barren --> BARR	4108.7500	10152.9267	1.57	
	Pasture --> PAST	3888.2763	9608.1252	1.49	
	Agricultural Land-Row Crops --> AGRR	10841.9233	26790.9347	4.15	
SOILS:					
	HR	242906.7167	600234.6424	92.95	
	ZR	2069.4569	5113.7316	0.79	
	SDT	16342.8263	40383.9410	6.25	
SLOPE:					
	8-15	49765.5238	122973.0977	19.04	
	0-8	89526.5982	221224.7006	34.26	
	25-9999	61693.8028	152448.4714	23.61	
	15-25	60333.0751	149086.0452	23.09	

		Area [ha]	Area[acres]	%Wat.Area	%Sub.Area
SUBBASIN #	1	2239.0000	5532.6810	0.86	
LANDUSE:					
	Agricultural Land-Generic --> AGRL	326.5492	806.9195	0.12	14.58
	Forest-Evergreen --> FRSE	1908.2557	4715.3953	0.73	85.23
SOILS:					
	HR	1338.2268	3306.8254	0.51	59.77
	ZR	896.5781	2215.4894	0.34	40.04
SLOPE:					
	8-15	439.8259	1086.8317	0.17	19.64
	0-8	321.3411	794.0499	0.12	14.35
	25-9999	895.2761	2212.2720	0.34	39.99
	15-25	578.3619	1429.1612	0.22	25.83
HRUs					

图 5-3　模型 HRU 分析结果概要

2) 模型驱动数据输入与编辑

A. 气象数据输入

气象数据是模型的驱动数据，气象数据的输入过程也是进行模型子流域和模型水文响应单元(HRU)气象数据空间分配的过程。输入的气象数据主要包括实测降雨数据、气温数据、相对湿度数据、太阳辐射数据、风速数据。

滇池流域陆域模型 HRU 分布确定之后，输入用于流域模拟的气象数据。加载气象资料后 AreSWAT 为子流域分配气象资料。各子流域与加载的各类气象资料通过测站链接。

输入的气象数据主站点信息及气象数据空间分配结果如表 5-3 和图 5-4。

表 5-3　气象数据主站点位置信息

ID	NAME	LAT	LONG	ELEVATION
56778	56778_P	25.017	102.683	1892.4

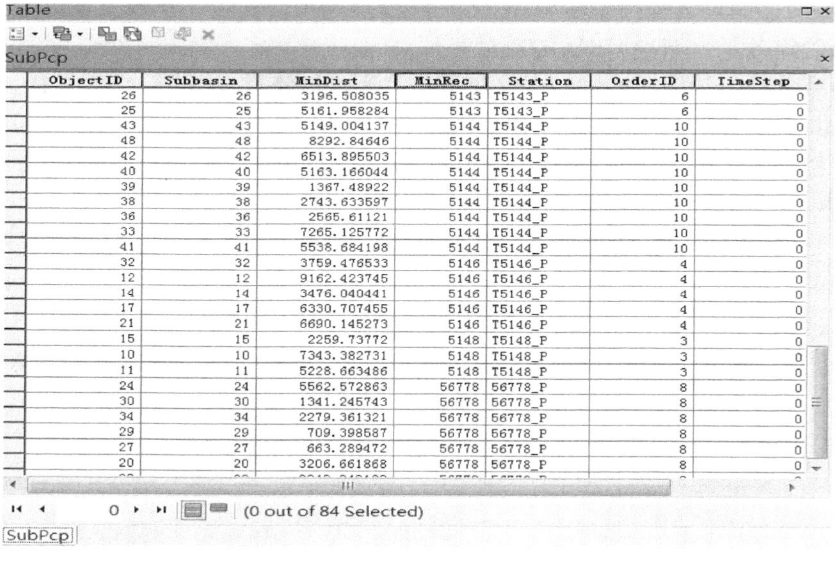

Table

SubPcp

ObjectID	Subbasin	MinDist	MinRec	Station	OrderID	TimeStep
26	26	3196.508035	5143	T5143_P	6	0
25	25	5161.958284	5143	T5143_P	6	0
43	43	5149.004137	5144	T5144_P	10	0
48	48	8292.84646	5144	T5144_P	10	0
42	42	6513.895503	5144	T5144_P	10	0
40	40	5163.166044	5144	T5144_P	10	0
39	39	1367.48922	5144	T5144_P	10	0
38	38	2743.633597	5144	T5144_P	10	0
36	36	2565.61121	5144	T5144_P	10	0
33	33	7265.125772	5144	T5144_P	10	0
41	41	5538.684198	5144	T5144_P	10	0
32	32	3759.476533	5146	T5146_P	4	0
12	12	9162.423745	5146	T5146_P	4	0
14	14	3476.040441	5146	T5146_P	4	0
17	17	6330.707455	5146	T5146_P	4	0
21	21	6690.145273	5146	T5146_P	4	0
15	15	2259.73772	5148	T5148_P	3	0
10	10	7343.382731	5148	T5148_P	3	0
11	11	5228.663486	5148	T5148_P	3	0
24	24	5562.572863	56778	56778_P	8	0
30	30	1341.245743	56778	56778_P	8	0
34	34	2279.361321	56778	56778_P	8	0
29	29	709.398587	56778	56778_P	8	0
27	27	663.289472	56778	56778_P	8	0
20	20	3206.661868	56778	56778_P	8	0

0　(0 out of 84 Selected)

SubPcp

图 5-4　气象站点空间分配及结果

B. 模型数据初始化(图 5-5)

SWAT 运行之前，必须定义初始流域输入值，这些值基于流域划分和土地利用/土壤/坡度特征或默认值，由自动设置生成。

创建初始值有两种方式，一种是一次性写入，另一种是逐一写入。滇池流域陆域模型采用一次性写入。

该过程创建的主要数据包括流域配置文件、土壤数据、气象数据、子流域数据、水文响应单元数据、主河道数据、地下水数据等。

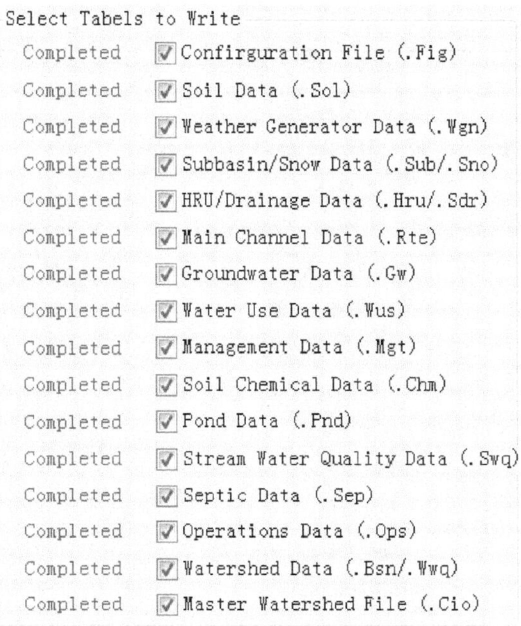

图 5-5　模型数据初始化

C. 土壤参数编辑

土壤参数编辑主要内容包括土壤分层状况、土壤质地性质、土壤水特性等几个方面。

模型土壤参数主要采用中国土壤数据库(http://vdb3.soil.csdb.cn/)中昆明市滇池流域涉及区县的土壤类型的相关参数，在数据缺失时采用文献检索滇池流域土壤相关研究成果，其中主要参考的研究成果有：滇池小流域土壤资源特点及其合理利用(王金亮和杨桂华，1997)，非饱和土壤水分运动参数的确定——以昆明红壤土为例(马美红等，2017)等。

由于模型土壤数据参数均来源于资料和文献，为非实验测定或调查的确定参数。因此，该部分参数的输入和编制主要是为模型提供一个土壤数据的基本框架，模型中土壤参数的确定有待后期的校准来完成(表 5-4)。

表 5-4　土壤参数编辑信息列表

土壤参数名称	模型定义	参数获取编辑
SNAME	土壤名称	涉及土壤类型命名
NLAYERS	土壤分层数	中国土壤数据库和研究区相关研究
HYDGRP	土壤水文学分组	计算
SOL_ZMX	土壤剖面最大根系深度(mm)	中国土壤数据库和研究区相关研究成果

续表

土壤参数名称	模型定义	参数获取编辑
ANION_EXCL	土壤阴离子交换孔隙度	默认值
SOL_CRK	土壤最大可压缩量，以所占总土壤体积的分数表示	默认值
TEXTURE	土壤层结构	中国土壤数据库和研究区相关研究成果
SOL_Z	个土壤层底层到土壤表层的深度(mm)	中国土壤数据库和研究区相关研究成果
SOL_BD	土壤容重(mg/m^3)	中国土壤数据库和研究区相关研究成果
SOL_AWC	土壤层有效持水量(mm)	中国土壤数据库和研究区相关研究成果
SOL_K	土壤饱和导水率/水力传导系数(mm/h)	中国土壤数据库和研究区相关研究成果
SOL_CBN	土壤层中有机碳含量	中国土壤数据库
CLAY	黏土含量	中国土壤数据库
SILT	壤土含量	中国土壤数据库
SAND	砂土含量	中国土壤数据库
ROCK	砾石含量	中国土壤数据库
SOL_ALB	土壤反照率	默认值
USLE_K	USLE 方程中土壤侵蚀力因子	计算

D. 点源排放数据编辑

流域尺度上，研究区点源输入数据主要是污水处理厂尾水和外流域调水。研究区涉及的污水处理厂信息如表 5-5 所示。

表 5-5　滇池流域陆域主要污水处理厂信息

序号	名称	经纬度坐标	建设时间	试运营投产时间	设计处理规模/(万 t/d)	尾水排放去向
1	第一水质净化厂	东经 102°41′09″，北纬 25°01′00″	1988 年	1991 年	12	4 万 m^3 补采莲河，其余补船房河
2	第二水质净化厂	东经 102°42′53″，北纬 24°58′45″	1994 年	1995 年	10	大清河外排
3	第三水质净化厂	东经 102°39′37″，北纬 25°01′41″	1996 年	1997 年	21	进入老运粮河与乌龙河进入
4	第四水质净化厂	东经 102°42′38″，北纬 25°03′48″	1995 年	1997 年	6	0.5～1 万 m^3 补翠湖，其余补盘龙江
5	第五水质净化厂	东经 102°43′35″，北纬 25°05′23″	1999 年	2002 年	18.5	金汁河—大清河外排
6	第六水质净化厂	东经 102°44′37″，北纬 24°57′04″	1999 年	2003 年	13	新宝象河
7	第七水质净化厂	东经 103°45′23″，北纬 24°35′05″	2008 年	2009 年	30	尾水外排
8	第八水质净化厂		2009 年			

续表

序号	名称	经纬度坐标	建设时间	试运营投产时间	设计处理规模/(万 t/d)	尾水排放去向
9	第九水质净化厂	东经 102°39′03″，北纬 25°04′23″	2011 年	2015 年	10	新运粮河通过导流带外排
10	第十水质净化厂	东经 102°44′41″，北纬 25°01′10″	2011 年	2013 年	15	大清河外排
11	第十一水质净化厂	东经 102°46′43″，北纬 25°01′52″	2013 年	2016 年	6	海河
12	昆明市普照水质净化厂	北纬 24°59′13″，东经 102°47′16″	2013 年	2015 年	5	新宝象河
13	洛龙河污水处理厂	东经 102°46′15″，北纬 24°54′9″	2009 年	2015 年	6	尾水进清水大沟，再进斗南湿地，通过湿地系统排入滇池
14	洛龙河水质净化厂	东经 102°46′11″，北纬 24°54′8″	2009 年	2013 年	5	
15	捞鱼河污水处理厂	东经 102°46′33″，北纬 24°42′29″	2009 年	2015 年	4.5	经捞鱼河进入湿地系统再排入滇池
16	淤泥河水质净化厂	东经 102°43′28″，北纬 24°45′56″	2009 年	2015 年	10	淤泥河
17	白鱼河水质净化厂	—	2009 年	2014 年	10	白鱼河
18	昆阳水质净化厂	—	2009 年	2013 年	7.5	进小口子河，通过湿地系统再排入滇池
19	古城水质净化厂	东经 102°35′58.59″，北纬 24°44′32.81″	2009 年	2013 年	4	滇池湿地
20	白鱼口水质净化厂	东经 102°39′10.91″，北纬 24°49′7.48″	2009 年	2014 年	0.5	滇池湿地

点源数据信息从各厂运行数据中获取，输入数据编辑内容主要是尾水水量和 NH_3-N、TN、TP 等。

根据 2017 年滇池外海流域污水处理厂运行数据，各厂尾水排放量与氮磷负荷如表 5-6 所示。

表 5-6 滇池流域陆域主要污水处理厂尾水

序号	污水处理厂名称	尾水/万 m^3	TN/t	TP/t
1	第一水质净化厂	5050	288.8	3.82
2	第二水质净化厂	4281	382.1	3.41
3	第四水质净化厂	1701	120.9	2.69
4	第五水质净化厂	8598	597.8	19.6
5	第六水质净化厂	5147	475.9	7.73
6	第七水质净化厂	11902	927.7	23.03
7	第八水质净化厂			

续表

序号	污水处理厂名称	尾水/万 m^3	TN/t	TP/t
8	第十水质净化厂	3487	357.1	9.29
9	第十一水质净化厂	633	63.6	5.19
10	昆明市普照水质净化厂	1472	131.1	3.22
11	洛龙河污水处理厂	2255	221	4.82
12	洛龙河雨水处理厂	559	58.3	1.14
13	捞鱼河污水处理厂	1086	110.5	2.94
14	淤泥河污水处理厂	1120	103.1	3.21
15	白鱼河污水处理厂	957	70.3	2.74
16	昆阳污水处理厂	1449	129.8	2.64
17	古城污水处理厂	411	11.4	0.94
18	白鱼口污水处理厂	106	4.22	0.38

E. 水库参数数据编辑

上游水库蓄水截流能力，水库溢洪道下泄水量和水库取水等因素的存在对流域水文过程影响较大。

通过资料收集整理了滇池流域共有 8 座大中型水库以及已通过资料收集整理得到的部分小(一)型水库库容信息，流域 8 座大中型水库信息如表 5-7 所示。

表 5-7　滇池流域 8 座大中型水库库容信息

序号	水库名称	径流面积/km^2	总库容/万 m^3
1	松华坝水库	593	21900
2	宝象河水库	67.3	2027
3	果林水库	30.8	1140
4	松茂水库	41.1	1600
5	横冲水库	28.5	1000
6	大河水库	45.6	1850
7	柴河水库	106.5	2279
8	双龙水库	54	1224

另外，水库数据编辑中水库水域面积也是水库区域水文循环的参数之一，对下游河道水文过程产生一定影响。该参数采用前述数据制备过程中土地利用类型分类数据，面积信息从水域类型中提取。

模型输入参数的编辑还包括河道数据、HRU、流域数据输入编辑、用户数据库编辑等许多内容，其中部分数据和参数可以通过模型参数率定来完成，或是通过模型参数率定评价结果，再开展模型输入数据的编辑。总之，模型输入数据的编辑是模型不断优化和完善的过程，后期需要结合模型模拟结果进行。

3) 模型模拟

A. 模型运行与结果输出

根据上述构建的滇池陆域污染负荷迁移模型，采用已输入的气象数据，选取 2006～2007 年的数据作为模型预热期，对滇池流域陆域污染负荷迁移进行模拟。

构建的陆域模型可视化界面如图 5-6 所示。

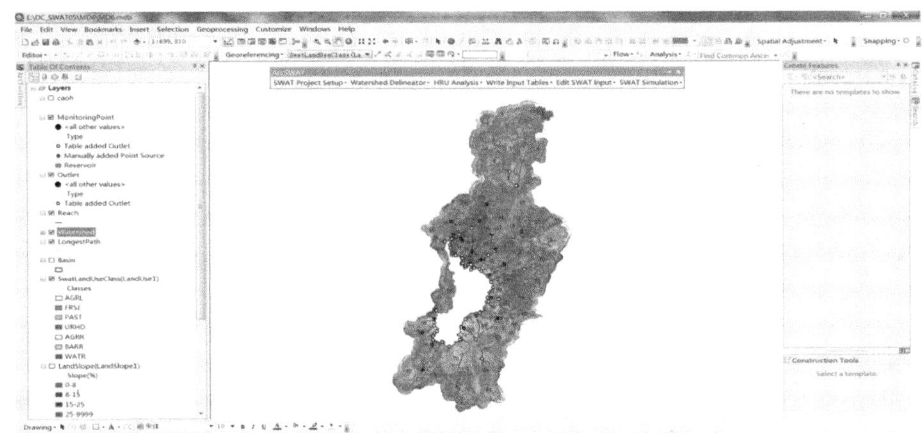

图 5-6　模型可视化结构概要图

模型运行结果输出包括汇总输出文件 output.std、主河道输出文件 output.rch、子流域输出文件 output.sub、HRU 输出文件 output.hru 等，将文本文件输入 Access 数据库，数据库表格式便于 SWAT 输出数据的提取。

汇总输出文件 output.std（图 5-7）包含模型运行的有效汇总信息，包括流域尺度的各种统计，有助于确定 SWAT 模型是否生成合理结果。

output.std - 记事本

文件(F) 编辑(E) 格式(O) 查看(V) 帮助(H)

TIME	PREC (mm)	SURQ (mm)	LATQ (mm)	GWQ (mm)	LATE (mm)	Q (mm)	SW (mm)	ET (mm)	PET (mm)	YIELD (mm)	YIELD (mm)	S
1	22.61	1.30	0.94	10.73	0.19	0.00	286.79	31.89	74.85	13.75	0.02	0
2	4.05	0.03	0.15	1.75	0.00	0.00	258.98	32.05	85.56	2.51	0.00	0
3	42.05	1.86	0.45	0.07	0.00	0.00	241.14	57.26	123.32	2.77	0.01	0
4	51.31	3.14	1.52	0.00	0.02	0.00	221.50	66.65	122.02	5.11	0.07	0
5	31.34	1.18	0.98	0.00	0.00	0.00	172.52	78.73	151.43	2.43	0.00	0
6	170.61	11.98	3.98	0.01	2.52	0.00	256.92	63.95	121.01	16.11	0.28	0
7	337.02	57.27	29.09	15.70	119.87	0.00	311.79	71.82	86.22	102.49	4.44	0
8	177.35	19.44	15.81	51.38	59.59	0.00	320.89	74.47	92.74	87.89	1.45	0
9	130.98	22.44	14.04	56.07	48.42	0.00	310.74	58.79	83.25	94.26	1.32	0
10	94.44	7.94	7.99	49.04	31.64	0.00	314.19	43.75	66.12	66.95	0.30	0
11	11.06	0.27	2.19	34.20	0.03	0.00	291.47	33.53	70.63	38.52	0.01	0
12	0.08	0.00	0.39	17.07	0.00	0.00	273.83	17.93	60.81	19.07	0.00	0
2017	1072.90	126.85	77.52	236.01	262.29	0.00	273.83	630.82	1137.97	451.85	7.89	0

1

SWAT May 20 2015　　VER 2015/Rev 637

图 5-7　output.std 文件

主河道输出文件 output.rch、子流域输出文件 output.sub、HRU 输出文件

output.hru 等输出文本输入到 Access 数据库(图 5-8)。

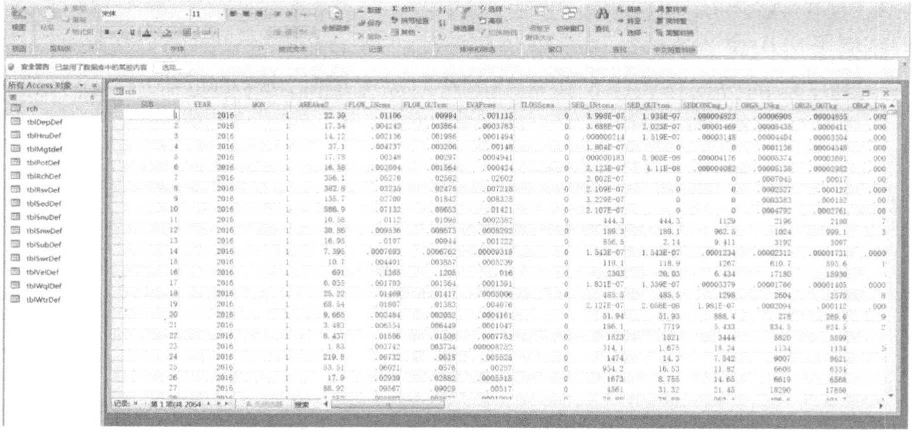

图 5-8　SWAT Output.mdb 数据库表

B. 模拟结果检查

采用 SwatChecker 对模型模拟结果进行检查，以便为下一步的模型参数率定提供方向。通过结果检查，滇池流域陆域模型对流域水文过程的模拟中未发现错误提示，说明构建的滇池陆域污染负荷迁移模型基本水文过程合理。

4. 模型参数率定与结果评价

模型参数率定是用来提高模型精度，确定模型关键参数及改善模型结构的非常有效的方法。目前对于模型的参数率定有遗传算法(genetic algorithm)、贝叶斯方法(Bayesian method)、RSA 方法(regionalized sensitivity analysis)等多种方法。SUFI-2(sequential uncertainty fitting，ver.2)算法是分析水文模型不确定性研究的常用方法之一，对于模型精度和运算效率都有很大的提高。

滇池流域陆域污染负荷迁移模型参数校准采用 SWAT-CUP 软件，SUFI-2 算法进行。SWAT-CUP 是一个公共程序，可以自由使用和复制，下载地址为 https://swat.tamu.edu/software/swat-cup/。该程序将 GLUE、ParaSol、SUFI2 和 MCMC 等程序与 SWAT 连接起来，可以执行 SWAT 模型的敏感性分析、率定、验证和不确定性分析。

1) 率定参数选取

SWAT 模型参数众多但有的参数对模型影响较小，有的参数细微变化对模型模拟结果有较大的影响。

参考目前相关研究成果，在不同的研究区 SWAT 模型水文过程敏感参数不同(表 5-8)，结合滇池流域特征，初步选取 19 个参数进行模型水文模块参数率定(表 5-9)。

表 5-8 不同研究区域水文过程敏感参数

流域	参数敏感性排序	1	2	3	4	5	6	7	8	9	10
湿润区	抚河流域	CN2	GWQMN	RCHRG_DP	ESCO	SOL_Z	SLOPE	SOL_AWC	SOL_K	GW_REVAP	
	杭嘉湖	CN2	SOL_AWC	GWQMN	ESCO	ALPHA_BF	CN_K2				
	晋江	CN2	SOL_AWC	ESCO	GW_REVAP	GW_DELAY	ALPHA_BF				
	三峡库区	SOL_AWC	SOL_K	ESCO	GWQMN	CN2	CANMX	SOL_Z			
半湿润区	红门川	CN2	SOL_AWC	ALPHA_BF	ESCO	SOL_K					
	牤牛河	CN2	SOL_Z	SOL_AWC	CANMX	ESCO					
	洛河	SOL_AWC	CN2	ESCO	ALPHA_BF						
	陕西黑河	CN2	ESCO	SOL_AWC							
半干旱区	长川河	CN2	SOL_AWC	SLOPE	SOL_K	SOL_Z	CANMX				
	安家沟	CN2	SOL_AWC	ESCO							
	云州水库	CN2	SOL_AWC	SOL_K	SLOPE	GWQMN	CANMX				
干旱区	梨园河	CN2	GW_REVAP	ESCO	SOL_AWC	SLOPE	SMFMX	SMFMN			
	黑河	CN2	SOL_AWC	SOL_K	TIMP	SMTMP	ALPHA_BF	SMFMN	SMFMX	SURLAG	
	玛纳斯河	TIMP	ALPHA_BF	CN2	SURLAG	GWQMN	CH_K2	SOL_Z	ESCO	SOL_K	GW_DELAY

表 5-9　滇池流域陆域模型校准参数信息

参数	参数定义	默认范围
CN2	水文条件Ⅱ时的初始 SCS 径流曲线数	35～98
ALPHA_BF	基流 α 因子	0～1
GW_DELAY	地下水的时间延迟	0～500
GWQMN	发生回归流所需的浅层含水层的水位阈值	0～5000
GW_REVAP	地下水的 revap 系数	0.02～0.2
REVAPMN	发生 revap 或渗入深层含水层所需的浅层含水层的水位阈值	0～500
RRCHRG-DP	深层蓄水层渗透系数	0～1
SOL_AWC	土层的有效含水量	0～1
SOL_K	饱和渗透系数	0～2000
SOL_Z	土壤深度	0～3500
SOL-BD	土壤容重	0.9～2.5
CH_N2	主河道曼宁系数	0～0.3
OV_N	坡面流道曼宁系数	0.01～30
ESCO	土壤蒸发补偿因子	0～1
EPCO	植被蒸发补偿因子	0～1
CANMX	最大冠层截留量(mm)	0～100
ALPHA_BNK	河岸基流 α 因子	0～1
CH_K2	主河道水利传导率	0～500
SURLAG	地表径流滞后系数	0.5～24

2) 评价指标

滇池流域陆域污染负荷迁移模型参数率定和验证的评价选择纳什系数(NS)和线性回归的相关系数(R^2)，其表达式为：

$$\mathrm{NSE}=\frac{\sum_{i=1}^{n}\left(Q_i-\bar{O}\right)^2-\sum_{i=1}^{n}(P_i-O_i)^2}{\sum\left(Q_i-\bar{O}\right)^2} \tag{5-4}$$

$$R^2=\frac{\left[\sum_{i=1}^{n}(O_i-\bar{O})(P_i-\bar{P})\right]^2}{\sum_{i=1}^{n}(O_i-\bar{O})^2\sum_{i=1}^{n}(P_i-\bar{P})^2} \tag{5-5}$$

式中，O_i是第 i 个观测值；P_i是第 i 个模拟值；$\bar{O}$和$\bar{P}$分别是观测值和模拟值的平均值；n 为观测值的个数。R^2 范围为 0～1，越接近于 1，表明拟合效果越好；越接近 0，表明拟合效果越差。NS 取值为负无穷至 1，接近于 1 表示模拟效果好，模型可信度高；NS 接近于 0 表示模型模拟结果接近于观测值的平均值水平，总体结果可信，但过程模拟存在较大误差；NS 值远远小于 1，则模型结果是不可信的。一般认为 NS≥0.9 优秀；0.75≤NS＜0.9 优良；0.5≤NS＜0.75 良好；低于 0.5 则认为偏差过大，不适宜。

3) 模型参数率定验证结果

根据滇池流域入湖河道水文站点和常规水质监测点数据，选取干海子站(宝象河系统)和中和站(盘龙江系统)两个水文站 2008～2010 年、2013～2014 年 5 年日流量实测数据对滇池流域陆域模型水文模块进行参数率定和验证。其中，2008～2010 年作为率定期，2013～2014 年作为中和站验证期，干海子站验证期为 2013 年。

根据上述选取的评价指标，滇池流域陆域模型河道日尺度平均流量模拟模型性能指标验证结果纳什系数(NS)为 0.54 和 0.71，R^2 分别为 0.55 和 0.72，说明模型水文模块率定后可适用于滇池流域。

滇池流域陆域模型水文模块校验完成后，保持最佳参数取值，进行水质模块的校验。由于滇池流域入湖河道实测水质数据为月尺度数据，缺乏长时间序列的日实测数据。因此，采用的流量较大入湖河道常规监测点月水质实测数据对模型水质模拟结果进行复核。

目前 SWAT 模型不能直接模拟化学需氧量的动态迁移过程。因此，采用滇池流域历史监测数据，拟合流域 COD 与其他污染物之间的关系，并根据拟合的方程，推求 COD 结果。

模型校验后的参数和取值如表 5-10 所示。

表 5-10　滇池流域陆域模型参数优化与取值

Parameter_Name	Fitted_Value	Min_value	Max_value
1:R__CN2.mgt	−1.172876	−1.333742	−1.012010
2:V__ALPHA_BF.gw	0.038476	−0.037521	0.114473
3:V__GW_DELAY.gw	298.331299	263.552338	333.110260
4:V__GWQMN.gw	569.593262	409.729218	729.457336
5:V__GW_REVAP.gw	0.086750	0.055331	0.118169
6:V__RCHRG_DP.gw	0.606147	0.504944	0.707350
7:R__SOL_AWC(..).sol	0.485637	0.327313	0.643961
8:R__SOL_K(..).sol	0.394026	0.290417	0.497635
9:R__SOL_Z(..).sol	−0.123618	−0.174199	−0.073037
10:R__SOL_BD(..).sol	0.374380	0.285129	0.463631
11:V__CANMX.hru	23.792004	16.359812	31.224195
12:V__OV_N.hru	11.214375	8.771631	13.657118
13:V__ESCO.hru	0.199559	0.112026	0.287092
14:V__ALPHA_BNK.rte	0.370130	0.184336	0.555924
15:V__CH_N2.rte	0.078968	0.034311	0.123625
16:V__SURLAG.bsn	13.215907	8.619682	17.812132

在流域北部、东部、南部选取盘龙江、宝象河与柴河 3 条河道水质模拟结果进行复核，结果如表 5-11 和图 5-9～图 5-17 所示。

表 5-11　滇池流域陆域模型月水质模拟结果评价

河道	模拟年平均值/(mg/L)				实测年平均值/(mg/L)				相对误差			
	COD	NH_3-N	TP	TN	COD	NH_3-N	TP	TN	COD	NH_3-N	TP	TN
盘龙江	11.38	0.95	0.16	4.31	8.75	0.74	0.12	3.33	0.231	0.221	0.250	0.227
宝象河	12.93	0.94	0.4	12.67	18.17	1.38	0.3	9.78	0.405	0.468	0.250	0.228
柴河	25.51	0.93	0.2	3.45	19.33	0.71	0.15	2.64	0.242	0.237	0.250	0.235

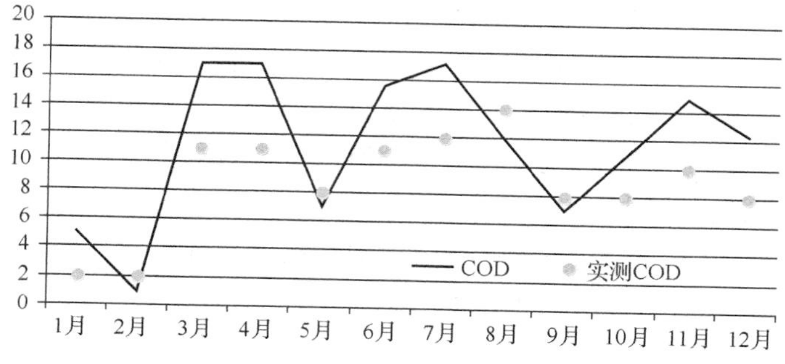

图 5-9　盘龙江 COD 月数据复核结果

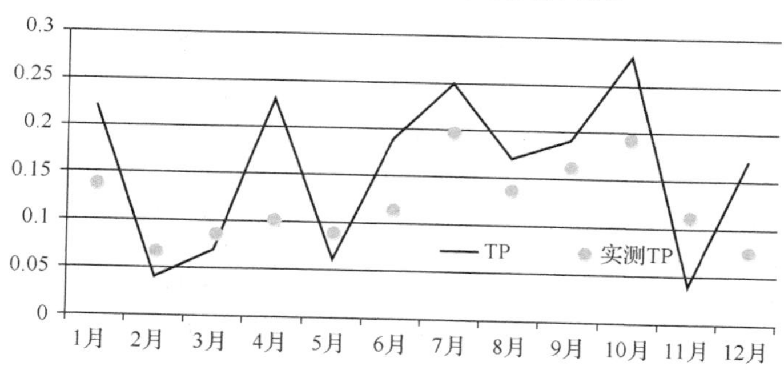

图 5-10　盘龙江 TP 月数据复核结果

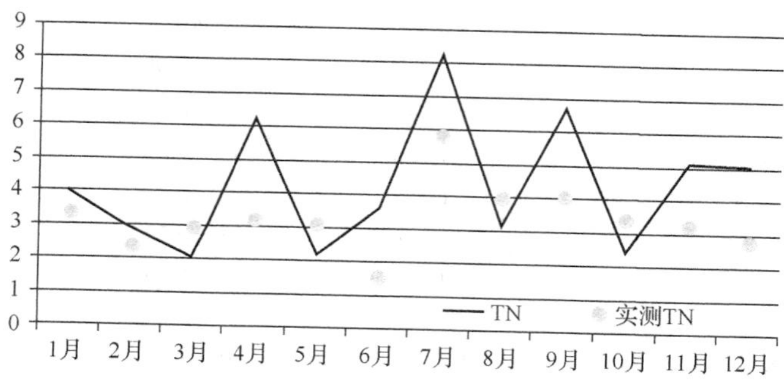

图 5-11　盘龙江 TN 月数据复核结果

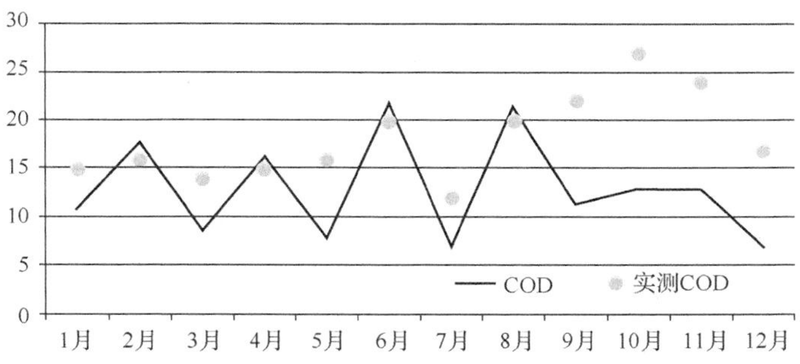

图 5-12　宝象河 COD 月数据复核结果

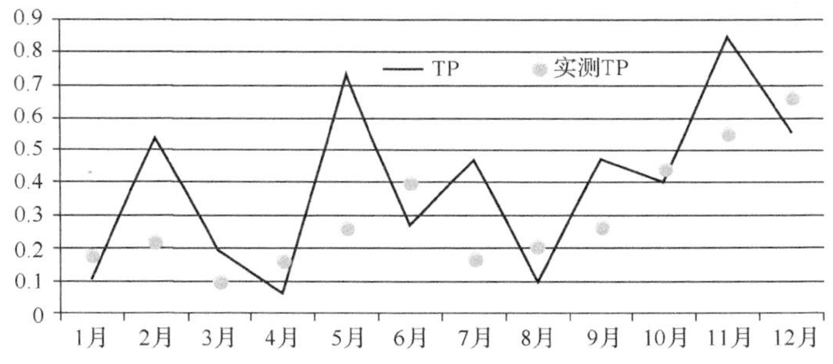

图 5-13　宝象河 TP 月数据复核结果

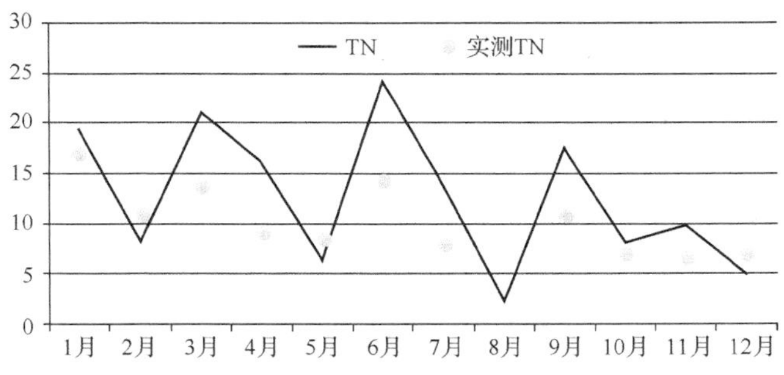

图 5-14　宝象河 TN 月数据复核结果

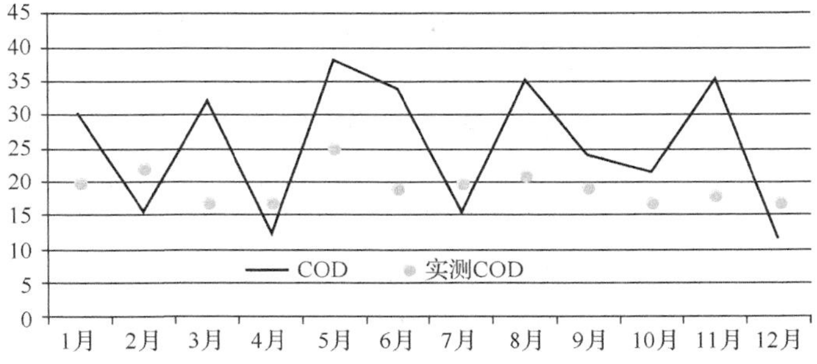

图 5-15　柴河 COD 月数据复核结果

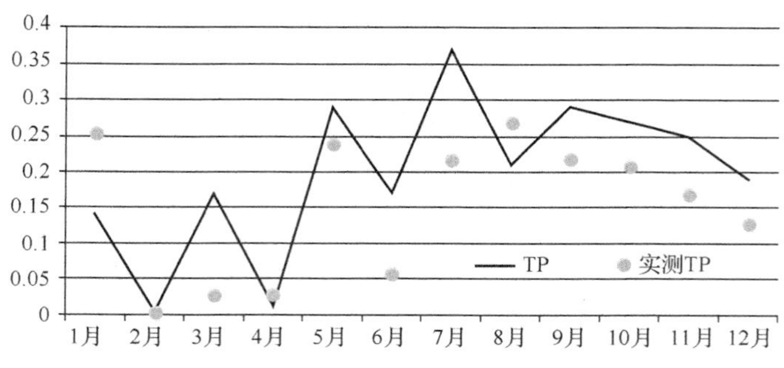

图 5-16　柴河 TP 月数据复核结果

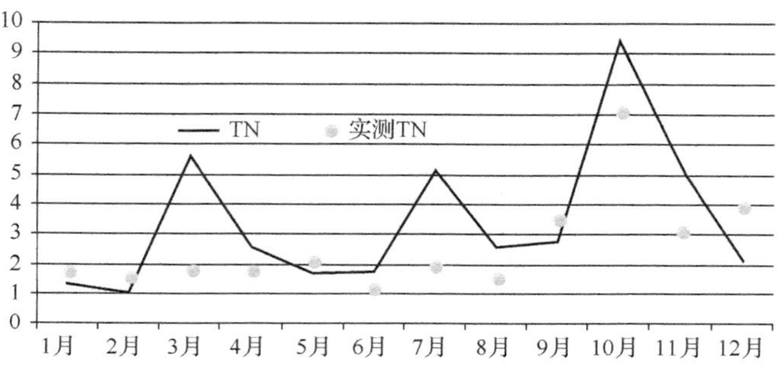

图 5-17　柴河 TN 月数据复核结果

水质模拟结果复核完成后，通过水量与通量的关系换算入湖河道水质。

5.1.2 滇池湖体水质水动力模型构建

1. 模型概述

1) EFDC 模型简介

EFDC (environmental fluid dynamic code) 是一个源程序公开的水环境数学模型，可以用于模拟包括河流、湖泊、河口、水库、湿地与海岸区等地表水体的三维流动、传输与生物地球化学过程。EFDC 模型最早由美国弗吉尼亚海洋研究所 (Virginia Institute of Marine Science，VIMS) 的 John Hamrick 等根据多个数学模型集成开发研制而成，现在由美国环境保护局 (EPA) 提供支持。EFDC 自 1992 年发布以来，不断更新完善，被许多大学、研究机构、政府部门和商业公司使用。随着 EFDC-Explorer 等前后处理工具的出现，EFDC 得到了更加广泛的应用。

EFDC 模型可以用于模拟水环境系统一维、二维和三维流场，物质输运 (包括温度、盐度和泥沙的输运)，生态过程等。它在单一源代码框架下，耦合了水动力、水质与富营养化、泥沙输运、有毒化学物质输运与转化等子模型，构成了独特的模型集合。

EFDC 模型优势包括：极强的问题适应能力和灵活的变边界处理技术。根据需要，EFDC 模型可以用于零维、一维、二维和三维水环境模拟，目前在河流、湖泊、河口、港湾及湿地等水环境系统中已经有很多成功的应用实例。EFDC 通用的文件输入格式，能快速地耦合水动力、泥沙和水质模块，省略了不同模型接口程序的研发过程。EFDC 所采用的数值方法和系统开发方法代表了目前国际上水环境模拟系统开发、研究的主流方向与前沿。

2) 模型原理

EFDC 的控制方程是一组联立的偏微分方程，包括多种水动力过程和 21 个状态变量的水质与富营养化模块。模拟的指标主要有温度、碳、氮、磷、藻类、溶解氧、有机物、硅、大肠杆菌等。

A. 水动力模块

EFDC 模型的水动力模型及很多计算方案与广泛使用 Blumberg-Mellor 模型效果相同。水动力模型基于三维浅水方程，动力耦合了盐度与温度传输。

EFDC 模型垂向上采用 sigma 坐标变换，能较好地拟合近岸复杂的岸线和地形。水平曲线坐标，垂向 sigma 坐标下，连续方程、动量方程、温度和盐度方程如下(Hamrick，1992)：

$$\begin{aligned}\partial_t\left(m_x m_y Hu\right)+\partial_x\left(m_y Huu\right)+\partial_y\left(m_x Hvu\right)+\partial_z\left(m_x m_y wu\right)-m_x m_y f_{\mathrm{e}} Hv \\ =-m_y H\partial_x\left(p+g\eta\right)-m_y\left(\partial_x h-z\partial_x H\right)\partial_Z p \\ +\partial_z\left(m_x m_y H^{-1}A_V\partial_z u\right)+Q_u\end{aligned} \tag{5-6}$$

$$\begin{aligned}\partial_t\left(m_x m_y Hv\right)+\partial_x\left(m_y Huv\right)+\partial_y\left(m_x Hvv\right)+\partial_z\left(m_x m_y wv\right)+m_x m_y f_{\mathrm{e}} Hu \\ =-m_x H\partial_y\left(p+g\eta\right)-m_x\left(\partial_y h-z\partial_y H\right)\partial_Z p \\ +\partial_z\left(m_x m_y H^{-1}A_V\partial_z v\right)+Q_v\end{aligned} \tag{5-7}$$

$$\partial_z p=-gHb=-gH\left(\rho-\rho_0\right)\rho_0^{-1} \tag{5-8}$$

$$\partial_t\left(m_x m_y H\right)+\partial_x\left(m_y Hu\right)+\partial_y\left(m_x Hv\right)+\partial_z\left(m_x m_y w\right)=Q_H \tag{5-9}$$

$$\partial_t\left(m_x m_y H\right)+\partial_x\left(m_y H\int_0^1 udz\right)+\partial_y\left(m_x H\int_0^1 vdz\right)=\int_0^1 Q_H dz \tag{5-10}$$

$$m_x m_y f_{\mathrm{e}}=m_x m_y f-u\partial_y m_x+v\partial_x m_y \tag{5-11}$$

$$\rho=\rho\left(S,T\right) \tag{5-12}$$

$$\begin{aligned}&\partial_t\left(m_x m_y HS\right)+\partial_x\left(m_y HuS\right)+\partial_y\left(m_x HvS\right)+\partial_z\left(m_x m_y wS\right)\\&=m_x m_y\partial_z\left(H^{-1}A_b\partial_z S\right)+Q_{\mathrm{S}}\end{aligned}\tag{5-13}$$

$$\begin{aligned}&\partial_t\left(m_x m_y HT\right)+\partial_x\left(m_y HuT\right)+\partial_y\left(m_x HvT\right)+\partial_z\left(m_x m_y wT\right)\\&=m_x m_y\partial_z\left(H^{-1}A_b\partial_z T\right)+Q_T\end{aligned}\tag{5-14}$$

式中，x，y 为正交曲线坐标；z 为垂向 sigma 坐标；u，v，w 分别是 x，y，z 方向上的速度分量；m_x 和 m_y 分别是度量张量对角元素的平方根，$m=m_x m_y$ 是度量张量行列式的平方根；A_v 表示垂向紊动黏滞系数；f_e 是 coriolis 系数；ρ 是密度；S 是盐度；T 是温度；Q_u 和 Q_v 代表动量源汇项。

B. 水质与富营养化作用

EFDC 水质模型包括水柱体中的 21 个状态变量，并且它与有 27 个状态变量的泥沙成岩模型耦合在一起。水质模型加入了藻类、溶解氧、磷、硅、有机碳与化学需氧量方程等组成的方程组。有机碳与有机营养物质是以溶解态和颗粒态、活性和难溶的形式存在的。水质变量的质量守恒控制方程如下(季振刚，2012)：

$$\frac{\partial C}{\partial t}+\frac{\partial(uC)}{\partial x}+\frac{\partial(vC)}{\partial y}+\frac{\partial(wC)}{\partial z}=\frac{\partial}{\partial x}\left(K_x\frac{\partial C}{\partial x}\right)+\frac{\partial}{\partial y}\left(K_y\frac{\partial C}{\partial y}\right)+\frac{\partial}{\partial z}\left(K_z\frac{\partial C}{\partial z}\right)+S_{\mathrm{c}}\tag{5-15}$$

式中，C 为水质状态变量浓度；u，v，w 分别为 x，y，z 方向的速度分量；K_x、K_y 和 K_z 分别为 x，y，z 方向的湍流扩散系数；S_{c} 为单位体积内部和外部的源汇项。

水质变量的质量守恒方程包括了物理输运、平流扩散以及生态动力学过程，方程左边后三项为平流输运项，方程右边前三项为扩散输运项。这六项和物理输运项类似，数值解法和水动力模型中盐度质量守恒方程相似。方程最后一项表示每个状态变量的动力学过程和外部负荷。

EFDC 模拟表 5-12 中的 21 个水质状态变量。这些水质变量之间的相互作用如图 5-18 所示。水温在计算水质状态变量是必需的，由内部耦合的水动力模块提供。

这些水质状态变量的特征如下(季振刚，2012)：

藻类。在 EFDC 模型中，藻类被描述为 4 个状态变量：蓝藻、绿藻、硅藻和大型藻类。这种分组基于每种藻类的不同特性，同时基于其在生态系统中扮演的重要角色。蓝藻，也叫蓝-绿藻，是一种可以固定大气中氮的特殊种类。硅藻的特点在于其需要硅作为构成细胞壁的营养物质。不属于前两组的浮游植物集中到了绿藻类中。纳入水质模型的大型藻类主要为固着于底床的水生植物。

表 5-12　EFDC 模型水质状态变量

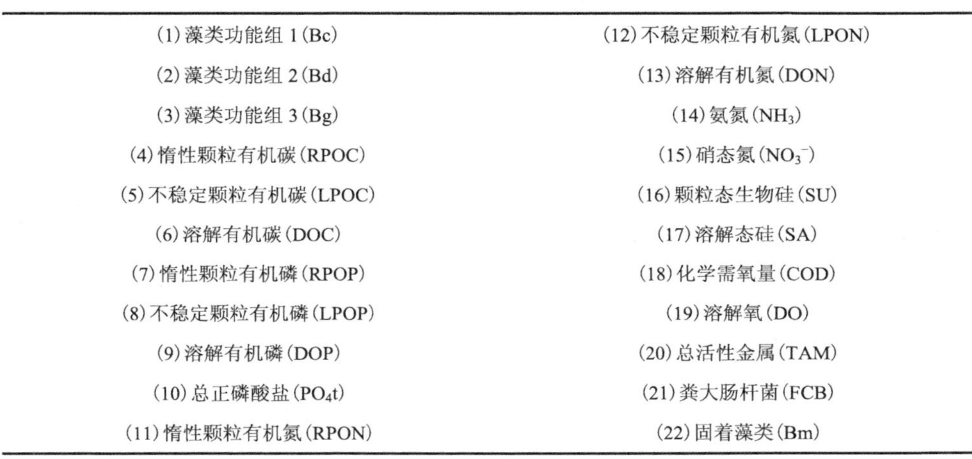

(1) 藻类功能组 1 (Bc)	(12) 不稳定颗粒有机氮 (LPON)
(2) 藻类功能组 2 (Bd)	(13) 溶解有机氮 (DON)
(3) 藻类功能组 3 (Bg)	(14) 氨氮 (NH_3)
(4) 惰性颗粒有机碳 (RPOC)	(15) 硝态氮 (NO_3^-)
(5) 不稳定颗粒有机碳 (LPOC)	(16) 颗粒态生物硅 (SU)
(6) 溶解有机碳 (DOC)	(17) 溶解态硅 (SA)
(7) 惰性颗粒有机磷 (RPOP)	(18) 化学需氧量 (COD)
(8) 不稳定颗粒有机磷 (LPOP)	(19) 溶解氧 (DO)
(9) 溶解有机磷 (DOP)	(20) 总活性金属 (TAM)
(10) 总正磷酸盐 (PO_4t)	(21) 粪大肠杆菌 (FCB)
(11) 惰性颗粒有机氮 (RPON)	(22) 固着藻类 (Bm)

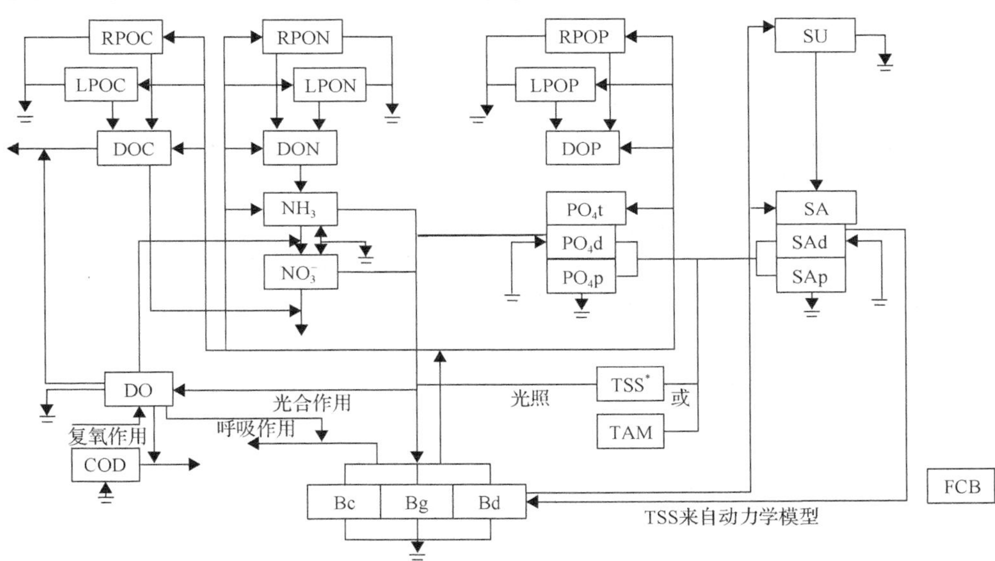

图 5-18　EFDC 水质模型结构示意图

有机碳。共有 3 种有机碳状态变量：溶解性、活性颗粒和难溶颗粒。活性和难溶的区别在于分解的时间尺度。活性有机碳分解的时间尺度为几天到几星期，而难溶有机碳则需要更长的时间。活性有机碳在水柱或沉积物中迅速分解。难溶有机碳主要存在于沉积物中，其分解缓慢，而且沉积后数年内仍会对沉积物好氧量有贡献。

氮。氮首先分为有机和无机两部分。有机氮状态变量为：溶解性有机氮、活性颗粒有机氮和难溶颗粒有机氮。无机氮有两个形态——铵和硝酸盐，这两个都是藻类生长所需的。铵可以被硝化细菌氧化为硝酸盐，而这种氧化作用是水体和沉积床中重要的氧汇。亚硝酸盐浓度通常要比硝酸盐的浓度低得多，而且为描述方便，在模型中与硝酸盐一起来考虑。因此，硝酸盐状态变量实际上是亚硝酸盐加上硝酸盐的总和。

磷。与碳和氮一样，有机磷分为 3 个状态：溶解性、活性颗粒态和难溶颗粒态。在模型中，只考虑一种无机形态——总磷酸盐。用分配系数来划分总磷酸盐中的溶解性磷酸盐和颗粒磷酸盐。

硅。硅被分为两个状态变量：可用硅和颗粒生物硅。可用硅首先被溶解后被硅藻所利用。颗粒生物硅不能被利用。在模型中，颗粒生物硅通过硅藻死亡产生。颗粒生物硅可分解为可用硅或沉降到底沉积物中。

化学需氧量。在 EFDC 水质模型中，COD 为通过无机方法可以被氧化的物质减少的浓度。在咸水中，COD 的主要组成为从沉积物中释放的硫化物。硫化物氧化成硫酸盐可以消耗水体中大量的溶解氧。在淡水中主要的 COD 为甲烷(CH_4)。

溶解氧。溶解氧是水质模型中的主要成分。

总活性金属。磷酸盐和溶解性硅吸附在无机物固体上，特别是铁和锰。吸附和沉降是从水柱体中移除磷酸盐和硅的一个途径。因此，铁和锰的浓度和输运在模型中被描述为 TAM。其通过氧依赖性分配系数区别颗粒态和溶解态。

粪大肠杆菌。粪大肠杆菌用于指示水体中的病原体。

在数据监测计划中，总营养物质通常涵盖了水中营养物质的所有形态，包括生物体(大部分藻类生物量)内的有机营养物质。但是，在水质模型中，有机营养物质的状态变量通常不包括藻类所含的营养物质。

除了表 5-12 中的水质状态变量之外，温度、盐度和总悬浮固体等 3 个变量在水质模拟中同样重要。

温度是生化反应速率最重要的决定因素。反应率的增加是温度的函数，极端温度条件会导致生物体的死亡。温度在水动力模型中计算。

盐度是一个守恒示踪物，提供模型中输运量的验证，并有助于检验物质守恒。盐度影响溶解氧的饱和溶解度，而且可以用作确定盐水和淡水中不同的动力学常数。盐度同样可以影响特定种类藻的死亡率。盐度在水动力模型中模拟。

当模拟沉积过程时，颗粒磷酸盐和颗粒硅被认为吸附在总悬浮固体上(TSS)(或悬浮黏性沉积物上)，并被水流输运到 TSS 周围。因此，在水质模拟中不用总活性金属的状态变量。相对于 TAM，使用 TSS 对于颗粒营养物质的模拟更为合适，因为 TSS 观测数据更容易获得，而且使用沉积模型模拟沉积过程更为可靠。

需要注意的是，EFDC 模型中，化学需氧量(COD)是通过无机氧化途径可降解的物质所对应的溶解氧消耗量，主要来源于沉积物中释放出来的硫化物或甲烷。

硫化物或甲烷氧化为硫酸盐或二氧化碳直接导致溶解氧的降低。而我国常用的水质指标——COD，是指在强酸并加热条件下，用重铬酸钾作为氧化剂处理水样时所消耗氧化剂的量，以氧的 mg/L 来表示，反映水体受还原性物质污染的程度，水中还原性物质包括有机物、亚硝酸盐、亚铁盐、硫化物等。EFDC 模型中的 COD 与我国常用水质指标 COD 定义不同，因此，不能直接用 EFDC 的水质模块模拟湖体 COD 的变化。本研究中采用示踪剂 dye 模块模拟 COD。在示踪剂 dye 模块中，可以指定示踪剂的降解率(decay rate)。当降解率＞0，表示一阶衰变率；当降解率=0，表示恒定示踪剂；当降解率＜0，表示一阶生长率。

2. 模型构建

1) 草海 EFDC 水质水动力模型构建与验证

A. 研究区域网格划分

根据滇池草海区域实测的地形数据，并提取草海岸线坐标。按 150 m×150 m 矩形网格对草海区域划分计算网格，共有网格数 347 个。研究区域底部高程为将实测数据导入后空间插值获得湖底高程的空间分布，具体见图 5-19。

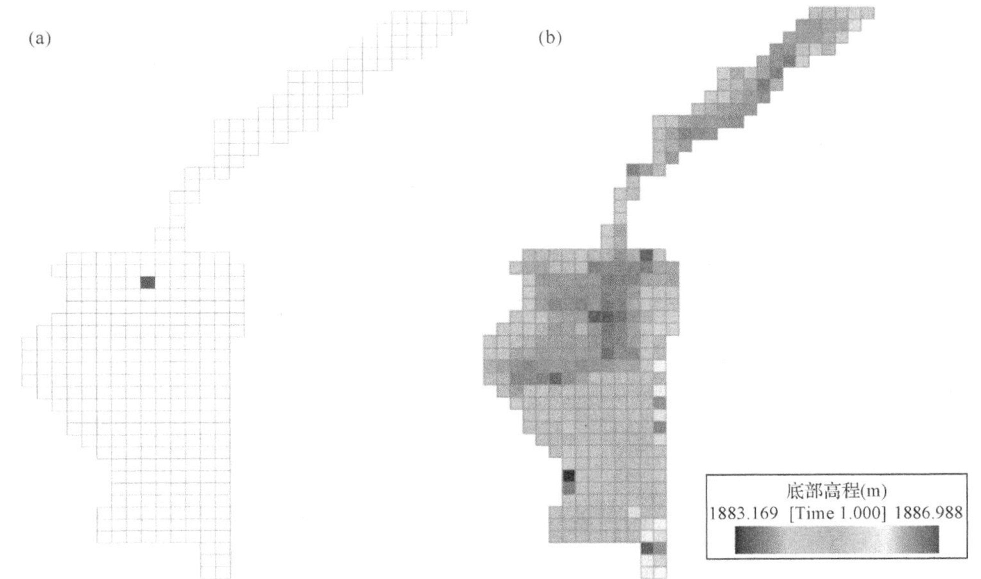

图 5-19　滇池草海区域计算网格与底部高程图

(a) 草海计算区域网格图；(b) 草海底部高程图

B. 边界条件和初始条件设定

a) 边界条件

模型的边界条件是施加到模型系统上的外部驱动力，包括水平边界条件、表面边界条件。水平边界条件包括入湖河流的流量以及相关的温度和水质浓度(或污染负荷)；表面边界条件主要为时间相关的气象条件，包括太阳辐射、风速和风向、气温、气压、相对湿度、云量等。

(i) 水平边界条件

在草海模型中，入湖河流流量的水平边界条件的设置以 SWAT 模型的模拟结果确定，并用昆明市水文水资源局提供的入湖河流水量数据进行修正；水温及水质数据来自昆明市环境监测中心的常规监测数据。水平边界条件的空间定位通过将入湖河口坐标标记在模型网格上来实现。

本研究中，模型验证期为 2017 年。2017 年草海平均水位 1886.39 m，平均库容 2155.80 万 m^3，年蓄变量为–21.23 万 m^3(即年末库容较年初库容减少 21.23 万 m^3)。

2016 年新运粮河、老运粮河入湖河口前置库水体净化生态工程建设完成，从东风坝北侧至老运粮河建设 1057 m 导流带，将新、老运粮河入湖河水导入东风坝，并在东风坝西南角开口作为出水口。

随着 2016 年新运粮河、老运粮河入湖河口前置库水体净化生态工程建设完成，新、老运粮河入湖河水进入东风坝，不再入草海，因此 2017 年草海入湖河流共有 4 条，即船房河、大观河、西坝河、乌龙河。出流边界为西园隧道以及东岸水体置换通道工程的导藻箱函。各主要河流流量、水质时间序列由 SWAT 模拟得到，并以昆明市水文水资源局提供的入湖河流水量数据和昆明市环境监测中心水质数据进行修正。

将入湖河口坐标标记在模型网格上，并概化西岸散流及草海水体置换通道坐标。2017 年草海水动力模型流量边界条件位置见图 5-20。

2017 年牛栏江总补水量为 6.05 亿 m^3，向滇池草海的补水量约为 2.87 亿 m^3，7、8 月份部分时间停止补水，补水量明显减少(图 5-21 和图 5-22)。

西园隧道的出流不仅包括草海自身下泄水，而且尾水二期外排水、外海北部水体置换等都是经西园隧道在排放。现状不进入草海，直接进入西园隧道的水量，有滇池外海北部水体置换通道排水提升改造工程，污水处理厂尾水外排及资源化利用建设工程(二期)、滇池西岸导流外排水。在本模型中，西园隧道的出流量仅考虑草海流域自身的来水经由西园隧道排往下游的水量。西园隧道 2017 年共计泄水 6.15 亿 m^3，其中来自于草海自身的下泄水量为 3.38 亿 m^3(图 5-23)。

4 条入湖河流中，流量最大的是大观河。大观河是牛栏江—草海补水的入湖通道，2017 年，大观河入湖流量为 2.77 亿 m^3，因为牛栏江补水是大观河水量中最大的部分，其年内流量分布与牛栏江补水量较为相似，雨季流量较低，是受牛栏江—滇池补水工程 7、8 月部分时间停止补水的影响。2017 年 4 条河流流量情况详见图 5-24。

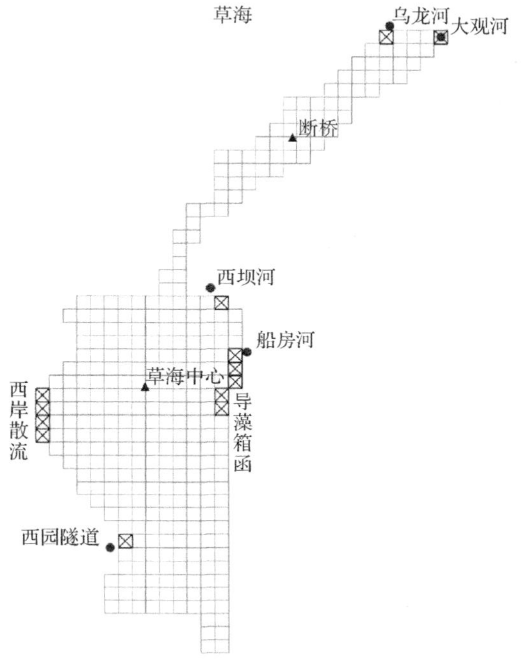

图 5-20　草海流量边界位置分布图

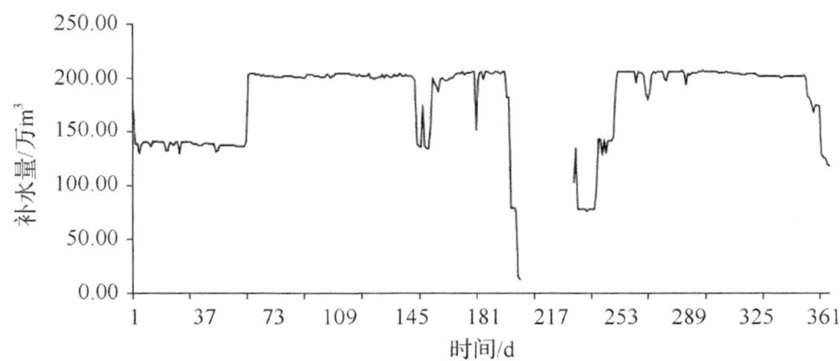

图 5-21　2017 年牛栏江逐日补水量

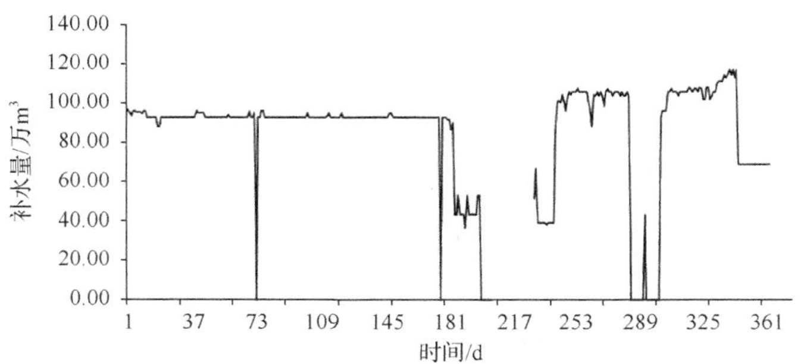

图 5-22　2017 年牛栏江—草海逐日补水量

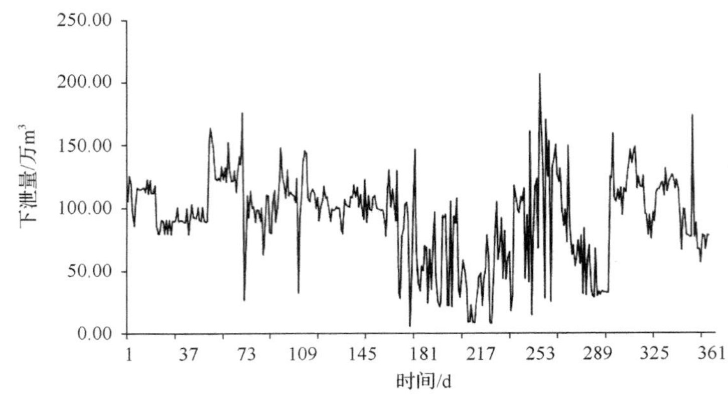

图 5-23　2017 年西园隧道—草海下泄量

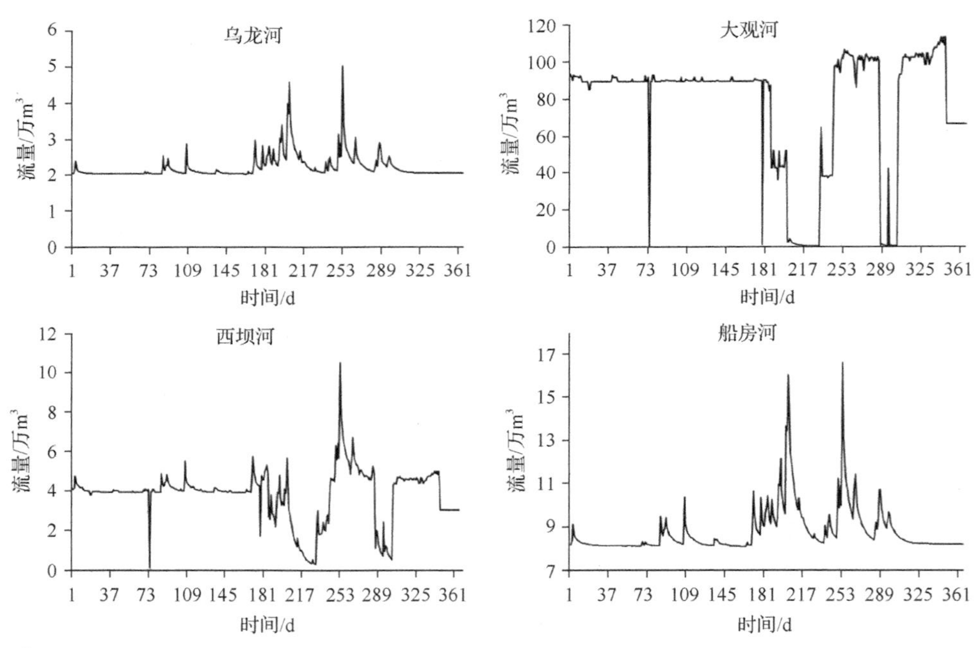

图 5-24　2017 年草海入湖河道流量

(ii) 表面边界条件

EFDC 需要用来驱动流体模型的大气边界条件包括大气压、干球温度、湿球温度、降雨量、蒸发量、太阳短波辐射、云量、风速和风向等。建模过程中，大气和风边界数据来自昆明气象站提供的实测小时数据，并处理成 EFDC 兼容格式的大气边界条件。气象站位置见图 5-25。

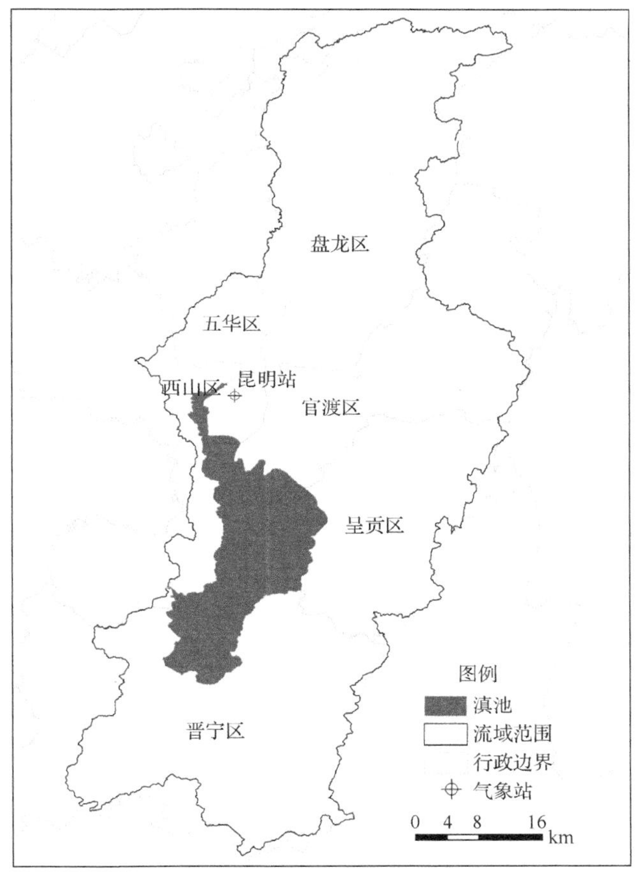

图 5-25　昆明气象站位置图

昆明气象站 2017 年主要气象数据见表 5-13。2017 年，滇池流域降雨量为 1186.4 mm，蒸发量为 1015.1 mm，降雨量大于蒸发量；主导风向为西南风和西南偏西风，平均风速为 2.2 m/s；平均气压 811.3 hPa，平均气温 15.7℃。

表 5-13　昆明气象站 2017 年主要气象数据

年	平均气压/hPa	平均气温/℃	降水量/mm	蒸发量/mm	平均风速/(m/s)	主导风向
2017	811.3	15.7	1186.4	1015.1	2.2	SW

2017 年，草海湖面降雨为 926 万 m^3，湖面蒸发量为 793 万 m^3。2017 年滇池流域降雨量和蒸发量的年内分配见图 5-26，可以看出，滇池流域降雨量和蒸发量年内分布十分不均匀，雨季、旱季划分明显。

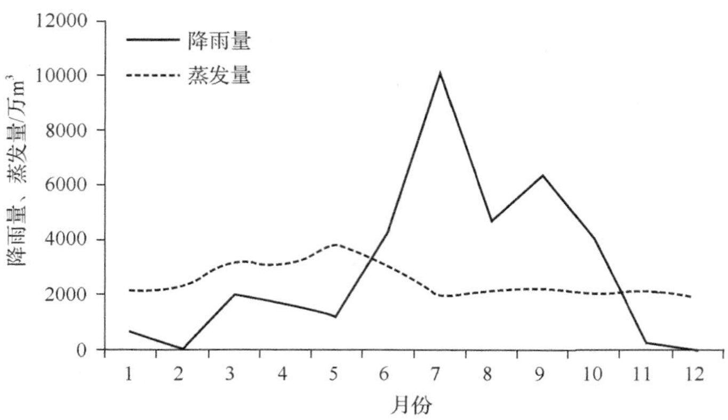

图 5-26　2017 年滇池流域降雨、蒸发量

2017 年滇池流域平均气压 811.3 hPa，平均气温 15.7℃，气压、气温的年内变化趋势见图 5-27。

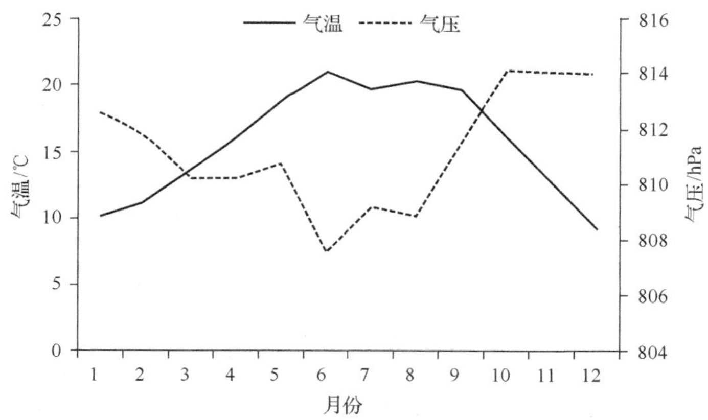

图 5-27　2017 年滇池流域气温、气压

2017 年滇池流域风玫瑰图如图 5-28 所示，可以看出 2017 年主导风向为西南风，出现频率为 22%，次主导风向为西南偏西风，频率为 15%，平均风速为 2.2 m/s。

b) 初始条件

各水质参数的模拟初始条件包括初始水位和初始水质，模型初始水质采用实测数据，由模型自动进行空间插值得到各水质指标的空间分布。2017 年草海水质水动力模型的初始水位为 1886.6 m，初始水质采用 2017 年 1 月份草海各常规采样点的水质结果。草海水质初始值空间分布见图 5-29。

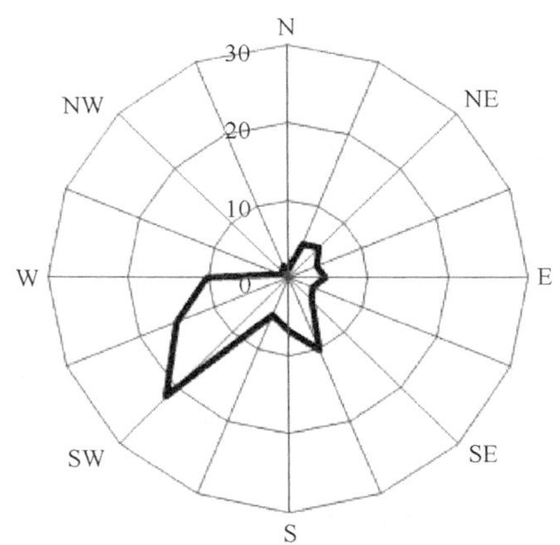

图 5-28　2017 年滇池流域风玫瑰图

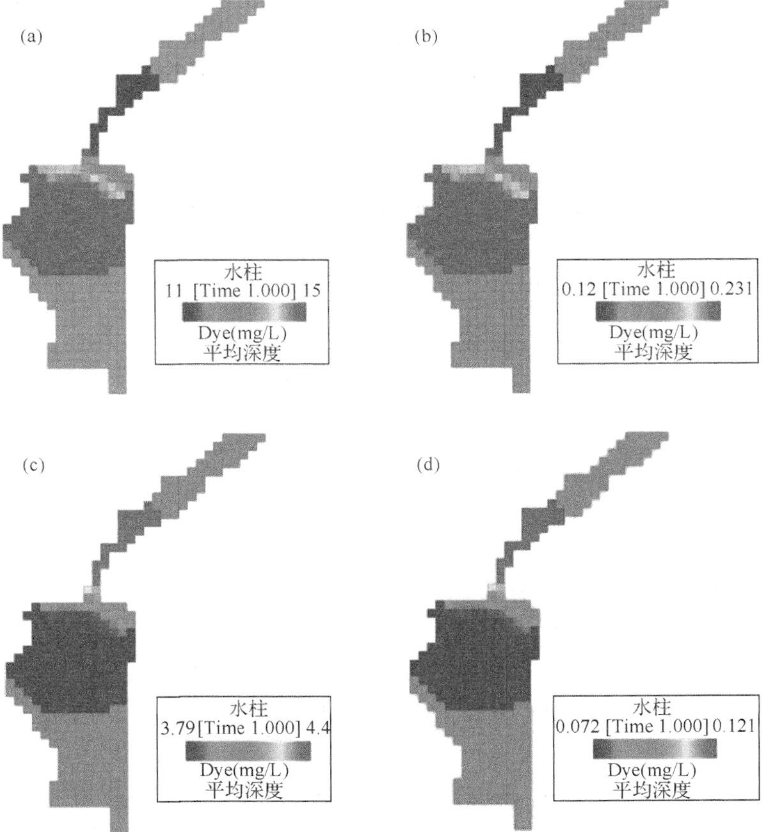

图 5-29　2017 年草海水质水动力模型水质初始值

(a) 2017 年 1 月 COD 初始值；(b) 2017 年 1 月 NH_3-N 初始值；
(c) 2017 年 1 月 TN 初始值；(d) 2017 年 1 月 TP 初始值

C. 水动力模型参数设计与验证

EFDC 具有很好的通用性、数值计算能力强，尤其水动力模块的模拟精度已达到相当高的水平。多数情况下，EFDC 模型中的许多参数不需要修改。譬如 Mellor-Yamada 湍封闭参数在各个模型中基本上是相同的。下面讨论需调整的几个重要参数。

a) 湖底粗糙度

EFDC 水动力模型中常需调整的参数是湖底粗糙度 Z_0，EFDC 模型中 Z_0 默认设置为 0.02 m。在本研究区域中，Z_0 取为默认值 0.02 m。

b) 动边界干湿水深设定

固定边界模型的计算域边界随时间不发生变化，而动边界模型的计算域边界随水位涨落而变动，可以模拟滇池草海水位的变化过程。此处选择 0.05 m 作为干湿网格的临界水深。即当某网格水深＞0.05 m 时，当作湿网格处理，进行正常的模拟计算；当水深＜0.05 m 时，此网格变为干网格，不参与计算。可见动边界模型能详细地模拟草海水位变化引起的漫滩及水位变化的过程。

c) 其他参数

其他参数如时间步长、水平黏性系数等见表 5-14。

表 5-14　草海水动力模型主要参数取值表

参数	描述	单位	取值
ΔT	时间步长	s	8
AHO	水平动能或物质扩散系数	m^2/s	1.0
AHD	无量纲水平扩散系数	无量纲	0.2
AVO	运动黏性系数背景值	m^2/s	0.001
ABO	分子扩散系数背景值	m^2/s	10^{-8}
AVMN	最小动能黏性系数	m^2/s	0.001

正常情况下，EFDC 模型需要进行三年的水质水动力率定，提高模型的准确性。但由于滇池治理工程较多，边界条件每年都在变化，无法进行连续多年的模型率定。因此，本研究中草海水动力率定和验证的时间均为 2017 年 1 月 1 日至 2017 年 12 月 31 日，率定的变量为水位、水温、流场。

(i) 水位验证

通过给定参数，模拟草海水动力状况，模拟的草海水位与实测水位对比和统计分析见图 5-30 和图 5-31，模拟的滇池水位与实际水位能较好地吻合，说明在上述设定的参数条件下，可以较好地模拟草海的水动力状况。

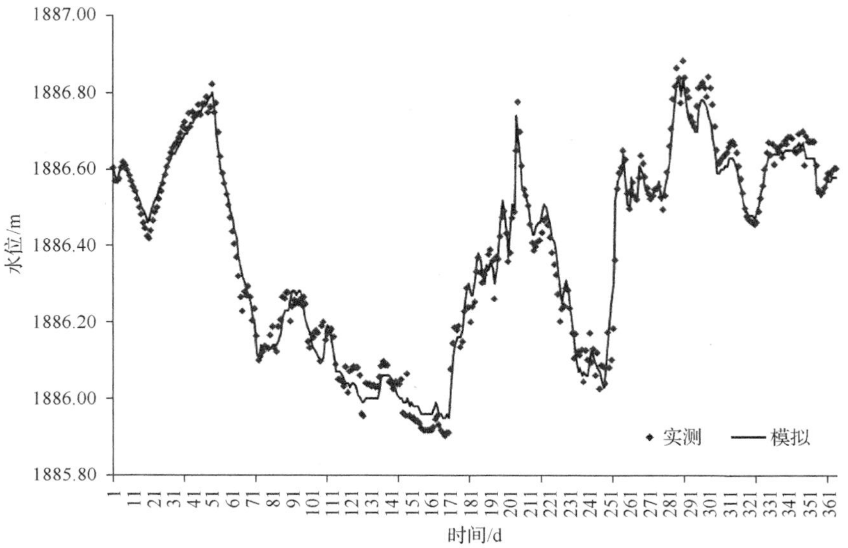

图 5-30　2017 年草海模拟-实测水位对比图

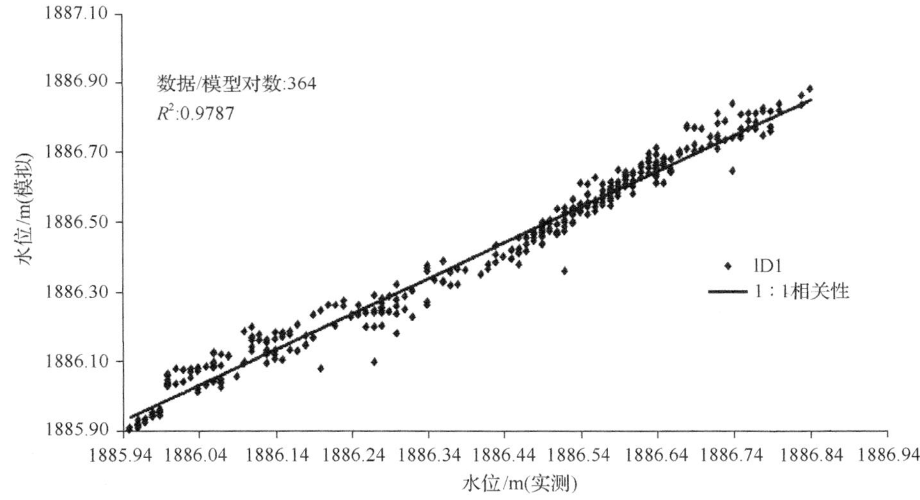

图 5-31　2017 年草海模拟-实测水位统计分析图

(ii) 水温验证

水温是地表水体的一个重要的物理特征，反映物质分子的平均动能，对于水动力学研究和水质研究都非常重要。2017 年草海两个常规监测断面模拟水温与实测水温对比图如图 5-32 所示，统计分析图如图 5-33 所示，可以看出模拟值和实测值吻合程度也较高，进一步验证了本研究构建的草海水动力模型的合理性。

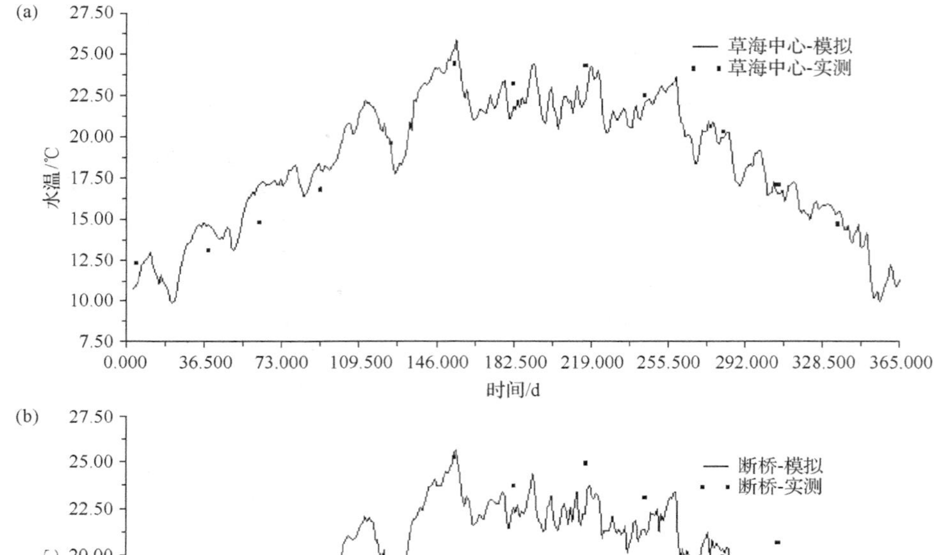

图 5-32　2017 年模拟-实测水温变化对比图

(a) 草海中心；(b) 断桥

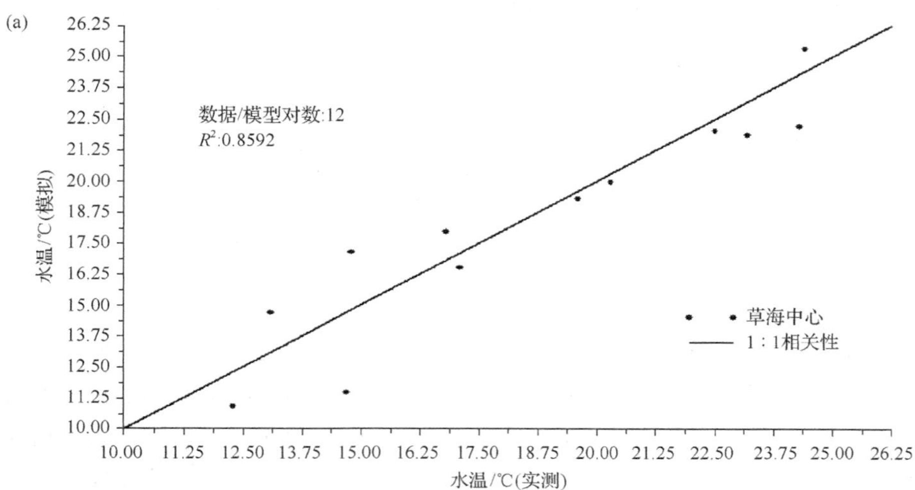

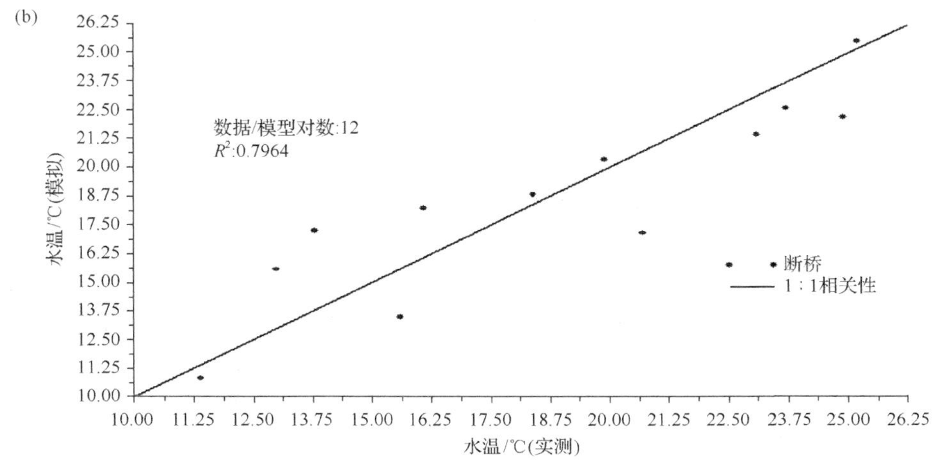

图 5-33　2017 年模拟-实测水温统计分析图

(a) 草海中心；(b) 断桥

(iii) 流场模拟

本研究在常年主导风向西南风作用下(风速 2.2 m/s)，草海湖区中部有明显的逆时针大环流，南部有逆时针补偿小环流，靠近西山的湖区有顺时针补偿小环流(图 5-34)。全湖平均流速为 0.9 cm/s，最大流速为 7.7 cm/s，大观河入湖口和东岸水体置换通道区域流速较大。

假定草海不受风生流作用，只考虑吞吐流的存在，模拟得到的湖流流场较为杂乱无序，没有明显环流存在。全湖平均流速为 0.4 cm/s，最大流速达 3.1 cm/s。

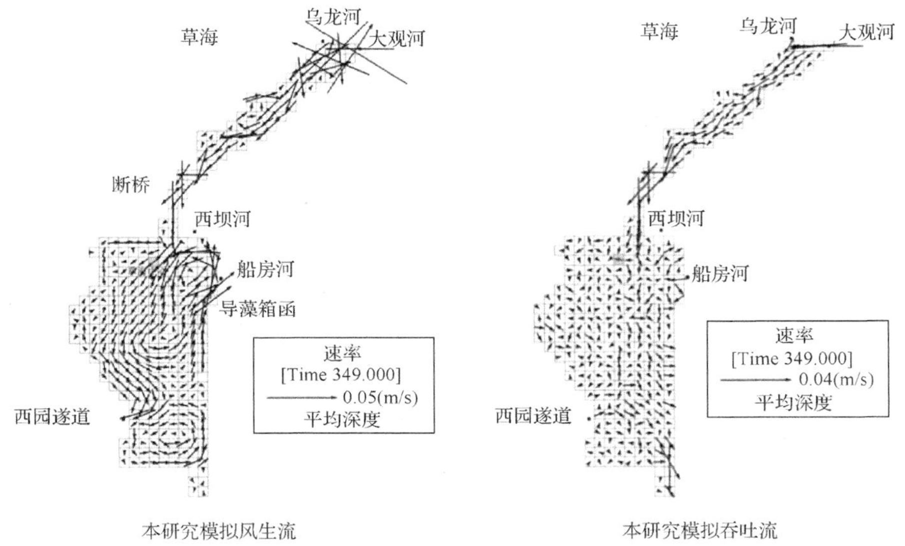

图 5-34　2017 年西南风向下滇池草海流场模拟结果

本研究中，水位、水温和流场模拟验证的结果均说明本研究构建的滇池草海三维水动力模型很好地模拟了滇池草海的水动力过程，为进一步模拟滇池草海水质过程奠定了良好的基础。

D. 水质模型参数设计与验证

完成水动力模块的建立和率定后，才能进行草海水质模拟模块的构建与率定。水质模块率定时间为 2017 年 1 月 1 日至 2017 年 12 月 31 日。水质模拟与校验是基于草海 2 个常规监测点位：草海中心和断桥。水质模块的率定过程是一个迭代的过程，在此过程中要对其中的关键模型参数进行调整，并同时将模型模拟值与水质观测数据进行比较。这个过程将重复很多次直到模拟值能够重现多个水质成分的观测趋势为止。在富营养化湖泊模型中，需要率定的参数主要是与浮游植物、碳、氮、磷过程相关的参数。

水质模拟值与实测值的对比如图 5-35 所示，可以看出，目前水质模型可以很好地再现草海年内水质变化趋势。

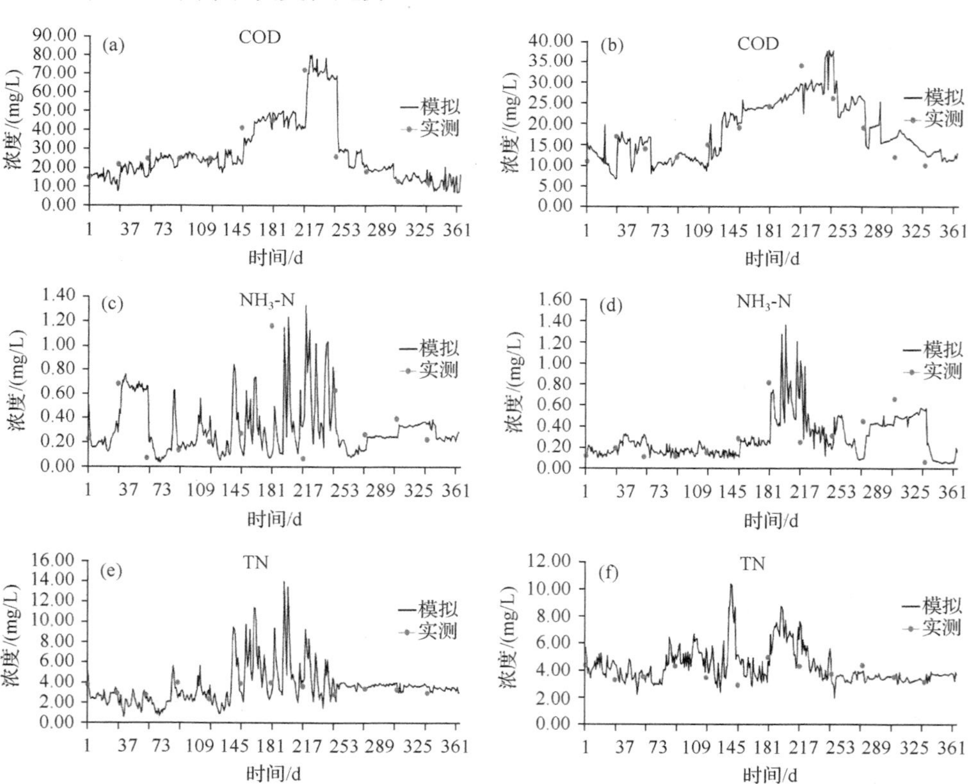

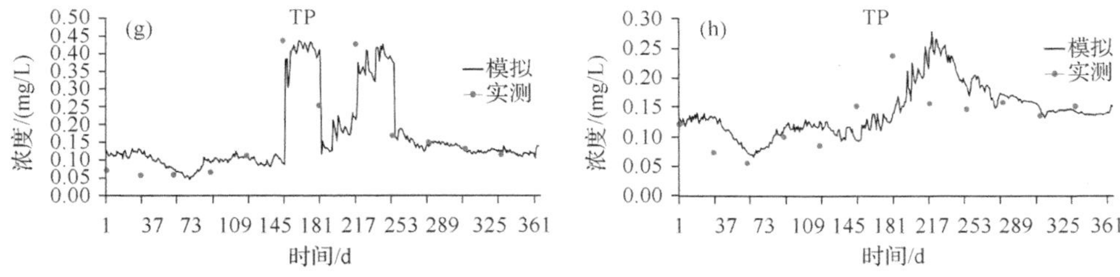

图 5-35　2017 年草海水质模块率定结果

(a) 草海中心 COD 率定图；(b) 断桥 COD 率定图；(c) 草海中心 NH_3-N 率定图；(d) 断桥 NH_3-N 率定图；(e) 草海中心 TN 率定图；(f) 断桥 TN 率定图；(g) 草海中心 TP 率定图；(h) 断桥 TP 率定图

根据滇池逐月水质监测资料，综合分析滇池草海两个常规测点处的各种水质指标的逐月变化情况，运用 EFDC 模型对草海的 COD、TN 和 TP 水质指标进行模拟，图 5-35 给出了草海两个常规测点水质参数的模拟值与实测值之间的对比图。可以看出，模拟的各水质指标大小与草海各月实测值之间较为接近，草海水质模型基本可以再现草海年内水质变化趋势。

2017 年草海 2 个常规监测点位各指标实测值与模拟值见表 5-15。

表 5-15　模型模拟值与实测值对比

指标	实测值	模拟值	相对误差
COD	23	24.95	0.0848
NH_3-N	0.327	0.375	0.1468
TN	3.595	3.65	0.0153
TP	0.151	0.159	0.0530

2) 外海 EFDC 水质水动力模型构建

A. 研究区域网格划分

EFDC 模型可以使用笛卡儿网格和曲线网格水平划分研究区域，纵向也可根据需要划分不同水层。本研究中，根据滇池外海区域实测的地形数据，提取滇池外海岸线坐标，水平方向按 550 m×550 m 矩形网格对外海区域划分计算网格，共有网格数 955 个。垂直方向在 σ 坐标系下划分为三层。从顶部到底部共生成 2865 个计算网格来代表整个滇池外海。研究区域底部高程为将实测数据导入后空间插值获得湖底高程的空间分布。研究区域网格及湖底高程具体见图 5-36。

B. 边界条件和初始条件设定

a) 水平边界

本研究中，模型验证期为 2017 年。2017 年外海平均水位 1887.23 m，平均库容 15.118 亿 m^3，年蓄变量为−0.28 亿 m^3（即年末库容较年初库容减少 0.28 亿 m^3）。

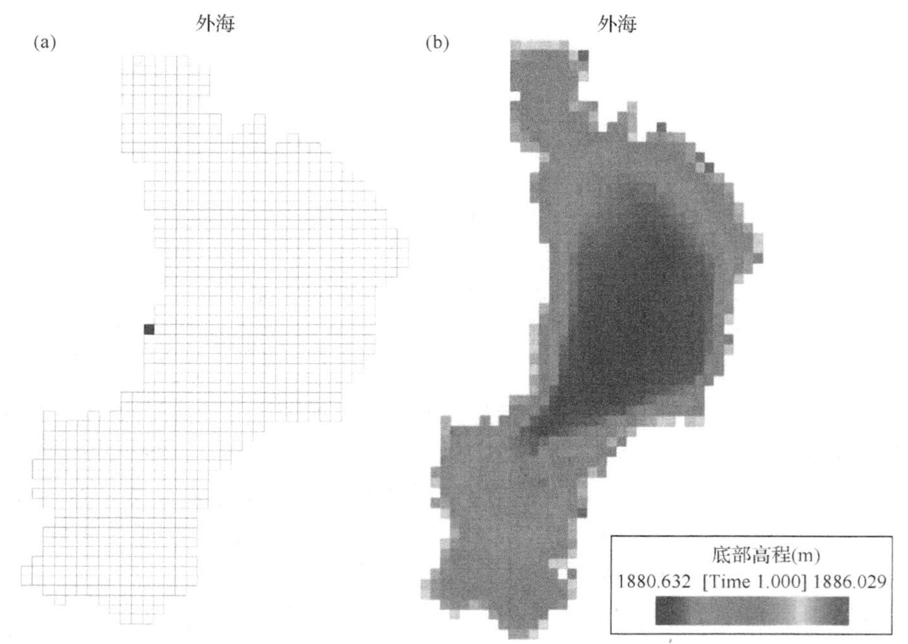

图 5-36 滇池外海区域计算网格与底部高程图

(a) 2017 年外海计算区域网格图；(b) 2017 年外海底部高程图

2017 年，将外海入湖河流概化成 22 条主要入湖河流包括白鱼河、柴河、采莲河、大清河、东大河、古城河、广谱大沟、海河、老宝象河、捞鱼河、小清河、洛龙河、梁王河、金家河、马料河、南冲河、盘龙江、虾坝河、新宝象河、姚安河、淤泥河、中河(其中采莲河承接一污尾水以及七、八污的再生水，由中、东泵站抽提入北岸尾水截污干管，经西园隧道排至沙河下游，不进入外海；大清河承接二、四、五、十污的尾水，进入尾水二期截污干管，最终由高海泵站抽排至西园隧道，只有溢流部分进入外海)，22 条主要河流以及海口闸位置坐标，并概化北岸、东岸、南岸、西岸散流坐标，确定流量边界条件的位置见图 5-37。各主要河流流量、水质时间序列由 SWAT 模拟得到，并以昆明市水文水资源局提供的入湖河流水量数据和昆明市环境监测中心水质进行修正。海口闸出流流量为实测流量。

外海北岸水体置换通道在 2017 年模型构建中也予以考虑。

2017 年北岸水体置换通道工程外排富藻水量为 1.45 亿 m^3，高海泵站外排水量 3.44 亿 m^3，其中污水厂尾水外排量为 2.83 亿 m^3。

2017 年牛栏江总补水量为 6.05 亿 m^3，向滇池外海的补水量约为 3.18 亿 m^3，为避免出现洪涝灾害，7、8 月份部分时间停止补水，补水量明显减少。海口闸 2017 年共计泄水 86699 万 m^3，出于防洪需要，雨季下泄水量高于旱季(图 5-38 至图 5-40)。

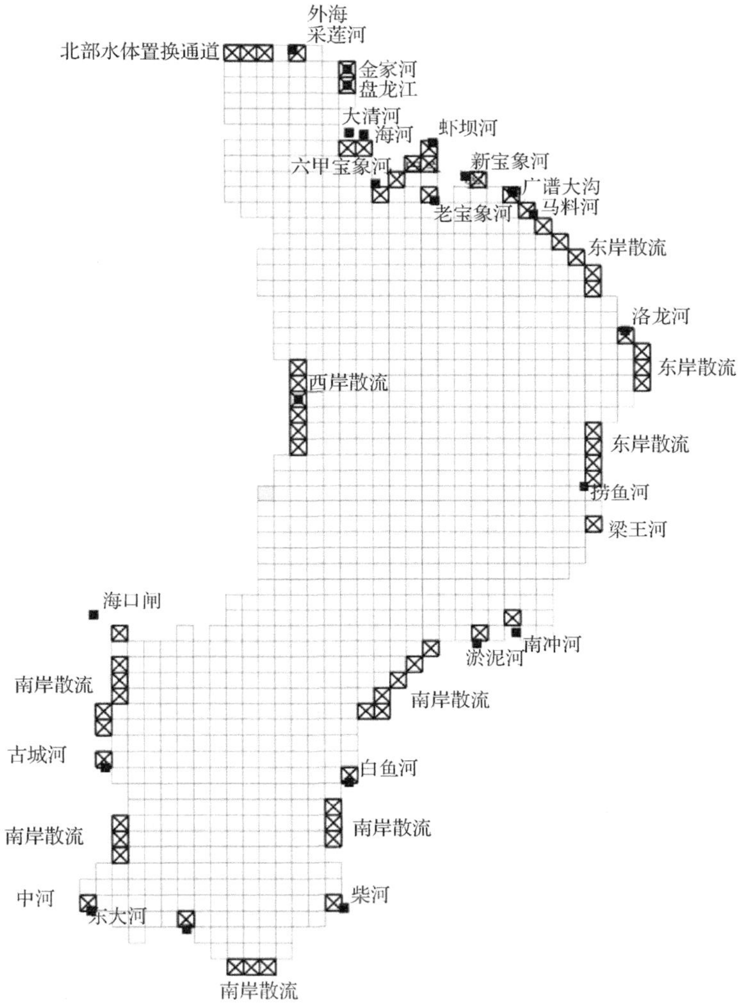

外海
采莲河
北部水体置换通道
金家河
盘龙江
大清河
海河
虾坝河
六甲宝象河
新宝象河
广谱大沟
马料河
老宝象河
东岸散流
洛龙河
东岸散流
西岸散流
东岸散流
捞鱼河
梁王河
海口闸
南冲河
淤泥河
南岸散流
南岸散流
古城河
白鱼河
南岸散流
南岸散流
中河
东大河
柴河
南岸散流

图 5-37　2017 年外海流量边界位置分布图

250.00
200.00
150.00
100.00
50.00
0.00
补水量/(万m³)
1
37
73
109
145
181
217
253
289
325
361
时间/d

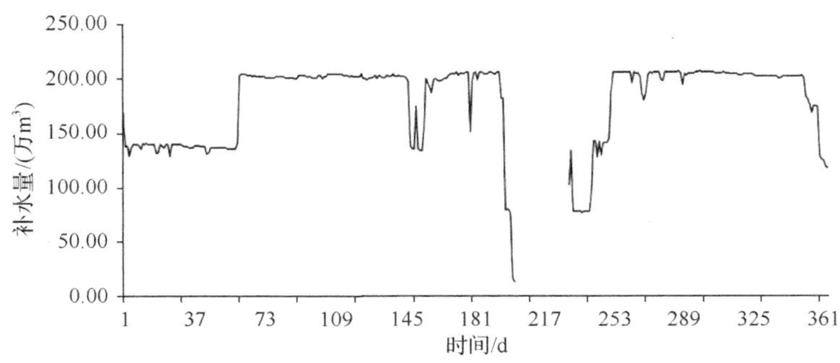

图 5-38　2017 年牛栏江逐日补水量

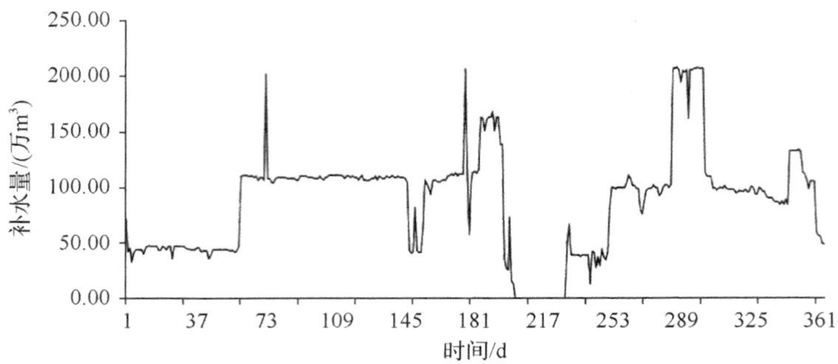

图 5-39　2017 年牛栏江—盘龙江逐日补水量

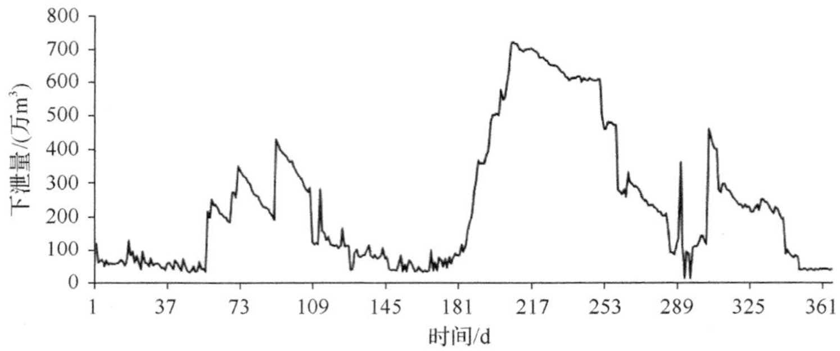

图 5-40　2017 年海口闸下泄水量

22 条主要入湖河流中，流量最大的是盘龙江。盘龙江是牛栏江—滇池补水的入湖通道，同时其上游有松华坝泄水，沿程有第四污水处理厂和第五污水处理厂一级强化的尾水汇入。2017 年，盘龙江入湖流量为 4.07 亿 m^3，因为牛栏江补水是盘龙江水量中最大的部分，其年内流量分布与牛栏江补水量较为相似，雨季流量较低，是受牛栏江—滇池补水工程 7、8 月部分时间停止补水的影响。其次，新宝象河流量也较大，其上游有宝象河水库，沿程有第六污水处理厂尾水汇入。2017 年新宝象河年入湖量为 1.16 亿 m^3，雨季流量明显高于旱季。2017 年主要河流流量情况详见图 5-41。

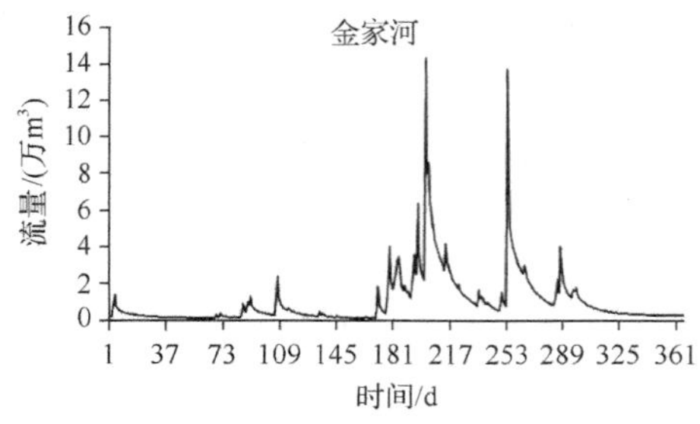

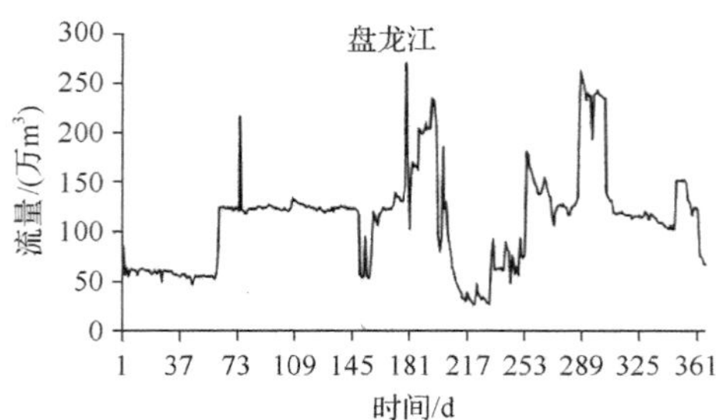

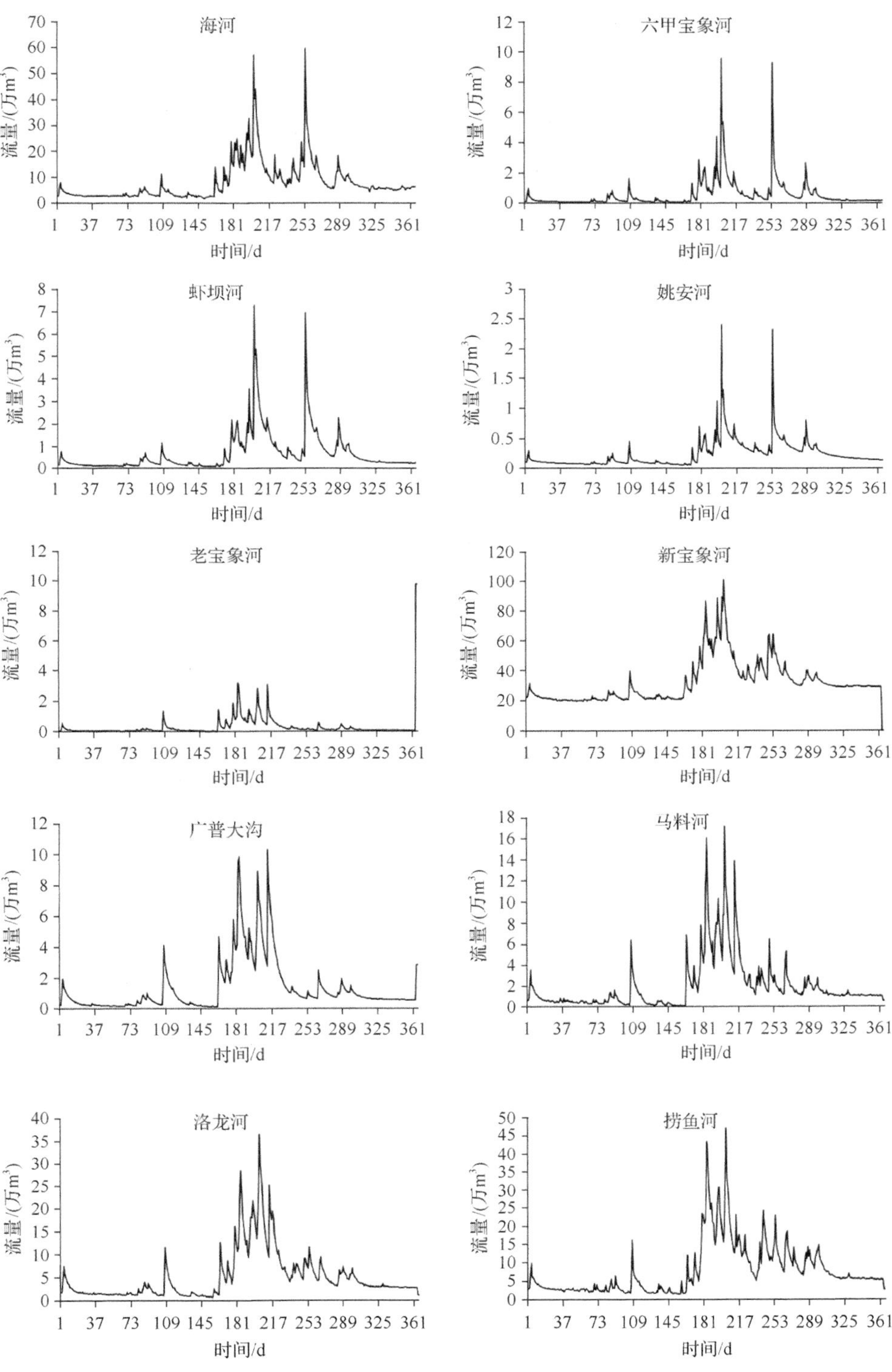
海河
六甲宝象河
虾坝河
姚安河
老宝象河
新宝象河
广普大沟
马料河
洛龙河
捞鱼河
流量/(万m³)
时间/d
1
37
73
109
145
181
217
253
289
325
361

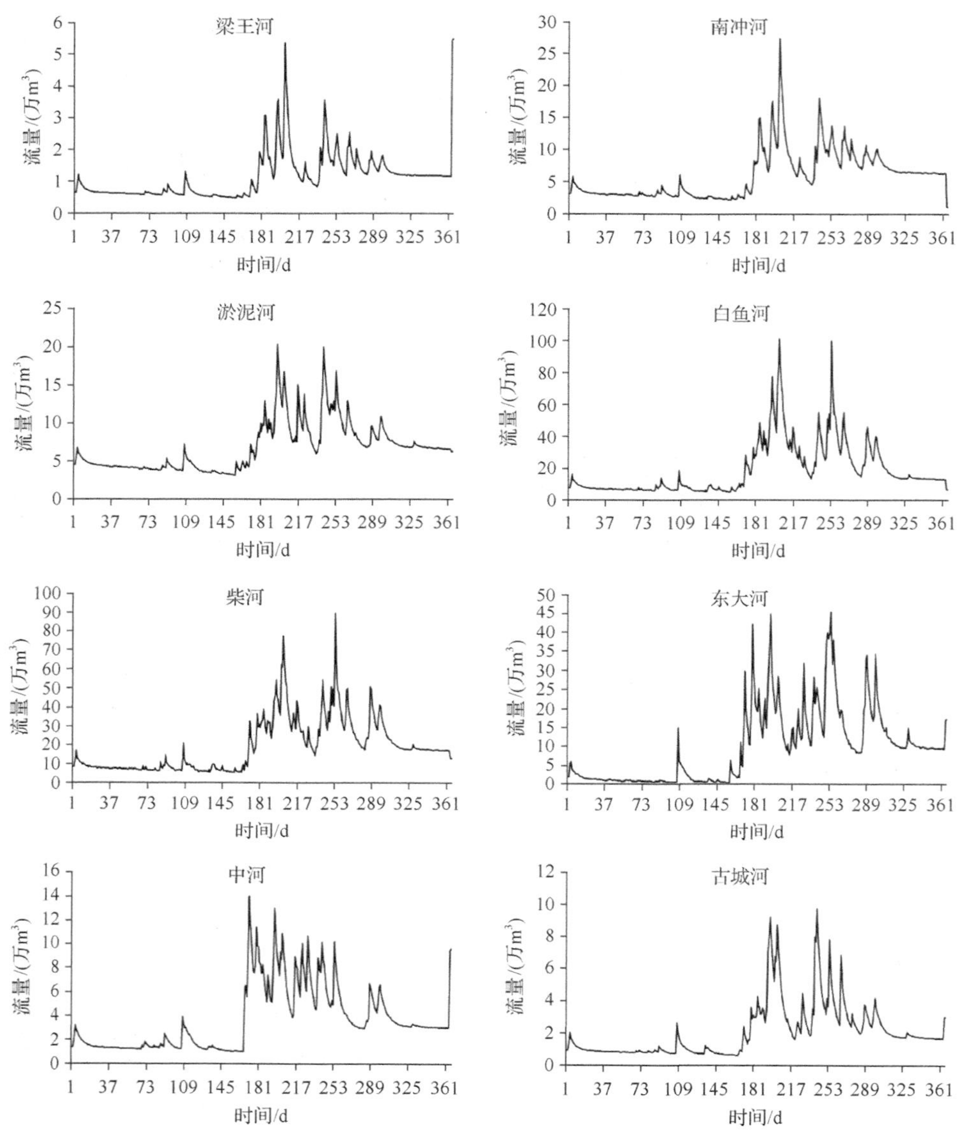

图 5-41　2017 年 20 条河流水量情况

b) 气象边界

EFDC 需要用来驱动流体模型的大气边界条件包括大气压、干球温度、湿球温度、降雨量、蒸发量、太阳短波辐射、云量、风速和风向等。建模过程中，大气和风边界数据来自昆明气象站提供的实测小时数据，并处理成 EFDC 兼容格式的大气边界条件。

2017 年，滇池流域降雨量为 1186.4 mm，外海湖面面积按 298 km^2 计算，湖面降雨为 3.43 亿 m^3。蒸发量为 1015.1 mm，湖面蒸发量为 3.02 亿 m^3。

c) 初始条件

各水质参数的初始空间分布，采用 2017 年 1 月份滇池外海各常规采样点的水质结果，由模型自动进行空间插值得到各水质指标的空间分布。各水质常规采样点的位置见图 5-42，湖体水质初始值空间分布见图 5-43。

图 5-42　常规水质测点空间分布图

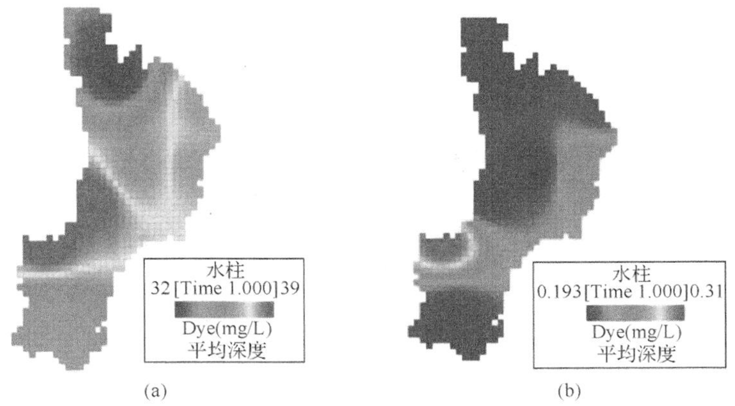

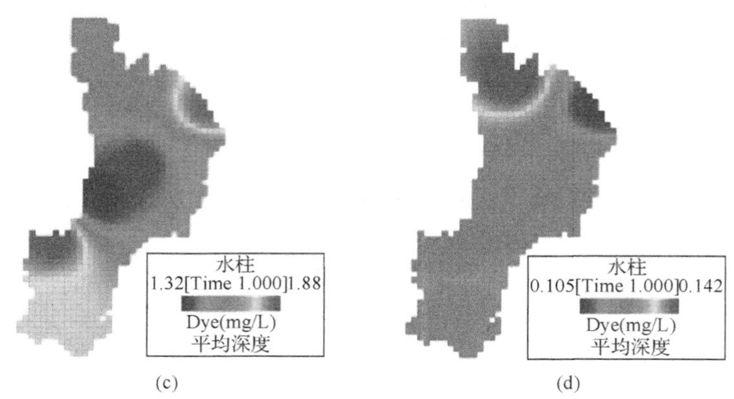

图 5-43　湖体水质初始值

(a) COD 初始值；(b) NH_3-N 初始值；(c) TN 初始值；(d) TP 初始值

C. 水动力模型参数设计与验证

滇池的水动力和水质模型率定是分阶段实施的。其中水动力模型在水质模型未运行的情况下，首先进行开发和校准。这样，明显节省了水动力模型校准阶段的计算时间。

a) 相关参数

EFDC 具有很好的通用性、数值计算能力强，尤其水动力模块的模拟精度已达到相当高的水平。多数情况下，EFDC 模型中的许多参数不需要修改。本研究中，外海水动力模型模拟时间步长取为 10 s，湖底粗糙度为 0.02 m，科氏力系数为 6.1×10^{-5} s。同时在模型中设定干湿网格的临界水深为 0.1 m，当某网格水深＞0.1 m 时，当作湿网格处理，进行正常的模拟计算；当水深＜0.1 m 时，此网格变为干网格，不参与计算。

正常情况下，EFDC 模型需要进行连续三年的水质水动力率定，提高模型的准确性。但由于滇池治理工程较多，边界条件每年都在变化，无法进行连续多年的模型率定。因此，本研究中外海水动力率定和验证的时间均为 2017 年 1 月 1 日至 2017 年 12 月 31 日，率定的变量为水位、水温和流场。

b) 水位验证

通过给定参数，模拟滇池外海水动力状况，模拟的滇池外海水位与实际水位对比分析见图 5-44 和图 5-45。其中实测水位测点位于外海中滩，为逐日监测数据。可以看出，水位的模拟结果均很好地吻合了实测数据，表明水动力模型中水量总体平衡。

图 5-44　模拟-实测水位对比图

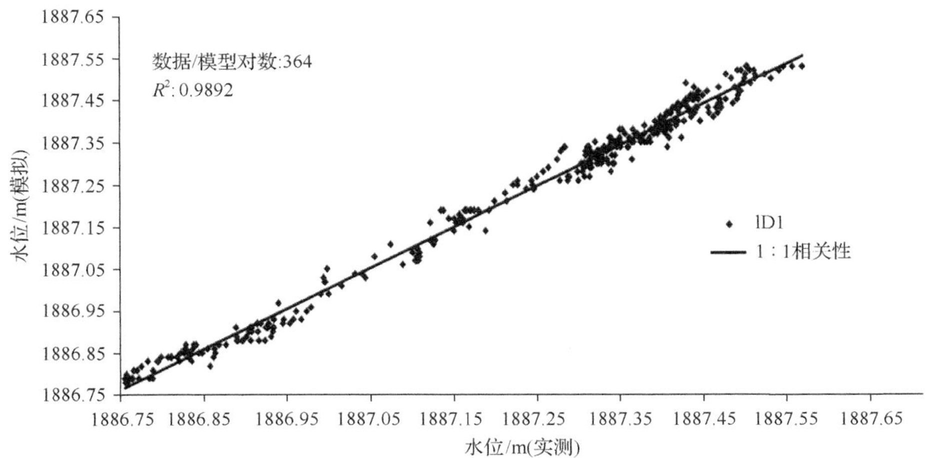

图 5-45　模拟-实测水位统计分析图

c) 水温验证

水温是地表水体的一个重要的物理特征，反映物质分子的平均动能，对于水动力学研究和水质研究都非常重要。图 5-46 与图 5-47 以白鱼口断面示例，可以看出本研究模拟外海水温与实测水温吻合程度也较高，进一步验证了本研究构建的滇池水动力模型的合理性。

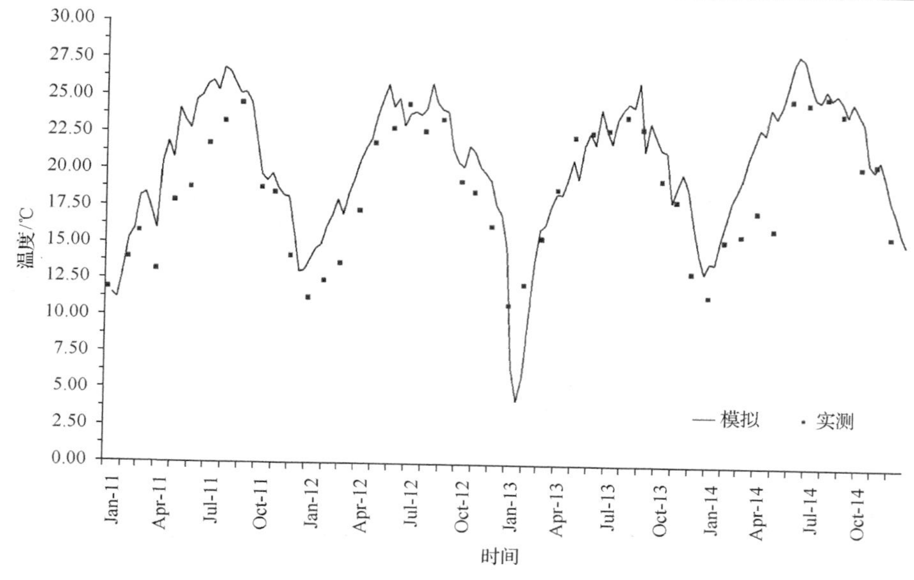

图 5-46　模拟-实测水温对比图

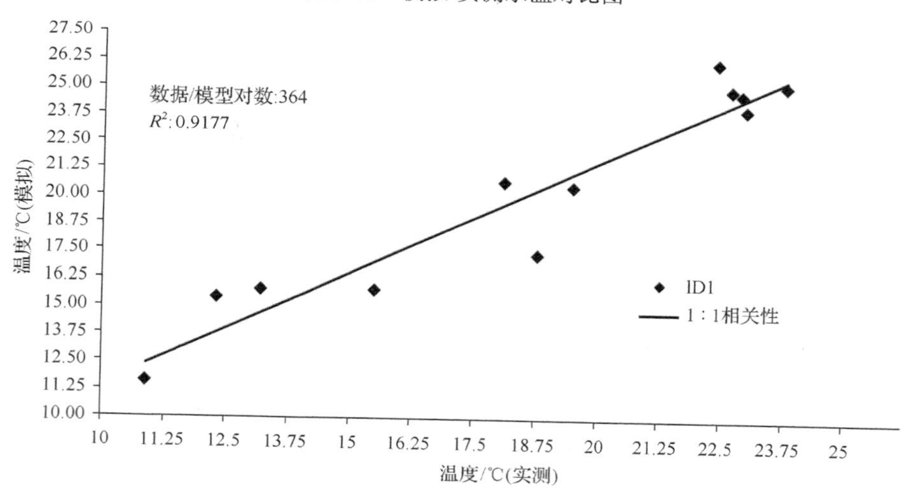

图 5-47　模拟-实测水温统计分析图

d）流场模拟

本研究在常年主导风向西南风作用下（风速 2.2 m/s），在外海中部存在明显的逆时针大环流，局部区域存在小环流，与中国水利水电科学研究院（1996 年）和昆明勘测设计研究院有限公司（2013 年）的研究结果相似。全湖平均流速为 2.4 cm/s，介于中国水利水电科学研究院的研究结果 2.67 cm/s 和昆明勘测设计研究院有限公司的研究结果 2.07 cm/s 之间。当仅有吞吐流作用时，滇池流场较为杂乱，全湖平均流速 0.4 cm/s（图 5-48）。

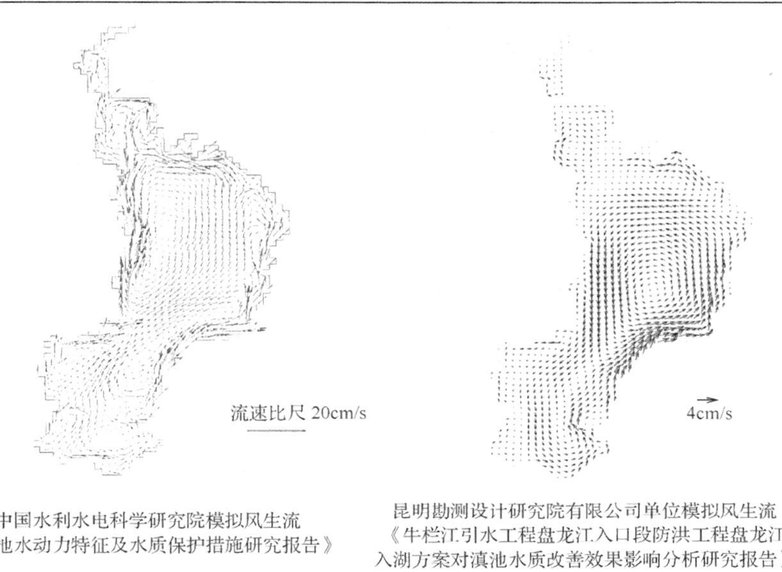

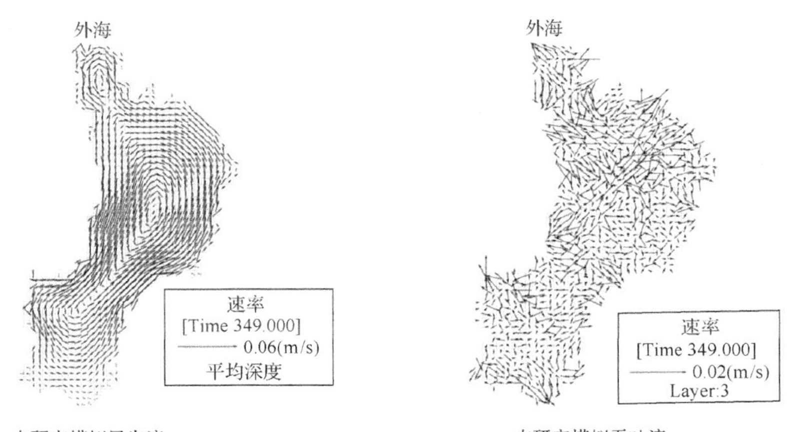

图 5-48　2017 年滇池流场模拟结果

本研究中，水位、水温和流场验证结果均说明本研究构建的滇池三维水动力模型很好地模拟了滇池外海的水动力过程，为进一步模拟滇池水质过程奠定了良好的基础。

D. 水质模型参数设计与验证

完成水动力模块的建立和率定后，才能进行滇池水质模拟模块的构建与率定。水质模块率定时间为 2017 年。滇池的水质模拟与校验是基于外海 8 个常规监测点位：滇池南、海口西、白鱼口、观音山东、观音山中、观音山西、罗家营、灰湾中。水质模块的率定过程是一个迭代的过程，在此过程中要对其中的关键模型参数进行调整，并同时将模型模拟值与水质观测数据进行比较。这个过程将重复很多次直到模拟值能够重现多个水质成分的观测趋势为止。在富营养化湖泊模型中，需要率定的参数主要是与浮游植物、碳、氮、磷过程相关的参数。

根据滇池逐月水质监测资料，综合分析滇池外海各常规测点处的各种水质指标的逐月变化情况，运用 EFDC 模型对滇池外海区域的 COD、TN、TP、NH_3-N 水质指标进行模拟，表 5-16 给出了滇池常规采样点水质参数的模拟值与实测值之间的对比，结果显示模拟的各水质指标大小与滇池各月实测值之间较为接近，2017 年滇池外海 8 个常规监测点位各指标实测值与模拟值见表 5-16 和图 5-49。

表 5-16　外海水质模型模拟值与实测值对比

指标	实测值	模拟值	相对误差
COD	41.8	41.3	0.0120
TN	1.956	1.878	0.0399
TP	0.134	0.136	0.0149
NH_3-N	0.292	0.323	0.1062

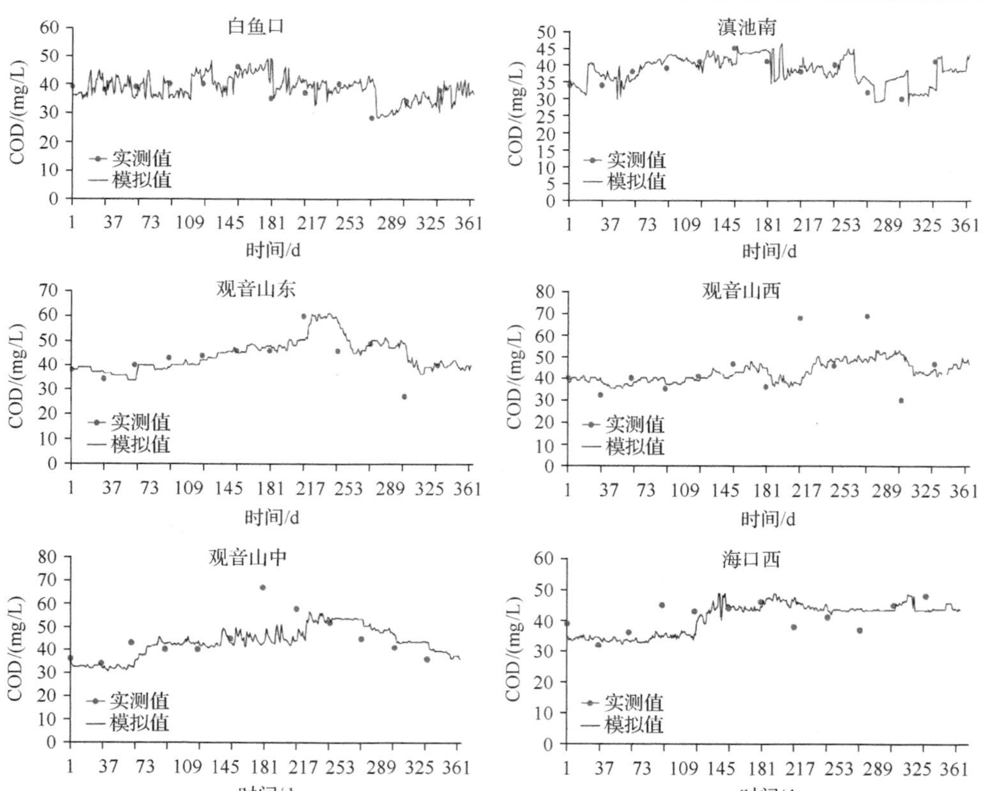

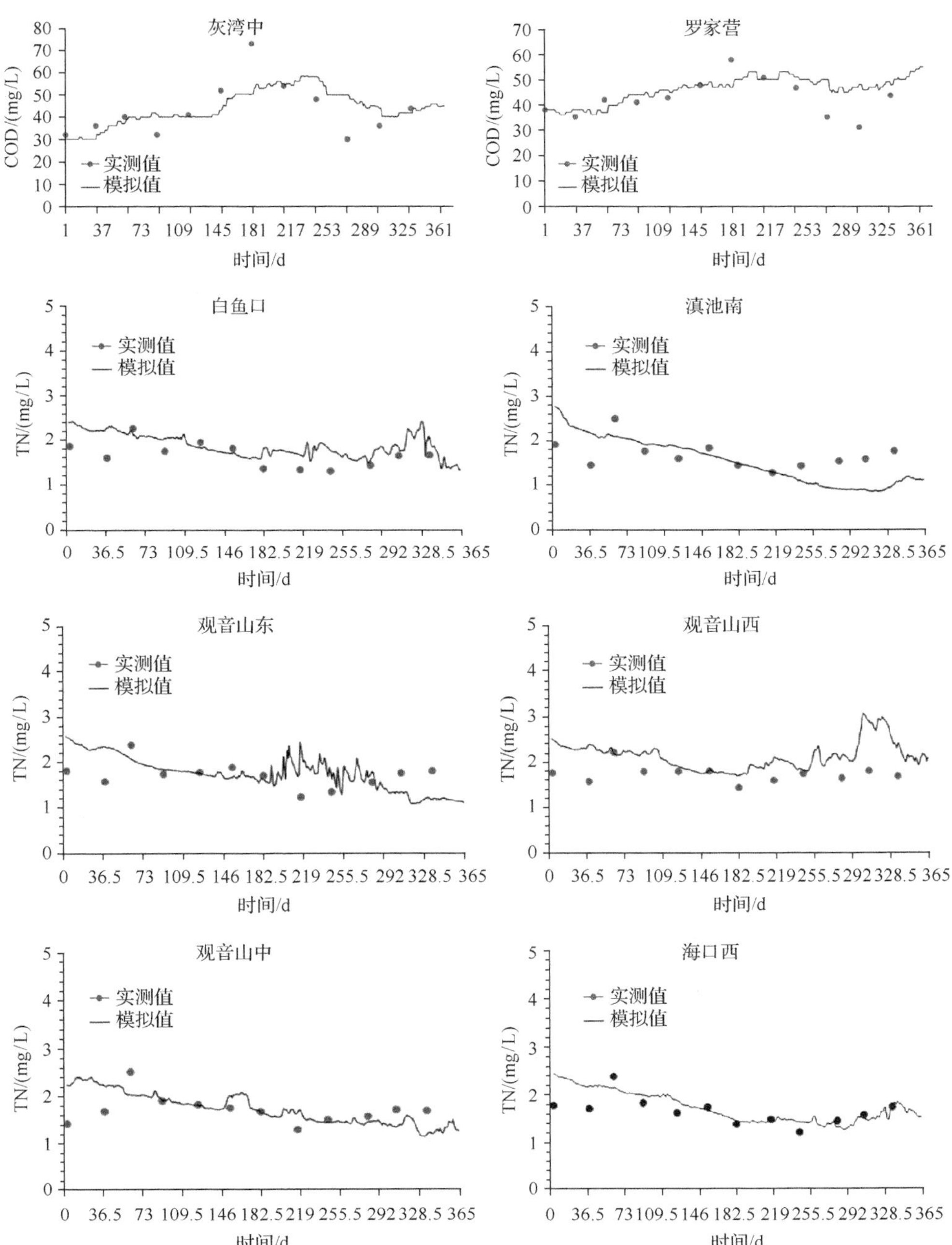

灰湾中
COD/(mg/L)
实测值
模拟值
时间/d
罗家营
COD/(mg/L)
实测值
模拟值
时间/d
白鱼口
TN/(mg/L)
实测值
模拟值
时间/d
滇池南
TN/(mg/L)
实测值
模拟值
时间/d
观音山东
TN/(mg/L)
实测值
模拟值
时间/d
观音山西
TN/(mg/L)
实测值
模拟值
时间/d
观音山中
TN/(mg/L)
实测值
模拟值
时间/d
海口西
TN/(mg/L)
实测值
模拟值
时间/d

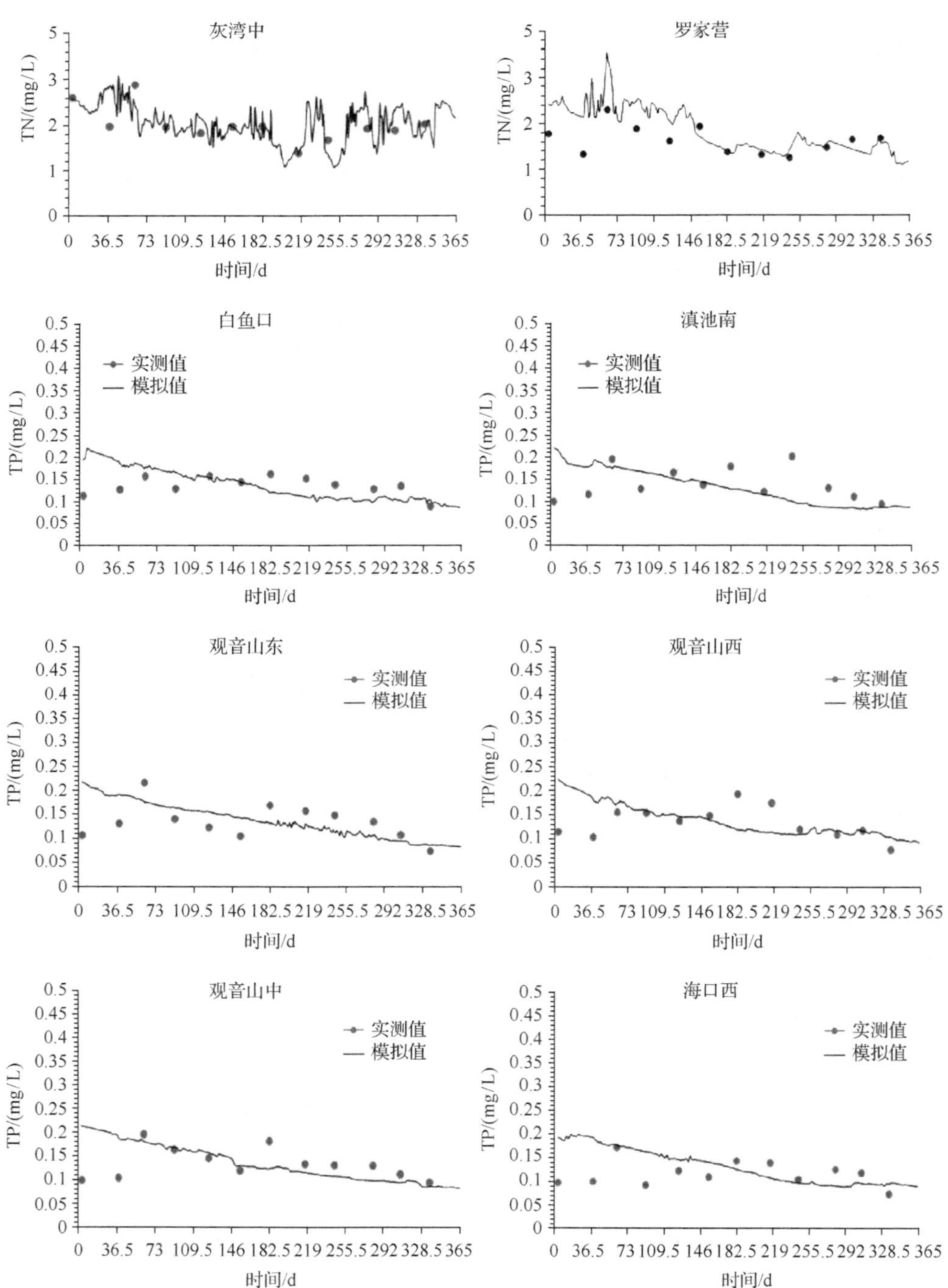
灰湾中
TN/(mg/L)
时间/d
罗家营
TN/(mg/L)
时间/d
白鱼口
滇池南
观音山东
观音山西
观音山中
海口西
实测值
模拟值
TP/(mg/L)
时间/d
0 36.5 73 109.5 146 182.5 219 255.5 292 328.5 365

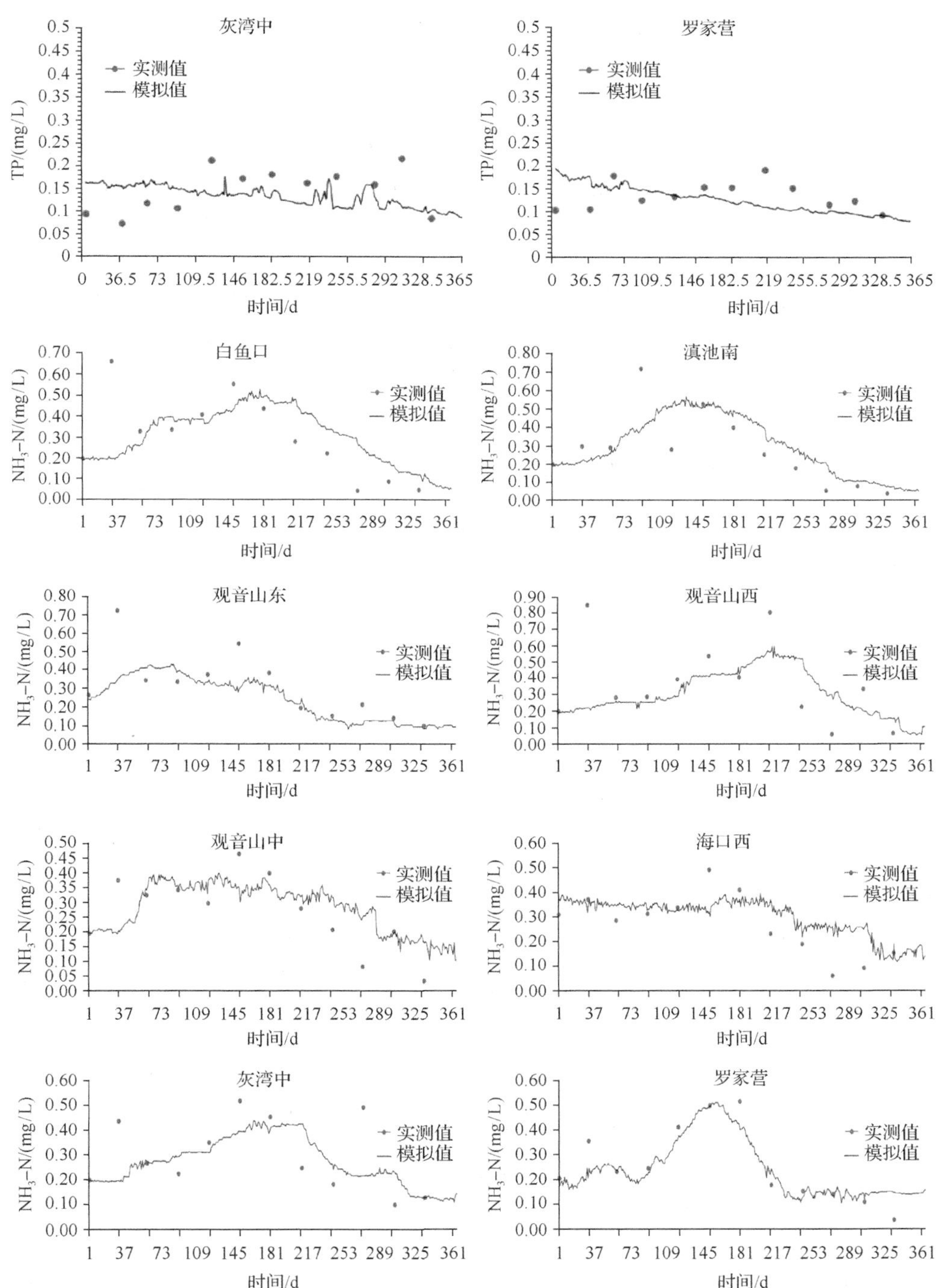

图 5-49 水质模拟-实测结果对比图

5.2　滇池流域入湖污染负荷特征研究

入湖污染负荷是指污染负荷产生量扣减源头消纳及污水处理厂等设施削减、尾水外排及新运粮河、老运粮河、王家堆渠面源外排、大清河末端截污外排后的污染负荷排放量，再经过程衰减后的负荷量，见表 5-17。滇池流域入湖污染负荷总量为 COD 30115 吨、NH_3-N 3488 吨、TN 4725 吨、TN 450 吨。按污染源构成来看，滇池流域 COD 主要来自城市面源和点源，分别占污染负荷总量的 42%和 43%；NH_3-N 主要来自点源，占污染负荷总量的 78%；TN 主要来点源，占污染负荷总量的 57%；TP 主要来自点源和农业农村面源，分别占污染负荷总量的 54%和 28%。

表 5-17　2017 年滇池流域污染负荷入湖量(按来源构成)

构成	入湖量/t				占比/%			
	COD_{Cr}	NH_3-N	TN	TP	COD	NH_3-N	TN	TP
点源(含尾水负荷)	15892	3574	4612	323	42	78	57	54
城市面源	16249	328	718	49	43	7	9	8
农业农村面源	2708	409	794	167	7	9	10	28
水土流失	1041	142	238	19	3	3	3	3
牛栏江补水负荷	2145	109	1669	43	6	2	21	7
合计	38034	4561	8031	600	100	100	100	100

注：未考虑截污外排削减

从空间分布上看，外海北岸虽然实施了北岸截污、尾水外排等一系列外排工程，但其污染负荷占比仍然保持最高，约占 43%，其中盘龙江由于水量最大，污染负荷贡献也最大，新宝象河流域次之，采莲河流域，五甲、六甲、小清河流域以及广普大沟流域由于外排或末端截污均无污染负荷入湖；外海南岸截污相对滞后，再加上近年来农业施肥强度增加，因此污染负荷占比也相对较高，占 22%，其中污染负荷最大的是东大河流域，其污染负荷占外海南岸流域污染负荷总量的比重约 49%，古城河与柴河流域次之，淤泥河与中河流域污染负荷占比较小；随着呈贡新区的发展，外海东岸污染负荷越来越高，占到了 20%，其中东岸入湖污染负荷最高的是洛龙河流域，其污染负荷占外海东岸流域污染负荷总量的比重约 39%，捞鱼河流域次之，白鱼河、梁王河和南冲河流域污染负荷占比较小；草海流域由于实施了东风坝前置库工程和西岸尾水导流工程，污染负荷入湖量大幅削减，约占 13%，污染物主要来自大观河流域，其污染负荷占草海流域污染负荷总量的比重超过 60%，其次是西坝河和船房河流域，乌龙河流域污染负荷较低，而新、老运粮河由于通过西园隧道外排，其流域污染负荷不进入草海；外海西岸污染治理相对滞后，但仅有外海西岸散流区一个流域，产生量较小，因此入湖污染负荷约占 3%。盘龙江、新宝象河、大观河、大清河、海河、马料河、洛龙河、捞鱼河、东大河 9 条河由于水量较大，因此污染负荷占比较高，合计约占入湖污染负荷量的 70%以上(图 5-50)。

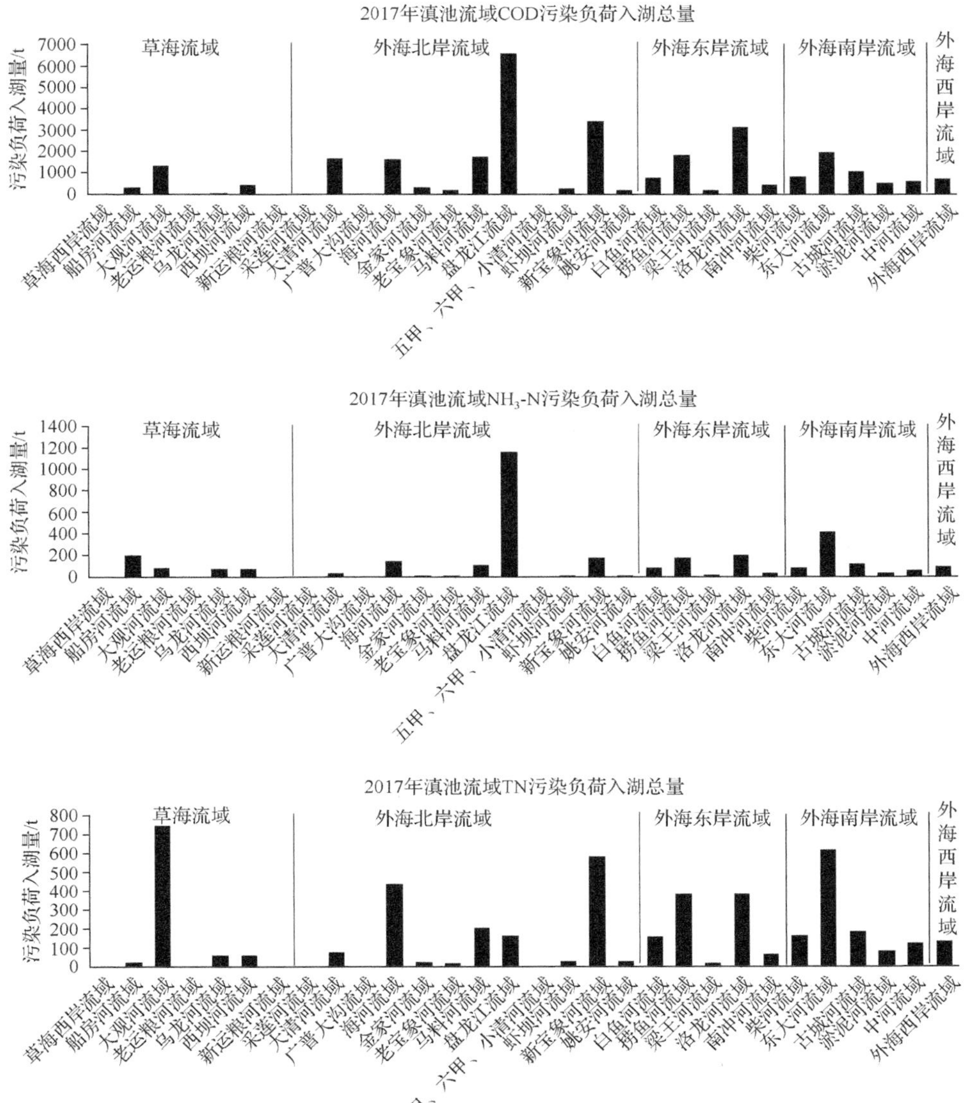

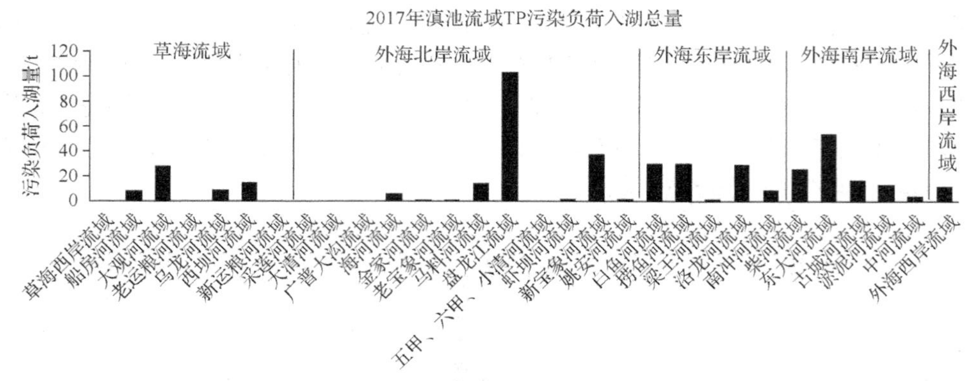

图 5-50　2017 年滇池流域污染负荷入湖总量

5.3　滇池流域河湖水质响应关系

通过 EFDC 模型的多次试算模拟，分析得到流域内各条河流对湖体关键控制断面的水质影响，分析水质达标情况下各条河流入湖污染负荷控制需求。逐步关闭各条河流的边界条件，分析关闭后各控制断面水质的变化幅度，综合分析得到各条河流对各控制断面水质的定量影响。技术路线如图 5-51 所示。

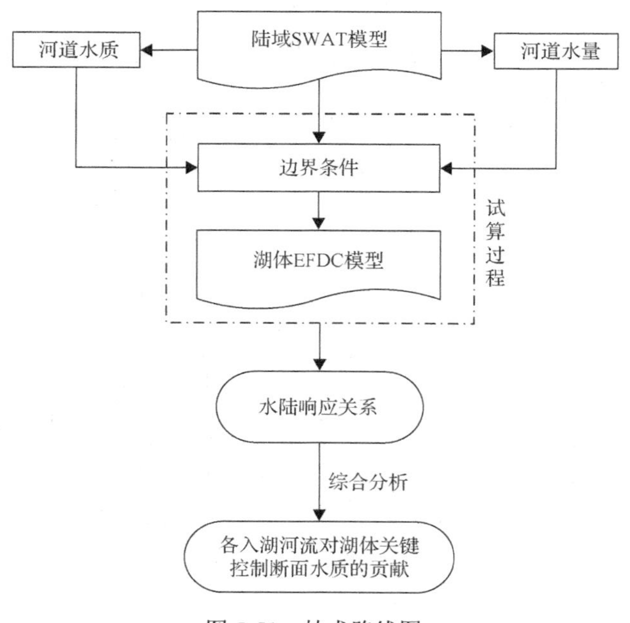

图 5-51　技术路线图

分析发现，草海流域大观河和乌龙河对断桥断面水质贡献较大，约达 90%；船房河和西坝河对草海中心断面水质贡献较大，约达 70%。对于外海 8 个控制断面水质相对有很大贡献的是盘龙江，其次是新宝象河，其原因是这两条河的入湖污染负荷很大，盘龙江和新宝象河入湖污染负荷量对总污染负荷量的占比分别达到了 35%和 16%，它们对外海各控制断面的水质贡献分别在 12%和 8%以上，且虽然盘龙江与新宝象河距离滇池南测点较远，但仍能对滇池南的水质分别产生 22%与 11%的贡献；由于距离较近，外海东岸的洛龙河和捞鱼河分别对罗家营和观音山东两个控制断面有 16%和 19%的贡献；外海南岸的东大河和中河对邻近的滇池南控制断面的水质贡献也分别达到了 15%和 9%。

一部分河流虽然入湖污染负荷量占总入湖污染量的比值较小，但由于距离与流场的关系仍对部分测点水质产生了相对较大的贡献，例如，外海西岸散流的入湖污染负荷量占总入湖污染负荷量的比值仅约 4%，但其对邻近的观音山西测点的水质贡献率达到了 16%；姚安河、虾坝河、老宝象河的入湖污染负荷量占总入湖污染负荷量的比值均不足 1%，但三条河对邻近的灰湾中测点的水质贡献率分别达到了 12%、10%、11%(图 5-52)。

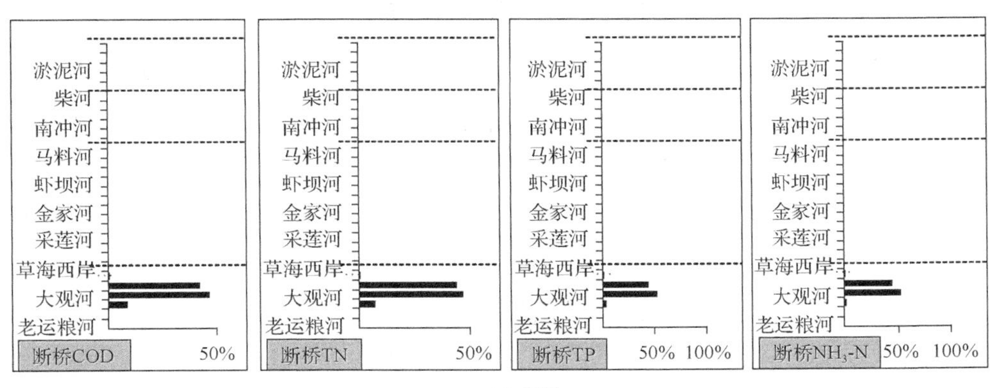

(a) 断桥

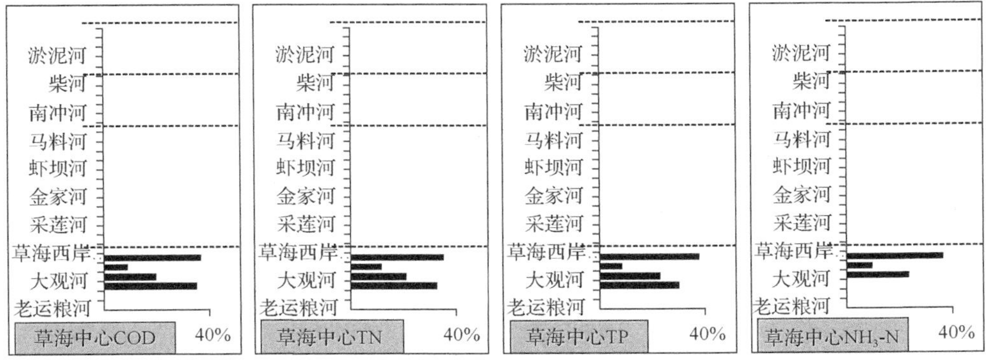

(b) 草海中心

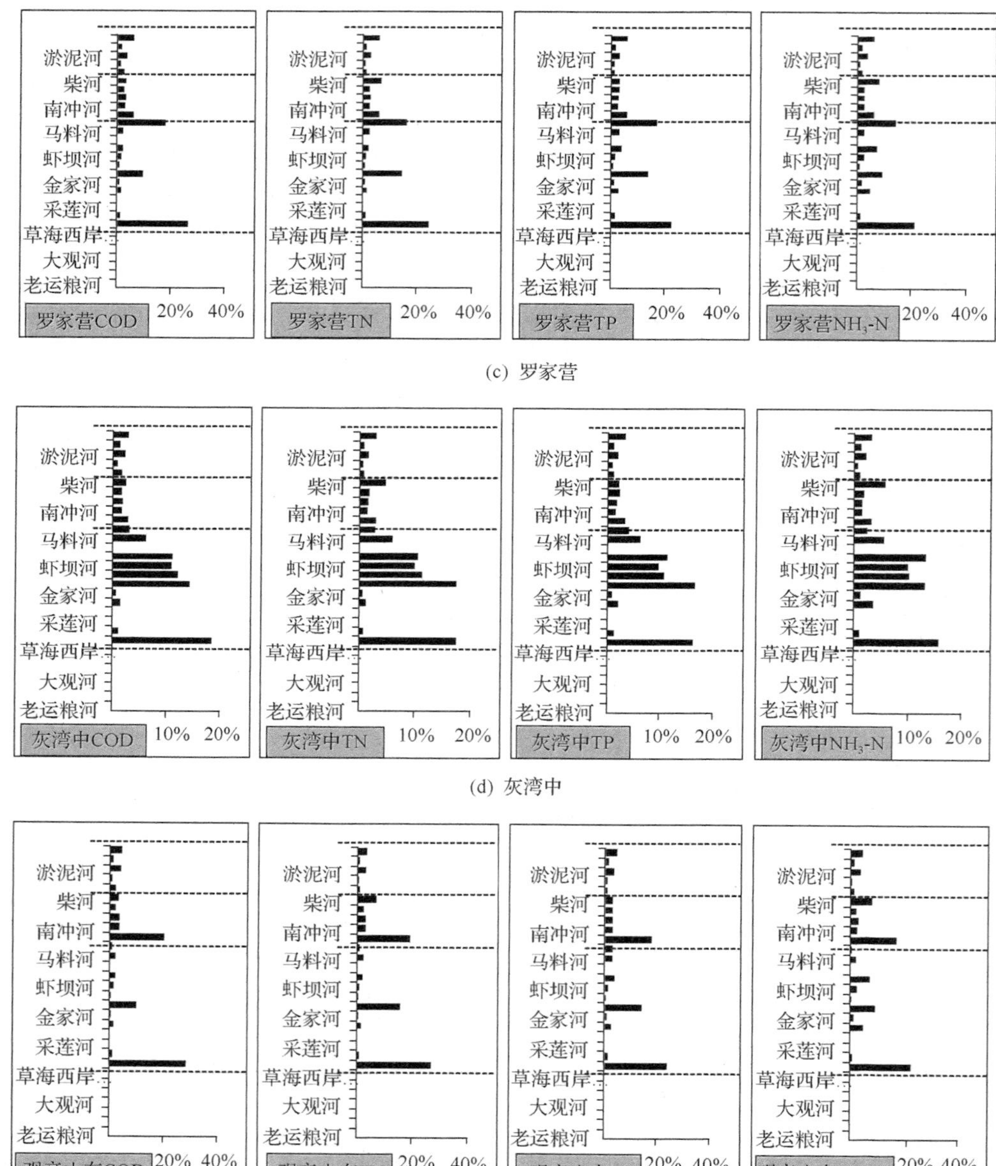

(c) 罗家营

(d) 灰湾中

(e) 观音山东

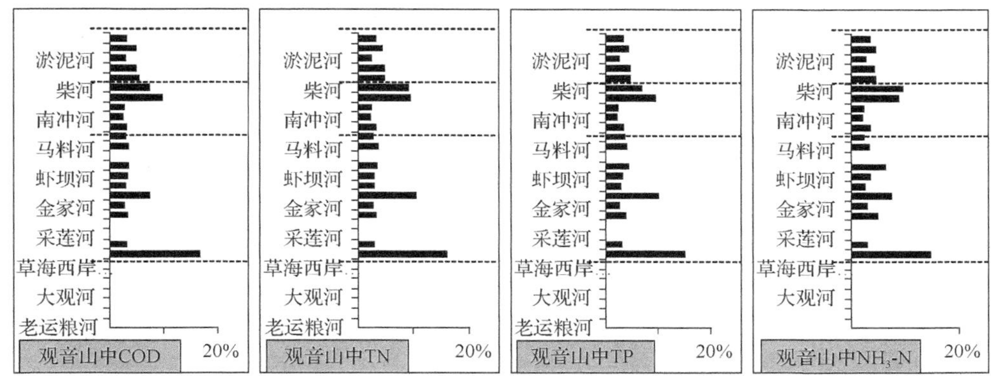

(f) 观音山中

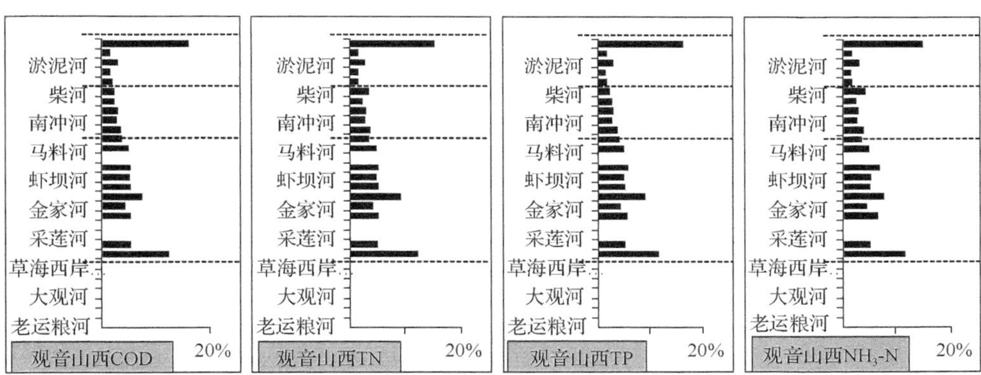

(g) 观音山西

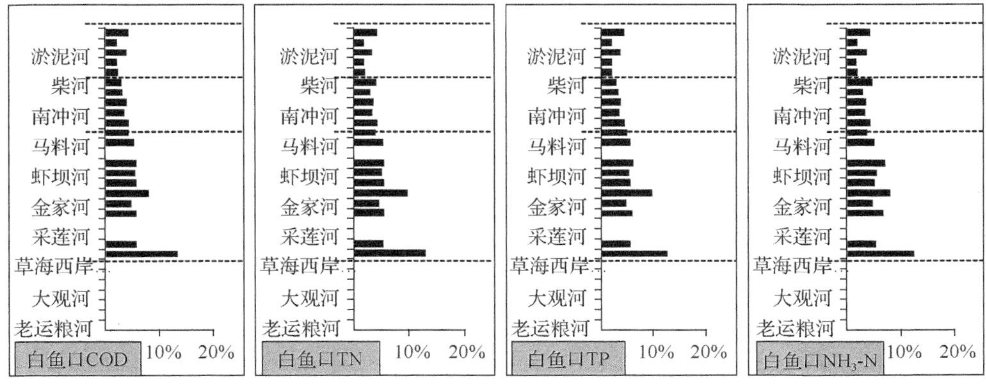

(h) 白鱼口

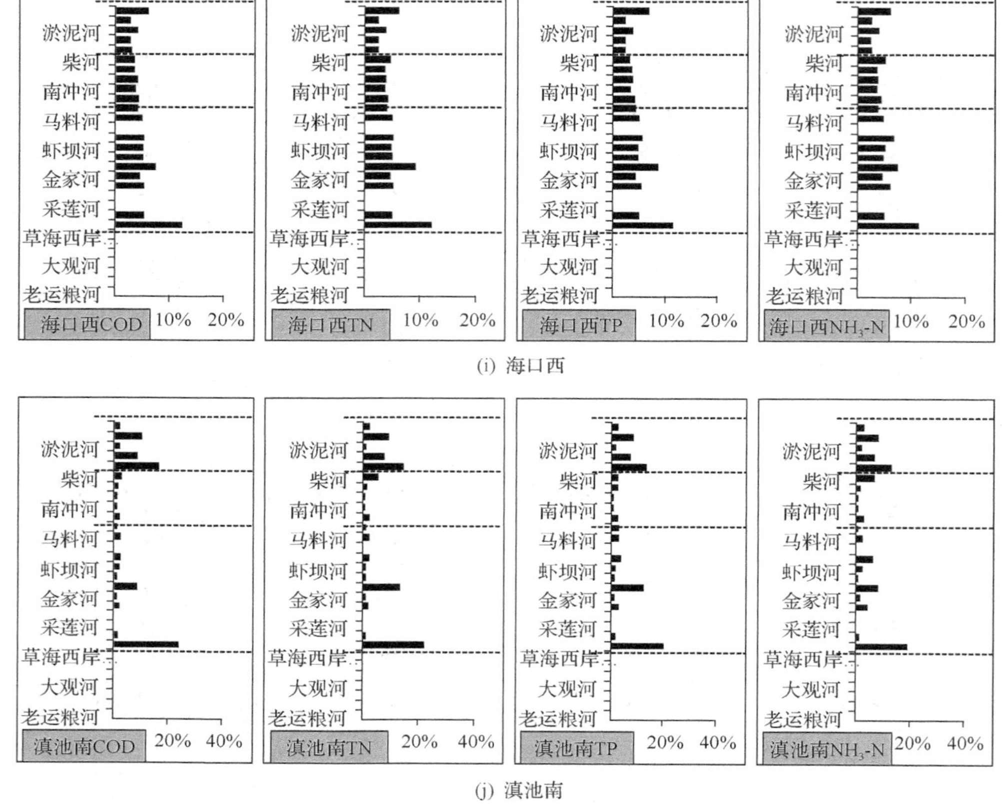

图 5-52　各入湖河流对湖体断面的水质贡献

外海由于湖体面积大，不同区域河流对各控制断面贡献差异较大。总体来看，外海北岸河流对湖体水质贡献较大，其入湖污染负荷通量占总入湖污染负荷通量的 65.7%，对罗家营、灰湾中、观音山东、观音山中、观音山西、白鱼口、海口西和滇池南 8 个测点的水质贡献率分别为 50%、76%、53%、48%、55%、62%、56%、49%，因此外海北岸的污染控制对于湖体水质改善具有相当重要的作用；外海东岸河流入湖污染负荷通量占总入湖污染负荷通量的 5.2%，其对罗家营、灰湾中、观音山东、观音山中、观音山西、白鱼口、海口西和滇池南 8 个测点的水质贡献率分别为 28%、10%、26%、12%、14%、17%、17%、7%；外海南岸河流入湖污染负荷通量占总入湖污染负荷通量的 11.9%，其对罗家营、灰湾中、观音山东、观音山中、观音山西、白鱼口、海口西和滇池南 8 个测点的水质贡献率分别为 16%、11%、16%、36%、15%、17%、21%、41%；外海西岸河流入湖污染负荷通量占总入湖污染负荷通量的 4.1%，外海西岸河流对罗家营、灰湾中、观音山东、观音山中、观音山西、白鱼口、海口西和滇池南 8 个测点的水质贡献率分别为 6%、3%、5%、4%、16%、4%、6%、3%(图 5-53)。

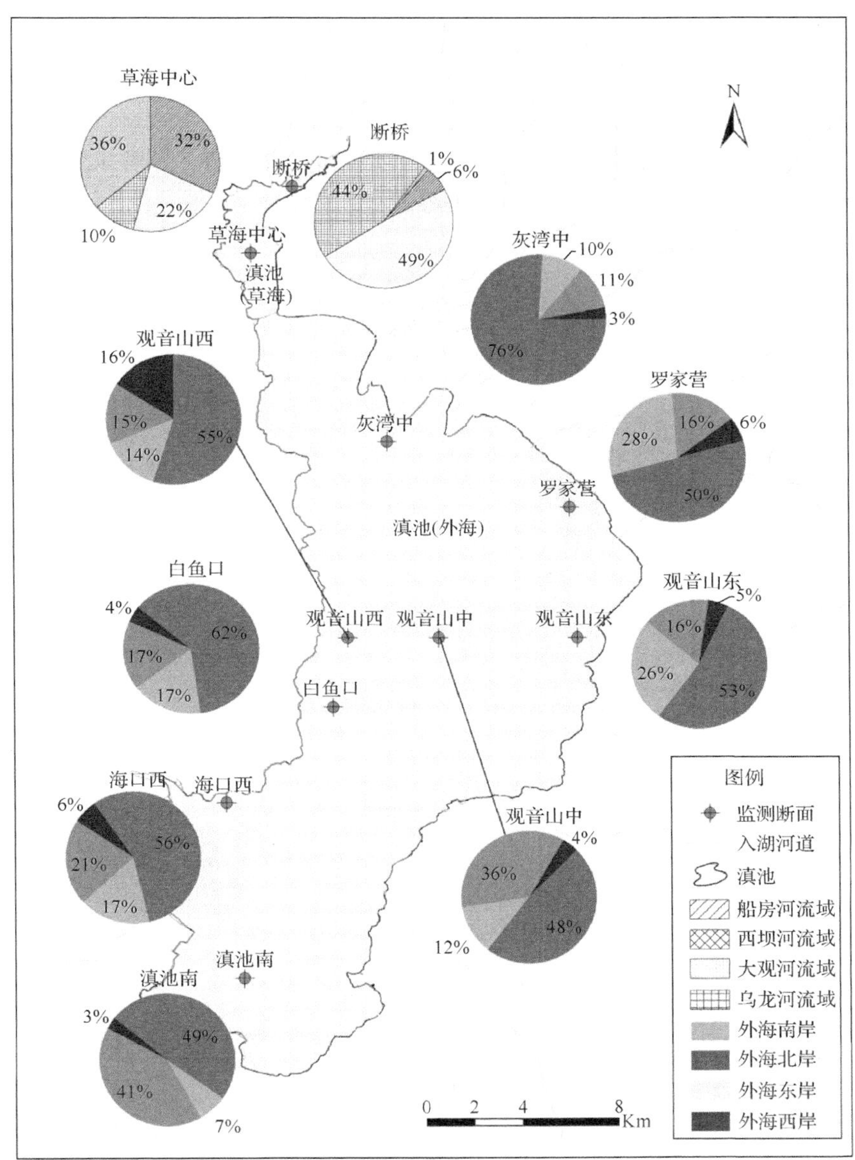

图 5-53　各区域入湖河流的水质贡献

5.4　入湖河流水质目标

5.4.1　控制断面水质改善需求

断面水质的改善需求是提出河流水质目标的基础，只有二者相匹配，断面水质才能达标，故在此基于现状湖体污染物分布情况对断面水质改善需求进行分析。图 5-54 是滇池湖体污染物浓度空间分布情况，由图可知，滇池湖体不同污染物浓度空间分布差异很大。COD_{Cr} 浓度较高的区域为外海中部和南部，NH_3-N 为草海北部、外海北部、中部和南部的部分区域，TN 为草海东南、外海东北部，TP 为外海北部。综合来看，外海北部的水质最差。

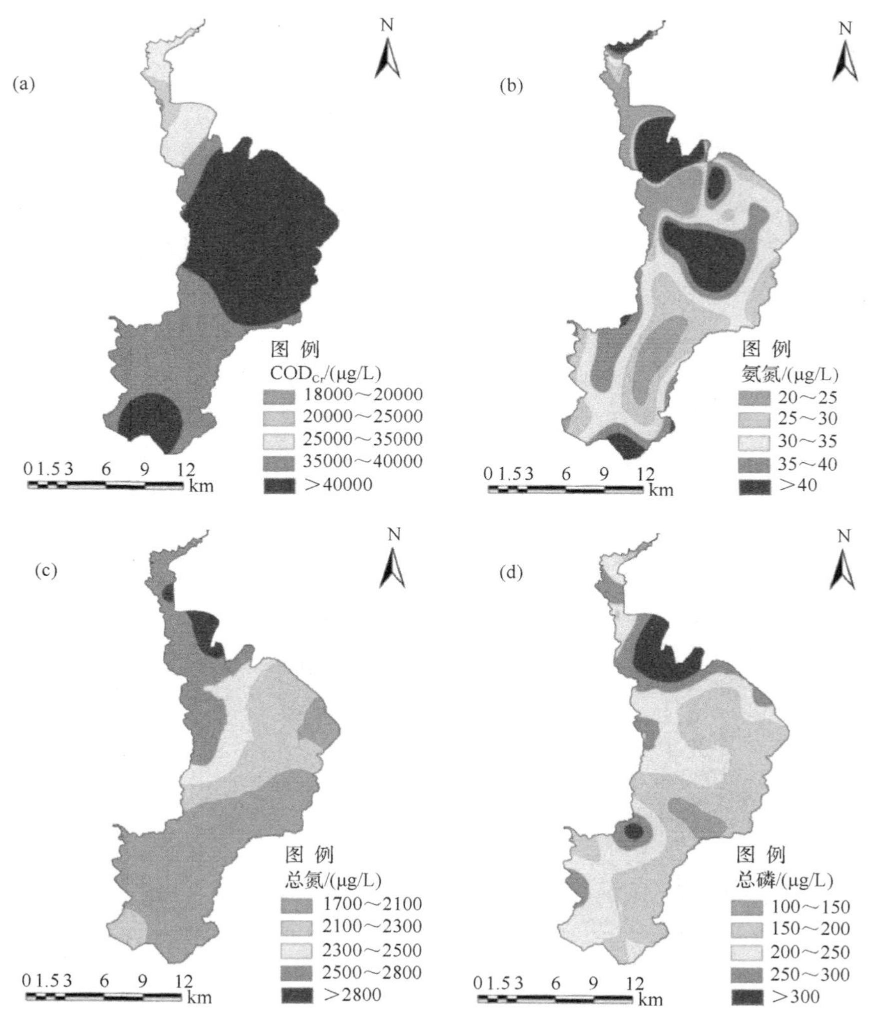

图 5-54　滇池湖体污染物空间分布情况

(a) COD_{Cr}；(b) NH_3-N；(c) TN；(d) TP

对比“十三五”规划中提出的“草海水质稳定达到Ⅴ类，外海水质稳定达到Ⅳ类(COD_{Cr}≤40 mg/L)”的水质目标，如表 5-18 所示，草海 2 个国控断面与外海 8 个国控断面的现状水质与对应目标水质尚存在一定差距。总体来看，TN 和 TP 的超标情况最严重，全部 10 个断面均有不同程度的超标，其次为 COD_{Cr}，共有 6 个断面超标，而 NH_3-N 的情况较好，均优于目标水质浓度。

表 5-18　滇池湖体各控制断面水质现状与水质目标的差距(%)

断面名称	项目	COD_{Cr}	NH_3-N	TN	TP
草海	草海中心	–6	–314	55	41
	断桥	–69	–413	61	24
外海	灰湾中	7	–406	34	42
	罗家营	6	–492	25	26
	观音山东	6	–385	20	15
	观音山西	10	–308	25	28
	观音山中	11	–464	25	24
	海口西	3	–458	21	20
	白鱼口	–6	–402	19	24
	滇池南	–6	–450	14	17

对于草海，草海中心和断桥 2 个断面的 TN 和 TP 浓度均明显高于目标浓度，特别是 TN 浓度已超过目标浓度的 50%；对于外海，在 $COD_{Cr}\leqslant 40$ mg/L 的目标下依旧有多个断面的 COD_{Cr} 未达标，其中位于外海中部的观音山西和观音山中 2 个断面的超标程度超过 10%，水质较差；同时，虽然 TN 和 TP 的超标程度相比草海较低，但位于外海北部的灰湾中 TP 超标程度高达 42%。综上所述，在 10 个国控断面中，草海中心和断桥的水质最差，观音山西、观音山中和灰湾中的水质较差，水质改善需求相对较高。

5.4.2　入湖河流水质目标

从上文对滇池流域的入湖污染负荷通量的源解析结果可以看出，城市面源带来的污染已经占据相当大的比重，这就说明相比旱季，雨季有更多的污染负荷入湖，治理形势更加严峻。无论是草海还是外海，雨季的污染物浓度均不同程度地高于旱季，且部分指标在旱季可以达到目标值，但雨季却劣于目标值，如草海的 TP 和外海的 COD_{Cr}。因此，在制定入湖河流水质目标时，应充分考虑不同时段污染负荷产生的特点，确保全年水质达标。

由于草海流域的新运粮河、老运粮河以及草海西岸散流已通过工程措施外排，今后不再进入湖体，外海西岸散流无法进行水质目标也无法约束，因此本研究仅对剩下的 26 条入湖河流的水质目标进行讨论（小清河和广普大沟接入环湖干渠为临时措施，在此考虑水质目标）。在河道水质不低于地表水环境质量标准（GB 3838—2002）中Ⅴ类水标准的前提下，结合河湖结合水陆响应关系，通过多个工况下 EFDC 模型的迭代计算提出了草海流域、外海流域的河道水质目标范围。图 5-55 是滇池流域主要入湖河流的水质目标范围（全年各月存在一定波动），从图中可以看出，草海 4 条河流的各项水质目标全年波动不大，均较为严格。水质目标较为宽松的乌龙河，其各项指标的目标范围分别为 COD_{Cr} 19～20 mg/L，NH_3-N 1.2～1.6 mg/L，TN 1.5～3 mg/L、TP 0.1～0.2 mg/L；而水质目标更为严格的大观河和西坝河，其 COD_{Cr} 需达到 10 mg/L 左右，TN 的目标值小于 2 mg/L、TP 需达到 0.1 mg/L 左右，该两条河为牛栏江补水河道，所以来水水质较好，虽然目标设定较为严格，但相对现状水质而言，提升到目标水质的差距并不大。

外海流域各入湖河流的水质目标总体上没有草海严格，主要是因为库容较大、自净能力相对较强。COD_{Cr} 的目标值基本处于 15～30 mg/L 的范围内，NH_3-N 基本处于 0.5～1.5 mg/L 之间，TN 基本处于 5～10 mg/L 的范围内，TP 基本处于 0.1～0.2 mg/L 之间。从外海流域的各分区来看，北岸、东岸、南岸入湖河流 COD_{Cr}、NH_3-N 和 TP 的目标值基本无较大地域差别，但对于 TN，南岸河流的目标值要明显严于其他区域，这与其污染源以农业农村面源为主有关。从具体河流来看，综合 4 项指标，姚安河和广普大沟总体水质目标较为宽松，特别是 COD_{Cr} 的目标浓度值明显高于其他河流，主要是因为其现状水质较差，水质提升难度较大，而其水量较小，高目标控制的意义不大；而洛龙河的水质目标则最为严格，其各项指标的目标范围分别为 COD_{Cr} 9～17 mg/L，NH_3-N 0.4～0.7 mg/L，TN 2～7 mg/L、TP 0.05～0.3 mg/L，这是由于洛龙河水量较大，带入湖体的污染负荷较高，需进行高目标控制，但相对现状水质而言，提升到目标水质的差距并不大，详见图 5-56。

如图 5-56 所示，入湖河流现状水质与目标水质的 COD_{Cr}、TN 和 TP 指标差距较大，特别是广普大沟、海河、金家河、姚安河，以及五甲、六甲、小清河，主要原因是由于其现状水质较差，水质提升需求较大。其次是盘龙江、新宝象河、船房河、乌龙河、白鱼河、柴河等，其对草海中心、断桥、观音山西、观音山中和灰湾中水质较差断面影响较大，是重点治理河道，因此，需设置较高水质目标。

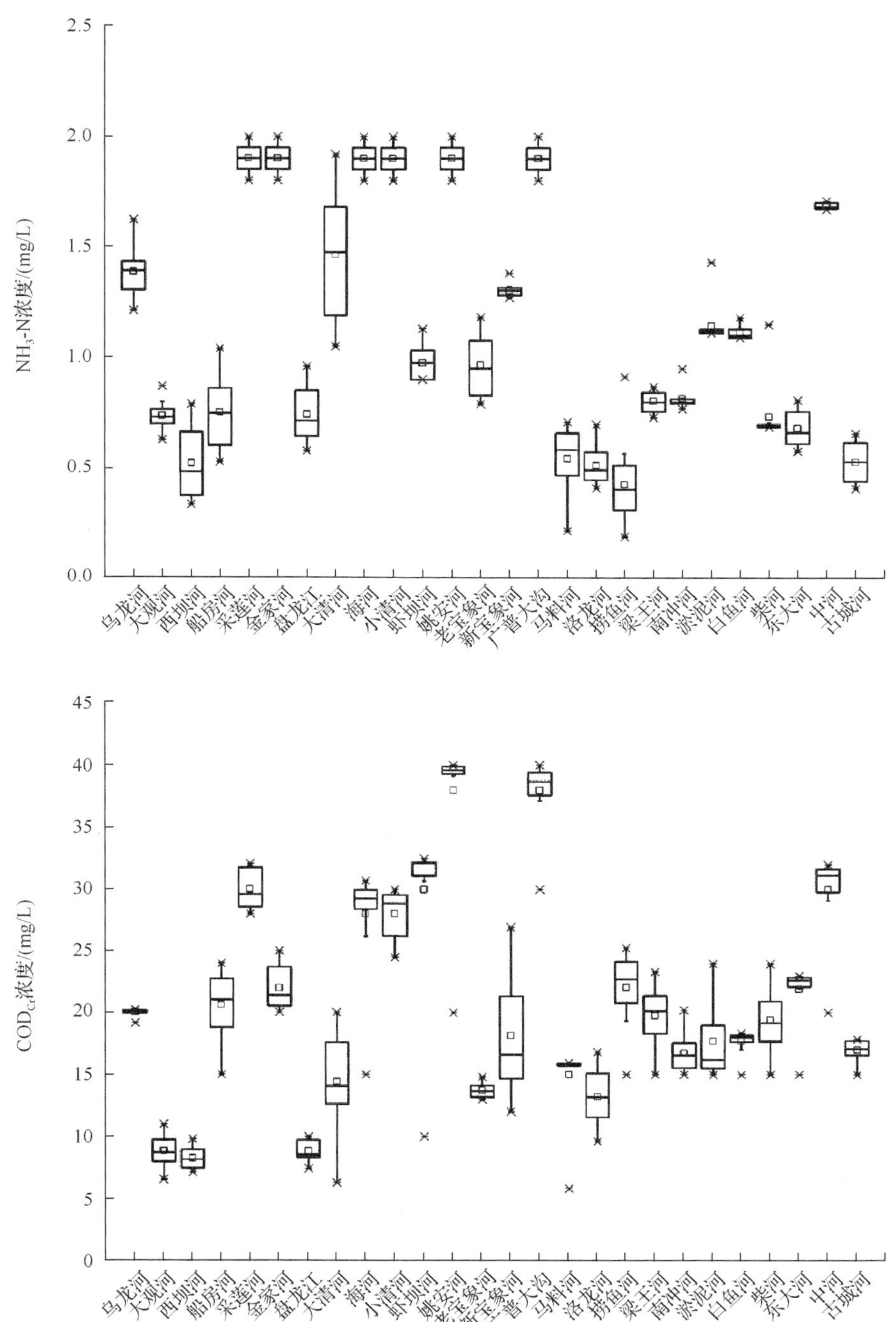
NH$_3$-N浓度/(mg/L)
2.5
2.0
1.5
1.0
0.5
0.0
乌龙河
大观河
西坝河
船房河
采莲河
金家河
盘龙江
大清河
海河
小清河
虾坝河
姚安河
老宝象河
新宝象河
广普大沟
马料河
洛龙河
捞鱼河
梁王河
南冲河
淤泥河
白鱼河
柴河
东大河
中河
古城河
COD$_{Cr}$浓度/(mg/L)
45
40
35
30
25
20
15
10
5
0
乌龙河
大观河
西坝河
船房河
采莲河
金家河
盘龙江
大清河
海河
小清河
虾坝河
姚安河
老宝象河
新宝象河
广普大沟
马料河
洛龙河
捞鱼河
梁王河
南冲河
淤泥河
白鱼河
柴河
东大河
中河
古城河

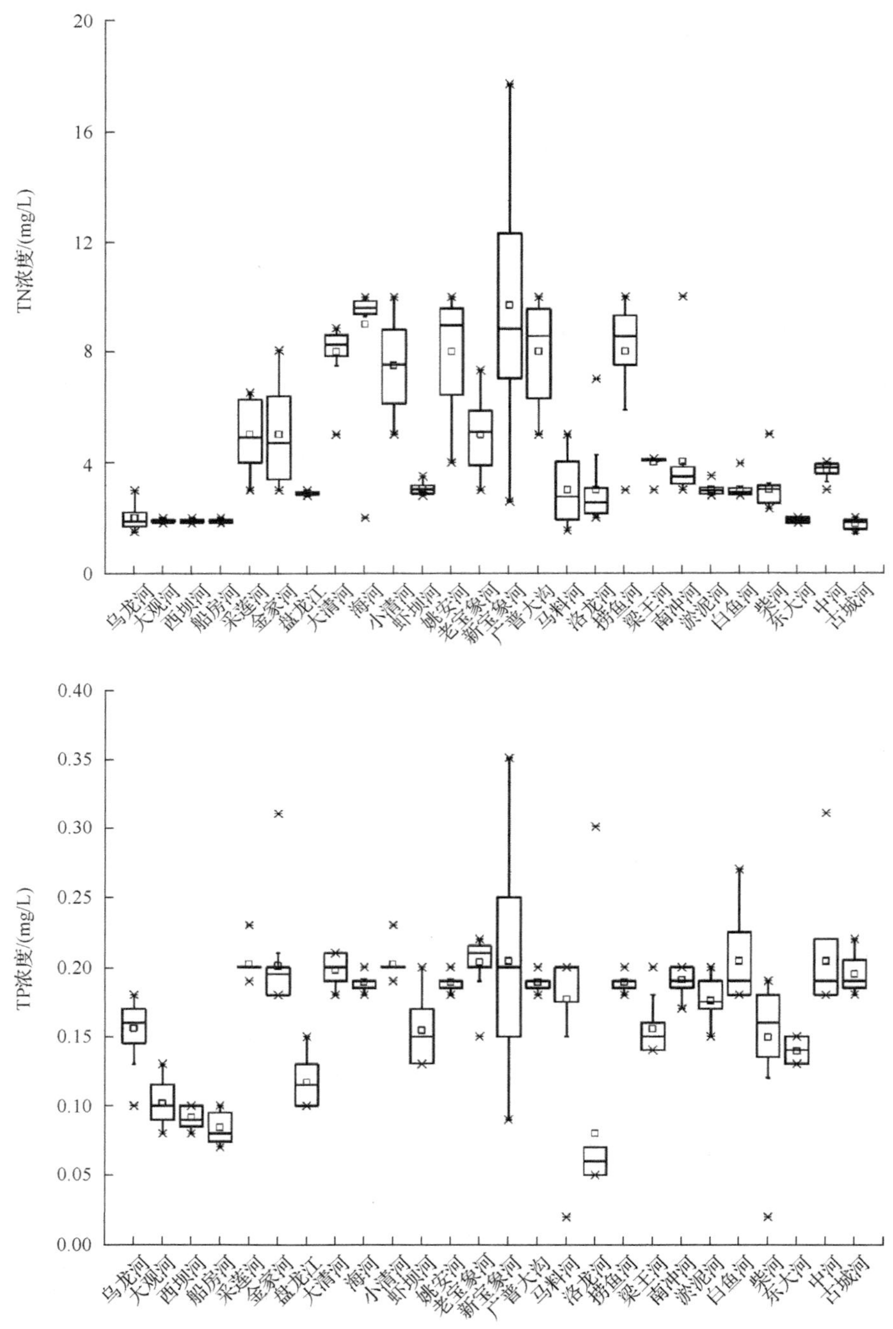

图 5-55　入湖河流水质目标

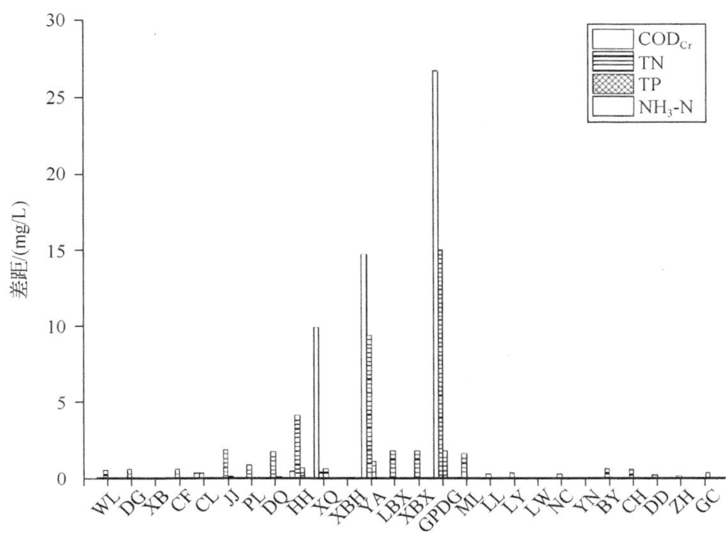

图 5-56　主要入湖河流现状水质与目标水质的差距

5.5　流域污染总量控制策略

根据上文污染源解析结果，本节将对流域污染负荷总量削减目标进行计算，提出各条河的污染负荷总量控制策略。流域污染负荷总量削减目标的确定分两种方案进行分析，方案一是对各条河流等比例削减污染负荷，方案二是根据上文分析设定的各条河流水质控制目标对应污染负荷削减需求进行削减。结果如表 5-19 所示，在确保水质达标的前提下，方案一需要削减的污染负荷较大。这表明，由于湖体水质污染物浓度空间分布差异大，且不同河道对不同控制断面的浓度贡献不同，若河道治理不突出重点，在投入大量人力物力财力之后，可能会出现全湖水质改善效果不佳，事倍功半的结果。方案二抓住了水质改善的关键，针对水质较差河流和对湖体控制断面影响较大河流提出高要求，大大提高了污染治理的效率。因此，通过识别与关键控制断面水质改善密切相关的重点河流，提高污染治理效率，是流域污染负荷总量控制的关键技术。

因此，基于方案二，提出了滇池流域各条河流的污染负荷总量控制策略：第一，点源污染对象相对明确，治理技术成熟，未完全收集的生活污水，是点源的重要组成部分，前文提出的重点治理河道中除南岸的白鱼河和柴河外，北岸的新宝象河、广普大沟、海河等污染源主要也是旱季未完全收集的生活污水和雨季随雨水溢流的生活污水，所以新宝象河、船房河、乌龙河、广普大沟、海河、金家河、姚安河，以及五甲、六甲、小清河的未收集生活污水(包括雨季溢流)是整个

表 5-19　水质改善与污染负荷削减的响应关系

方案	流域		COD_{Cr}	NH_3-N	TN	TP
方案一	草海	水质改善率	—	—	58%	34%
		入湖污染负荷削减率	—	—	39%	29%
	外海	水质改善率	3%	—	21%	25%
		入湖污染负荷削减率	10%	—	11%	12%
方案二	草海	水质改善率	—	—	58%	34%
		入湖污染负荷削减率	—	—	34%	23%
	外海	水质改善率	3%	—	21%	25%
		入湖污染负荷削减率	8%	—	9%	10%

流域污染治理的重中之重。第二，农业面源污染具有随机性、广泛性、滞后性、模糊性等特点，治理难度较大，建议聚焦外海南岸的淤泥河、白鱼河、柴河、东大河、中河、古城河六条河，其污染源以农业面源为主，占到了整个流域农业面源污染负荷的 38.95%，采取规模化、连片化的产业结构调整、节水、节肥、库塘回用等措施，能够提高污染治理的效率。第三，草海库容小，自净能力弱，因此入草海河道水质目标要求高，必须辅以非常规措施，才能实现水质达标，如作为河道补给水源的污水处理厂的提标改造。

5.6　本 章 小 结

“七五”攻关项目以来，针对滇池流域入湖污染负荷已形成大量研究成果，本研究结合前期成果，对主要入湖河道的污染负荷的产生—排放—削减—入湖进行系统梳理，利用模型建立河流-湖体水质响应关系，在此基础上计算水环境容量，与前期水环境容量成果相比，考虑了水资源边界条件的变化，符合当前滇池治理新提出的目标要求。为了提高滇池流域污染治理效率和精准治污水平，本研究通过构建河湖水质响应关系，以湖体 10 个国控断面水质达标为约束，提出了与湖体水质目标相衔接的主要入滇河流水质控制目标和流域污染物总量控制策略。主要结论包括以下几个方面：

(1) 本研究根据河流入湖口的情况将滇池流域概化为 30 个子流域，利用 SWAT 模型对陆域污染物的迁移过程进行了模拟，模拟结果作为湖体 EFDC 水质水动力模拟模型的输入边界条件，将滇池湖体概化为 3212 个计算网格单元，利用 EFDC 模型模拟湖体流场和水质的逐日变化过程，该耦合模型的构建，为流域水质目标管理和污染物总量优化控制提供了重要手段工具。

(2) 滇池流域入湖污染负荷量为 COD 30115 吨、NH_3-N 3488 吨、TN 4725 吨、

TP 450 吨。从空间分布上看，外海北岸污染负荷占比仍然保持最高，约占 43%；草海流域由于实施了东风坝前置库工程和西岸尾水导流工程，污染负荷入湖量大幅削减，约占 13%；外海东岸、南岸、西岸污染负荷占比分别为 20%、22%、3%。盘龙江、新宝象河、大观河、大清河、海河、马料河、洛龙河、捞鱼河、东大河 9 条河累计污染负荷占总入湖污染负荷量的 70%以上。按污染源构成来看，滇池流域化学需氧量主要来自城市面源和点源，分别占污染负荷总量的 42%和 43%；氨氮主要来自点源，占污染负荷总量的 78%；总氮主要来点源，占污染负荷总量的 57%；总磷主要来自点源和农业农村面源，分别占污染负荷总量的 54%和 28%。

(3) 利用 EFDC 模型模拟分析得到流域内各入湖河流对湖体关键控制断面水质的定量贡献，分析表明，草海流域大观河和乌龙河对断桥断面水质贡献较大，约达到 90%；船房河和西坝河对草海中心断面水质贡献较大，约达 70%。对于外海 8 个控制断面水质相对有很大贡献的是盘龙江，其次是新宝象河，对 8 个控制断面的水质贡献均在 10%以上；外海东岸和南岸河流对其邻近控制断面水质有较大贡献，外海西岸散流和北岸部分污染负荷占比较小的河流由于距离和流场的原因，对其邻近控制断面水质的贡献也在 10%以上；总体来看，外海北岸河流对湖体水质贡献较大，其对外海 8 个控制断面水质的影响均在 50%以上。通过识别与关键控制断面水质改善密切相关的重点河道，提高污染治理效率，是流域污染物总量控制的关键技术。目前草海两个断面的 TN 和外海灰湾中、观音山西、观音山中两个断面水质较差，因此可以有针对性地开展草海流域河流、外海西岸散流、盘龙江、新宝象河、老宝象河、虾坝河、姚安河、白鱼河、柴河、东大河等对水质较差断面贡献较大河流的污染控制，提高污染治理效率。

(4) 利用 EFDC 模型分析不同情景下污染物总量削减方案与湖体水质达标响应的关系，计算对应的滇池水环境容量，通过系统分析揭示了流域水环境容量的动态特征。考虑水质的不稳定性和治理工程的不确定性，选择相对较为保守的计算结果，基于外海达到Ⅳ类(COD＜40 mg/L)、草海达到Ⅳ类目标的约束下，滇池水环境容量为 COD 26031 吨、NH_3-N 22666 吨、TN 4306 吨、TP 345 吨。对比入湖污染负荷量，NH_3-N 水环境容量较大，现在负荷量未超载；草海 COD 现状入湖负荷量未超过水环境容量；其他污染物入湖负荷量均超过对应的水环境容量。

(5) 滇池湖体水质想要达标，草海中心、断桥、观音山西、观音山中和灰湾中的水质改善需求较高，滇池流域的各条入湖河流均面临改善现状水质的压力。总体来说，入湖河流的水质目标建议为：对于 COD，考虑湖体 COD 的累积效应，河流 COD 水质目标应设置得相对严格，除个别河流控制在 40 mg/L 以下外，其他全部控制在 30 mg/L 以下，达到Ⅳ类水质标准；对于 TN，草海入湖河流 TN 必须控制在 2 mg/L 以下，外海大部分河流 TN 须控制在 10 mg/L 以下；对于 TP，全部河流 TP 必须控制在 0.2 mg/L 以下，达到Ⅴ类水质标准；对于 NH_3-N，可以维持现状水质，但按照消除劣 V 类的要求，应控制在 2 mg/L 以内。入湖河流现状水质与目标水质的 COD_{Cr}、TN 和 TP 指标差距较大，特别是广普大沟、海河、金家河、姚安河，以及五甲、六甲、小清河，主要原因是由于其现状水质较差，水质提升需求较大。其次是盘龙江、新宝象河、船房河、乌龙河、白鱼河、柴河等，其对草海中心、断桥、观音山西、观音山中和灰湾中水质较差点位影响较大，是重点治理河道，水质目标较高。

(6) 通过识别与关键国控点位水质改善密切相关的重点河流，提高污染治理效率，是流域污染负荷总量控制的关键技术。滇池流域各条河流的污染负荷总量控制策略为：第一，新宝象河、船房河、乌龙河、广普大沟、海河、金家河、姚安河，以及五甲、六甲、小清河的未收集生活污水(包括雨季溢流)是整个流域污染治理的重中之重；第二，控制淤泥河、白鱼河、柴河、东大河、中河、古城河等六条河的农业面源污染；第三，辅以非常规措施，提高入草海河道水质，降低入湖负荷。

第 6 章　滇池流域精准治污实践

精准治污重点在建立污染物从陆域产生—排水系统输移—进入水体的全过程管理，以污染负荷入河的重要途径“排放口”为重点，进行排放口上游管网、沟渠的拓扑分析，明确每一个排放口的污染来源，借助水环境模型手段实现每一个排口入河污染负荷的定量分析，以排口为单位提出区域入河污染负荷削减措施。盘龙江是滇池流域入湖水量最大的河道，是昆明的母亲河，是牛栏江—滇池补水工程的重要通道之一，盘龙江水质的改善对于滇池治理有着重要意义，本书以盘龙江为例，以盘龙江沿岸入河排放口为单位，对现状未封堵且具有连接管线的排放口进行了拓扑分析，明确了盘龙江各类型排口的上游连接关系以及上游汇水区范围，通过盘龙江陆域污染负荷迁移模型的模拟，识别了盘龙江重点控制排口及其对应的重点控制单元，针对重点控制单元，开展了细致分析，识别了控制单元中存在的问题，提出了重点控制单元的污染负荷削减对策及措施。

6.1　盘龙江片区精准治污决策方法

6.1.1　盘龙江片区精准治污决策思路

盘龙江片区“精准治污”主要建立在盘龙江水质目标管理的基础上，主要是从污染负荷产生到入河进行全过程治理，将污染治理与区域水环境承载力相结合，主要包括片区污染源精准识别、片区治理设施运行效益的客观评估、片区污染负荷削减方案的制定等三个方面。

盘龙江片区精准治污主要把传统的以工程建设为主导的粗放型治污模式逐渐转变为以现有工程效益提升与发挥为重点，有针对性地补充完善区域治理工程的精细化的治理模式。盘龙江片区精准治污的实现主要以细致的片区现状调查为基础，以水环境模型为主要手段，以精细化的污染源解析为主要内容，以片区治体系的完善和水环境质量的改善为最终目的。

6.1.2　盘龙江片区精准治污技术路线

盘龙江片区精准治污主要包括三个基本步骤，一是盘龙江片区水环境问题调查及水环境模型构建，二是盘龙江片区治污控制单元划分及污染源核算，三是盘龙江水质目标确定主要控制单元污染负荷削减方案制定，具体如图 6-1 所示。

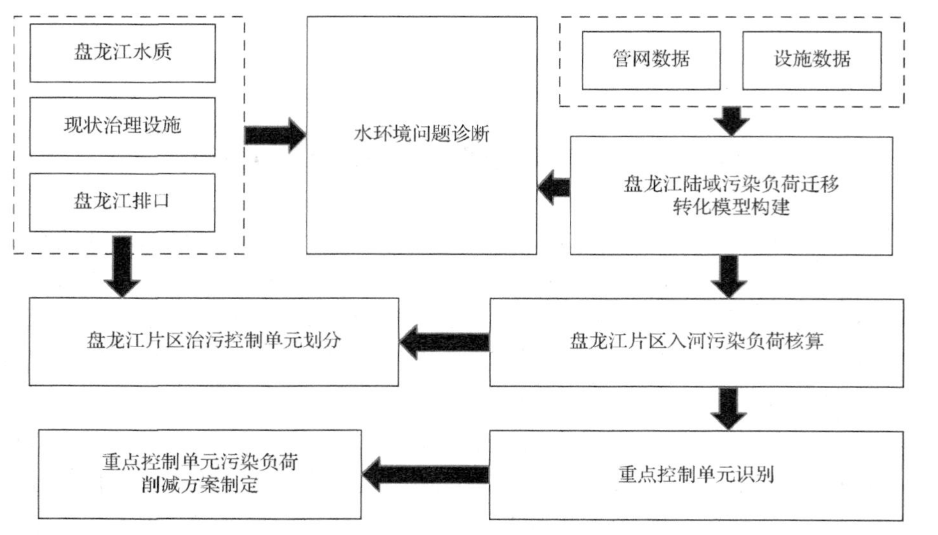

图 6-1　盘龙江片区精准治污技术路线图

其中，盘龙江水环境问题调查主要包括盘龙江现状水质调查、盘龙江现状入河排放口调查、盘龙江现状治理工程调查，盘龙江片区污染控制单元划分主要以排放口为单位，基于排放口上游管线拓扑分析进行控制单元划分，借助盘龙江陆域污染负荷迁移转化模型进行盘龙江现状治理工程评估以及控制单元入河污染负荷核算，基于核算结果识别重点控制单元，根据各重点控制单元的水环境问题，提出重点控制单元的污染负荷削减方案。

6.2　盘龙江片区概况

6.2.1　盘龙江片区范围

科学地确定研究区范围是精准治污决策的基础，传统的流域划分主要是基于地形数据来进行划分，体现的是河道的自然汇水区，适用于受人类活动影响较小的区域。盘龙江是滇池流域入湖水量最大的河道，自北向南流经盘龙区、五华区、官渡区、西山区、度假区等主要辖区，河道汇水区受沿岸排放口以及排水管网影响明显，因此，在进行盘龙江片区范围确定的过程中，在流域自然汇水区的基础上，充分考虑了盘龙江的自然汇水区、盘龙江沿岸排口的汇水区以及雨污水管段的汇水区三级汇水体系，将所有可能与盘龙江河道关联的区域纳入河道流域范围内。

根据以上原则，分别进行了盘龙江的自然汇水区、盘龙江沿岸排口的汇水区以及雨污水管段的汇水区三级汇水区域的划定，通过三级汇水体系的叠加分析，最终得到盘龙江片区的范围如图 6-2 所示，片区北至长虫山东侧石盆梁子，南至盘龙江滇池入湖口，总面积为 115.70 km^2。

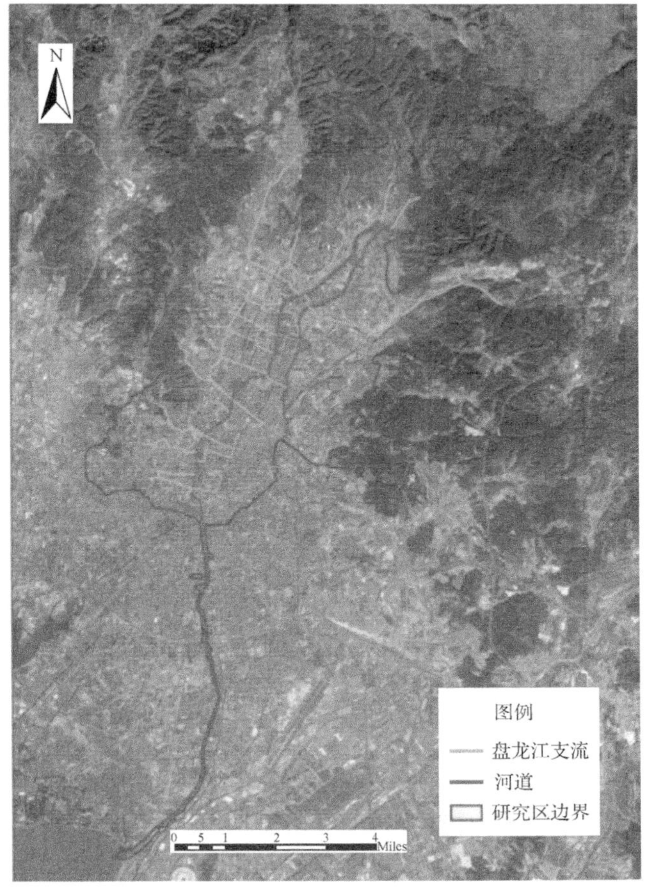

图 6-2　盘龙江片区范围示意图

6.2.2　盘龙江片区水系分布

盘龙江发源于嵩明县阿子营乡朵格村上喳啦箐白沙坡，自北向南蜿蜒入松华坝大(二)型水库(控制面积 593 km^2)，出库后河流自北向南纵贯昆明主城区，并于主城南部洪家村处汇入滇池。面积 735 km^2，河长 94 km，坡度 7.6‰。盘龙江水系发育，区间有 20 余条主要支流汇入，自北向南分别有中坝村防洪沟、马溺河、花渔沟、麦溪沟、上庄防洪沟、右营防洪沟、霖雨路大沟、老李山分洪沟、财经学校大沟、北辰大沟、财大大沟、核桃箐沟、金星立交大沟、白云路大沟、教场北沟、教场中沟、学府路防洪沟、麻线沟、圆通沟、羊清河等。

6.2.3　盘龙江片区主要排水设施分布

盘龙江片区大部分区域位于昆明主城北片区，根据规划，二环路以外是按照分流制建设，但受雨污混接、排水口封堵的原因的影响，现状研究区主要以合流制区域为主。

盘龙江片区现状主要包括已建水质净化厂 2 座、调蓄池 7 座、雨水、污水及合流泵站 11 座，在建水质净化厂 1 座，盘龙江片区主要排水设施分布如图 6-3 所示。

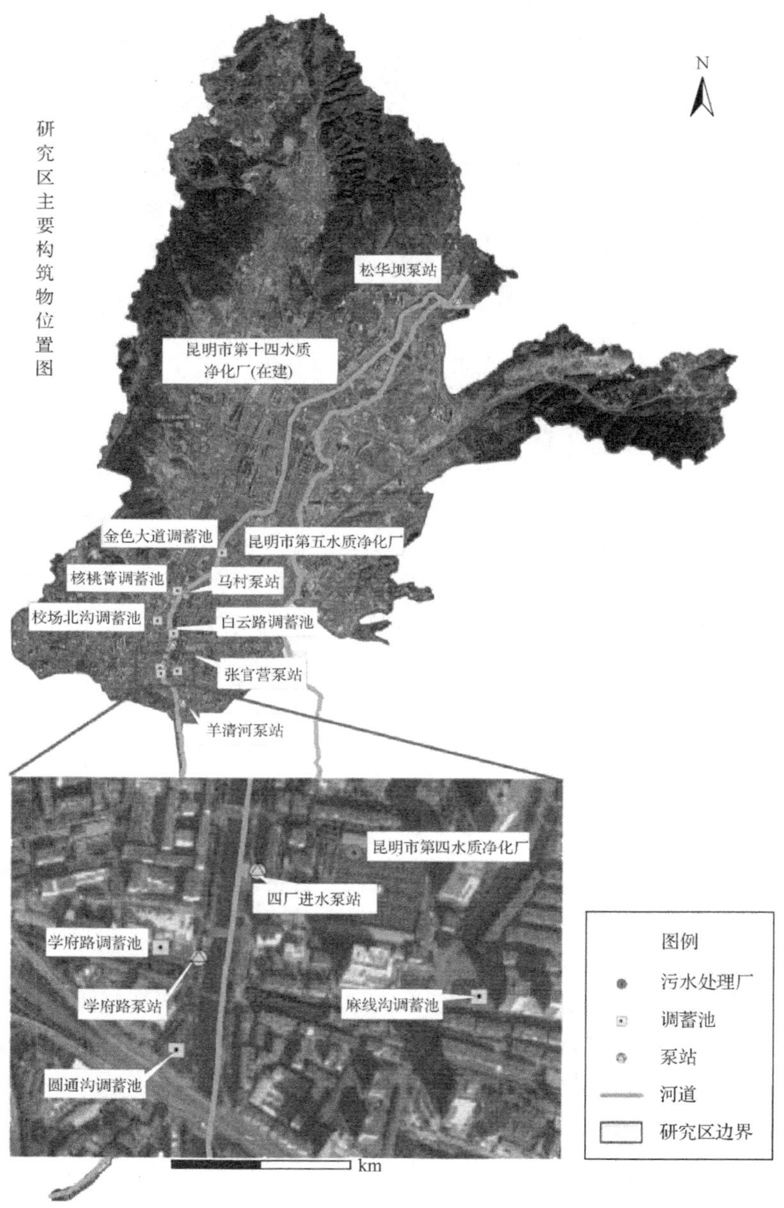

图 6-3　盘龙江片区主要排水设施分布图

6.2.4　盘龙江片区土地利用情况

盘龙江片区 2017 年土地利用情况如图 6-4 所示，现状盘龙江是片区的主要防洪河道，上游山区分布较多，现状屋顶、道路、庭院以及体育场等不透水地表占比约为 31.61%，林地、裸地、绿地等透水地表占比约为 68.39%，其中，林地占比较大，约占片区总面积的 31.19%，其次，由于片区中部分区域处于开发状态，2017 年裸地占比也较高，约占总面积的 24.56%。

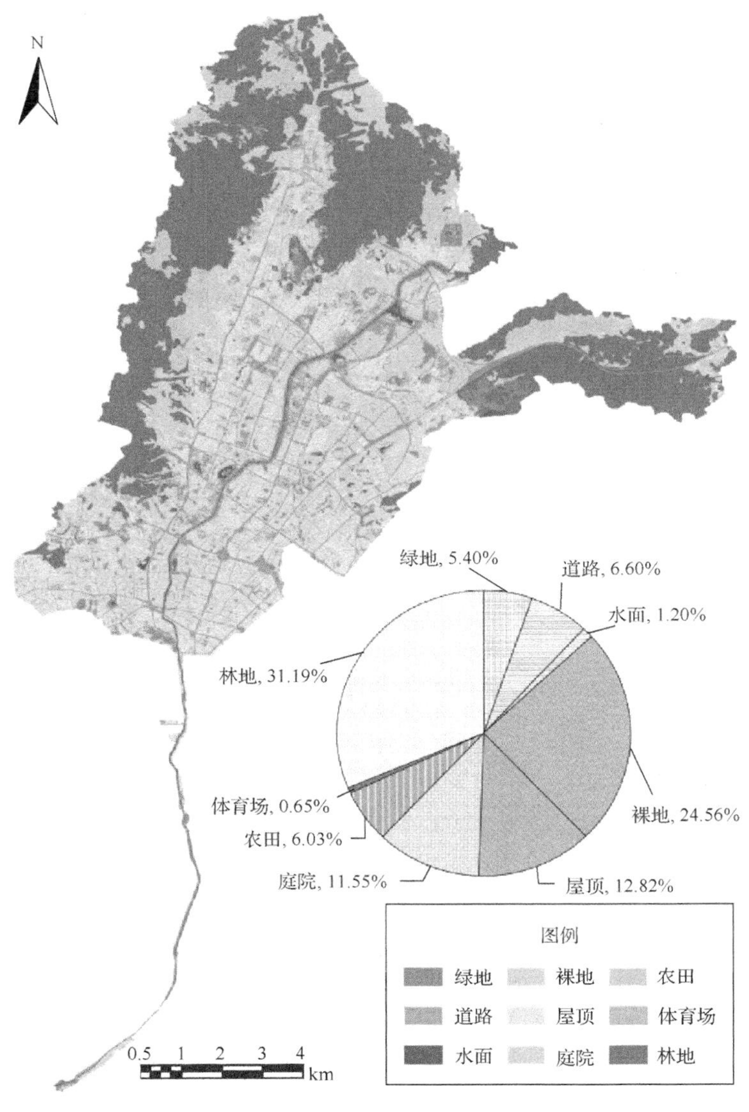

图 6-4　盘龙江片区土地利用现状图

6.2.5　盘龙江水质特征

1. 年际变化趋势

从盘龙江 1988～2017 年的水质变化趋势可以看出(图 6-5)，在 2008 年以前，盘龙江 TN、TP 和 NH_3-N 总体上均呈现波动上升的趋势，而 COD 浓度部分年份有减小的趋势，2013 年底，牛栏江—滇池补水工程通水以后，牛栏江作为重要的补水通道，水质有明显改善，水体中 TN、TP、NH_3-N、COD 等污染物的浓度明显降低。

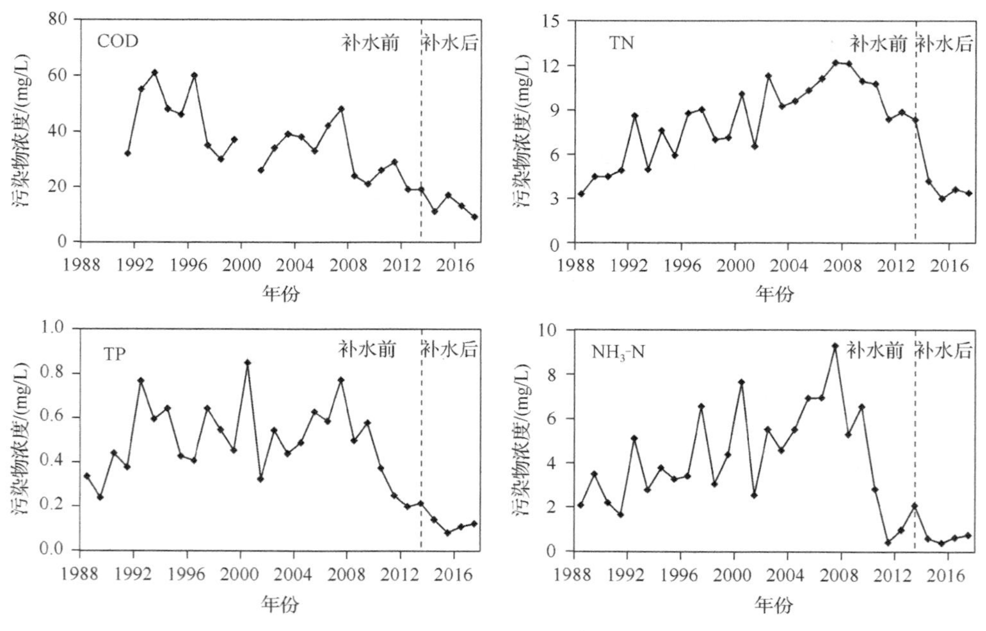

图 6-5　盘龙江 1988～2017 年年均水质变化趋势

2. 年内变化趋势

在牛栏江补水前(图 6-6)，除了个别数值外，盘龙江在旱季 TN、NH_3-N 和 COD 的浓度明显高于雨季，TP 浓度未表现出明显差异，其主要与盘龙江水量有关系，旱季盘龙江水量较小，在截污不彻底的情况下，旱季水质较差。

牛栏江补水以后，盘龙江水量得到了保障，加之配合补水工程实施了较为完善的截污工程，补水以后，盘龙江水质年内变化趋势发生了一定的改变，主要表现为雨季各污染物的浓度明显高于旱季(图 6-7)。主要是由于调水以后，同时随着截污系统的完善，盘龙江的污染物主要来自于雨季的城市面源以及片区合流制排口雨季溢流的合流污水。

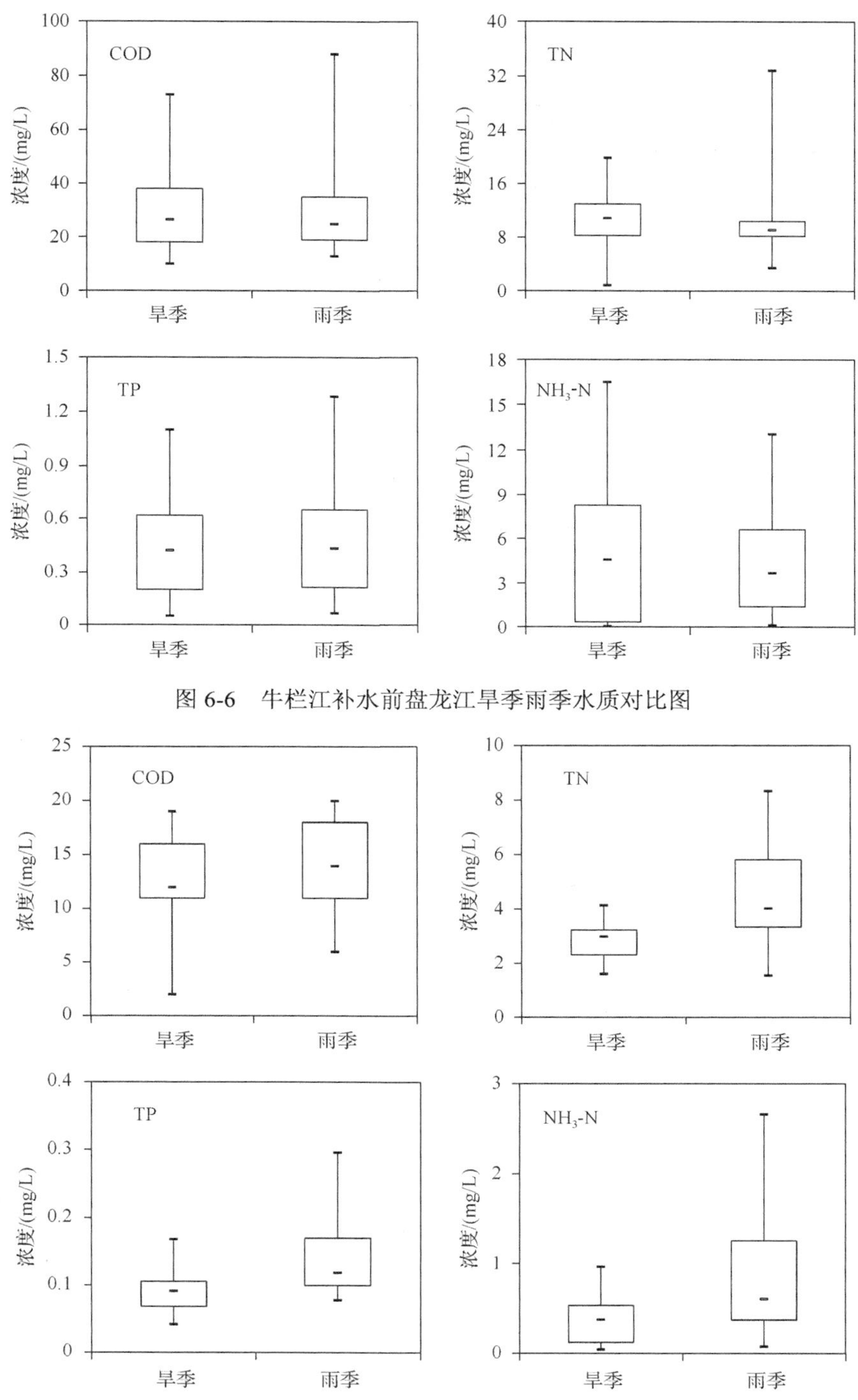

图 6-6　牛栏江补水前盘龙江旱季雨季水质对比图

图 6-7　牛栏江补水以后盘龙江旱季雨季水质对比图

3. 沿程变化趋势

从2015～2017年盘龙江沿程7个监测点(自上而下分别为瀑布公园、大花桥、霖雨桥、小厂村桥、得胜桥、广福路桥以及严家村入湖口)水质变化趋势可以看出(图6-8)，各污染物浓度自霖雨桥断面以后均呈现出一定的上升趋势，其中COD和TN的上升趋势较为明显。

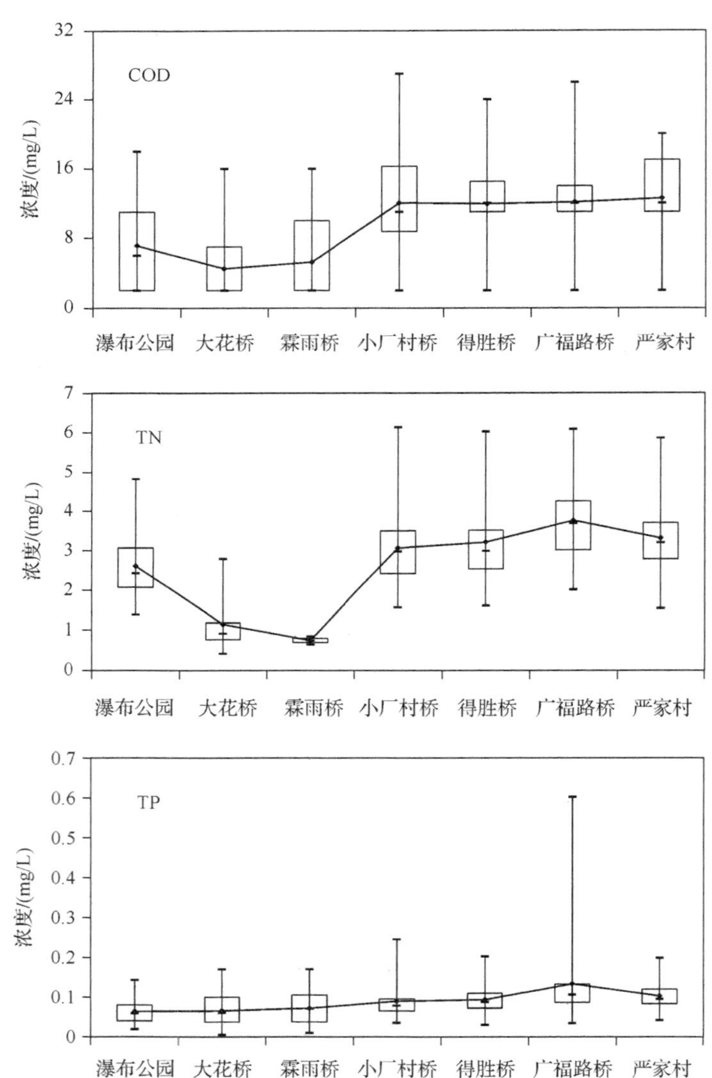

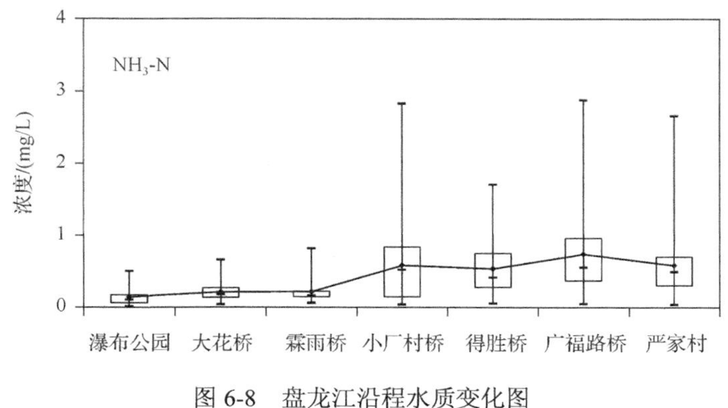

图 6-8　盘龙江沿程水质变化图

6.3　盘龙江精准治污控制单元划分

6.3.1　盘龙江排放口核查

排口是陆域产生的污染负荷入河的直接通道，要实现区域的精准治污决策，摸清楚片区污染来源，开展细致的入河排口核查是基础。本次研究中针对盘龙江沿线排口结合历时资料、现场调研及管线探测数据，参照住建部《城市黑臭水体整治——排水口、管道及检查井治理技术指南(试行)》进行了详细的调查与分析。

参照住建部印发的《城市黑臭水体整治——排口、管道及检查井治理、技术指南(试行)》，结合盘龙江实际情况对盘龙江排放口进行分类，2017 年盘龙江 227 个排口中已经封堵、废弃的不具备使用功能的排口有 86 个，其余 141 个排口中，自来水相关排口共有 9 个，泵站排口共有 3 个，河道连通 128 个(金汁河、玉带河、金家河、星海灌溉渠、正大河、明通河补水渠、老盘龙江、人工湖引水渠连通口)，取水口 3 个(松华坝水文站、农科院取水口、明通河泵站取水口)，尾水口 2 个(四厂尾水口，五厂一级强化尾水口)，设施应急排口 2 个(五厂事故排放口，五厂初沉池排口)，由于淹没或未与管渠连接而无法判明类别的排口有 31 个，分流制雨水直排排口有 56 个，分流制雨污混接雨水直排排水口有 3 个，合流制截流溢流排水口有 19 个，合流制直排排水口有 5 个，见图 6-9。

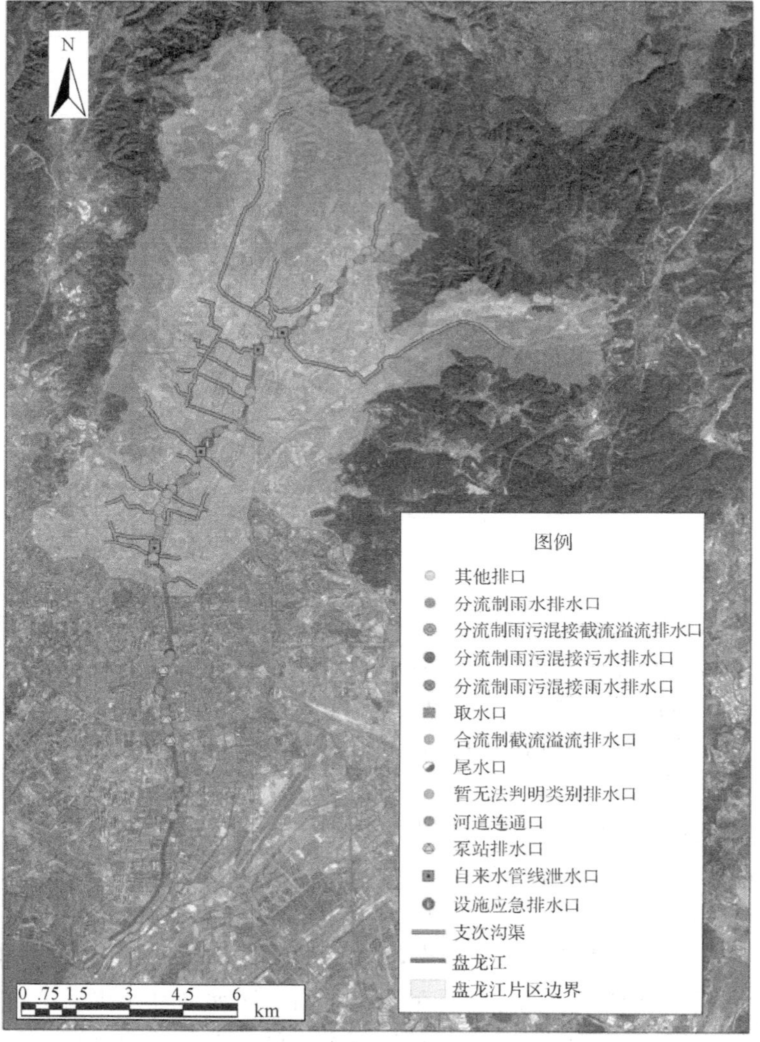

图 6-9　盘龙江未封堵排口示意图

6.3.2　盘龙江精准治污控制单元划分

盘龙江精准治污决策主要是建立污染物从产生—输移—入河的全过程精细化管理模式，因此，盘龙江精准治污控制单元以入河排放口为单位进行划分（图 6-10），借助模型模拟，确定每个控制单元的污染负荷入河量。本次研究中排口的汇水区主要基于排口上游的管线连接情况、地形、路网等因素，对上游连接管线明确的 81 个排口进行排口对应汇水区的划分，由于部分排放口汇水区无法区分开，本次划分过程，共计划分得到 63 个控制单元，面积共计为 103.01 km^2。

图 6-10　盘龙江精准治污控制单元划分结果

从盘龙江各排放口的控制单元可以看出，主要以盘龙江各支流沟渠汇水区为主，其中花渔沟汇水区面积最大为 29.86 km^2，其次为马溺河汇水区，汇水面积为 12.41 km^2，盘龙江片面积较大前 10 个控制单元如表 6-1 所示。

表 6-1　盘龙江主要控制单元

序号	对应排口名称	排口类型	汇水区面积/km^2	管底标高/m	截流设施	合流制溢流污染控制措施
1	花渔沟	合流制截流溢流排放口	29.96	1899.125	截污闸	—
2	马溺河	合流制直排排水口	16.22	1901.233	无	—
3	北辰大沟	合流制截流溢流排放口	9.72	1891.92	截污堰	调蓄池
4	学府路大沟	合流制截流溢流排放口	4.86	1888.86	截污闸	调蓄池
5	上庄防洪沟	合流制截流溢流排放口	4.65	—	截污闸	—
6	核桃箐沟	合流制截流溢流排放口	3.60	1891.94	截污闸	调蓄池
7	麦溪沟	合流制截流溢流排放口	3.58	1897.493	截污闸	—
8	霖雨路大沟	合流制截流溢流排放口	3.37	1894.586	截污堰	—
9	财经学校大沟	合流制截流溢流排放口	2.29	1892.451	截污闸	—
10	麻线沟	合流制截流溢流排放口	1.92	1889.72	截污闸	调蓄池

6.4　盘龙江片区陆域污染负荷迁移模型构建

6.4.1　盘龙江片区陆域污染负荷迁移模型选择及模型原理

1. 模型选择

1) 常用水力模型简介

20 世纪 60 年代开始，基于计算机开发的水文/水力模型陆续面世，当前国际上应用较多的水力模型主要包括以下几种：

A. SWMM (Storm Water Management Model) 模型

该模型是美国环境保护局 (EPA) 公开发行的为解决日益严重的城市排水问题而推出的暴雨径流管理模型软件。SWMM 模型可以完整地模拟城市降雨径流和污染物运动过程，也可以根据输入的资料归纳总结，输出各种断面的流量过程线和污染过程线。该模型由径流模块 (RUNOFF)、输送模块 (TRANSPORT)、扩充输送模块 (EXTRAN) 和储存/处理模块 (STORAGE/TREATMENT) 组成。各模块既可以独立进行模拟，也可以合并起来模拟大型复杂排水系统。此模型现在在世界范围有广泛的应用，其应用范围包括：①设计排水系统组建；②提出合流系统最小溢出量设计控制策略；③评估入流和入渗对生活污水管道溢流的影响；④评估 BMPs 对于减少旱季污染物的效果；⑤评估海绵城市建设效果。

B. MIKE

该模型是丹麦 DHI 水与环境研究所开发的模拟城市集水区和排水系统的地表径流、管流、水质和泥沙传输的专业工程软件包，其适用于任何类型的自由水面流和管道压力流交互变化的管网。其中，水动力学模块可以准确描述管网中的水流状态和管网元素，其主要的应用领域包括洪泛区模拟、蓄滞洪区模拟、城市排涝防洪、溃坝洪水、水工构筑物设计等。MIKE 系列由 MIKE URBAN、MIKE 21、MIKE 11 等多个模块构成。在产流模块采用的是固定径流系数法和前损法，需要参数有不透水面积比 (%)、水文衰减系数 (延损系数)、初损 (mm)；其汇流模型提供了等流时线法、时段单位线法、非线性水库法等模块供用户选择 (谢家强等，2016)。

C. InfoWorks ICM

InfoWorks ICM 是基于 Wallingford 模型开发的城市综合流域排水模型模拟软件，该软件具有强大的前后处理能力，不但可以进行一维管网水力模拟，还能够耦合一维管网和二维地表及河道的水力模拟，同时，InfoWorks ICM 软件拥有非常强大的前后处理能力，目前已被广泛用于排水系统现状评估、城市洪涝灾害预测评估、城市降雨径流控制及调蓄设计评估，其主要模块包括降雨径流模块、管流模块、旱流污水模块、污水处理厂水力控制模块、河道模块、水质模块、实时控制模块及可持续构筑物模块等。

除上述模型外，我国也开发了一些排水系统水力模型，如北京清控人居环境研究院开发的数字排水平台 DigitalWater(陈小龙等，2015；郭效琛等，2016)，该软件具有城市排水管网资产管理、网络拓扑结构分析查询、排水管网规划计算和排水管网水力、水质模拟分析等多种功能。

2) 模型选择及现状应用情况

从上述几种模型看，SWMM 模型应用较广，且是开源模型，便于二次开发，但其前处理及结果展示功能较为薄弱，建模过程较为烦琐。MIKE 和 InfoWorks ICM 都是较为成熟的商业软件，界面友好，前后处理功能强大，都可用于管网模拟和内涝模拟，但 MIKE 软件对于不连续地形计算容易发散，综上，本次研究选用 InfoWorks ICM 软件来进行盘龙江片区排水管网水力模型的构建。

目前，InfoWorks ICM 软件已经被广泛应用于各类排水系统相关研究及工程决策及设计上。

A. 国外应用

a) 科威特国家雨水排放网络系统提出 15 年总体发展规划

科威特国家公用建设部委托英国 Hyder 咨询公司联合当地 Seif 工程局为国家雨水排放网络系统提出 15 年总体发展规划。该规划中与 2002 年完成，规划过程中进行了深入的数据收集与测量工作，在此数据的基础上建立了 InfoWorks 水力模型。在模型计算的数据结果基础上，为用户提出了逐年投资及项目建设的一系列规划方案。

b) 墨尔本污水基础设施管理维护

墨尔本水务通过 InfoWorks 排水模型软件进行了污水输送系统中水力状况存在问题的程度与范围评估；借助模型来决定基础设施投资建设的时机；采取优化措施来提高系统运行效率；提高污水传输系统中的流量的监控，以减少溢流及满足环境要求规范。

c) 东京排水系统模型应用

东京联合工程咨询有限公司对污水排放网络系统建立了完整详细的模型，模型节点达到 92000 个，是 InfoWorks 迄今为止建立的最大的模型。利用模型，进行了河流系统和河渠系统溢流污染最佳控制方案研究。

d) 澳大利亚维多利亚典型集水区的洪灾控制研究

维多利亚当局通过 InfoWorks 排水模型软件模拟了在 Flemington 跑马场建造防汛墙来防治百年一遇的洪水的新建泵站强排的设计方案，确定泵站具有足够能力排放雨水，并且分析了该场地频繁发生洪灾事故点的原因。在 Kensington 工业区采用 InfoWorks 排水模型软件设计地下雨水管道，优化主要线内存储管道和调蓄设施的规模，最终确定了能够通过坡地漫流排放百年一遇雨水的路径。

B. 国内应用

a) 上海污水排放工程应用

上海污水排放工程是中国上海最重要的环境治理工程之一，工程服务区域达 272 km^2，360 万受益人口。作为工程一部分，水力模型的建构使用了 InfoWorks 排水模型。该项目中利用 InfoWorks 软件建立了污水排放工程的水力模型，模型涵盖了系统全部关键控制结构，包括重力污水渠和地下水道、干渠、拦污栅、虹吸管、抽水站、排气和排风口、阀门、闸门和末端的水下排放管道，以及主抽水泵站的复合动态运行工作曲线和复合水泵操作和湿井开/关的切换；利用模型在不同条件下使用实时控制(RTC)功能，成功模拟完整的污水管传输系统的操作运行；利用模型在给定的仿真周期内、在任意时间间隔内提供每条线路的详细信息，主要如流量、流速、水深或水压等水力元素。

b) 郑州市中心市区排水(雨水)防涝综合规划

郑州市利用 InfoWorks 软件，对现状雨水管网系统进行现状排水系统模型的建立，根据现状管网模型进行管网现状排水能力的评估；根据甲方初步提供的规划方案，建立排水系统的规划模型，利用模型对规划方案进行评估，最终确定的最终规划方案，对最终确认的规划方案例用模型进行了评估，包括排水流域内的积水深度、积水范围等信息等。

c) 石家庄市海绵城市建设重点区模型评估

利用 InfoWorks 软件构建了水力模型，通过模型模拟，论证规划的合理性与可实施性，从而复核规划中对年径流总量控制率的制定，明确海绵规划方案对水质的改善作用，验证海绵城市建设对排水、排涝的作用；同时复核规划管网的排水能力等。

2. 模型结构及原理

1) 模型结构

InfoWorks ICM 主要包括降雨径流模块(水文模块)、旱流污水模块、管道水流模块、河道水力模块、二维城市/流域洪涝淹没模块、水质模块、实时控制模块及可持续构筑物模块等多个模块，本次盘龙江陆域污染负荷迁移转化模型主要涉及模块为降雨径流模块(水文模块)、旱流污水模块、管道水流模块以及水质模块(冯耀龙等，2015，张一龙等，2015，周玉文等，1995)。

A. 水文模块(降雨径流模块)

InfoWorks ICM 采用分布式模型模拟降雨-径流过程，由初期损失、径流体积模型、汇流模型三个计算单元构成。

a) 初期损失

初期损失主要来自于降雨初期的的植被截留、初期润湿和填洼等不参与形成径流的降雨部分。对于城市高强度降雨，初期损失对产流的影响较小，但对于较小的降雨或者不透水表面比例低的集水区，其影响较大。

b) 径流体积模型

当降雨量大于截留和填洼量等损失水量，或雨强超过下渗速度时，地面开始积水并形成地表径流，径流体积模型通过产流计算主要确定降雨过程中经集水区进入排水系统的总水量。

c) 汇流模型

汇流模型主要用于模拟产生的地表径流进入排水系统的过程，InfoWorks ICM 内置有双线性水库模型、大型贡献面积径流模型、SPRINT 径流模型、Desbordes 径流模型、SWMM 径流模型等多种汇流模式。

B. 旱流污水模块

旱流总量主要包括居民生活污水、工商废水以及渗入水。生活污水量通常根据研究区的人口及日排水当量计算，如果有实测流量数据，应当以实测数据确定其数值。工商废水通常由工商建筑的流量排放记录得到。通常采用提高居民生活污水的排水当量的方式来描述较小的入流量，而不单独列出进行计算。对于大型工商业废水排放量，应作为单独的入流模型输入模型，例如最大日均排放量超过当地生活污水量的 10%以上的情况。管道系统的流量经常会超过降雨径流、民用和工商废水流量的总和，这些多余流量一般是由于土壤水分由裂缝渗入管道。

C. 管流模块

InfoWorks ICM 的管网水力计算主要基于求解圣维南方程模拟管流和明渠流，对于超负荷管道采用 Preissmann Slot 方法模拟，对各种复杂的水力情况具有较强的模拟仿真能力(周玉文等，2000)。

D. 水质模块

InfoWorks ICM 的水质模块可以模拟污染物在地表以及排水管道中累积以及在降雨过程中的冲刷的过程，此外还可以模拟旱流污水的水质情况。对于污染物的类型，InfoWorks ICM 可以模拟附着在固体悬浮物的污染物以及溶解态的污染物。InfoWorks ICM 可以模拟大量的水质参数，包括 BOD、COD、TKN、NH_4^+、TPH、DO、NO_3^-、NO_2^-、pH 以及 4 个用户自定义的污染物，此外，还可以模拟盐度、温度、大肠菌群、硅酸盐等水质相关的指标。

2) 模型原理

A. 地表产流计算

在 InfoWorks ICM 软件中，内置了固定比例径流模型、Wallingford 固定径流模型、新英国(可变)径流模型、美国 SCS 模型、Green-Ampt 模型、Horton 渗透模型以及固定渗透模型(黄维，2016)。

a) 固定比例径流模型

直接定义实际进入系统的雨量比例。

b) Wallingford 固定径流模型

主要基于 17 个不同汇水区的 510 场降雨统计回归分析结果，依据地区开发密度、土地类型和汇水区前期湿度，采用回归方程预测径流系数。

c) 新英国(可变)径流模型

专门针对透水表面长历时暴雨中径流增加现象的新模型。

d) 美国 SCS 模型

主要应用于预测农村汇水区降雨径流体积。该模型允许径流系数随着汇水区湿度的变化而变化，在降雨过程中，随着湿度的增加，径流系数增加。

e) Green-Ampt 模型

常用于美国 SWMM 模型的径流体积计算方法，采用 Mein 和 Larson 修订的 Green-Ampt 渗透公式计算透水面的产流量。分别对存在和不存在地面积水两种状况计算渗透量。所有降雨在地面没有积水时全部下渗，当渗透率小于等于降雨强度时地面开始积水时采用 Green-Ampt 公式计算下渗量。

f) Horton 渗透模型

由 Horton 提出的广泛应用的下渗公式，假定渗透率随着时间呈指数衰减。

g) 固定渗透模型

模拟具有稳定渗透损失渗入地下的渗透性铺面。渗透损失由“渗透损失系数”确定，其他和固定比例径流模型类似。

B. 地表汇流计算

在 InfoWorks ICM 软件中，地表汇流模型主要包括以下几种(黄维，2016)：

a) 双线性水库(Wallingford)模型

Wallingford 模型采用双线性水库汇流进行坡地漫流的模拟。坡地漫流在每一个节点将相关子集水区产生的净雨转换为一个入流过程线，采用一系列的两个概念线性水库来概化地面以及小沟道的存储能力，以及径流峰值和降雨峰值之间的延迟，从而产生一个滞后于降雨峰值且相对较缓的径流洪峰(袁鹏和王正勇，1996)。汇流参数主要受降雨强度、贡献面积和坡度三个方面因素的影响。

b) 大型贡献面积径流模型

标准 Wallingford 线性水库模型对于小型的子汇水区（1 hm^2 以下）较为适用，而大型贡献面积径流模型则比较适用于（100 hm^2 以下）较大型子汇水区的汇流计算。为了反映汇水区的流动特性，该模型采用一根假设的管道，使这根管道的出流过程线同实际相应。为了真实反映流动特征，使用汇流系数乘数 K、径流时间滞后因数 T 两个参数来修正汇流模型来延缓峰现时间。

c) SPRINT 汇流模型

该模型严格适用于集约式汇水区模型，是一种单线性水库模型，与降雨强度无关，主要用于大型集总式汇水区的汇流计算。

d) Desbordes 径流模型

该模型是法国的标准汇流模型，也是一种单一线性水库模型。该模型假设集水区出口流量同集水区雨水体积成正比，基于时间步长为每一个子汇水区计算径流。

e) SWMM 径流模型

SWMM 模型为美国开发的非线性水库模型，InfoWorkS ICM 集成了 SWMM 模型中的 runoff 模块的特征。通常与 Horton 或者 Green-Ampt 透水表面体积模型连用。模型需定义子集水区宽度和地面曼宁粗糙系数，分别对子汇水区的各个表面进行汇流计算。采用非线性水库模型进行坡面汇流计算，即联立求解连续性方程和曼宁方程。

f) Unit 单位线模型

Unit 单位线模型属于水文学的汇流计算方法。在 InfoWorks ICM 中，峰现时间和总径流时间可根据需求自定义或由模型内置的 6 种单位线获得。

g) ReFH 模型

ReFH 标准瞬时单位过程线（IUH）是一种弯折的单位线水文模型，利用扭曲的三角形单位线计算子汇水区净雨的汇流过程。ReFH 模型主要通过三个参数来定义，即时间缩放系数 T_p 以及两个维度参数（峰值 U_p 和弯曲角度 U_k）。当 U_k=1 时，IUH 是一个普通三角形。一旦当 U_k=0 时，失去的面积通过延长整体时间转化为 IUH 曲线的尾部。在 InfoWorks ICM 中，洪峰时刻、单位过程线峰值和弯折值角度可以根据相关需求自定义。

h) SCS Unit 模型

SCS 单位线是一种利用单位过程线对子汇水区进行汇流计算的水文模型。在 InfoWorkS ICM 中，洪峰时间和总汇流时间可根据需求自定义或由模型内置计算方案得到。SCS 单位线模型不适合山地或平坦的湿地地区。

i) Snyder Unit 模型

Snyder Unit 模型是根据阿巴拉契亚高地区的汇水区数据进行研究而获得的一

种单位线汇流计算模型。模型需要的参数包括延迟时间(T_L)、持续时间(T_R)、峰值流量(Q_p)、峰值系数(C_p)、流量等于 50%Q_p 时的曲线宽度以及流量等于 75%Q_p 时的曲线宽度。在 InfoWorks ICM 中，需要根据情况自行设定延迟时间 T_L 和峰值系数 C_p。

C. 管网水力计算

a) InfoWorks ICM 管流模型

对于封闭管道或明渠等管道连接形式，InfoWorks ICM 模型内置了 8 种预先定义的管渠连接断面形式(图 6-11)和 5 种内置的明渠形状(图 6-12)。

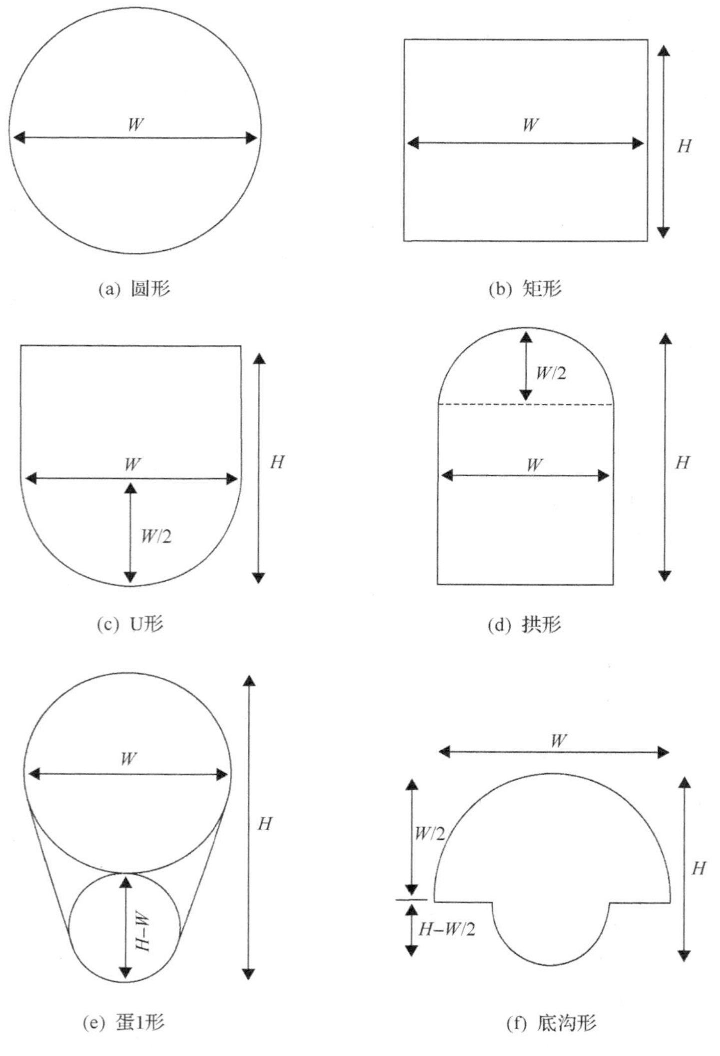

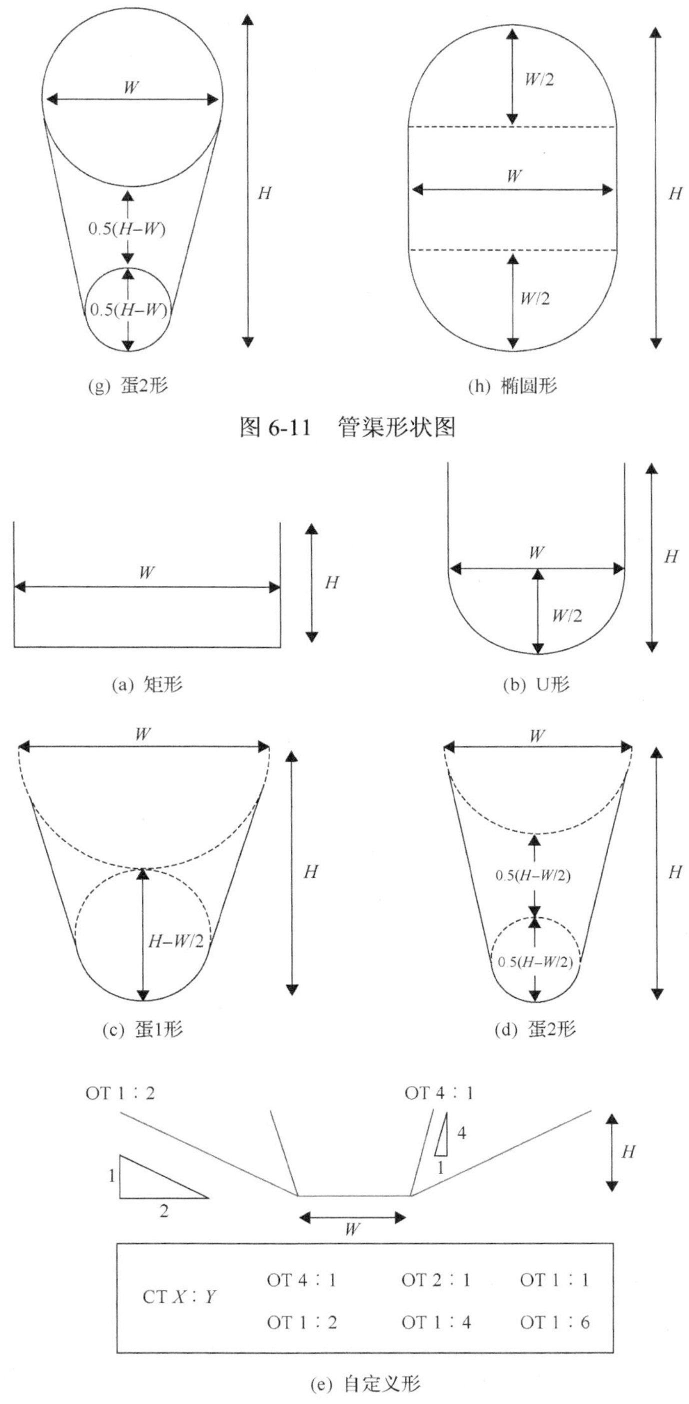

图 6-11　管渠形状图

图 6-12　明渠形状图

InfoWorks ICM 模型的管网水力计算引擎采用完全求解圣维南(Saint-Venant)方程组模拟管道明渠流和压力管流。管流模拟的控制方程连续性方程和动量方程如下式所示。

连续性方程：

$$\frac{\partial A}{\partial t}+\frac{\partial Q}{\partial x}=0 \tag{6-1}$$

式中，Q 为流量(m^3/s)；A 为断面面积(m^2)；t 为时间(s)；x 为沿水流方向管长度(m)。

动量方程：

$$\frac{\partial Q}{\partial t}+\frac{\partial}{\partial x}\left(\frac{Q^2}{A}\right)+gA\left(\cos\theta\frac{\partial h}{\partial x}-S_0+\frac{Q|Q|}{K^2}\right)=0 \tag{6-2}$$

式中，Q 为流量(m^3/s)；A 为断面面积(m^2)；t 为时间(s)；x 为沿水流方向管道长度(m)；h 为水深(m)；g 为重力加速度(m/s^2)；θ 为水平夹角(°)；K 为输水率，由 Colebrook-White 或 Manning 公式确定；S_0 为管底坡度。

在 InfoWorks ICM 模型中，若管渠由于处于负荷运行状态而出现压力流时，同样也可以使用圣维南方程组进行求解，此时模型会在管顶引入一个垂直的概念化窄缝(Preissmann 缝)(冯良记和张明亮，2009)来实现管道中自由表面流与超负荷压力流间的平滑过渡，从而使得模型模拟精度得以提高。

b) InfoWorks ICM 压力管流模型

对于管网系统中某些一定会出现压力流的管段，例如上升管或倒虹吸管时 InfoWorks ICM 模型中可以选择对这些管段使用压力管流模型进行计算而非完全求解圣维南方程，以更加准确地模拟压力流状态下的流速和水量变化。InfoWorks ICM 压力管流模型的控制方程如下式所示：

$$\frac{\partial Q}{\partial x}=0 \tag{6-3}$$

$$\frac{\partial Q}{\partial t}+gA\left(\frac{\partial h}{\partial x}-S_0+\frac{Q|Q|}{K^2}\right)=0 \tag{6-4}$$

式中，Q 为流量(m^3/s)；A 为断面面积(m^2)；t 为时间(s)；x 为沿水流方向管道长度(m)；h 为水深(m)；g 为重力加速度(m/s^2)；K 为满管输送量；S_0 为管底坡度。

D. 渗透求解模型

模型中对可渗透管道、透水性铺装等特殊管道的模拟，需要使用渗透求解模型。渗透求解模型的控制方程为：

$$\frac{\partial Q}{\partial x}=0 \tag{6-5}$$

$$\frac{\partial Q}{\partial t}+gAn\left(\frac{\partial h}{\partial x}-S_0+\frac{Q|Q|}{K^2}\right)=0 \tag{6-6}$$

式中，Q 为流量(m^3/s)；A 为断面面积(m^2)；t 为时间(s)；x 为沿水流方向管道长度(m)；h 为水深(m)；g 为重力加速度(m/s^2)；n 为孔隙度；K 为满管输送量；S_0 为管底坡度。

渗透求解模型中的流量采用达西定律计算：

$$Q=-KA\cdot\Delta h/L \tag{6-7}$$

式中，Q 为流量(m^3/s)；A 为透水介质的横截面积(m^2)；K 为水力传导系数；$\Delta h/L$ 为水力坡度。

InfoWorks ICM 模型将每一段管道等距离(该距离默认为 20 倍管道直径)均分成 N 个离散的计算点。采用 Preissmann 四点隐式差分法求解圣维南方程，使用(x, t)空间的四个拐点的权重均值来代替函数和导数。

$$f=\frac{\theta}{2}\left(\int_{i+1}^{n+1}+\int_{i}^{n+1}\right)+\frac{(1-\theta)}{2}\left(\int_{i+1}^{n}+\int_{i}^{n}\right) \tag{6-8}$$

$$\frac{\partial f}{\partial x}=\frac{\theta}{\Delta x}\left(\int_{i+1}^{n+1}-\int_{i}^{n+1}\right)+\frac{(1-\theta)}{\Delta x}\left(\int_{i+1}^{n}-\int_{i}^{n}\right) \tag{6-9}$$

$$\frac{\partial f}{\partial t}=\frac{1}{2\Delta x}\left(\int_{i+1}^{n+1}+\int_{i}^{n+1}-\int_{i+1}^{n}-\int_{i}^{n}\right) \tag{6-10}$$

模型中通过设置 Preissmann 缝的 CFL 条件来消除对时间步长Δt(s)的任何限制，同时，定义时间权重系数 $\theta\geqslant 1/2$，使得模型的稳定性在很大范围内得以保证。实际上，在进行时变模拟时，为减小模型的发散程度，通常取 θ=0.65。

管道中的每一组相邻的离散点通过离散形式的圣维南方程组相关联，从而得到 $2N-2$ 个用于描述流量关系的等式。对于任一控制连接，两个计算节点的分配值通过预先定义的水头一流量关系相关联。

为了完成连接间方程组的关联，需要为两端分别指定一个边界条件。

$$f(Q_i,y_i,Y_I)=0 \tag{6-11}$$

对于管道，还将包含一个水头损失项，而对于自由出流的出水口，流态假设为临界流。然后，在每一个内部节点引入连续性方程，如下式来完善方程组。最终使用隐式欧拉法对方程组进行近似求解。

$$Q_I + \sum \beta_j Q_j = A_I \frac{\mathrm{d}Y_I}{\mathrm{d}t} \tag{6-12}$$

模型中对管道、管道边界、控制性构筑物以及节点等控制方程的离散，将会导致在每一个时间层级上都需要同时求解大量代数非线性有限差分方程。为确保模型计算过程的稳定性，尤其是在明渠流与有压流的过渡阶段，模型采用Newton-Raphson 迭代法进行求解(徐小明和汪德爟，2001)。应用 Newton-Raphson 迭代法，在每一时间层级上都需要对相关变量进行线性化，导致的结果是将会得到一个巨大的矩阵系统。模型通过对计算节点以及节点间的连接进行局部消除的方式，采用 double-sweep 追赶法来减小矩阵系统。

Newton-Raphson 迭代法的优势在于具有二次收敛的可能性。而对于陡波前锋或波的相互作用等非线性效应，将会导致时间步长以累进减半的方式进行自动调整，直到 Newton-Raphson 迭代法的收敛性得到满足。相反，快速收敛则可能会导致时间步长加倍。为了确保模型计算的稳定性，InfoWorks ICM 使用相对收敛检查的方法来保证在新的时间层级上每一个相关变量的变化都小于 1%。

E. 水质计算

InfoWorks ICM 水质模块具有独立的计算过程，每个时间步长上水质模块的计算包括三个步骤：①利用质量守恒方程计算每一个节点上的溶解态的污染物和悬浮的沉积物；②计算每一根管道上的溶解态的污染物和悬浮的沉积物；③计算每一根管道上侵蚀和沉积的污染物。

水质模块的计算主要包括旱季和降雨两种过程，其中，旱季污染物会在每个集水区的表面累积，管道内会形成沉积物，降雨的过程中，污染物累积会继续进行，但随着降雨径流的产生，污染物会被冲刷，然后随地表径流进入排水系统。

a)污染物的地表累积过程

地表污染物累积方程主要基于在洁净的地表，污染物堆积速率是线性的，但是随着地表累积物质的增加，污染物的堆积速率呈指数递减。累积方程如下式所示：

$$\frac{\mathrm{d}M}{\mathrm{d}t} = P_\mathrm{s} - K_1 M \tag{6-13}$$

式中，M 为单位面积的沉积量$(\mathrm{kg/hm^2})$；P_s 为累积速率$[\mathrm{kg/(hm^2 \cdot d)}]$；$K_1$ 为衰减系数，d^{-1}。其中 P_s/K_1 为地表最大累积量，当地表污染物达到最大累积量以后，地表污染物的量将不再增加。

累积阶段结束后沉积物的量通过下式计算可得：

$$M_0 = M_d e^{-K_1 N_J} + \frac{P_s}{K_1}(1 - e^{-K_1 N_J}) \tag{6-14}$$

式中，M_0 为累积时间结束后沉积物的质量(kg/hm^2)；M_d 为初始沉积物质量(kg/hm^2)；K_1 为衰减系数 d^{-1}；N_J 是旱天的持续时间；P_s 为累积速率[kg/(hm^2·d)]。

b)污染物冲刷过程

InfoWorks ICM 假设集水区出口处的污染物流动与溶解的污染物的量和降雨径流中悬浮状态的污染物的量呈正比。

从集水区表面侵蚀的污染物与降雨强度与地表污染物的量相关，可以通过下式计算：

$$\frac{dM_e}{dt} = K_a M(t) - f(t) \tag{6-15}$$

式中，$M(t)$ 为地表沉积污染物的量(kg/hm^2)；K_a 为与降雨强度有关的侵蚀/溶解因子，s^{-1}。

不透水地表径流冲刷的污染物可以通过下式计算：

$$M_e(t) = Kf(t) \tag{6-16}$$

式中，$M_e(t)$ 为溶解的或悬浮的污染物的量(kg/hm^2)；$f(t)$ 为污染物的流量[kg/(hm^2·s)；K 为线性水库系数(s)。

附着在沉积物上的各污染物的冲刷过程可以通过效能因子来计算，效能因子取决于降雨强度，可以用效能方程进行计算：

$$K_{pn} = C_1(\mathrm{IMKP} - C_2)^{C_3} + C_4 \tag{6-17}$$

式中，IMKP 为最大降雨强度(mm/h)；C_1，C_2，C_3 和 C_4 是参数。

根据效能因子，可以通过下式计算附着在冲刷下来的沉积物中的污染物的量：

$$f_n(t) = K_{pn}(i) f_m(t) \tag{6-18}$$

式中，$f_n(t)$ 为污染物的流量[kg/(hm^2·s)]；K_{pn} 为效能因子；$f_m(t)$ 为 TSS 的流量[kg/(hm^2·s)]。

雨水井中污染物的冲刷过程可以用下式计算：

$$P_n = F_n(t + dt)dt + \mathrm{PG}_n(t) \tag{6-19}$$

式中，P_n 为污染物的总质量(kg)；$F_n(t+dt)$ 为溶解的污染物流量(kg/s)；dt 为时间步长(s)；PG$_n(t)$ 为雨水井中的污染物(kg)。

6.4.2 盘龙江陆域污染负荷迁移模型构建

1. 模型构建的技术路线

盘龙江片区陆域污染负荷迁移模型构建的技术路线如图 6-13 所示。

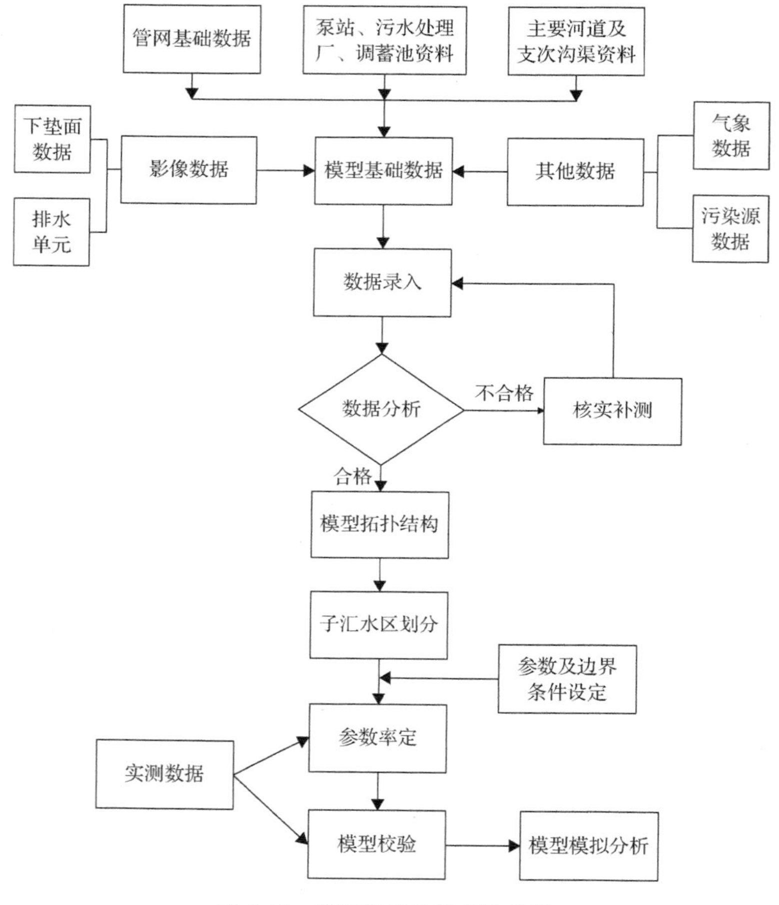

图 6-13　模型构建的技术路线图

2. 模型网络构建

盘龙江片区陆域污染负荷迁移模型的构建范围与盘龙江片区一致，共计 115.70 km^2。将研究区范围内的雨水口、检查井、探测点、排口、泵站、调蓄池、管道、沟渠、河道等基础管网数据导入模型，对排水系统拓扑关系进行检查和修正，拓扑错误包括管道逆坡、雨污混接管道缺失、管道流向错误以及下游无承接等。经过管网拓扑结构(图6-14)检查后，模型共计有47799个节点(包括检查井、雨水口、排口、调蓄池、泵站集水井以及虚拟的探测点)，47967条管线。

图6-14　研究区管网的拓扑结构图

3. 模型汇水区划定

昆明市二环以外的区域在设计上基本上是以分流制为原则进行设计，从管网数据上看，大部分区域都分别存在雨水管和污水管，且由于部分区域雨水管和污水管的服务范围存在一定的差别，因此在进行子汇水区划分的时候分别进行污水子片区和雨水子片区的划分。

1)污水汇水区划分

研究区污水排水片区的划分主要基于污水管线、道路、污水泵站以及污水处理厂的服务范围来进行划分，研究区共划分为168个污水排水片区。

2)雨水汇水区划分

研究区雨水排水片区主要基于雨水管、道路及雨水排放口进行划分，此外，对于研究区18条沟渠中，上游可以延伸到山区地区的沟渠，主要包括中坝村防洪沟、花渔沟、麦溪沟、右营防洪沟、霖雨路大沟、财经学校大沟、核桃箐沟以及马溺河，在划分山区部分的汇水区时，结合DEM数据，利用ArcGIS软件的水文分析功能，进行了沟渠汇水区的提取，沟渠山区部分汇水区主要通过提取的流域来确定。研究区共划分为 279 个雨水排水片区。

3) 研究区子集水区划分

在研究区雨污水排水片区划分的基础上，利用泰森多边形的方法进行子集水区的划分，模型共计划分为约 45307 个子集水区。

4. 模型人口及下垫面属性数据提取

人口数据主要用于进行污水子集水区输入，以模拟旱天生活污水排放情况。研究区内主要以居民住宅区为主(图 6-15)，对于研究区内的住宅，根据小区的户

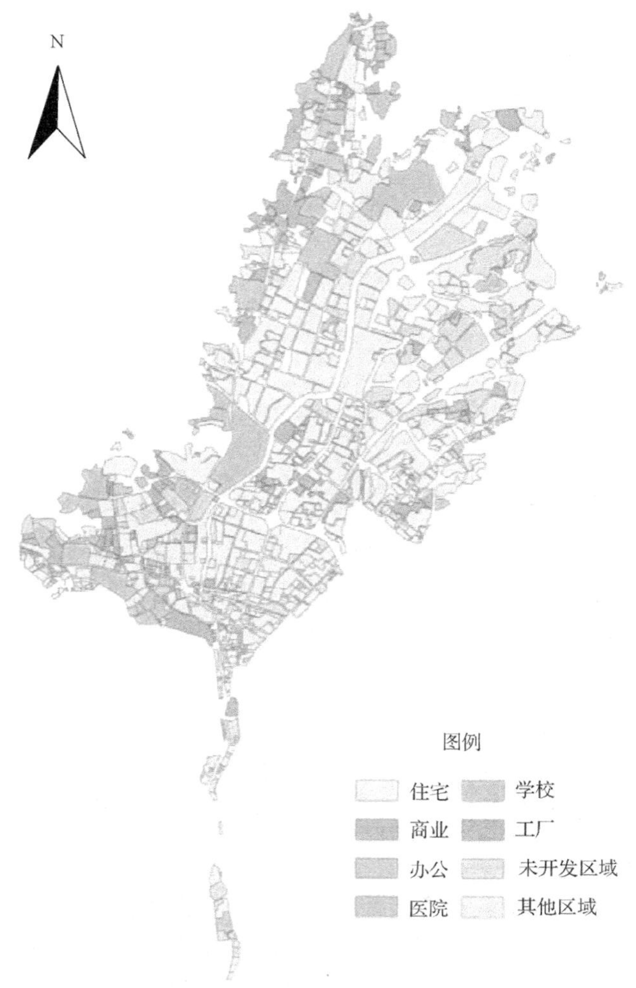

图 6-15　研究区各用地性质分类图

数以及入住率对小区人口进行了估算，对于无法估算的区域，包括一些城中村区域，主要以现场问询的方式向所在居委会进行了人口数据的调查，对于区域内的学校，主要通过学校网站以及招生计划等方式对中专、大专以及大学的在校生人数进行了估算。根据调查及估算，研究区总人口约为 73.27 万人。

下垫面数据主要用于雨水子集水区的输入，用于计算雨天地表径流的产汇流情况，模型中将研究区下垫面分为绿地、道路、水面、裸地、屋顶、庭院、农田、体育场以及林地 9 种类型，各下垫面类型占比如表 6-2 所示。

表 6-2　研究区下垫面分类

用地类型	绿地	道路	水面	裸地	屋顶	庭院	农田	体育场	林地
面积占比/%	5.40	6.60	1.20	24.56	12.82	11.55	6.03	0.65	31.19

5. 模型边界条件及参数设定

1) 模型边界条件

A. 水位

模型构建的过程中，水位主要考虑各排口处的盘龙江水位，即为盘龙江上的每个排口添加一条水位曲线。

B. 构筑物运行状况

研究区泵站和调蓄池根据排水公司提供的实际运行报表，通过编写实时控制规则(RTC)来进行泵站的启闭以及调蓄池的蓄水及排水控制，主要包括调蓄池闸门的控制以及调蓄池泵站的控制。

C. 降雨

降雨数据是模型雨季运行模拟的基础，本模型选用研究区域内 7 个雨量站数据进行模拟，分别为“金星立交桥”、“圆通山北门”、“烟厂信用社”、“霖雨路”、“茨坝”、“盘龙金殿水库”以及“煤机厂”。

2) 模型参数

A. 管道粗糙系数

InfoWorks 可以选用 Colebrook-White 或 Manning 公式来计算水力粗糙性。可以使用两个数值：一个用于底部三分之一，另一个用于横截面上的其他部分，通常更加光滑。单个管道的默认值为定义给整个排水系统的全局数值。本次模型构建选用 Manning 公式来进行水力粗糙性的计算。

B. 管道沉积物参数

研究区尚未进行过大规模的管道沉积物调查，根据管网维护，区域定期会进行管道清淤，在进行管道沉积物厚度初始值设定的时候，以管径 10%来进行统一设置。

C. 地表产汇流参数设定

研究区各下垫面产流采用固定径流系数法。汇流模型采用 SWMM 非线性水库法模拟产流模型中划分的若干个透水和不透水子集水区的地面汇流过程。

D. 排水量及排水过程曲线设定

a) 排水当量

根据调查的人口数，按照《昆明市中心城区排水专项规划(2009—2020)》人均综合用水量 325 L/(cap·d)，取 0.8 的污水综合排放系数，计算得到研究区的综合排水定额为 260 L/(cap·d)。

b) 排水过程曲线

模型构建所选用的排水过程曲线主要根据研究区主要污水干管的在线监测数据得到时间变化系数，如图 6-16 所示。

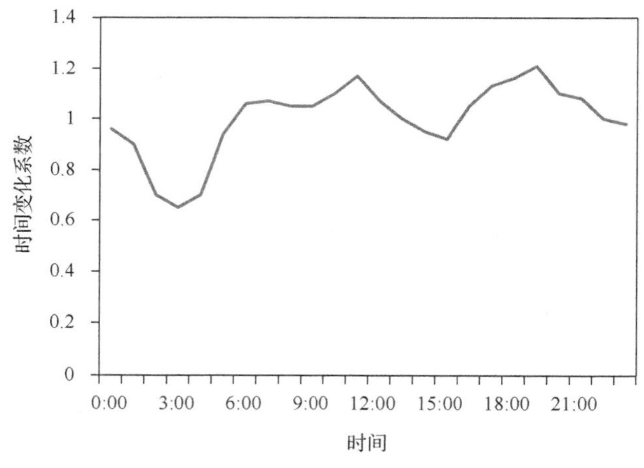

图 6-16 研究区排水过程曲线

c) 工业废水量

研究区的工业废水以点源的形式输入模型，其中工业废水排放量主要来自于昆明市环境统计数据中工业排污市政污水处理厂的水量，由于无法获取各工业源的废水排放曲线，且各工业源废水排放量不大，对整个排水系统影响较小，因此，对于工业废水，利用环统数据中的年排放量求取单位时间内的平均排水量。

E. 泵站、调蓄池参数

模型中水泵是以固定流量泵的形式设定，在进行泵站参数设定时候主要设定集水池尺寸以及水泵的开停机水位。模型中调蓄池闸门和泵站通过设置实时控制规则来进行运行控制，因此调蓄池的参数设置主要为调蓄池的尺寸信息。

F. 地下水入渗量

研究区的地下水入渗率参照滇池水专项“滇池北岸重污染排水区控源技术体系研究与工程”示范课题的“滇池北岸重污染排水区城市水环境及污染特征分析报告”的研究成果，取 35%进行估算。

G. 水质参数设定

a) 入流

模型各片区的生活污水污染物浓度结合旱季管网测量结果及研究区内的第四和第五污水处理厂的进水浓度设定，如表 6-3 所示。

表 6-3　研究生活污水浓度设定

污染物	COD	TN	TP	NH_4^+	SS
浓度/(mg/L)	345.7	34.22	3.55	28.18	252.97

b) 沉积物

管道沉积物中的各污染物的量主要参照相关文献进行设定，如表 6-4 所示。

表 6-4　管道沉积物中的污染物浓度设定

污染物	COD	TN	TP	SS
含量/(kg/kg)	0.35	0.009	0.012	0.3

c) 地表污染物

地表污染物的相关参数设定主要通过模型的地表污染编辑器来进行设定，其设定主要参照相关文献以及模型推荐的数值来进行初始设定，最终根据模型参数率定结果确定。

6. 模型校核验证

1) 监测点位

A. 旱天监测点位

旱天模型校核所用监测数据为 2016 年 5 月 8 日和 9 日两个完整旱天的监测数据。研究区的旱季监测点位主要分布在第四和第五污水处理厂服务范围内，包括四、五厂的进厂管线和上游来水关键节点，监测点位如图 6-17 所示。

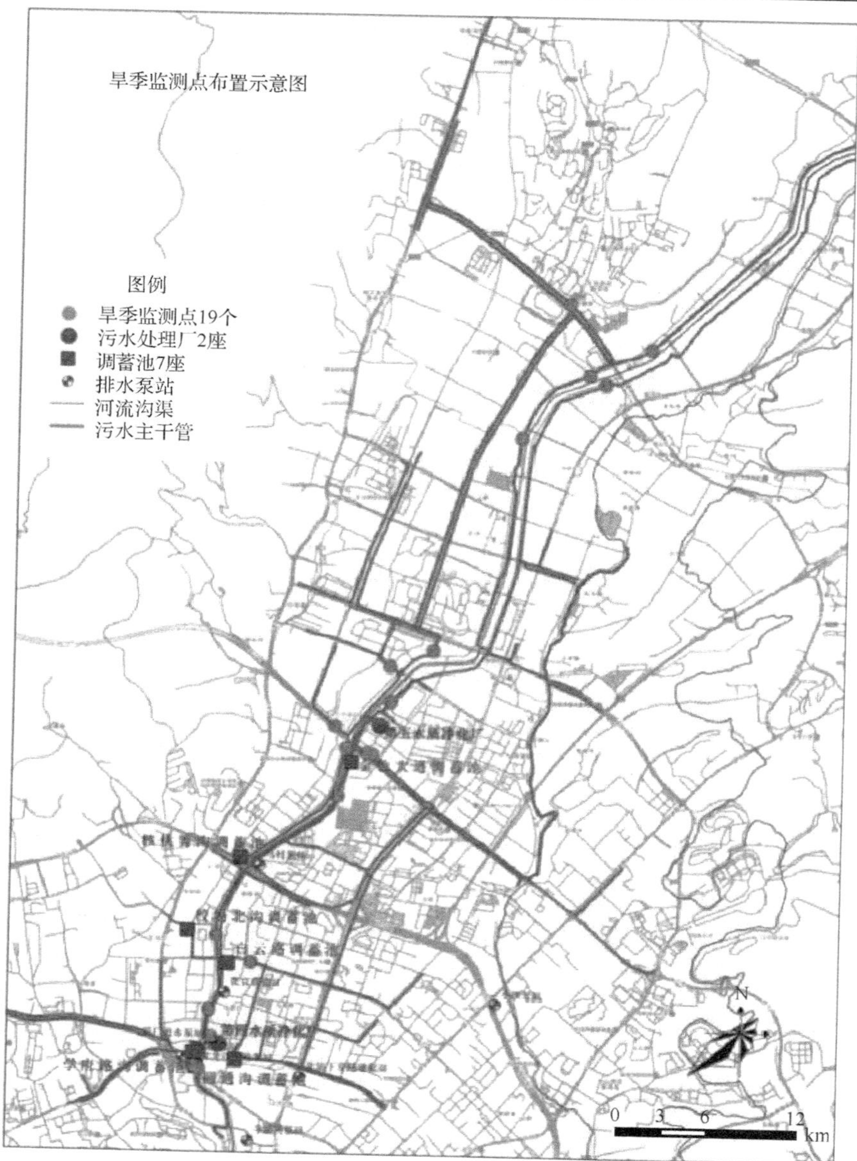

图 6-17　旱季监测点位示意图

B. 雨天监测点位

雨天模型校核所用雨天监测数据为 2017 年雨季采集的盘龙江主要合流制沟渠的水质水量过程监测数据。研究区雨天监测点主要分布在盘龙江片区主要合流污水入干流排口处，点位信息如图 6-18 所示。

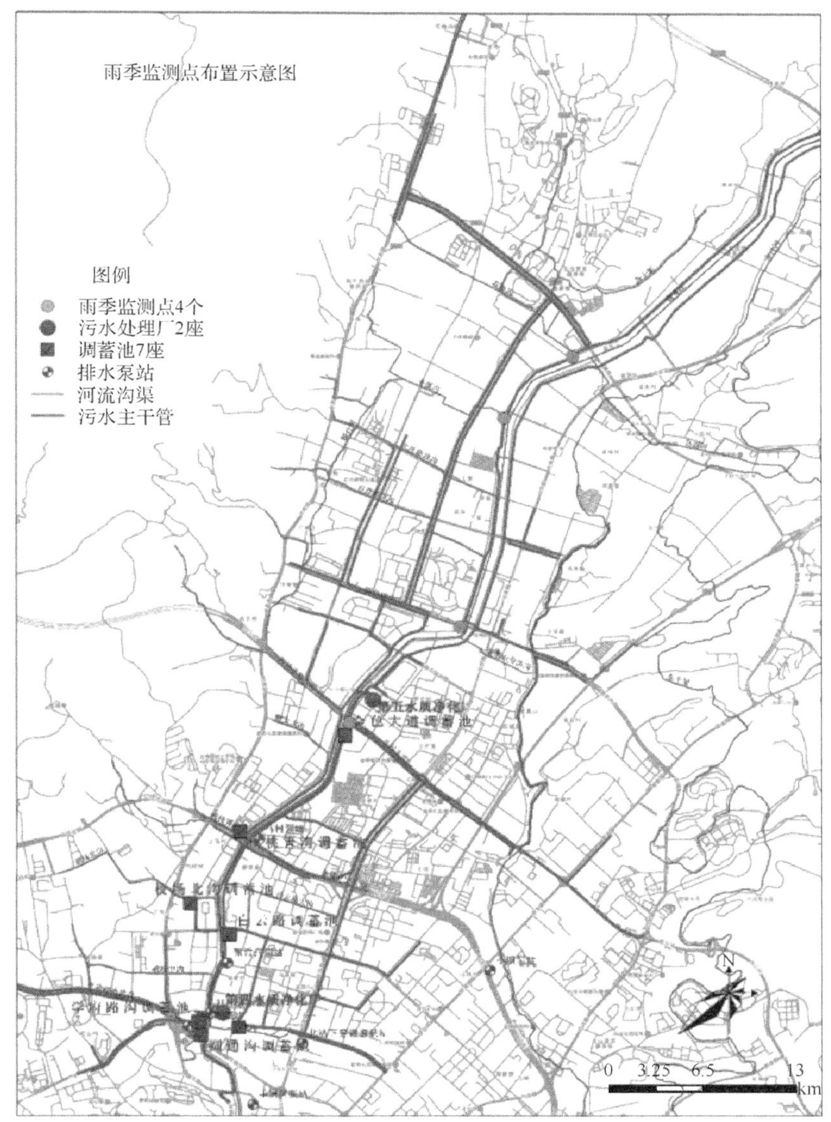

图 6-18　片区雨天监测点位置示意图

2) 率定校验结果

A. 旱天率定结果

模型模拟结果与实测结果对比如图 6-19 所示，本次校核所选用的点位中，大部分点位的流量、流速曲线与实测曲线趋势一致，总流量偏差能够控制在 20%以内，峰值偏差能够控制在 25%以内，峰值时间偏差能够控制在 20%以内，模型能够很好地反映研究区旱天污水流量过程特征。

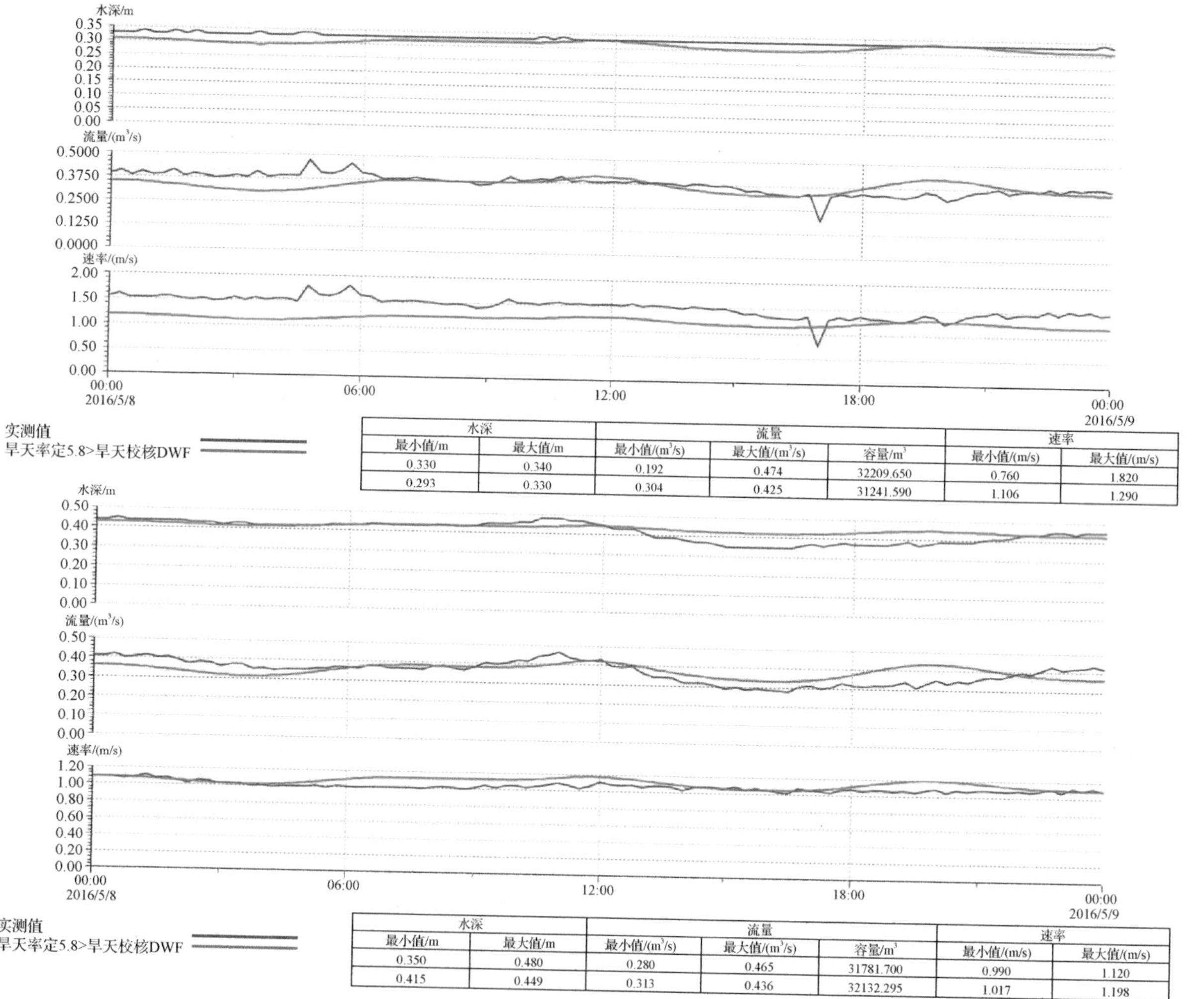

水深		流量			速率	
最小值/m	最大值/m	最小值/(m³/s)	最大值/(m³/s)	容量/m³	最小值/(m/s)	最大值/(m/s)
0.330	0.340	0.192	0.474	32209.650	0.760	1.820
0.293	0.330	0.304	0.425	31241.590	1.106	1.290

水深		流量			速率	
最小值/m	最大值/m	最小值/(m³/s)	最大值/(m³/s)	容量/m³	最小值/(m/s)	最大值/(m/s)
0.350	0.480	0.280	0.465	31781.700	0.990	1.120
0.415	0.449	0.313	0.436	32132.295	1.017	1.198

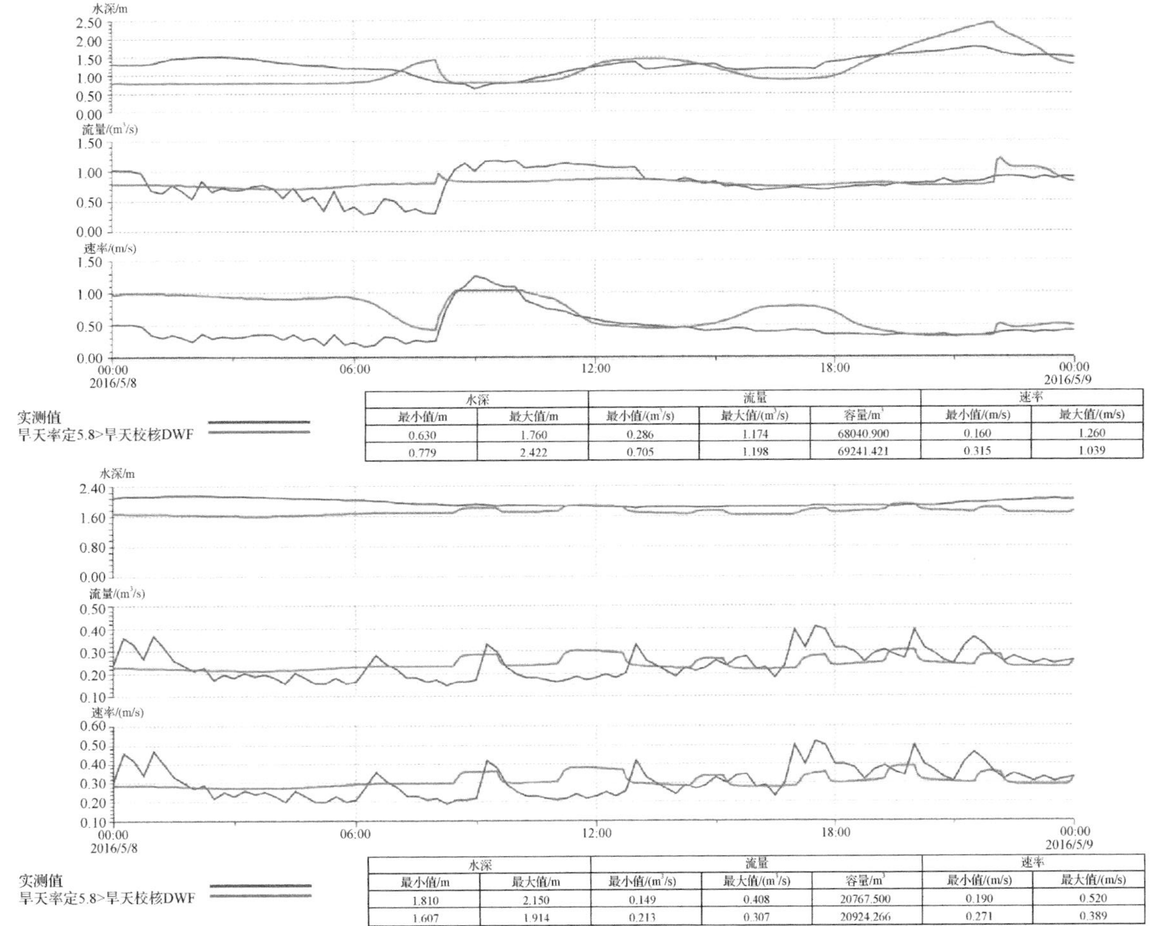

水深		流量			速率	
最小值/m	最大值/m	最小值/(m³/s)	最大值/(m³/s)	容量/m³	最小值/(m/s)	最大值/(m/s)
0.630	1.760	0.286	1.174	68040.900	0.160	1.260
0.779	2.422	0.705	1.198	69241.421	0.315	1.039

水深		流量			速率	
最小值/m	最大值/m	最小值/(m³/s)	最大值/(m³/s)	容量/m³	最小值/(m/s)	最大值/(m/s)
1.810	2.150	0.149	0.408	20767.500	0.190	0.520
1.607	1.914	0.213	0.307	20924.266	0.271	0.389

图6-19　旱天部分点位模拟结果与实测结果对比图

B. 雨天率定结果

本模型雨天率定和验证采用学府路大沟 2017 年 9 月 6 日、10 月 8 日、10 月 22 日三场降雨进行水量的率定，率定结果如图 6-20 所示，三场降雨模拟中峰值流量偏差为–25.83%～13.41%，总流量偏差为–12.13%～23.66%。

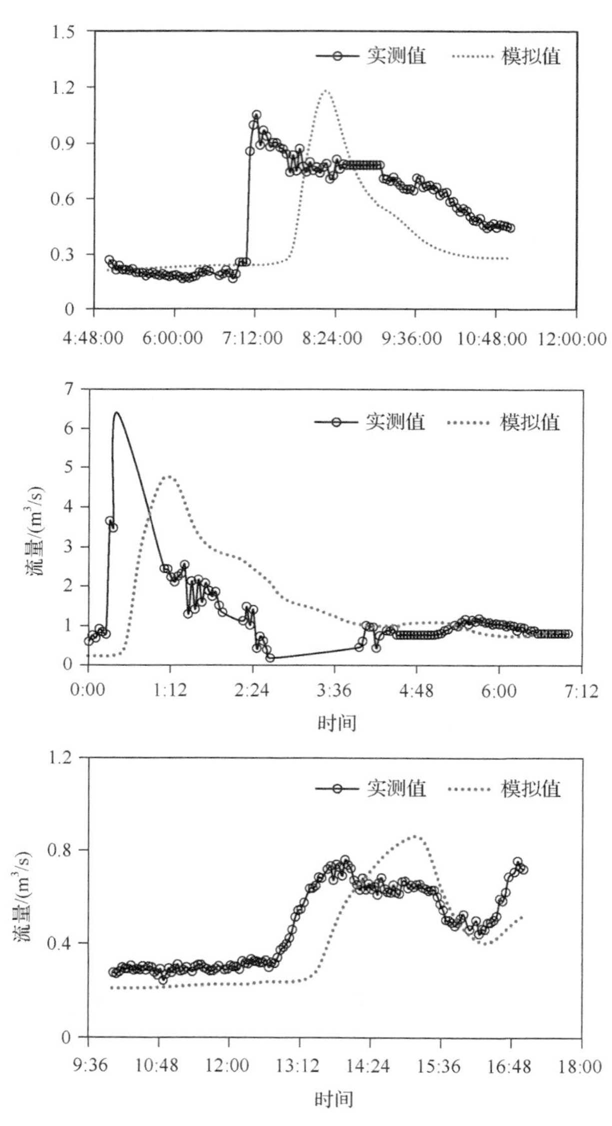

图 6-20 雨天水量率定结果

雨天水质率定结果如图 6-21 所示。模拟所得的各污染物的浓度过程曲线与实测值变化趋势基本一致，COD、TN 和 TP 平均浓度偏差分别为–0.6%、–20.5%

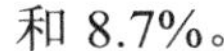
和 8.7%。

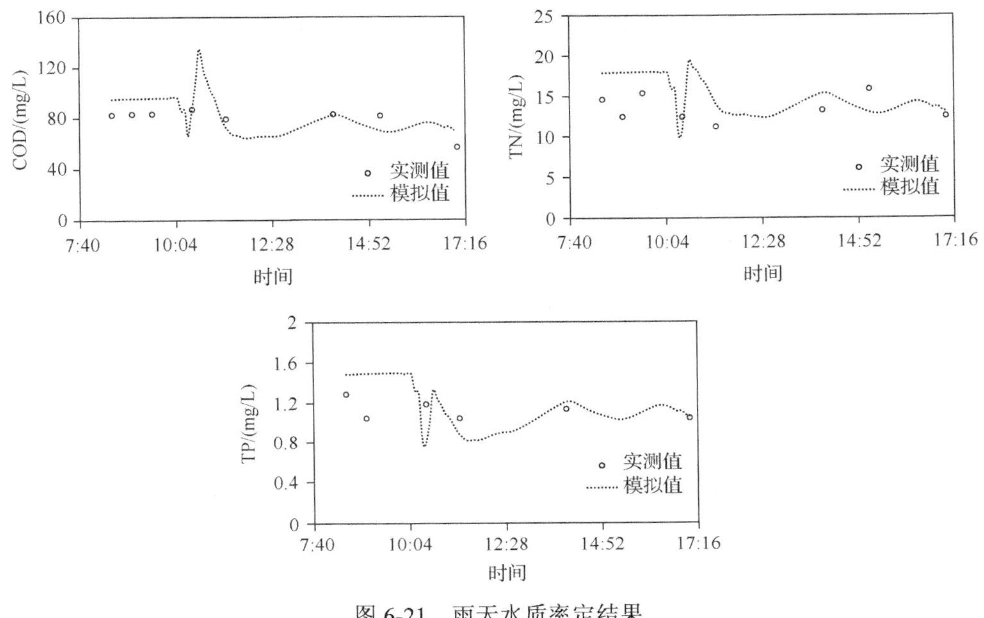

图 6-21　雨天水质率定结果

6.5　盘龙江片区入河污染负荷核算

6.5.1　盘龙江片区入河总量及污染特征

1. 雨水口排放水量及负荷

基于盘龙江陆域污染负荷迁移转化模型的模拟结果，2017 年盘龙江沿岸雨水口排放水量为 808.93 万 m^3，COD 排放量为 444.90 t，TN99.48 t，TP 7.27 t。

2. 合流制溢流排口污染负荷

盘龙江片区内有 18 个合流制溢流口，根据盘龙江陆域污染负荷迁移转化模型模拟结果统计，年排放总水量为 2617.90 万 m^3，溢流污染物负荷为 1454.06 t COD_{Cr}/a，291.20 t TN/a，24.65 t TP/a。每个溢流口的污染物贡献量如图 6-22 所示。

3. 水质净化厂尾水及污染负荷

盘龙江片区的主要水质净化厂为昆明市第四和第五水质净化厂。

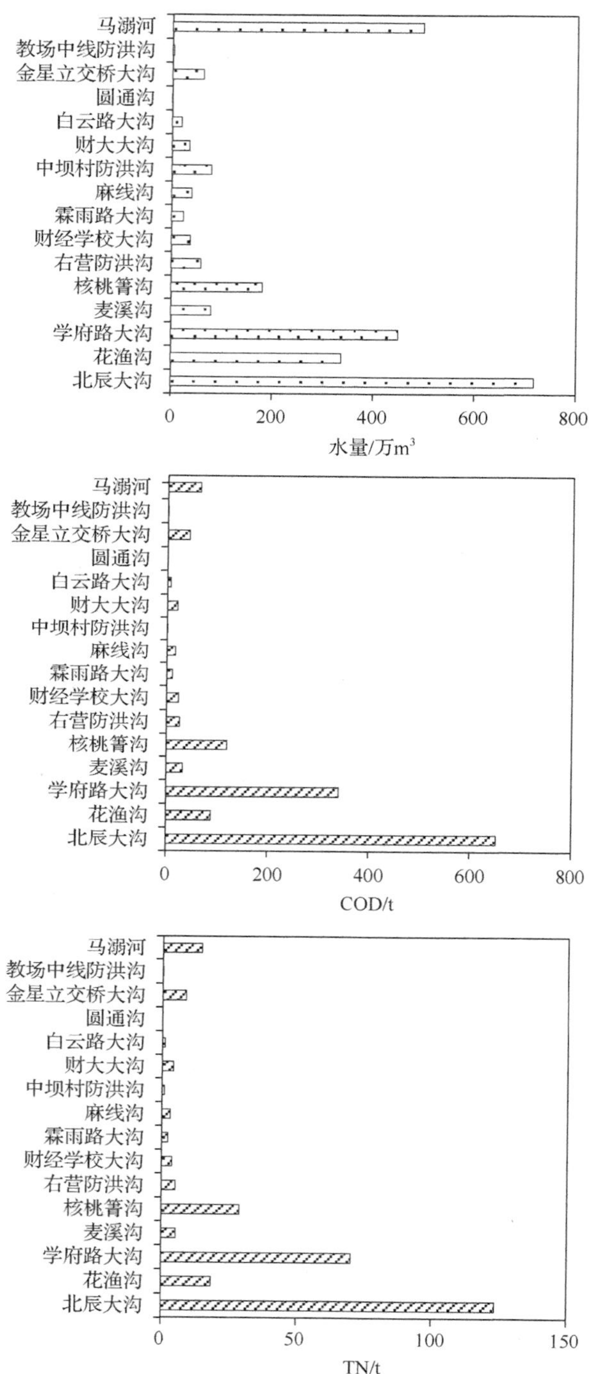
马溺河
教场中线防洪沟
金星立交桥大沟
圆通沟
白云路大沟
财大大沟
中坝村防洪沟
麻线沟
霖雨路大沟
财经学校大沟
右营防洪沟
核桃箐沟
麦溪沟
学府路大沟
花渔沟
北辰大沟
0
200
400
600
800
水量/万m³
COD/t
0
50
100
150
TN/t

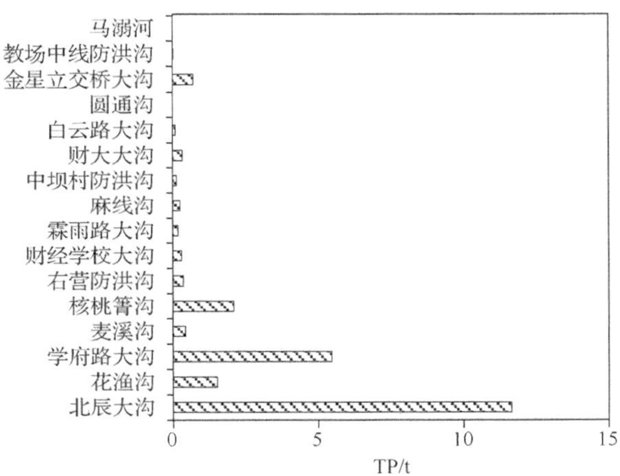

图 6-22　研究区合流制溢流口污染贡献图

据水质净化厂的实际运行数据计算，第四、五水质净化厂 2017 年排入盘龙江的尾水总量及污染物负荷如表 6-5 所示。

表 6-5　研究区污水处理厂尾水负荷表

尾水量/万 m^3	COD/(t/a)	TN/(t/a)	TP/(t/a)
3750.56	1408.49	565	33.71

4. 入河量汇总

盘龙江片区 2017 年区年排放进入盘龙江的污染物负荷总量为 COD_{Cr} 3307.45 t，TN 955.68 t，TP 65.63 t(图 6-23)。

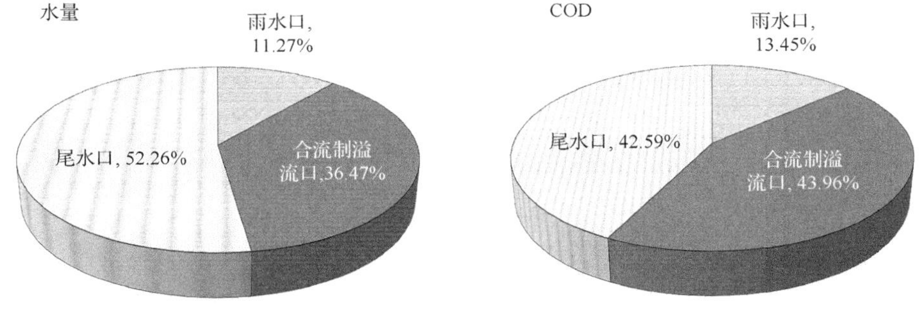

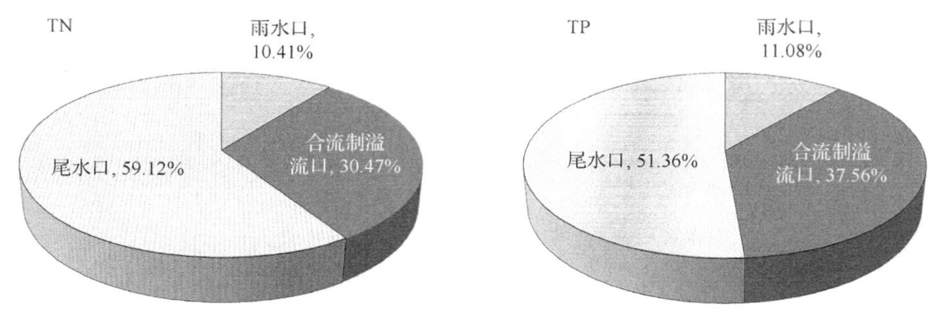

图 6-23　盘龙江片区污染源构成图

从污染源构成上看，入河水量最大的为尾水口，COD 主要来自于合流制溢流口，约占污染物总量的 43.96%，TN 和 TP 主要来自于尾水，分别占污染物总量的 59.12%和 51.36%。

6.5.2　盘龙江片区入河量空间分布特征

盘龙江各控制单元污染负荷入河量分布情况详见图 6-24，各控制单元中入河污染负荷最大的是北辰大沟，其次为学府路大沟，两个排口的 COD、TN 和 TP 的入河量分别占盘龙江总入河量的 30%、20%和 26%。

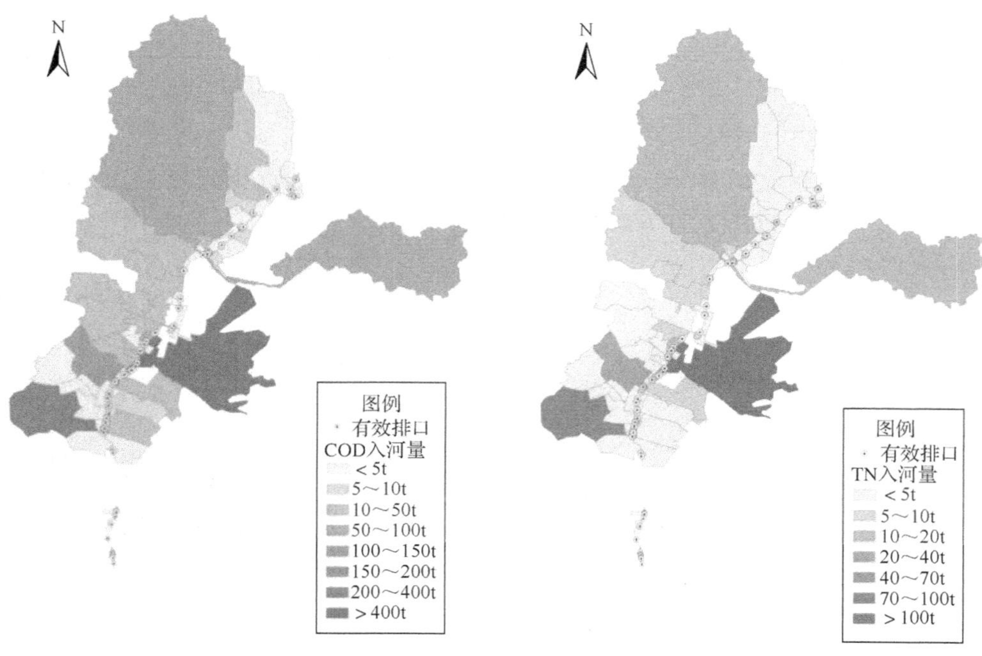

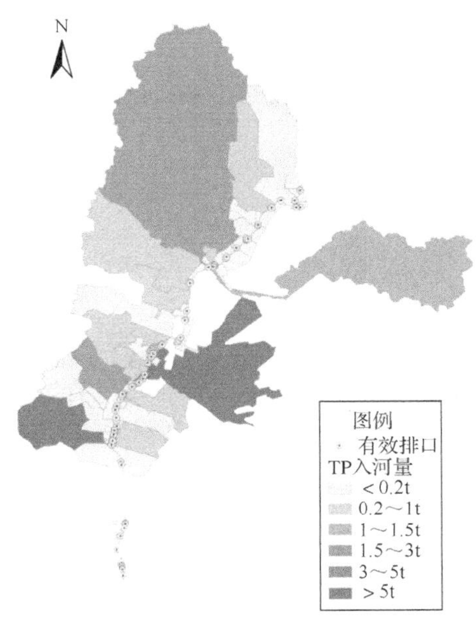

图 6-24　盘龙江各控制单元入河污染负荷分布图

6.5.3　盘龙江片区重点控制单元确定

基于盘龙江各控制单元的入河污染负荷核算，盘龙江入河污染负荷主要集中在北辰大沟、学府路大沟、核桃箐沟以及花渔沟排口，因此，盘龙江片区精准治污的重点控制单元主要为以上四个排口所对应的控制单元。

6.6　盘龙江片区重点控制单元污染负荷削减方案

6.6.1　盘龙江水质现状与水质目标的差距

盘龙江是滇池流域最重要的入湖河道之一，滇池流域主要规划均对盘龙江的水质提出了明确的要求，除“十一五”外均是以水质类别作为要求，即盘龙江水质需稳定达到Ⅲ类水，随着盘龙江综合整治工程的完工以及牛栏江—滇池补水工程通水，盘龙江水质改善明显，现状能够稳定达到Ⅲ类水标准，因此，在此基础上需要提出更加精细化的水质目标，以促进盘龙江水质的持续改善。

本书第 5 章中基于河湖结合水陆响应关系确定了滇池流域主要入湖河道的水质目标，其中，盘龙江全年水质控制目标为 COD 8.82 mg/L，NH_3-N 0.74 mg/L，TN 3 mg/L，TP 0.12 mg/L，并在此基础上分别提出了旱季和雨季的水质控制目标，其中雨季水质控制目标为 COD 10 mg/L，NH_3-N 0.96 mg/L，TN 3 mg/L，TP 0.15 mg/L，旱季水质控制目标为 COD 7.43 mg/L，NH_3-N 0.58 mg/L，TN 3.01 mg/L，

TP 0.10 mg/L（表 6-6）。

表 6-6 盘龙江各阶段水质目标表

规划期	水质目标
“十一五”	明显改善，COD 浓度低于 30 mg/L
“十二五”	Ⅲ类
“十三五”	Ⅲ类
三年攻坚行动计划	Ⅲ类

2017 年盘龙江水质如表 6-7 所示。从表中可以看出，对照第 5 章提出的水质目标，现状盘龙江旱季能够达标水质目标，雨季 COD 和 TN 略有超标，全年平均 TN 略有超标。

表 6-7 2017 年盘龙江水质情况表（mg/L）

污染物	COD	NH_3-N	TN	TP
旱季	6	0.49	2.99	0.10
雨季	10.5	0.93	3.67	0.14
全年	8.25	0.71	3.33	0.12

目前盘龙江旱季除尾水外基本无污染负荷入河，因此，盘龙江现状污染控制重点为雨季，本研究中针对识别的重点控制单元分别提出了污染负荷削减方案。

6.6.2 北辰大沟控制单元污染负荷削减方案

1. 北辰大沟控制单元概况

1）北辰大沟溢流口现状

北辰大沟起于北辰中路与北辰大道交汇处，主要用于片区排涝，渠道全段为暗渠，渠道断面北辰中路至北京路断面尺寸为 2.5 m×2.0 m，北京路至盘江东段断面尺寸为 4.0 m×2.0 m，由于沟渠两侧雨水管由于管理不善，旱天有污水混入，于末端进入北辰大沟箱涵，整体上片区雨污水无法分流，北辰大沟旱天沟渠内仍然有大量污水，现状在沟渠末端设置有溢流堰，旱天将污水截流进入盘龙江 DN1500 截污管，雨季合流污水量较大的情况下，溢流进盘龙江的情况普遍发生。从盘龙江各排放口入河水量及负荷量看，北辰大沟是现状溢流污染最严重的区域。为控制核北辰大沟片区的合流污水，修建有金色大道调蓄池一座，设计规模为 8000 m^3（图 6-25）。

图 6-25 北辰大沟溢流口

2) 北辰大沟汇水区情况

现状北辰大沟由于雨污混接，与沟渠两侧的雨污水管基本无法分开，以北辰大沟溢流口为起点，进行了上游连接管线的拓扑分析，基于北辰大沟上游连接管线，进行了北辰大沟汇水区的划分，汇水区共计 9.85 km^2。北辰大沟虽然起于北辰中路与北辰大道交叉口，但是由于其与北辰大道污水管混接，因此，北辰大道上游污水管服务范围也被纳入北辰大沟服务范围内。北辰大沟片区下垫面类型如图 6-26 所

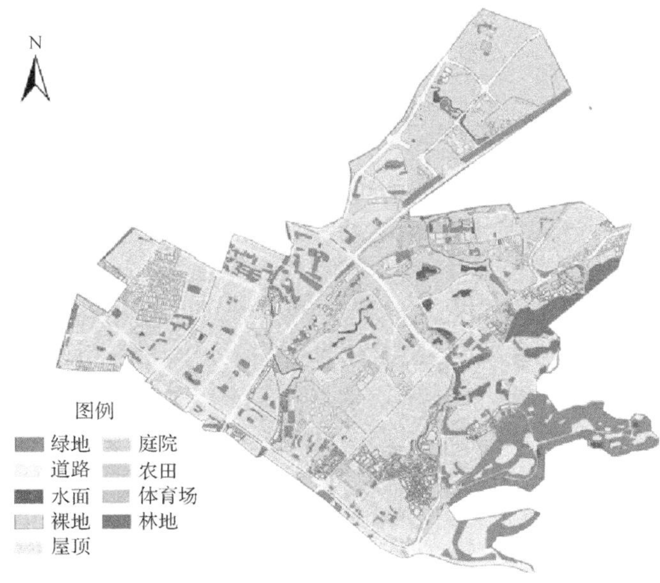

图 6-26 北辰大沟汇水区内土地利用情况

示。北辰大沟主要位于城区，整体上以不透水的道路、屋顶和庭院为主，占片区总面积的 57.33%，北部区域处于正在开启发的区域，大部分为拆迁后正在建设的过渡区域，主要以裸地为主，片区综合径流系数为 0.49。

3) 北辰大沟水质现状

北辰大沟降雨过程中水质如图 6-27 所示。北辰大沟从定位上主要是排涝沟渠，但由于混接问题，现状沟渠水质较差，为劣 V 类，现状 COD、TN、TP 和 NH_3-N 的平均浓度为 118.7 mg/L，7.37 mg/L，1.59 mg/L 和 4.49 mg/L，分别超标 1.97、2.69、2.97 和 1.24 倍。

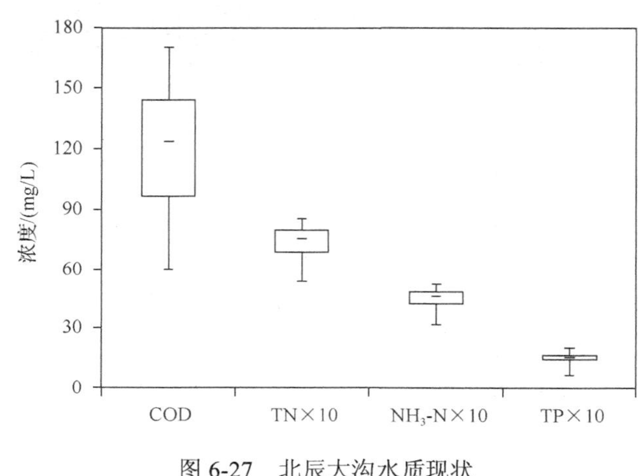

图 6-27　北辰大沟水质现状

2. 北辰大沟排水系统现状及存在问题

基于北辰大沟溢流口上游管线的拓扑分析，由于混接问题，有大量污水管线与北辰大沟相关联，北辰大沟溢流口关联管线及存在问题如图 6-28 所示。

现状与北辰大沟关联的管线共计 91.43 km，其中污水管 49.38 km，雨水管 42.05 km，从管线的管径分布上看，北辰大沟沟溢流口关联污水及雨水管径主要集中在 600～800 mm 范围内，分别占污水管线的 48%和雨水管线的 43%。

根据北辰大沟关联管网的探测数据，北辰大沟上游管线存在 35 处逆坡、63 处错位以及 54 处大管接学校管的问题。目前，北辰大沟上游管线雨污混接严重，北辰大道两侧雨水管均不同程度有污水混入，片区开发建设时排水系统是按照分流制系统建设，但现状整个系统已经成为大型合流制系统，雨天第五水质净化厂无法接纳的合流污水通过末端溢流口直接溢流进入盘龙江。

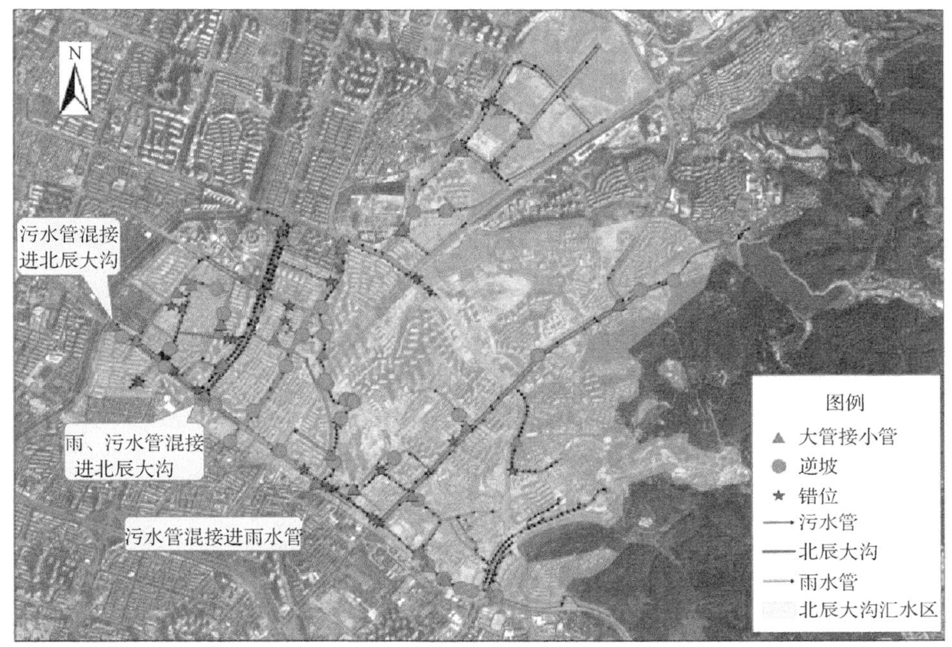

图 6-28　北辰大沟溢流口关联管线及存在问题

3. 典型降雨情况下的溢流量及负荷

各典型降雨条件下，北辰大沟溢流口溢流量及污染负荷量如图 6-29 所示。

从图中可以看出，在降雨量小于 5 mm 的情况下，北辰大沟不会发生溢流，但当降雨量增大至 5～10 mm 的情景下，北辰大沟开始溢流，随着降雨量的增大，溢流量及负荷明显增大。

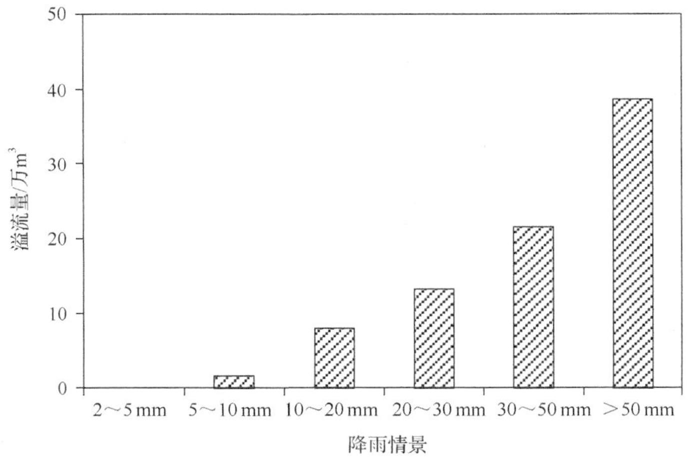

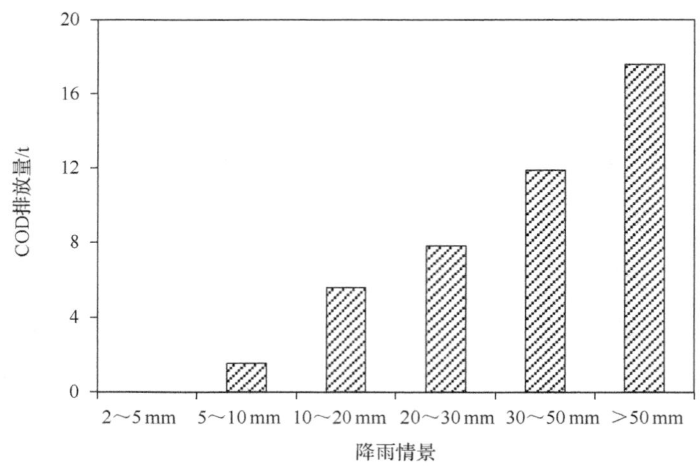

图 6-29　典型降雨条件下北辰大沟溢流口溢流量及负荷量

4. 北辰大沟溢流口溢流控制措施

目前，北辰大沟最主要的问题是由于雨污混接导致大量污水混入，雨污分流是最直接的解决办法，但现状北辰大道两侧雨污水管均为污水通道，片区管网系统复杂，雨污分流改造难度较大，目前，昆明市第十四水质净化厂正在建设，根据设计，第十四水质净化厂将从北辰大沟起修建进水管，现状片区超量污水能够传输至第十四水质净化厂，十四厂的建设能够有效缓解北辰大沟的溢流问题。

利用盘龙江陆域污染负荷迁移模型模拟了不同降雨情景下，第十四水质净化厂建设前后北辰大沟的溢流情况，如表 6-8 所示，从表中可以看出昆明市第十四水质净化厂建设完成以后，在不同降雨量的情景下，北辰大沟的溢流水量和负荷均会大幅削减，在十四厂建设前，降雨量 5～10 mm 的情景下北辰大沟就会发生溢流，十四厂建设以后，降雨量小雨 20 mm 的情况下北辰大沟均不会发溢流，降雨量为 20～30 mm 和 30～50 mm 的降雨情景下也仅会产生少量溢流，总体上，昆明市第十四水质净化厂建设完成后，各降雨情景下北辰大沟溢流口溢流水量能够削减 64%～100%，溢流 COD 负荷能够削减 62.4%～100%。

表 6-8　第十四水质净化厂建设前后北辰大沟溢流口的溢流情况

降雨情景	溢流削减率/%	COD 负荷削减率/%
5～10 mm	100	100
10～20 mm	100	100
20～30 mm	99.9	99.9
30～50 mm	84.4	84.3
>50 mm	64.0	62.4

6.6.3　学府路沟控制单元污染负荷削减方案

1. 学府路大沟控制单元概况

1) 学府路大沟溢流口现状

学府路大沟原本属于防洪河道，现全段为暗沟，全长 1.56 km，主要收集一二一大街以北、二环路—教益路—教研路沿线以南、长虹路以东、盘龙江以西片区雨洪水，现状沿线有污水接入，已基本成为合流制沟渠，末端设置有溢流堰，旱天将沟渠内污水截流进入第四水质净化厂处理，雨季超量合流污水直接溢流进入盘龙江。为控制学府路大沟片区的合流污水，修建有学府路调蓄池一座，设计规模为 21000 m^3，并配套建设有学府路传输泵站一座(图 6-30)。

图 6-30　学府路大沟溢流口现状

2) 学府路大沟汇水区情况

以学府路大沟溢流口为起点，进行了上游连接管线的拓扑分析，基于学府路大沟上游连接管线，进行了学府路大沟汇水区的划分，汇水区共计 4.85 km^2。学府路大沟主要位于城区，整体上以不透水的道路、屋顶和庭院为主，占片区总面积的 56.32%，片区综合径流系数为 0.51(图 6-31)。

3) 学府路大沟水质现状

学府路大沟降雨过程中水质如图 6-32 所示。学府路大沟现状沟渠水质较差，为劣Ⅴ类，现状 COD、TN、TP 和 NH_3-N 的平均浓度为 72.74 mg/L，10.25 mg/L，0.88 mg/L 和 6.34 mg/L，分别超标 0.83、4.12、1.21 和 3.17 倍，相较于北辰大沟，学府路大沟 COD、TP 浓度略低，TN 和 NH_3-N 浓度高于北辰大沟。

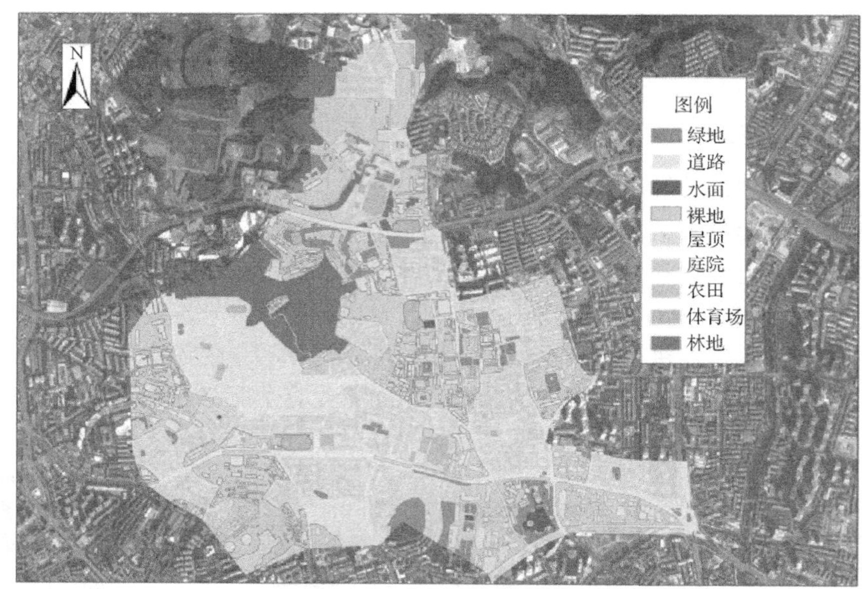

图 6-31　学府路大沟汇水区内土地利用情况

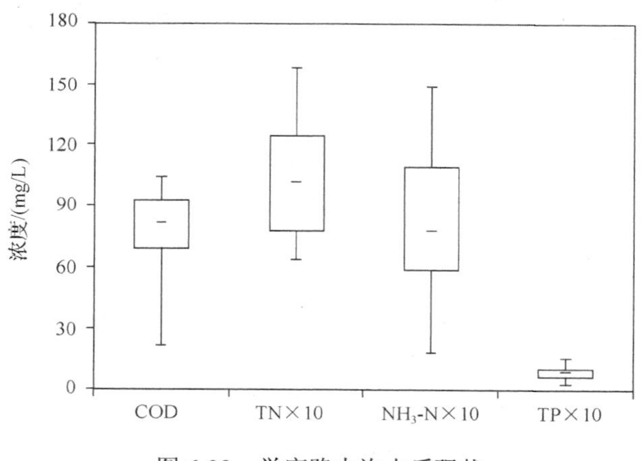

图 6-32　学府路大沟水质现状

2. 学府路大沟排水系统现状及存在问题

基于学府路大沟溢流口上游管线的拓扑分析，学府路大沟溢流口关联管线及存在问题如图 6-33 所示。根据学府路大沟关联管网的探测数据，学府路大沟上游管线存在 19 处逆坡、30 处错位以及 42 处大管接小管的问题。

现状与学府路大沟关联的管线共计 40.04 km，其中污水管 13.91 km，雨水管 23.96 km，合流管 0.2 km。从管线的管径分布上看，北辰大沟沟溢流口关联污水及雨水管径主要集中在 600～800 mm 范围内，分别占污水管线的 43%和雨水管线的 38%。

图 6-33　学府路大沟溢流口关联管线及存在问题

3. 典型降雨情况下的溢流量及负荷

各典型降雨条件下，学府路大沟溢流口溢流量及污染负荷量如图 6-34 所示。

从图中可以看出，在降雨量小于 10 mm 的情况下，学府路大沟不会发生溢流，降雨量超过 10 mm，学府路大沟开始有少量溢流，随着降雨量的增大，溢流量及负荷明显增大。

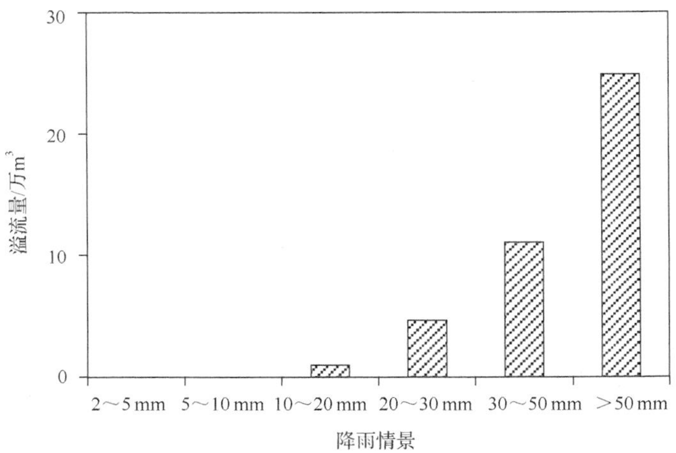

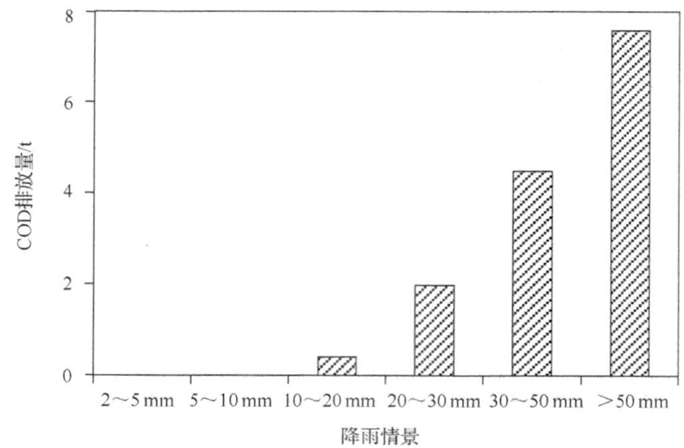

图 6-34　典型降雨条件下学府路大沟溢流口溢流量及负荷量

4. 学府路大沟溢流口溢流控制措施

1) 优化学府路调蓄池运行

根据前文的研究成果，现状学府路调蓄池运行情况不理想，2017 年学府路调蓄池仅调蓄合流污水 10.74 万 m^3，对其服务范围内径流总量控制率仅达到 3.71%，其对于学府路大沟片区合流制溢流污染的控制作用未完全发挥，根据典型降雨情景模拟，在学府路调蓄池正常运行的情况下，降雨量小于 10 mm 的情况下学府路大沟溢流口不会发生溢流，因此，学府路片区现状应加强学府路调蓄池的运行，在雨季来临之前实现调蓄池的清淤及腾空，降雨过程中优先收集初期浓度较高的合流污水，确保 10 mm 以下降雨学府路溢流口不发生溢流。

2) 新增分散式污水处理设施

学府路大沟片区现状污水进入第四水质净化厂处理，目前，第四水质净化厂由于膜通量衰减，处理规模较小，雨季难以应对大量汇入的合流污水，因此考虑在学府路大沟末端新建处理规模为 10000 m^3 的分散式污水处理设施，合流污水经处理后排入盘龙江，排放标准按昆明市地标 A 标准考虑。

根据模型模拟，新增分散式污水处理设施后，学府路片区的入河水量及负荷削减情况详见表 6-9。

表 6-9　新建分散式污水处理设施后学府路大沟溢流口溢流削减情况

降雨情景	溢流削减率/%	COD 负荷削减率/%
10～20 mm	55.57	51.03
20～30 mm	15.86	16.40
30～50 mm	8.30	8.60
＞50 mm	5.40	6.94

从表中可以看出，通过在末端建设分散式处理设施对于学府路大沟溢流口的溢流水量及负荷有一定的削减作用，不同降雨情景下，溢流量削减率约为 5.40%～55.57%，COD 排放量削减率约为 6.94%～51.03%，新建分散式处理设施在降雨量相对较小的情况下能够有效削减学府路溢流口的溢流量和负荷，但随着降雨量的增加，其削减作用逐渐降低，当降雨量增加至 50 mm 以上时，新建分散式处理设施对于溢流量和溢流负荷的削减率已不足 10%。

3) 雨污分流

在片区进行雨污分流后，污水进入盘龙江截污管进入第四水质净化厂，雨水通过学府路大沟直接入河，雨污分流后学府路大沟排口排放污染负荷削减情况如表 6-10 所示。

表 6-10　片区雨污分流后学府路大沟排放情况

降雨情景	COD 负荷削减率 / %
10～20 mm	68.17
20～30 mm	86.91
30～50 mm	87.49
＞50 mm	84.58

对比现状学府路大沟溢流口，不同降雨情景下入河负荷可以削减 68%～88%，且在降雨量较大的情景下，雨污分流所带来的削减效益更加明显。

6.6.4　核桃箐沟控制单元污染负荷削减方案

1. 核桃箐沟控制单元概况

1) 核桃箐沟溢流口现状

核桃箐沟全长 2.68 km，主要功能为防洪、排涝，是核桃箐周边山洪水的唯一排洪通道，在片区开发过程中由于雨污混接，部分片区污水进入核桃箐大沟，未防止合流污水污染盘龙江，在核桃箐大沟入盘龙江口处设置闸门，将污水截流至盘龙江截污管。

目前，核桃箐沟末端共设置有 2 座污水节制闸。北侧闸门属五华区管辖，闸门净高 1.4 米，净宽 2.4 米，闸顶高程 1893.15 米，闸底高程 1891.75 米；南侧闸门金房宫闸位于北二环金房宫门口，属排水公司管辖，闸门净高 1.4 米，净宽 2.4 米，闸顶高程 1894 米，闸底高程 1892.6 米。此外，为控制核桃箐大沟片区的合流污水，修建有核桃箐调蓄池一座，设计规模为 7600 m^3。

现状条件下，核桃箐闸门基本处于常闭状态，但是在降雨过程中核桃箐片区由于山洪的汇入，水量较大，核桃箐沟水位较高，常出现合流污水翻闸溢流进入盘龙江的现象，由于两座闸门存在一定的高程差，溢流往往发生在北侧闸门(图 6-35)。

图 6-35 核桃箐大沟溢流口现状

2) 核桃箐沟汇水区情况

根据核桃箐沟溢流口上游管线的拓扑分析结果，核桃箐沟汇水区共计 3.56 km^2。桃箐沟雨水汇水区上游主要是山区，下垫面类型以林地为主，下游城区部分下垫面类型主要以不透水的屋面、广场及道路为主，区域综合径流系数约为 0.45（图 6-36）。

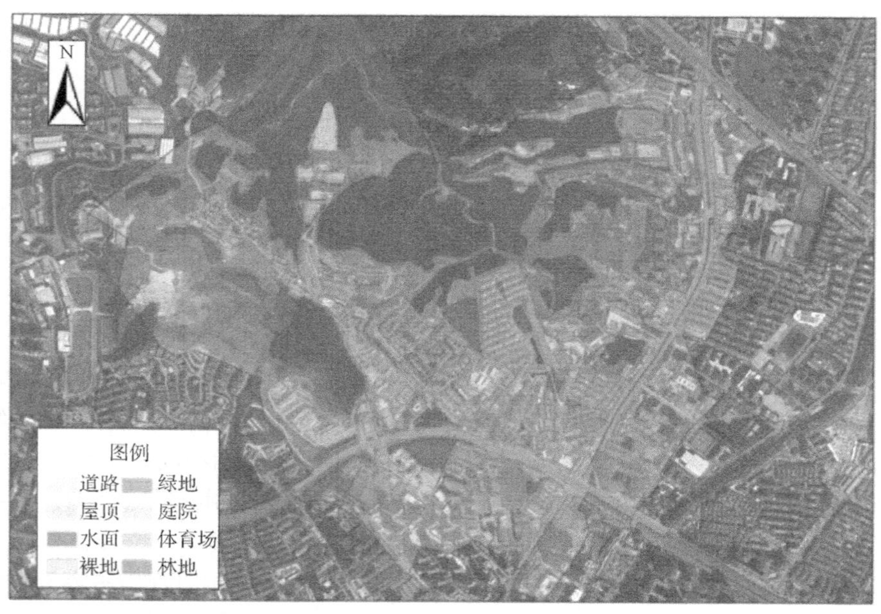

图 6-36 核桃箐沟溢流口汇水区土地利用情况

3）核桃箐沟水质现状

现状核桃箐沟尚未开展过系统的监测，仅在降雨期间开展过几次临测，监测结果如表 6-11 所示。

表 6-11　核桃箐大沟水质监测结果

监测点位	COD		TN		TP		NH_3-N	
	均值	标准差	均值	标准差	均值	标准差	均值	标准差
核桃箐金房宫闸前	25.5	1.84	2.85	2.88	0.32	0.06	1.57	1.82

从监测结果看，降雨过程中核桃箐沟污染物浓度较低，水质相对较好，TN 甚至已经优于污水处理厂出水。降雨过程中大量低浓度污水的汇入，会降低第五水质净化厂污染负荷的削减效益。

2. 核桃箐沟排水系统现状及存在问题

基于探测数据，进行核桃箐大沟溢流口上游追溯，得到核桃箐大沟上游管道连接情况如图 6-37 所示。核桃箐沟溢流口上游管线共存在 4 处错位、27 处逆坡、14 处大管接小管。

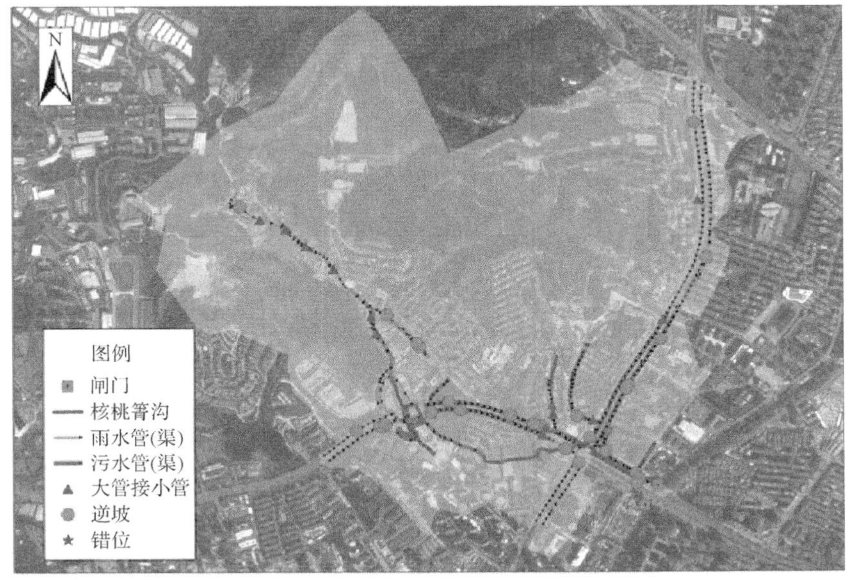

图 6-37　核桃箐沟溢流口上游管线及存在问题示意图

根据统计，核桃箐沟溢流口上游共计有污水管线 4.14 km，污水渠道 0.75 km；雨水管线 8.69 km，雨水渠道 5.22 km。从管线的管径分布上看，核桃箐沟溢流口汇水区污水系统主要以管线为主，管径主要集中在600～800 mm范围内，约占污水管线的70%；雨水系统上游山区主要以排水沟渠为主，下游城区主要以排水管线为主，雨水管线管径主要集中在600～1000 m，约占雨水管线的81%，排水渠道主要是核桃箐大沟，尺寸主要集中在1000 mm以上。

3. 典型降雨情况下的溢流量及负荷

各典型降雨条件下，核桃箐大沟溢流口溢流量及污染负荷量如图6-38所示。

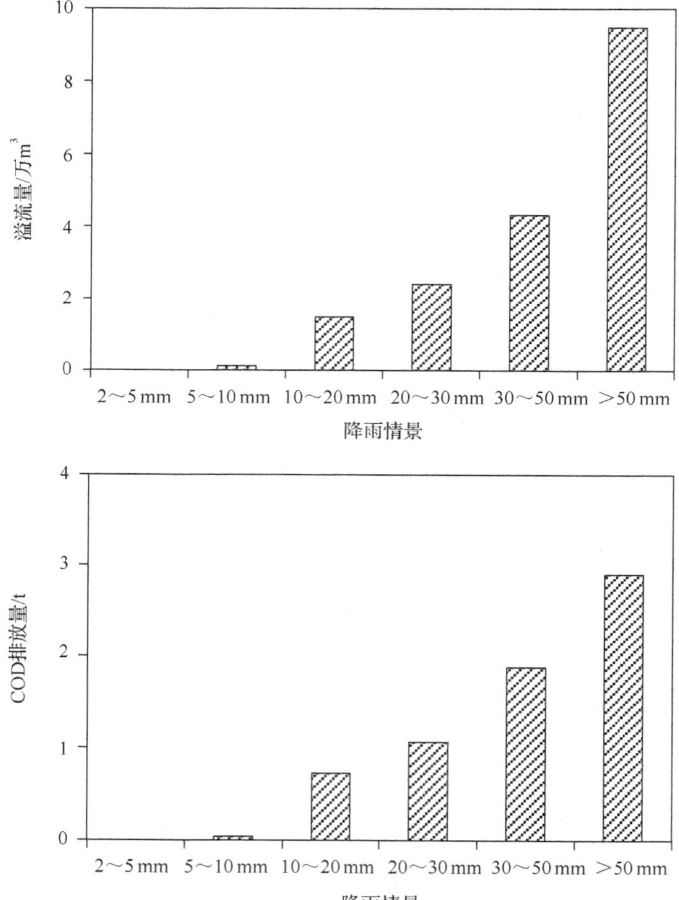

图6-38 典型降雨条件下核桃箐沟溢流口溢流量及负荷量

在核桃箐调蓄池正常运行的情况下，小于10 mm的降雨情景下，核桃箐沟不会溢流，当降雨量超过10 mm时，核桃箐沟溢流口开始溢流。

4. 核桃箐沟溢流口溢流控制措施

1) 新增分散式污水处理设施

核桃箐大沟片区现状污水进入第五水质净化厂处理，目前，第五水质净化厂旱季雨季运行负荷均较大，雨季片区产生的合流污水在无法得到处理的情况下溢流进入盘龙江，因此考虑进行分散式污水处理设施建设，考虑结合核桃箐调蓄池，新建处理规模为 8000 m^3 的分散式污水处理设施，合流污水经处理后排入盘龙江，排放标准按昆明市地标 A 标准考虑。

根据模型模拟，新增分散式污水处理设施后，核桃箐片区的入河水量及负荷详见表 6-12。

表 6-12　新建分散式污水处理设施后核桃箐沟溢流口溢流情况

降雨情景	溢流削减率/%	COD 负荷削减率/%
5～10 mm	100.00	100.00
10～20 mm	36.29	17.34
20～30 mm	25.26	11.00
30～50 mm	17.31	7.80
＞50 mm	10.71	5.87

对比现状核桃箐沟溢流口在山洪剥离以后，不同降雨情景下溢流量可以降低 10.71%～100%，降雨量小的情景下，溢流量降低较为明显，COD 排放量可降低 5.87%～100%。与学府路大沟类似，新建分散式处理设施对于降雨量较小的情景削减效益明显，随着降雨量的增加，削减效益逐渐降低。

2) 雨污分流

在片区进行雨污分流后，污水进入盘龙江截污管进入污水处理厂，雨水通过核桃箐沟直接入河，雨污分流后核桃箐大沟排口入河污染负荷削减情况如表 6-13 所示。

表 6-13　片区雨污分流后核桃箐沟排放情况

降雨情景	COD 负荷削减率/%
10～20 mm	92.50
20～30 mm	95.87
30～50 mm	94.38
＞50 mm	89.87

对比现状核桃箐沟溢流口，各降雨情景下入河污染负荷明显降低，COD 入河量均能够削减 90%以上。

6.6.5 花渔沟控制单元污染负荷削减方案

1. 花渔沟控制单元概况

1) 花渔沟溢流口现状

花渔沟源于长虫山东侧石盆梁子，自北向南流经玉器城、石关村穿过绕城高速，过花渔村穿机床厂至茨坝街道办事处，沿龙泉路西侧至重机厂职工宿舍，于西南角处穿龙泉路往东南经 21 中学，过兰龙潭穿银河大道，纳农业大学、落索坡片区雨水后，在浪口村东面约 150 米处汇入盘龙江，全长 10.68 km，断面尺寸约为 6.0 m×3.0 m。花渔沟是片区主要的防洪河道，主要用于承接上游山区洪水和城区雨水。

花渔沟上段(茨坝北路段)为合流制排水体制，沿线有石关村、翡翠花园、花渔沟村、机床厂住宅区污水散排入花渔沟，现状在机床厂附近设置有截流堰，将旱季污水截流至龙泉路截污管，花渔沟茨坝北路以南段截污系统基本完善，但沿线有黑龙潭沟、落索坡沟以及西干渠三条支流汇入，三条支流均为合流制污水通道，旱季基本能实现污水的截流，旱天花渔沟下段基本无水，花渔沟入盘龙江口设置有溢流堰，雨天能够截流部分合流污水进入盘龙江 DN 1800 截污管，但雨天随着上游山洪水的汇入，会发生溢流污染盘龙江的现象(图 6-39)。

图 6-39 花渔沟溢流口现状

2) 花渔沟汇水区情况

根据花渔沟沟溢流口上游管线的拓扑分析结果，花渔沟汇水区共计 29.86 km^2，花渔沟片区山游分布有大量山区，整体上下垫面以林地为主，占片区总面积的 48.2%，片区综合径流系数为 0.283(图 6-40)。

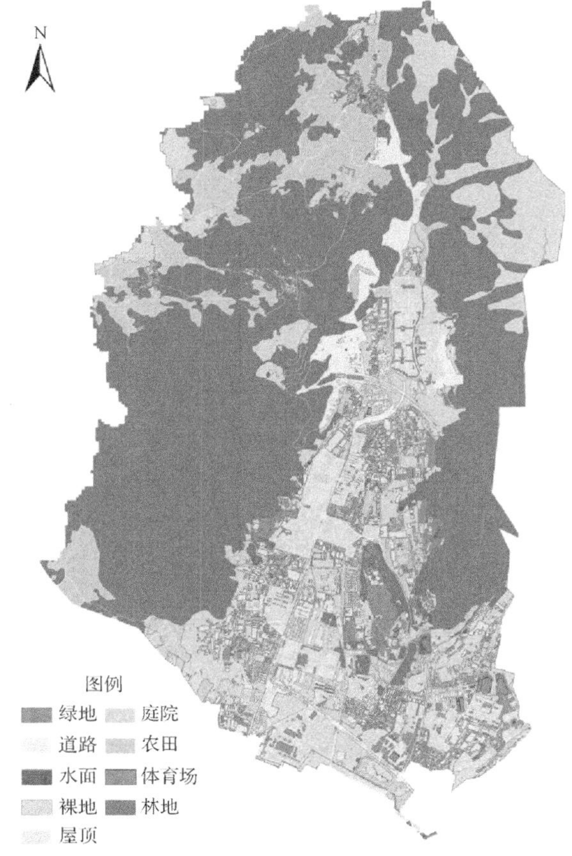

图 6-40　花渔沟溢流口汇水区土地利用情况

3）花渔沟水质现状

A. 花渔沟末端

花渔沟降雨过程中水质如图6-41所示。由于上游山区洪水及片区雨水的混入，花渔沟合流污水浓度较生活污水明显偏低，但对照《地表水环境质量标准(GB 3838—2002)》花渔沟水质仍然为劣Ⅴ类。现状COD、TN、TP和NH_3-N的平均浓度为32.02 mg/L、6.71 mg/L、0.42 mg/L和4.10 mg/L，超Ⅴ类水标准的指标主要为TN、TP和NH_3-N，分别超标2.36、0.06和1.05倍。

B. 花渔沟上段(茨坝北路段)

花渔沟上段水质为昆明市排水监测站监测数据，2017年花渔沟上段的监测数据如图6-42所示。

从图中可以看出，花渔沟上段水质波动较大，COD浓度范围为22.9～85.7 mg/L，TN浓度范围为2.75～23.3 mg/L，TP浓度范围为0.23～2.26 mg/L，NH_3-N浓度范围为1.34～18.9 mg/L，全年平均水质属于劣Ⅴ类。

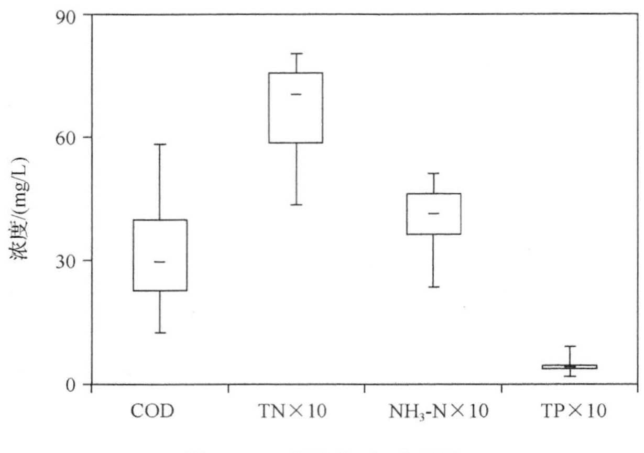

图 6-41　花渔沟水质现状

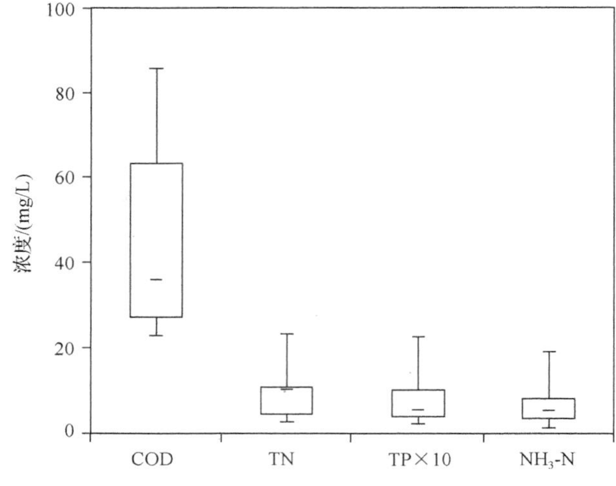

图 6-42　花渔沟上段(茨坝北路段)水质

C. 花渔沟支流

花渔沟支流水质为昆明市排水监测站监测数据，仅西干渠有监测数据，2017年西干渠的监测数据如图 6-43 所示。

从监测数据看，西干渠水质为劣Ⅴ类，主要超标指标为氮、磷等指标，COD浓度相对较低，除 4 月份浓度较高外，COD 浓度均能够到达地表水Ⅴ类标准，部分月份能够达到地表示Ⅲ类标准。

2. 花渔沟排水系统现状及存在问题

基于探测数据，进行花渔沟溢流口上游追溯，得到花渔沟上游管道连接情况如图 6-44 所示。花渔沟溢流口上游管线共存在 7 处错位、12 处逆坡、23 处大管接小管。

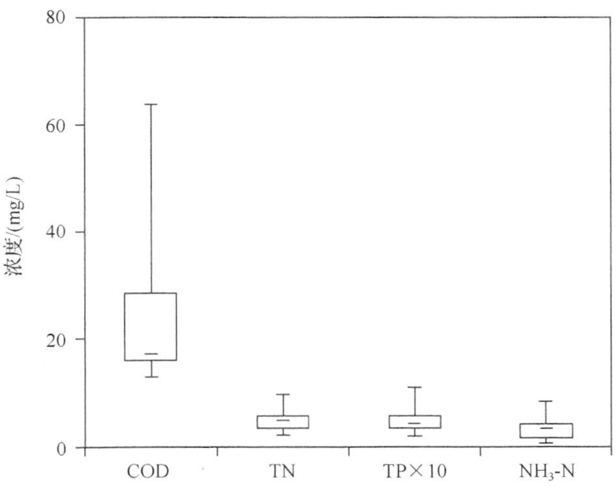

图 6-43　花渔沟支流西干渠水质

图 6-44　花渔沟溢流口上游管线及存在问题示意图

根据统计，花渔沟溢流口上游共计有污水管（渠）4.61 km，雨水管（渠）23.59 km。花渔沟片区除区域内 3 个城中村排水体制为合流制，雨污水主要依靠合流制沟渠收集排放外，其余新建小区周边均已按雨污分流制构建片区排水系统，现状已建成龙泉路、沣源路、小康大道雨污干管在内的 3 条排水主干道，各片区排水系统主要问题如下：

1）花渔沟上段为合流制通道，雨季存在溢流问题

龙泉路周边居民区和城中村，其中花渔沟村位于花渔沟源头，原穿过村子沟渠为明沟，后因城市发展建设，现花渔沟村至茨坝北路段沟渠已转为暗沟，村庄污水依靠花渔沟上段收集，于昆明机床股份公司处设截流堰截流进入龙泉路污水管；龙泉路以西区域地势西高东低，污水顺势进入龙泉路污水管道，最终进入花渔沟截污管，于烟厂下段路口接入小康大道，最终进入昆明市第五水质净化厂。雨季随着上游山区大量山洪的汇入，花渔沟上段溢流堰会发生溢流。

2）支流污染问题严重

落索坡村污水主要依托村内合流制沟渠收集排放，虽然沟渠已实施末端截污，旱季污水基本能够收集，但旱天水量较大的情况下仍存在旱天溢流现象，进入雨季后，随着降雨径流的汇入，该节点很容易发生溢流。黑龙潭沟沿河穿过蒜村，蒜村内河道为明沟，沟内水体清澈，村庄已建有污水排水系统，但周边住户生活用水和厨余废水仍直排黑龙潭沟，污染河道，此外，黑龙潭沟蒜村新区段末端闸门未安装，现状主要通过沙袋堆砌成临时截污堰，东侧截污管截污堰破损，截污管现状接近满管，当污水流量增大时，农业大学一侧污水容易倒灌进入黑龙潭沟，影响河道景观，增加沣源路口黑龙潭沟末端溢流风险（图 6-45）。

图 6-45　黑龙潭沟现状

3）红云烟厂片区污水管过流能力不足，片区内涝严重

花渔沟截污管红云烟厂段由于地势较低，截污管内污水流量大，污水管过流能力不足，旱天已处于污水系统高水位运行状态，雨季片区内涝严重，污水管内

污水会溢流进入花渔沟(图 6-46)。

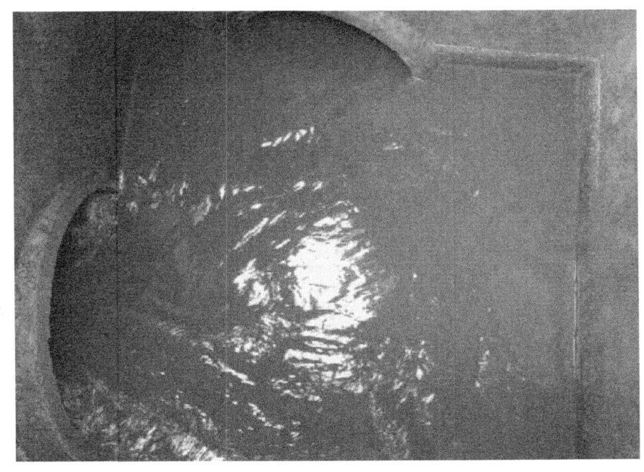

图 6-46　红云烟厂片区污水管旱天运行情况

3. 典型降雨情况下的溢流情况

不同降雨情景下，花渔沟各溢流堰的溢流情况如表 6-14 所示。

表 6-14　不同降雨情景下花渔沟溢流堰溢流情况(万 m^3)

溢流堰	2～5 mm	5～10 mm	10～20 mm	20～30 mm	30～50 mm	＞50 mm
花渔沟上段溢流堰	未溢流	未溢流	0.2	1.56	4.07	14.44
黑龙潭沟溢流堰	未溢流	未溢流	未溢流	未溢流	0.04	1.87
落索坡沟溢流堰	未溢流	未溢流	未溢流	0.04	0.24	1.26
花渔沟末端溢流堰	未溢流	未溢流	未溢流	1.07	3.81	19.77

从模拟结果来看，花渔沟在小于 10 mm 的两种降雨情景下，各溢流口都不会发生溢流，当降雨量为 10～20 mm 的降雨情景发生时，由于山洪水的汇入，花渔沟上段截流堰会发生溢流，但由于末端截污，不会有合流污水溢流进入盘龙江，当降雨量大于 20 mm 时，花渔沟末端开始有合流污水溢流进入盘龙江。

4. 花渔沟溢流口溢流控制措施

目前花渔沟沿线多个节点采用末端截污的方式进行合流污水的截流，旱季基本能实现污水的全收集，雨季溢流污染严重，现状花渔沟片区未建设有调蓄池，考虑到花渔沟存在多个溢流点，拟采用分散式调蓄的方式进行合流制溢流污染控制，在较容易发生溢流的花渔沟上段和落索坡沟汇入点分别建设合流制调蓄池，其中，花渔沟上段拟建设 5000 m^3 调蓄池，落索坡沟汇入点拟建设 3000 m^3 调蓄池。

根据模型模拟，新增分散式调蓄池后，花渔沟片区的入河水量及负荷详见表 6-15。

表 6-15　新建分散式污水处理设施后核桃箐沟溢流口溢流情况

降雨情景	溢流削减率/%	COD 负荷削减率/%
20～30 mm	17.39	15.26
30～50 mm	7.93	8.71
＞50 mm	3.57	10.48

从表中可以看出，新建两座分散式调蓄池后，在不同降雨情景下，花渔沟溢流水量能够减少 3.57%～17.39%，溢流 COD 负荷能够减少 8.71%～15.26%。

6.7　本 章 小 结

盘龙江片区精准治污主要把传统的以工程建设为主导的粗放型治污模式逐渐转变为以现有工程效益提升与发挥为重点，有针对性地补充完善区域治理工程的精细化的治理模式。随着盘龙江水环境综合整治的实施以及牛栏江—滇池补水工程的通水，盘龙江水质明显改善，受沿岸合流制溢流口雨季溢流污染负荷排放的影响，雨季各污染物的浓度明显高于旱季，且呈现出沿程增加的趋势，因此，现状盘龙江水污染防治的重点在于雨季合流制溢流污染负荷的控制。

根据盘龙江根据盘龙江各排口入河污染负荷模拟结果，盘龙江片区从污染源构成上看，入河水量最大的为尾水口，COD 主要来自于合流制溢流口，约占污染物总量的 43.96%，TN 和 TP 主要来自于尾水，分别占污染物总量的 59.12%和 51.36%。盘龙江入河污染负荷主要集中在北辰大沟、学府路大沟、核桃箐沟以及花渔沟排口，因此，盘龙江片区重点控制单元为以上四个排口所对应的控制单元。各控制单元现状均为合流制排水体制，在现状工程的基础上，通过昆明市第十四水质净化厂的建设能够有效控制北辰大沟的溢流量和溢流负荷，通过建设分散式污水处理设施及调蓄设施，能够在一定程度上缓解学府路大沟、核桃箐大沟以及花渔沟溢流口的溢流情况，但要从根本上解决以上溢流口的合流制溢流污染问题，最终仍然需要通过雨污分流来实现。

主要参考文献

鲍淑君, 翟正丽, 高学睿, 等. 2013. 欧盟流域管理模式及其经验借鉴. 人民黄河, (3): 33-35, 42.

北京清华同衡规划设计研究院有限公司. 2013. 滇池流域中长期综合管理总体规划.

边博, 朱伟, 黄峰, 等. 2008. 镇江城市降雨径流营养盐污染特征研究. 环境科学, (1).

步青云, 金相灿, 王圣瑞. 2007. 长江中下游浅水湖泊表层沉积物潜在可交换性磷研究. 地理研究, 26(1): 119-126.

常静, 刘敏, 许世远, 等. 2006. 上海城市降雨径流污染时空分布与初始冲刷效应. 地理研究, 25(6): 994-1002.

车伍, 刘燕, 李俊奇. 2003. 国内外城市雨水水质及污染控制. 给水排水,(10).

陈美丹, 姚琪, 徐爱兰. 2006. WASP 水质模型及其研究进展. 水利科技与经济, (7): 420-422, 426.

陈小龙, 赵冬泉, 盛政, 等. 2015. Digital Water 在城市排水防涝规划中的应用. 中国给水排水: 105-108.

陈异晖. 2005. 基于 EFDC 模型的滇池水质模拟. 云南环境科学, (4): 28-30, 46.

陈勇, 冯永忠, 杨改河. 2010. 农业非点源污染研究进展. 西北农林科技大学学报(自然科学版), 38(8): 173-181.

陈云增, 杨浩, 金峰, 等. 2007. 滇池沉积物金属污染及潜在生态风险研究. 土壤, 39(5): 737-741.

成小英, 王国祥, 濮培民, 等. 2002. 冬季富营养化湖泊中水生植物的恢复及净化作用. 湖泊科学, 14(2): 139-144.

程海云, 黄艳. 1996. 丹麦水力研究所河流数学模拟系统. 水利水电快报, (19): 24-27.

程江, 吕永鹏, 黄小芳, 等. 2009a. 上海中心城区合流制排水系统调蓄池环境效应研究. 环境科学, (8).

程江, 杨凯, 黄民生, 等. 2009b. 下凹式绿地对城市降雨径流污染的削减效应. 中国环境科学, 29(6): 611-616.

程鹏, 李叙勇, 苏静君. 2016. 我国河流水质目标管理技术的关键问题探讨. 环境科学与技术, 39(6): 195-205.

邓伟明. 2012. 南沙河流域水环境容量研究. 沈阳: 沈阳理工大学.

段永蕙, 张乃明. 2003. 滇池流域农村面源污染状况分析. 环境保护, (7): 28-30.

范成新, 张路, 包先明, 等. 2006. 太湖沉积物-水界面生源要素迁移机制及定量化——2.磷释放的热力学机制及源-汇转换. 湖泊科学, 18(3): 207-217.

范成新, 张路, 杨龙元, 等. 2002. 湖泊沉积物氮磷内源负荷模拟. 海洋与湖沼, 33(4): 370-378.

方晓波, 张建英, 陈伟, 等. 2007. 基于 QUAL2K 模型的钱塘江流域安全纳污能力研究. 环境科学学报, (8): 1402-1407.

方玉杰, 万金保, 罗定贵, 等. 2015. 流域总量控制下赣江流域控制单元划分技术. 环境科学研究, 28(4): 540-549.

冯承莲, 吴丰昌, 赵晓丽, 等. 2012. 水质基准研究与进展. 中国科学: 地球科学, 42(5): 646-656.

冯良记, 张明亮. 2009. 城市排水管网明满过渡流模型的研究及应用. 中国给水排水, 25: 137-140, 143.

冯耀龙, 肖静, 马姗姗. 2015. 城区产汇流计算方法分析研究. 中国农村水利水电: 43-47.

甘华阳, 卓慕宁, 李定强, 等. 2006. 广州城市道路雨水径流的水质特征. 生态环境, (5).

高丽, 杨浩, 周健民, 等. 2004a. 滇池沉积物磷的释放以及不同形态磷的贡献. 农业环境科学学报, 23(4): 731-734.

高丽, 杨浩, 周健民. 2004b. 湖泊沉积物中磷释放的研究进展. 土壤, 36(1): 12-15.

高子亭, 庞天一, 赵文晋, 等. 2012. 基于公平与效率的地表水污染物总量分配优化模型. 安徽农业科学, (14): 8255-8257, 8269.

郭海娟, 龚雪, 马放. 2017. 我国水质基准现状及发展趋势研究. 环境保护科学, 43(4): 32-35.

郭怀成, 孙延枫. 2002. 滇池水体富营养化特征分析及控制对策探讨. 地理科学进展, 21(5): 500-506.

郭效琛, 杜鹏飞, 赵冬泉, 等. 2016. 基于 Digital Water 的两种 LID 措施模拟方法对总量的影响评估. 给水排水: 118-123.

何佳, 郑一新, 徐晓梅, 等. 2012. 滇池北岸面源污染的时空特征与初期冲刷效应. 中国给水排水, 28(23): 51-54.

何宗健. 2011. 洱海沉积物磷形态分布特征及其通量. 南昌: 南昌大学.
侯培强, 王效科, 郑飞翔, 等. 2009. 我国城市面源污染特征的研究现状. 给水排水, 35(S1):188-193.
胡晞. 2013. 基于 WASP 模型的湘江湘潭段水质目标管理研究. 湘潭: 湘潭大学.
黄建秀, 李怀正, 叶剑锋, 等. 2010. 调蓄池在排水系统中的研究进展. 环境科学与管理, 35(4): 115-118.
黄利东. 2012. 不同初始磷浓度下湖泊沉积物对磷吸附的动力学特征. 浙江大学学报(农业与生命科学版), 38(1): 91-97.
黄维. 2016. 城市排水管网水力模拟及内涝风险评估. 广州: 华南理工大学.
季振刚. 2012. 水动力学和水质——河流、湖泊及河口数值模拟. 北京: 海洋出版社.
江敏, 苏学满. 2012. 两参数二阶非线性常微分方程的正解. 宁夏师范学院学报, 33(6): 98-103.
蒋燕敏. 2003. 《地表水环境质量标准》修订后引发的思考. 仪器仪表与分析监测, (2): 43-44.
焦念志. 1989. 关于沉积物释磷问题的研究. 海洋湖沼通报, (2): 82-86.
金丹越, 王圣瑞, 步青云. 2007. 长江中下游浅水湖泊沉积物磷释放动力学. 生态环境学报, 16(3): 725-729.
金相灿, 姜霞, 王琦, 等. 2008. 太湖梅梁湾沉积物中磷吸附/解吸平衡特征的季节性变化. 环境科学学报, 28(1): 24-30.
金小伟, 雷炳莉, 许宜平, 等. 2009. 水生态基准方法学概述及建立我国水生态基准的探讨. 生态毒理学报, 4(5): 609-616.
雷坤, 孟伟, 乔飞, 等. 2013. 控制单元水质目标管理技术及应用案例研究. 中国工程科学, 15(3): 62-69.
李宝, 丁士明, 范成新, 等. 2008. 滇池福保湾沉积物-水界面微量重金属扩散通量估算. 环境化学, 27(6): 800-804.
李恒鹏, 陈伟民, 杨桂山, 等. 2013. 基于湖库水质目标的流域氮、磷减排与分区管理——以天目湖沙河水库为例. 湖泊科学, 25(6): 785-798.
李怀恩. 2000. 估算非点源污染负荷的平均浓度法及其应用. 环境科学学报, (4): 397-400.
李立青, 尹澄清, 何庆慈, 等. 2006. 武汉汉阳地区城市集水区尺度降雨径流污染过程与排放特征. 环境科学学报, 26(7): 1057-1061.
李立青, 朱仁肖, 郭树刚, 等. 2010. 基于源区监测的城市地表径流污染空间分异性研究. 环境科学, (12).
李丽华, 李强坤. 2014. 农业非点源污染研究进展和趋势. 农业资源与环境学报, 31(1): 13-22.
李梅, 于晓晶. 2008. 济南市雨水径流水质变化趋势及回用分析. 环境污染与防治, (4).
李仁英, 杨浩, 王丽, 等. 2008. 滇池沉积物中重金属的形态分布特征. 土壤, 40(2): 264-268.
李艳, 胡成, 李法云, 等. 2013. 清河流域水质目标管理技术应用示范. 环境监控与预警, 5(1): 1-6.
李一平, 唐春燕, 罗缙, 等. 2014. 太湖生态动力学模型研究. 北京: 中国水利水电出版社.
李跃勋, 徐晓梅, 何佳, 等. 2010. 滇池流域点源污染控制与存在问题解析. 湖泊科学, 22(5): 633-639.
刘永, 彭正洪. 2008. 基于 MATLAB 的模糊逻辑控制系统的设计与仿真. 武汉大学学报(工学版), 41(2): 132-135.
刘勇. 2012. 滇池近代沉积物营养盐沉积记录及重金属污染特征研究. 南昌: 南昌大学.
刘庄, 晁建颖, 张丽, 等. 2015. 中国非点源污染负荷计算研究现状与存在问题. 水科学进展, 26(3): 432-442.
吕利军, 王嘉学. 2009. 滇池水体环境污染研究综述. 水科学与工程技术, (5): 65-68.
马美红, 张书函, 王会肖, 等. 2017. 非饱和土壤水分运动参数的确定——以昆明红壤土为例. 北京师范大学学报(自然科学版), 53(1): 38-42, 48.
马香娟, 陈郁. 2002. 农村生活垃圾问题及其解决对策. 能源工程, 2002(3): 25-27.
毛建忠, 王雨春, 赵琼美, 等. 2005. 滇池沉积物内源磷释放初步研究. 中国水利水电科学研究院学报, 3(3): 229-233.
孟伟, 刘征涛, 张楠, 等. 2008a. 流域水质目标管理技术研究(Ⅱ)——水环境基准、标准与总量控制. 环境科学研究, (1): 1-8.

孟伟, 秦延文, 郑丙辉, 等. 2008b. 流域水质目标管理技术研究(Ⅲ)——水环境流域监控技术研究. 环境科学研究, (1): 9-16.

孟伟, 王海燕, 王业耀. 2008c. 流域水质目标管理技术研究(Ⅳ)——控制单元的水污染物排放限值与削减技术评估. 环境科学研究, (2): 1-9.

孟伟, 张远, 王西琴, 等. 2008d. 流域水质目标管理技术研究(Ⅴ)——水污染防治的环境经济政策. 环境科学研究, (4): 1-9.

孟伟, 张楠, 张远, 等. 2007. 流域水质目标管理技术研究(Ⅰ)——控制单元的总量控制技术. 环境科学研究, (4): 1-8.

孟伟, 张远, 郑丙辉. 2006. 水环境质量基准、标准与流域水污染物总量控制策略. 环境科学研究, (3): 1-6.

孟莹莹, 陈建刚, 张书函, 等. 2011. 北京城区机动车道降雨径流水质调研及特性分析. 净水技术, (4).

米娟, 潘学军, 李辉, 等. 2013. 滇池水体和表层沉积物间隙水中氮分布特征研究. 安全与环境学报, 13(6): 128-132.

牛志广, 王秀俊, 陈彦熹. 2013. 湖泊的水生态模型. 生态学杂志, 32(01): 217-225.

庞燕, 金相灿, 王圣瑞, 等. 2004. 长江中下游浅水湖沉积物对磷的吸附特征——吸附等温线和吸附/解吸平衡质量浓度. 环境科学研究, 17(S1): 18-23.

逄勇, 陆桂华, 等. 2010. 水环境容量计算理论及应用. 北京: 科学出版社.

亓春英. 2003. 滇池现代沉积物的主要理化性质研究. 昆明: 昆明理工大学.

邱俊永. 2010. 基尼系数法在黄河中上游流域水污染物总量分配中的应用研究. 镇江: 江苏大学.

任玉芬, 王效科, 韩冰, 等. 2005. 城市不同下垫面的降雨径流污染. 生态学报, (12).

单保庆, 王超, 李叙勇, 等. 2015. 基于水质目标管理的河流治理方案制定方法及其案例研究. 环境科学学报, 35(8): 2314-2323.

邵晓华. 2003. 云南滇池底泥重金属元素分布规律研究. 南京: 南京师范大学.

石秋池. 2005. 欧盟水框架指令及其执行情况. 中国水利, (22): 66-67, 53.

宋倩文. 2013. 太湖沉积物磷形态空间分布的研究及其环保疏浚范围的确定. 哈尔滨: 东北林业大学.

苏丹, 唐大元, 刘兰岚, 等. 2009. 水环境污染源解析研究进展. 生态环境学报, 18(2): 749-755.

谭斌, 陈武权, 谭广宇, 等. 2011. 基于 GIS 的流域水质目标管理 TMYL 构架研究——以赣江流域为例[J]. 环境保护科学, 37(6): 52-54, 74.

陶亚. 2010. 基于 EFDC 模型的深圳湾水环境模拟与预测研究. 北京: 中央民族大学.

王道涵, 李晓旭, 冯思静, 等. 2014. 水质目标管理技术的研究——比弗河流域 TMDL 计划执行案例研究. 地球环境学报, 5(4): 282-286.

王红梅, 陈燕. 2009. 滇池近 20a 富营养化变化趋势及原因分析. 环境科学导刊, 28(3): 57-60.

王金亮, 杨桂华. 1997. 滇池小流域土壤资源特点及其合理利用. 长江流域资源与环境, (2): 143-151.

王龙, 黄跃飞, 王光谦. 2010. 城市非点源污染模型研究进展. 环境科学, 31(10): 2532-2540.

王圣瑞, 金相灿, 赵海超, 2005. 等. 长江中下游浅水湖泊沉积物对磷的吸附特征. 环境科学, 26(3): 38-43.

王书敏, 何强, 艾海男, 等. 2012. 山地城市暴雨径流污染特性及控制对策. 环境工程学报, (5).

王庭健, 苏睿, 金相灿, 等. 1994. 城市富营养湖泊沉积物中磷负荷及其释放对水质的影响. 环境科学研究, (4): 12-19.

王小雷, 杨浩, 赵其国, 等. 2010. 利用 ^{210}Pb、^{137}Cs 和 ^{241}Am 计年法测算云南抚仙湖现代沉积速率. 湖泊科学, 22(1): 136-142.

王心宇, 周丰, 伊旋, 等. 2014. 滇池沉积物中主要污染物含量时间分异特征研究. 环境科学, 35(1): 194-201.

王莹, 陈玉成, 李章平. 2012. 我国城市土壤重金属的污染格局分析. 环境化学, 31(6): 763-770.

王在峰, 张水燕, 张怀成, 等. 2015. 水质模型与 CMB 相耦合的河流污染源源解析技术. 环境工程, 33 (2): 135-139.
吴丰昌, 冯承莲, 张瑞卿, 等. 2012. 我国典型污染物水质基准研究. 中国科学: 地球科学, 42 (5): 665-672.
吴丰昌, 金相灿, 张润宇, 等. 2010. 论有机氮磷在湖泊水环境中的作用和重要性. 湖泊科学, 22 (1): 1-7.
吴丰昌, 孟伟, 张瑞卿, 等. 2011. 保护淡水水生生物硝基苯水质基准研究. 环境科学研究, 24 (1): 1-10.
吴丰昌, 万国江, 黄荣贵. 1996. 湖泊沉积物-水界面营养元素的生物地球化学作用和环境效应Ⅰ.界面氮循环及其环境效应. 矿物学报, (4): 403-409.
夏军, 翟晓燕, 张永勇. 2012. 水环境非点源污染模型研究进展. 地理科学进展, 31 (7): 941-952.
夏黎莉. 2007. 鄱阳湖沉积物中磷的形态及吸附释放特征研究. 南昌: 南昌大学.
谢家强, 廖振良, 顾献勇. 2016. 基于 MIKE URBAN 的中心城区内涝预测与评估——以上海市霍山-惠民系统为例. 能源环境保护, 30: 44-49.
谢丽强, 谢平, 唐汇娟. 2001. 武汉东湖不同湖区底泥总磷含量及变化的研究. 水生生物学报, 25 (4): 305-310.
邢乃春, 陈捍华. 2005. TMDL 计划的背景、发展进程及组成框架. 水利科技与经济, (9): 534-537.
徐微, 邰红建, 李田. 2013. 合肥市典型城区非渗透性铺面地表径流污染特征. 环境科学与技术, (4).
徐小明, 汪德爟. 2001. 河网水力数值模拟中 Newton-Raphson 法收敛性的证明. 水动力学研究与进展, 16: 319-324.
徐晓梅, 李跃勋, 何佳, 等. 2011. 基于 GIS 的昆明主城区排水系统诊断研究. 中国给水排水, 27 (13): 33-37.
徐晓梅, 吴雪, 何佳, 等. 2016. 滇池流域水污染特征 (1988—2014 年) 及防治对策. 湖泊科学, 28 (3): 476-484.
薛利红, 杨林章. 2009. 面源污染物输出系数模型的研究进展. 生态学杂志, 28 (4): 755-761.
严莎. 2012. 苯系物对我国典型鱼类和水生植物的毒害效应及其水质基准的研究. 天津: 南开大学.
姚扬, 金相灿, 姜霞, 等. 2004. 光照对湖泊沉积物磷释放及磷形态变化的影响研究. 环境科学研究, 17 (z1): 30-33.
佚名. 合肥市典型城区非渗透性铺面地表径流污染特征. 环境科学与技术, 2013 (4): 84-88.
余天应, 杨浩. 2005. 藻类生长对滇池沉积物磷释放影响的研究. 土壤, 37 (3): 321-325.
袁鹏, 王正勇. 1996. 双线性模型模拟洪水的尝试. 成都科技大学学报: 91-96.
袁雄燕, 徐德龙. 2006. 丹麦 MIKE21 模型在桥渡壅水计算中的应用研究. 人民长江, 37: 31-32.
岳宗恺, 马启敏, 张亚楠, 等. 2013. 东昌湖表层沉积物的磷赋存形态. 环境化学, (2): 219-224.
云南省九大高原湖泊水污染综合防治领导小组办公室. 2015. 云南省九大高原湖泊基于污染负荷总量控制的基础调查技术导则.
张金卫, 李江涛, 丁农, 等. 2014. 农村生活污水处理与利用的简易模式初探. 安徽农业科学, 42 (12): 3645-3646.
张蕾. 2012. 东辽河流域水生态功能分区与控制单元水质目标管理技术. 长春: 吉林大学.
张晓玲, 梁中耀, 刘永, 等. 2014. 流域水质目标管理的风险识别与对策研究. 环境科学学报, 34 (10): 2660-2667.
张燕, 邓西海, 陈捷, 等. 2005. 滇池沉积物磷负荷估算. 中国环境科学, 25 (3): 329-333.
张一龙, 王红武, 秦语涵. 2015. 城市地表产流计算方法和径流模型研究进展. 四川环境, 34: 113-119.
章双双, 潘杨, 李一平, 等. 2017. 基于 EFDC 模型的尾水回用于城市景观水体优化计算. 水资源保护, (6): 74-78, 91.
赵华林, 郭启民, 黄小赠. 2007. 日本水环境保护及总量控制技术与政策的启示——日本水污染物总量控制考察报告. 环境保护, (24): 82-87.
赵剑强, 刘珊, 邱立萍, 等. 2001. 高速公路路面径流水质特性及排污规律. 中国环境科学, (5).
赵磊, 杨逢乐, 王俊松, 等. 2008. 合流制排水系统降雨径流污染物的特性及来源. 环境科学学报, (8): 1561-1570.
赵祥华, 吴文卫, 杨逢乐, 等. 2008. 滇池沉积物对磷的吸附特性研究. 昆明理工大学学报 (自然科学版), 33 (6): 82-85.
周刚, 雷坤, 富国, 等. 2015. 基于合理性指数的入河污染物多目标总量分配模型. 应用基础与工程科学学报, 23 (3): 499-511.

周连成，李军，高建华，等. 2009. 长江口与舟山海域柱状沉积物粒度特征对比及其物源指示意义. 海洋地质与第四纪地质，(5)：21-27.

周玉文，余永琦，李阳，等. 1995. 城市雨水管网系统地面径流损失规律研究. 沈阳建筑工程学院学报，(2).

周玉文，赵洪宾，龙腾悦，等. 2000. 排水管网理论与计算. 北京：中国建筑工业出版社.

朱广伟，秦伯强. 2003. 沉积物中磷形态的化学连续提取法应用研究. 农业环境科学学报，22(3):349-352.

朱瑶，梁志伟，李伟，等. 2013. 流域水环境污染模型及其应用研究综述. 应用生态学报，24(10)：3012-3018.

朱元荣，张润宇，吴丰昌. 2011. 滇池沉积物中氮的地球化学特征及其对水环境的影响. 中国环境科学，31(6)：978-983.

Arnold J G, Srinivasan R, Muttiah R S, et al. 2007. Large area hydrologic modeling and assessment part I: Model development. Journal of the American Water Resources Association, 34: 73-89.

Beasley D B, Huggins L F, Monke E J. 1980. ANSWERS: A model for watershed planning. Transactions of the ASABE, 23(4): 938-944.

Bicknell B R, Imhoff J C, Kittle Jr J L, et al. 1997. Hydrological Simulation Program-Fortran: User's Manual for Release11. Washington, DC: National Exposure Research Laboratory, US Environmental Protection Agency.

Choe J S, Bang K W, Lee J H. 2002. Characterization of surface runoff in urban areas. Water Science & Technology, 45(9): 249-254.

Gallagher M, Doherty J. 2007. Parameter estimation and uncertainty analysis for a watershed model. Environmental Modelling & Software, 22(7): 1000-1020.

Geiger W F. 1987. Flushing effects in combined sewer system. Proceedings of the 4th International Conference. Urban Drainage, Lausanne, Switzerland: 40-46.

Gnecco I, Berretta C, Lanza L G, et al. 2005. Storm water pollution in the urban environment of Genoa, Italy. Atmospheric Research, 77(1－4): 60-73.

Hamrick J M. 1992. A Three-dimensional Environmental Fluid Dynamics Computer Code: Theoretical and Computational Aspects. The College of William and Mary, Virginia Institute of Marine Science, Williamsburg, Virginia. 1992, Special Report 317, 63.

Johnes P J. 1996. Evaluation and management of the impact of land use change on the nitrogen and phosphorus load delivered to surface waters: The export coefficient modelling approach. Journal of Hydrology, 183(3-4): 323-349.

Knisel W G. 1980. CREAMS: A field scale model for chemicals, runoff, and erosion from agricultural management systems. Sci and Ed Admin U. S. Dept of Agr.

Leonard R A, Knisel W G, Still D A. 1987. GLEAMS: Groundwater loading effects of agricultural management systems. Transactions of the ASABE, 30(5): 1403-1418.

Obropta C C, Kardos J S. 2007. Review of urban storm water quality models: Deterministic, stochastic, and hybrid approaches. Journal of the American Water Resources Association, 43(6): 1508-1523.

Ramísio P, Vieira J P. 2012. Characterization of road runoff: A case study on the A3 Portuguese Highway// Rauchand S, Morrison G M. Urban Environment. Alliance for Global Sustainability Bookseries. Netherlands: Springer: 285-295.

Rossman L A. 2009. Storm Water Management Model User's Manual Version 5. 0. USA: United States Environmental Protection Agency.

Tsihrintzis V, Hamid R. 1997. Modeling and management of urban stormwater runoff quality: A review. Water Resources Management, 11(2): 136-164.

Young R A, Onstad C, Bosch D, et al. 1989. AGNPS: A nonpoint-source pollution model for evaluating agricultural watersheds. Journal of Soil and Water Conservation, 44: 168-173.